PLC CONTROL ENGINEERING

# PLC 제어공학

임미섭 지음

도서출판 홍릉

# PLC 제어공학

인 쇄: 2022년 8월 24일 초판 1쇄
발 행: 2022년 8월 31일 초판 1쇄

저 자: 임미섭
발행인: 송 준
발행처: 도서출판 홍릉
주 소: 01093 서울시 강북구 인수봉로 50길 10
등 록: 1976년 10월 21일 제5-66호

전 화: 02-999-2274~5
팩 스: 02-905-6729
e-mail: hongpub@hongpub.co.kr
http://www.hongpub.co.kr
ISBN: 979-11-5600-063-1(93560)

정 가: 29,000원

# 목차

CHAPTER 6

## 실습

CHAPTER

1

# PLC 개요

# 1.1 PLC 란?

## 1 PLC(Programmable Logic Controller)란?

PLC란 **Programmable Logic Controller**의 약자로 논리 연산, 순서 조작, 시한, 계수 및 산술 연산 등의 제어 동작을 실행시키기 위해 제어 순서를 일련의 명령어 형식으로 기억하는 메모리를 가지고, 이 메모리의 내용에 따라 기계와 프로세서의 제어를 디지털 또는 아날로그 입출력을 통하여 행하는 전자기기를 의미한다.

종래에 사용하던 제어반 내의 릴레이, 타이머, 카운터 등의 기능을 LSI, 트랜지스터 등의 반도체 소자로 대체시켜, 기본적인 시퀀스 제어 기능에 수치 연산 기능을 추가하여 프로그램 제어가 가능하도록 한 자율성이 높은 제어 장치이다. 즉, PLC란 종래의 시퀀스 제어 회로를 프로그램으로 제어하기 위한 산업용 컴퓨터라 할 수 있다.

## 2 PLC의 출현 및 배경

생산성 향상, 작업의 안정성, 품질 향상, 원가 절감 및 효율적인 인원 관리 등을 위해 많은 기업들이 자동화를 추진하고 있으며, 자동화를 위해 시퀀스 제어의 초기 단계에서는 릴레이가 주로 사용되었다. 반도체 기술의 발전과 함께 무접점회로가 사용되면서 유접점 회로는 비교적 단순하고 저렴한 장점을 가지고 있으나 수명에 한계가 있고 제어 환경의 변화 시 모든 회로를 다시 만들어야 하는 단점으로 인하여 사용이 축소되고 무접점 시퀀스가 이를 대신하게 되었다.

종전의 시퀀스 제어시스템의 문제점으로는 다음과 같다.

(1) 제어시스템을 변경하기 위해서는 많은 시간과 비용이 소요된다.
(2) 제어시스템은 회로도에 따라 여러 관련 소자(Relay, Contactor, Timer, Counter 등)를 연결하여 사용함으로써 실제 배선 작업이 어렵다.
(3) 시퀀스 제어를 위하여 많은 공간이 필요하였으며 처리 속도에 한계가 있다.

산업사회의 발전에 따라 대규모, 고도화, 복잡화에 따라서 다양한 형태의 제어시스템이 요구되었다. 이러한 여러 원인에 의하여 1968년 미국의 자동차 메이커인 제너럴 모터스(General Motors)사가 PLC의 10가지 조건을 제시하였으며, 이러한 조건이 PLC 개발의 계기가 되었다.

| 구분 | PLC | 릴레이제어반 |
|---|---|---|
| 제어방식 | 프로그램에 의한 소프트웨어 제어 | 부품간 배선에 의한 하드웨어 제어 |
| | 존재하지 않는 접점이나 코일이 소프트웨어 내부에서 연결되어 제어 동작 수행 | 실제 접점이나 코일이 연결되어 제어 동작을 수행 |
| | 사용자가 작성한 동작 순서에 맞추어 메모리에 기억하여 순차적으로 그 내용을 수행 | 전기 배선에 따라 조건이 충족되어진 코일이 여자되고 그 접점이 활성화되어 해당 출력 요소를 동작 |
| | 직렬처리방식<br>메모리에 프로그램을 저장시켜 놓고 순차적으로 동작 | 병력처리방식<br>전기신호에 의해 동시에 동작 |
| 제어기능 | 논리 연산, 타이머, 계수<br>산술 연산, 비교 연산, 데이터처리 | 릴레이를 이용한 논리 연산, 타이머, 계수 |
| 제어요소 | 무접점 제어(고 신뢰성, 고속제어, 긴 수명) | 유접점 제어(한정된 수명, 저속제어) |
| 제어내용 변경 | 프로그램 변경으로 가능 | 모든 배선의 재결선 |
| 확장성 | 시스템 확장이 용이 | 시스템 확장이 곤란 |
| 크기 | 소형화가 가능 | 소형화가 곤란 |

전자 계전기 및 반도체 소자를 이용한 시퀀스 제어는 제어 대상의 동작 방식에 따라 회로를 정하는 것으로 제어 대상이 변하면 제어 회로가 변하므로 배선을 다시 하여야 하는 어려움이 있으며, 다품종소량생산 및 생산기술의 발전으로 인한 시스템의 변경이 빈번해 짐에 따라 결선의 변경이나 시스템 전체의 재 제작이 이루어져야 하는 구조적 결점을 지니고 있다. 이에 1969년 미국의 자동차 회사 GM은 자동차 조립 라인에 사용할 새로운 제어 장치의 10대 구비 조건을 발표하였으며 10개의 사양 조건이 PLC 개발의 효시가 되어 프로그램 제어 방식의 PLC가 등장하게 되었다.

**GM의 자동차 조립라인 제어반 설계 및 제작 10대 조건**

| | 제어기 설계 조건 |
|---|---|
| 1 | 프로그램 작성이 용이하고, 시퀀스 변경이 용이할 것 |
| 2 | 점검 및 유지보수가 용이하고 플러그인 방식일 것 |
| 3 | 릴레이 제어반 보다 신뢰성이 높을 것 |
| 4 | 릴레이 제어반 보다 소형일 것 |
| 5 | 출력 데이터는 중앙 데이터 수집 시스템에 연결될 것 |
| 6 | 입력은 AC 115V를 받을 것 |
| 7 | 출력은 2A, 115V AC일 것 |
| 8 | 기본 유닛은 확장이 가능할 것 |
| 9 | 최저 4K워드에 확장 가능한 프로그램 메모리를 가질 것 |
| 10 | 릴레이 제어반 보다 저렴할 것 |

## 3 PLC의 적용 분야

설비의 자동화와 고능률화의 요구에 따라 PLC의 적용 범위는 확대되고 있습니다. 특히 공장자동화에 따른 PLC의 요구는 과거 중규모 이상의 릴레이 제어반 대체 효과에서 현재 고기능화 · 고속화의 추세로 소규모 공작기계에서 대규모 시스템 설비에 이르기까지 적용되고 있으며 [표 1-1]은 PLC의 적용 분야를 나타내고 있습니다.

**표 1-1** PLC의 적용 분야

| 분 야 | 제어 대상 |
|---|---|
| 식료 산업 | 컨베이어 총괄제어, 생산라인 자동제어 |
| 제철, 제강 산업 | 작업장 하역 제어, 원료 수송 제어, 압연라인 제어, 하역 운반 제어 |
| 섬유, 화학공업 | 원료 수입 출하제어, 직조 염색라인 제어 |
| 자동차 산업 | 전송라인 제어, 자동 조립라인 제어, 도장라인 제어, 용접기 제어 |
| 기계 산업 | 산업용 로봇 제어, 공작기계 제어, 송 · 배수펌프 제어 |
| 상하수도 | 정수장 제어, 하수 처리 제어, 송 · 배수펌프 제어 |
| 물류 산업 | 자동창고 제어, 하역 설비 제어, 반송라인 제어 |
| 공장 설비 | 전력 감시, 각종 유틸리티 제어 감시 |
| 공해 방지 사업 | 쓰레기 소각로 자동제어, 공해 방지기 제어 |

# 1.2 PLC의 제어 시스템

## 1 제어의 의미

제어란? "어떤 물리계가 원하는 대로 동작하도록 물리계에 조작을 가하는 것"을 뜻합니다. 여기서 물리계란 물체, 전기, 기계, 공학 프로세스 등과 같은 모든 분야를 들 수 있습니다.

예를 들어 아래 그림과 같이 목욕물 온도를 제어한다 가정 했을 때, 손을 넣어 물의 온도를 확인(측정)하고 개인의 취향(비교 및 설정)에 맞도록 뜨거운 물과 찬물을 섞어(판단) 사용하며, 다시 온도가 식게 되면 상기 사항을 반복(수정)할 것입니다. 이렇듯 어느 일련의 동작이 행해지는 것을 루프(Loop)라고 합니다. 인간이 여러 조작을 해야 하는 것을 수동제어라고 하며 이는 1900년도 초기까지 행해졌던 제어 방식 입니다.

이후에 전자산업의 발달과 함께 점점 기계가 인간이 하던 일을 대신하게 되었고, 근래에 들어서는 컴퓨터를 도입하여 명실상부한 자동제어로 바뀌고 있습니다. 자동제어 루프에서는 온도를 측정했던 인간의 손은 검출단(Sensor), 비교-설정-판단 등의 기능을 하는 것을 조절기(Controller), 그리고 뜨거운 물과 찬물을 섞기 위한 수도꼭지를 조작단(Actuator)이라고 합니다. 아래 그림은 수동제어와 자동제어의 설명을 나타냅니다.

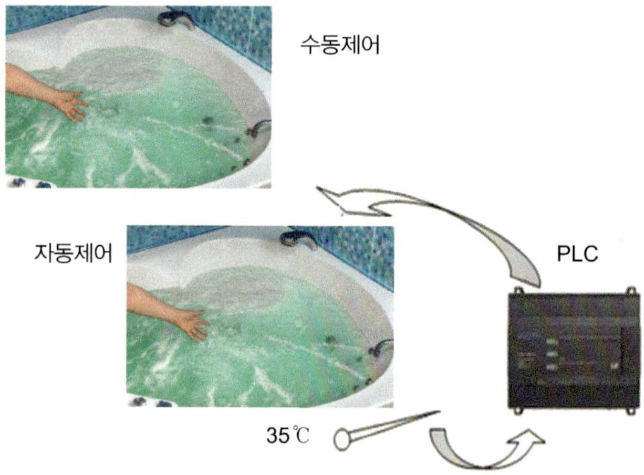


### (1) 수동제어 동작 개요

- 인간의 몸(손) : 검출단
- 인간의 두뇌 : 조절기
- 수도꼭지 : 조작단
  - ▸ 차갑다고 느끼면 더운물을 틀고, 덥다고 느끼면 차가운 물을 틉니다.

### (2) 자동제어 동작 개요

- 온도센서 : 검출단
- PLC : 조절기
- 수도꼭지 : 조작단
  - ▸ 설정 온도보다 낮으면 더운물이, 높으면 차가운 물이 나오도록 프로그램 합니다.

## 2 제어의 적용

### (1) 빌딩자동화(BA : Building Automation)

고층 빌딩에는 대규모의 냉난방 장치와 다량의 조명 장치 및 전열 장치들이 설치되어 있습니다. 이 설비들은 층별, 구역별로 중앙에서 제어함으로써 빌딩을 효과적으로 제어할 수 있고, 에너지를 효율적으로 사용할 수 있습니다.

따라서 최근의 고층 빌딩에는 냉난방, 습도, 조명, 전열 시설, 승강기, 소방 설비를 중앙에서 관리하며, 빌딩자동화 시스템, 정보통신 시스템, 사무자동화 시스템을 유기적으로 통합한 이른바 인텔리전트 빌딩자동화 시스템(IBS)이 구축되는 추세입니다.

제어시스템으로는 PLC(Programmable Logic Controller), 직접디지털제어기(DDC, Direct Digital Controller)라고 하는 전자제어기가 주로 사용됩니다. 아래는 빌딩자동화의 그림을 나타낸 것입니다.

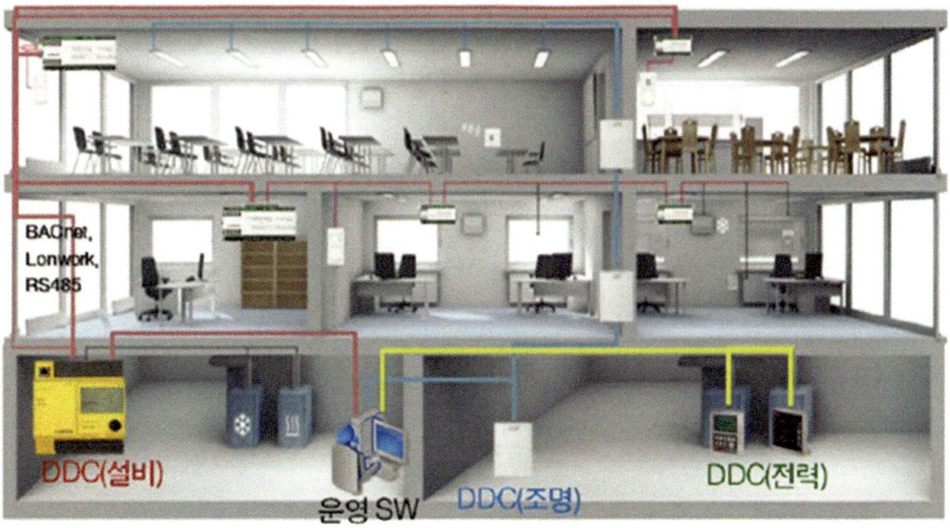


### (2) 공장자동화(FA : Factory Automation)

1980년대부터 사용되기 시작한 용어로서 좁은 의미에서는 제품을 만드는 실제에 있어 생산 공정 또는 계측제어의 자동화 혹은 설계 자동화 등의 국부적인 자동화를 뜻하며, 넓은 의미로는 제품의 수주에서 출하까지 일체의 생산 활동을 효율적으로 결합시키는 시스템 기술을 말합니다.

공장자동화 시스템은 보통 자동창고, 산업로봇, 수치제어 공작기계, 컨베이어, 무인운송차, 품질검사 장치 등과 같이 이를 감시하고 제어하는 시스템으로 구성되며, 제품의 수주, 설계, 품질 검사, 자재관리, 창고관리 등도 자동화한 무인공장도 등장하고 있습니다. 제어시스템으로는 주로 PLC가 사용되고 있습니다.

자동차 생산 자동화설비

### (3) 공정자동화(PA : Process Automation)

공정자동화는 유체 혹은 본체를 다루고, 화학반응을 포함하는 생산 체계의 자동화를 말합니다. 다루는 양은 온도, 압력, 유량, 액위 등이며, 그것의 정치제어, 프로그램 제어, 비율제어 등이 공기식 또는 전기식의 각종 조절계에 의해 자동 조절됩니다. 이들

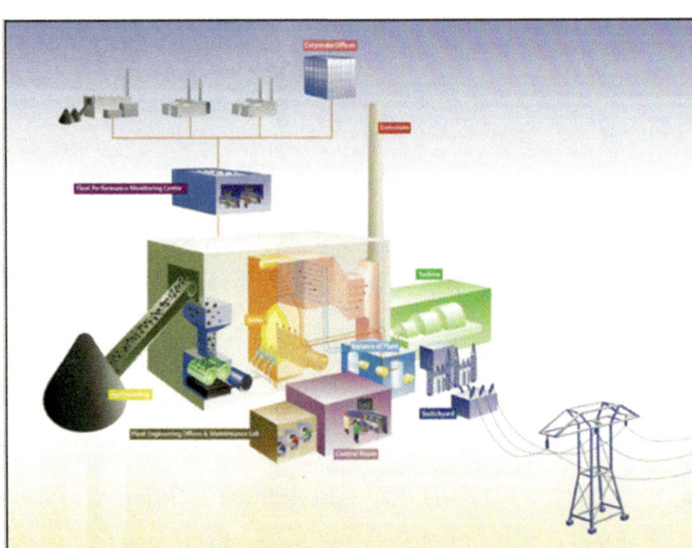

의 조업에 필요한 각종 계측기, 조절계를 공장 내의 한 방에 모아 놓고 전 공정의 제어를 하는 중앙 집중 관리 방식이 채택되고 있습니다. 제어시스템으로로는 주로 아래와 같은 분산제어시스템(DCS : Distributed Control System)이나 PLC가 주로 사용되고 있습니다.



## 3 제어시스템의 종류

### (1) 개회로 제어시스템

정해진 조건(입력 값)에 따라 출력을 조작단에 보내는 정해진 순서대로 동작하는 시퀀스제어로 이를 개회로 제어시스템(Open Loop Control System)이라 합니다. 그 예로는 전기밥솥, 작동세탁기, 승강기, 신호등, 자동판매기 제어 등이 있습니다. 시스템 구성이 간단하며, 외란(Noise) 작용 시 오차가 크게 발생하고 정정되지 않는 문제가 있습니다.

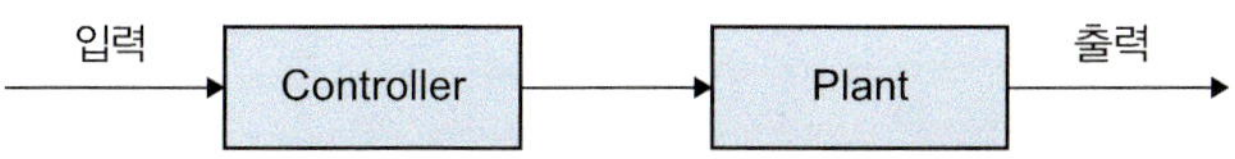


### (2) 폐회로 제어시스템

입력값이 컨트롤러에 가해지면 컨트롤러 내부에서 제어하고자 하는 설정치(Set Point : SP)와 비교하여 그 차이에 따른 양 만큼을 조작단으로 보내게 되며, 이 수정한 결과는 다시 검출단 센서에서 측정되어 비교하게 됩니다. 이렇듯 제어 결과가 한 바퀴 돌아서 다시 처음으로 돌아오는 제어계를 피드백 제어계(Feed Back Control System)라고 하며, 개회로 제어시스템과는 달리 비교치에 의해 입력이 조정되기 때문에 이를 폐회로 제어시스템(Closed Loop Control System)이라 합니다. 예로는 냉장고, 보일러, 에어컨, 냉, 온풍기 등이 있습니다.

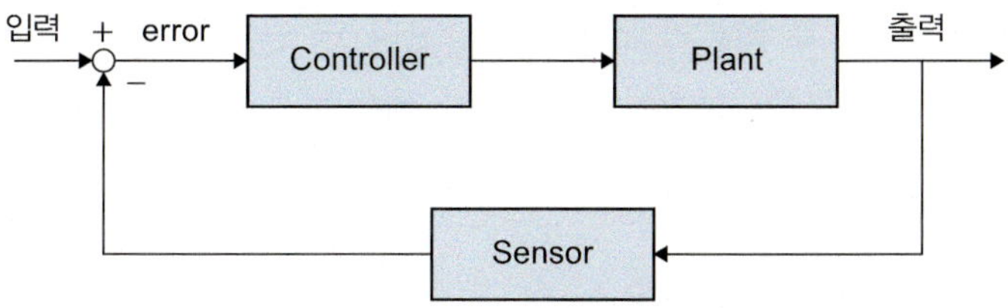

# 1.3 PLC의 구조

## 1 PLC의 구조

PLC는 컴퓨터 기술을 시퀀스 제어에 응용하여 프로그램을 자유롭게 변경할 수 있는 계전기 대체 장치라고 하는 목적으로 출발한 것으로 기본 장치는 컴퓨터와 동일하며, 기계 장치를 운전, 제어하기 위하여 사용함으로 프로세서 입출력(리미트 스누름 버튼 스위치, 솔레노이드 밸브 등)부로 구성되어 있다. 아울러 열악한 생산 현장에서도 견길 수 있도록 온도, 습도나 전기적 노이즈에 강하고 취급이 용이한 구조로 되어 있으며, CPU부와 메모리부, 외부 기기와의 신호를 연결시켜 주는 입 · 출력부, 주변 장치 등으로 구성된다.

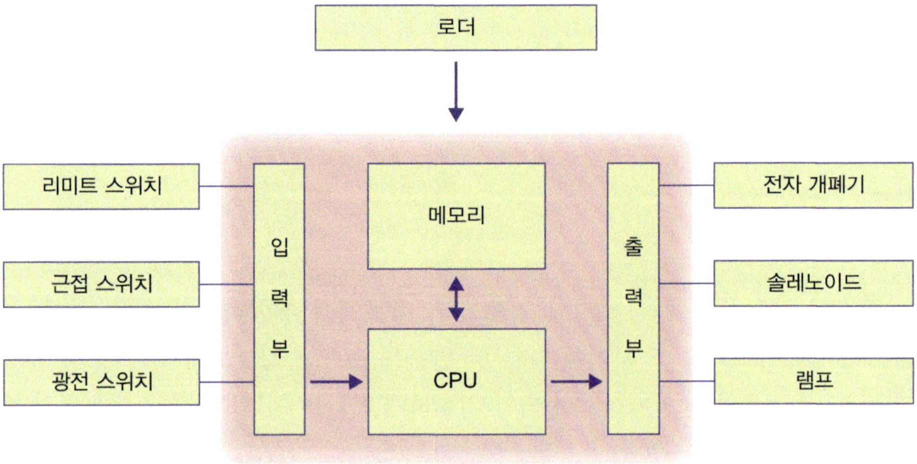


### (1) CPU부

CPU는 PLC의 모든 동작을 제어하고 수행하는 부분으로 프로그램을 순차적으로 진행하며 입력부에 발생한 입력신호를 받아 시퀀스 및 연산처리를 행한 뒤 그 결과를 출력부에 내보내는 부분으로 PLC의 두뇌에 해당한다. 접점의 직 · 병렬 접속, 타이머 또는 카운터 동작, 사칙 연산의 산출처리, 데이터 전송 등을 수행하며 마이크로프로세서, ROM과 RAM, I/O 인터페이스 등으로 이루어져 있다.

### (2) 메모리부

메모리는 프로그램을 기억하는 부분으로 운영 체제에 영구적인 데이터를 저장하기 위한 ROM(Read Only Memory)과 사용자 프로그램 및 입출력 간 데이터를 임시로 저장하기 위한 RAM(Random Access Memory)이 있다. ROM은 메모리의 내용을 기입, 변경을 할 수 없으며 오직 read 전용으로 전원이 끊겨도 데이터 내용이 보존되는 비휘발성의 특징을 가지고 있으며 PLC를 동작시키는 시스템 프로그램이 여기에 저장되어 있다. RAM은 수시로 메모리의 내용 변경이 가능하며 read와 write가 가능하지만 휘발성으로 전원이 끊길 시 메모리의 내용이 손상된다.

### (3) 입 · 출력부

PLC의 입 · 출력부는 산업 현장에서 사용되는 기계장치나 스위치와 같은 외부기기와 직접 접속하여 사용한다. 이때 PLC 내부는 DC 5[V]의 약전을 사용하지만 입 · 출력부는 DC 24[V], AC 220[V] 등의 다른 전압을 사용하므로 PLC 내부와 입 · 출력 요소들의 접속이 시스템 안정에 영향을 미친다. 이에 외부 기기와 전기적 규격이 일치하여야 하며, 외부기기로부터의 잡음이 PLC쪽에 전달되지 않고, 외부기기와 접속이 용이하여야 한다.

| I/O | 구분 | 부착 장소 | 외부기기의 명칭 |
|---|---|---|---|
| 입력부 | 조작 입력 | 제어반<br>조작반 | 푸쉬버튼 스위치<br>셀렉트 스위치<br>토글 스위치 |
| | 검출 입력<br>(센서) | 기계 장치 | 리미트 스위치<br>광전 스위치<br>근접 스위치<br>레벨 스위치 |
| 출력부 | 표시경보 출력 | 제어반<br>조작반 | 파일럿 램프<br>부저 |
| | 구동 출력<br>(액추에이터) | 기계 장치 | 전자 밸브<br>전자 클러치<br>전자 브레이크<br>전자 개폐기 |

– 입력부

PLC가 제어 동작을 수행하기 위한 외부 입력측 기기의 입력신호를 받아 CPU에서 사용할 수 있는 신호로 변환해 주는 역할을 한다.

– 출력부

출력부는 연산 결과를 외부에 접속된 액추에이터에 맞는 신호로 변환하여 출력시키는 액추에이터를 구동시키는 부분이다.

## 2 PLC의 기능

### (1) 제어 기능

사용자가 프로그래밍한 프로그램을 반복 수행하는 프로그램 제어 기능이 있다.

### (2) 입 · 출력 데이터 처리 기능

매 scan 입력 모듈에 연결된 입력 정보를 가져와 프로그램 실행 후 출력 메모리로 전송하는 기능이 있다.

### (3) 시퀀스 처리 기능

프로그램에 따라 순차적으로 AND, OR, NOT 논리의 개념을 이용하여 연산을 하고 그 결과 값을 메모리에 저장하는 기능이 있다.

### (4) 타이머와 카운터 기능

### (5) 연산 처리 기능

BCD(Binary Coded Dedimal) 또는 Binary 값의 +, −, ×, ÷의 사칙 연산 및 논리 연산, 데이터 전송, 비교 연산 등의 기능이 있다.

### (6) 통신 기능

PLC와 프로그램 PC, 터치패널, HMI 등 주변 기기와 통신 및 Remote I/O, PLC간의 통신 기능이 있다.

## (7) 자기 진단 기능

전원 공급 시 자체 진단을 통해 PLC의 이상 유무를 검출하는 것은 물론 사용 중 시스템에 고장 발생시 발생 부위에 어떤 문제가 있는지를 표시하여 주는 기능이 있다.

## (8) 레지스터 기능

데이터의 연산 결과나 특정 입 · 출력 상태를 기억하기 위해 사용되는 기능이 있다.

## (9) 고속 처리 기능 등

## (10) PLC 연산처리과정

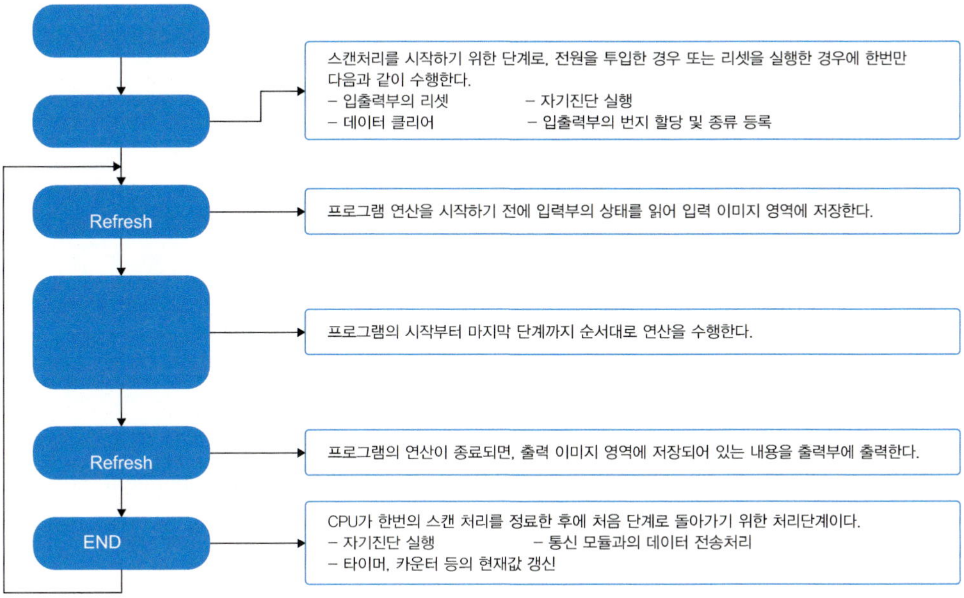


## (11) PLC 프로그래밍언어

PLC를 이용하여 시스템을 제어하기 위해서는 사용자의 의도에 맞게 PLC가 수행해야 할 작업의 처리 방법과 순서를 PLC가 인식할 수 있는 언어(프로그램 언어), PLC가 지닌 명령어로 작성하여야 하는데 이를 프로그램이라 하며 프로그램을 작성하는 과정을 프로그래밍이라고 한다.

PLC 프로그램 언어는 PLC 제작사마다 달라 호환성이 떨어지는 단점이 있으며, 이러한 문제점을 보완하기 위하여 프로그래밍 언어를 표준화하였다. 표준화된 언어에는 그래픽으로 표현되는 LD(Ladder Diagram), FBD(Function Block Diagram), SFC(Sequential Function Chart)와 문자로 표현되는 IL(Instruction List), ST(Structured Text)가 있다.

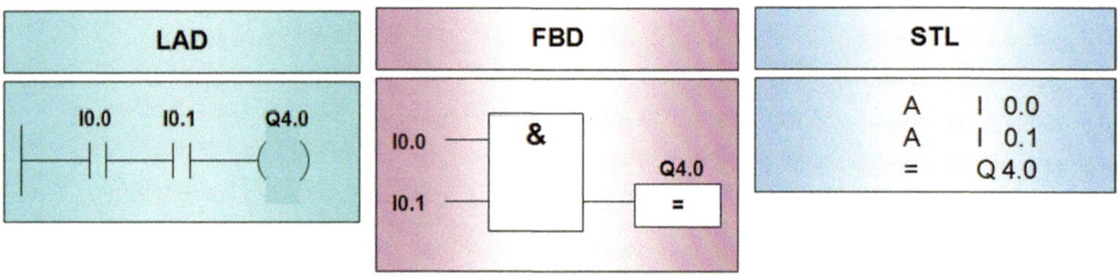


## 3 미쓰비시 PLC의 시스템 구성

### (1) 베이스 유닛

베이스 유닛은 PLC 모듈에 필요한 전원을 공급하고 CPU와 각종 모듈간의 신호를 연결하는 역할을 한다.

### (2) 전원공급모듈

전원공급모듈(Power supply)은 CPU, I/O 모듈, 특수기능모듈(Intelligent Function Module), 네트워크모듈의 동작에 필요한 전원을 공급한다. AC220 V를 입력받아 DC 5 V로 변환한다. 일부 전원공급모듈에는 DC 24 V의 전원 출력단자가 있다.

### (3) CPU

CPU는 PLC의 모든 동작을 제어하고 수행하는 부분으로 프로그램을 순차적으로 진행하며 입력부에 발생한 입력신호를 받아 시퀀스 및 연산처리를 행한 뒤 그 결과를 출력부에 내보내는 부분으로 PLC의 두뇌에 해당한다. 접점의 직 · 병렬 접속, 타이머 또는 카운터 동작, 사칙 연산의 산출처리, 데이터 전송 등을 수행하며 마이크로프로세서, ROM과 RAM, I/O 인터페이스 등으로 이루어져 있다.

중형/대형 규모용으로는 MELSEC iQ-R, MELSEC-Q 시리즈, 소형/중형 구모용으로는 MELSEC-L 시리즈, 소규모/단독타입용으로는 MELSEC iQ-F, MELSEC-F 시리즈가 있다.



### (4) I/O 모듈

입력(Input)/출력(Output) 모듈을 일반적으로 I/O 모듈이라고 한다. 입력모듈은 스위치, 센서와 같은 부품을 연결하여 CPU에 입력신호를 전달하는 모듈이다. 입력전압의 종류에 따라 다양한 모듈이 존재한다.

| 모듈접점 / 입력전압 | MelsecQ PLC 입력모듈 | | | |
|---|---|---|---|---|
| | 8점 | 16점 | 32점 | 64점 |
| DC 5–12V | | QX70 | QX71 | QX72 |
| DC 24V | | QX40<br>QX80 | QX41<br>QX81 | QX42<br>QX82 |
| DC 24V(인터럽트모듈) | | QI60 | | |
| AC/DC 48V | | QX50 | | |
| AC 100~120V | | QX10 | | |
| AC 100~240V | QX28 | | | |

출력모듈은 릴레이, 전자접촉기, 램프, 솔레노이드 등을 On/Off 하는 출력신호를 내보내는 모듈이다.

| 출력용 부품 | 모듈접점 / 입력전압 | MelsecQ PLC 출력모듈 | | | |
|---|---|---|---|---|---|
| | | 8점 | 16점 | 32점 | 64점 |
| 릴레이 | DC 24V / AC240V | QY18A | QY10 | | |
| 트라이악 | AC 100~240V | | QY22 | | |
| 트랜지스터 | DC 5~12V | | QY70 | QY71 | |
| | DC 12/24V | | QY40P<br>QY50<br>QY80 | QY41P<br>QY81P | QY42P |
| | DC 5~24V | QY68A | | | |

### (5) 특수기능 모듈

특수기능 모듈에는 아나로그 입력모듈, 아나로그 출력모듈, PID 온도제어모듈, 고속카운터, 위치결정모듈 등이 있다.

### (6) 네트워크 모듈

Ethernet 기반 오픈네트워크 CC-Link IE, CC-Link, CC-Link/LT 등을 이용하여 상위 기기와의 통신을 하거나 각 PLC 간의 통신 등을 하기 위한 모듈이다.

## 4 입력/출력부 결선

### (1) 입력신호 결선

1) DC 전원을 이용하여 전기회로를 구성하는 경우 싱크(Sink)와 소스(Source) 타입으로 구분된다. 아래 그림은 DC 전원을 이용하여 램프를 점등하기 위한 결선방법이다.

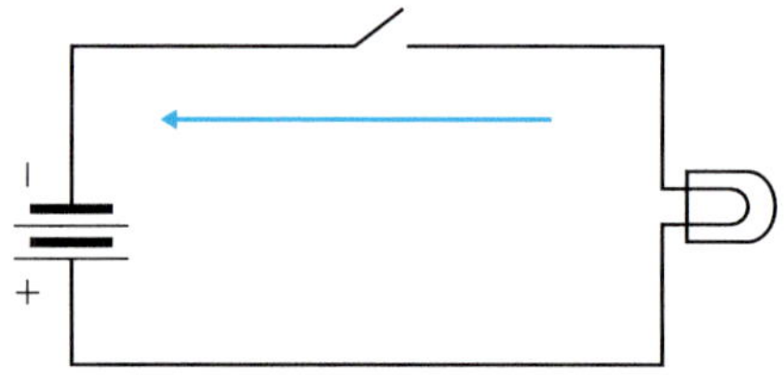


싱크 전기회로

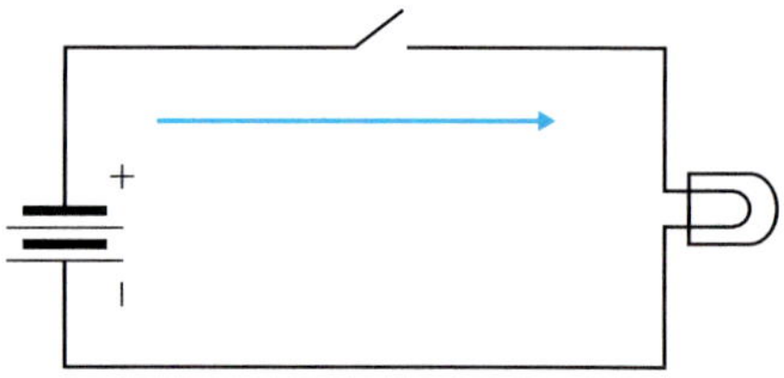


소스 전기회로

싱크회로는 (+)극에서 출발한 전류가 부하를 거쳐 전기스위치에 의해 (−)극으로 흡수되는 전기회로를 의미한다.

소스회로는 (+)극에서 출발한 전류가 전기스위치를 거쳐 부하로 공급되는 회로이다.

#### 2) 트랜지스터를 이용한 전기회로 결선

트랜지스터는 트랜스퍼(Transfer)와 레지스터(Register_저항)의 합성어이다. 트랜지스터는 증폭작용과 스위칭 기능을 가지는데 자동화 전기회로에서는 트랜지스터의 스위칭 기능을 주로 많이 활용한다. 트랜지스터는 구조에 따라 PNP와 NPN으로 구분된다.

## (2) 트랜지스터의 종류

### 1) NPN 트랜지스터

아래 그림은 NPN트랜지스터를 스위치로 형상화 하여 나타낸 것이다. 스위칭 기능을 하는 트랜지스터의 동작을 스위치와 비교해보면, 전기스위치에 다이오드(전류를 한쪽 방향으로만 흐르게 하는 전자부품)가 직렬로 연결된 형태임을 알 수 있다. NPN은 컬렉터에서 이미터 방향으로 전류가 흐르는 전기조작 스위치이다.

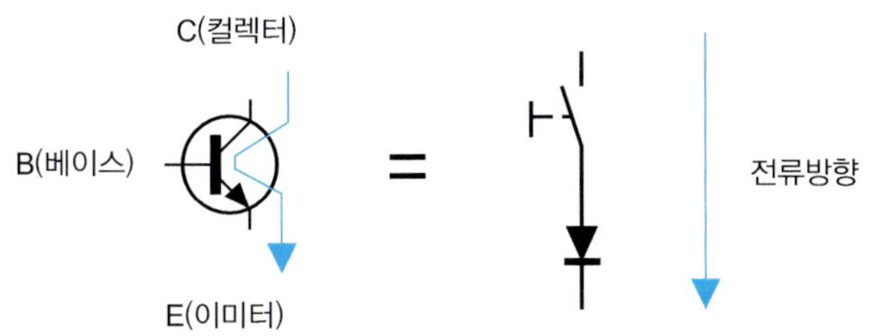


NPN 트랜지스터

### 2) PNP 트랜지스터

아래 그림은 PNP 트랜지스터를 나타낸 것이다. PNP의 다이오드의 방향은 NPN과 반대이다. 따라서 PNP는 전류의 방향으로 보아 이미터에서 컬렉터 방향으로 전류가 흐르는 전지조작 스위치임을 알 수 있다.

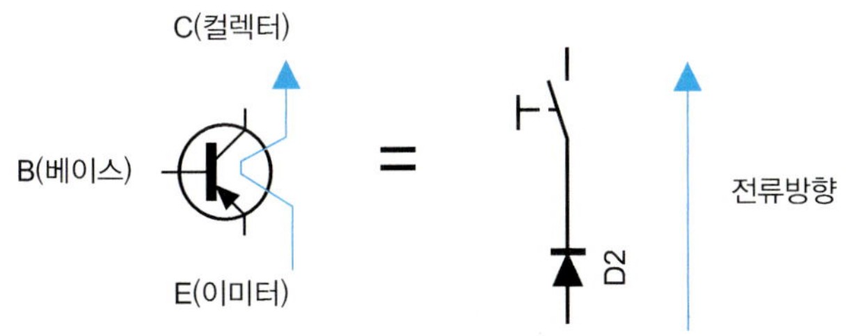


PNP 트랜지스터

### 3) NPN과 PNP로 구분하는 이유

트랜지스터를 NPN과 PNP로 구분하는 이유는 싱크 및 소스 전기회로에 사용되는 수동조작 스위치를 트랜지스터로 대체하기 위함이다. 트랜지스터는 DC 전원의 직류로

만 On/Off가 가능하기 때문에 전류의 방향에 따라서 NPN과 PNP 타입을 선택하여 사용해야 한다.

아래 그림은 트랜지스터를 이용하여 구성한 싱크 및 소스 전기회로의 구성을 나타낸 것이다. 트랜지스터를 이용하여 부하를 제어할 때에는 트랜지스터의 컬렉터를 부하에 연결하는 방법을 사용하는데 이러한 방법을 오픈 컬렉터(Open Collector)라고 한다. 오픈컬렉터 방식을 사용하는 이유는 트랜지스터의 동작전원전압과 부하의 동작전원전압이 달라도 제어가 가능하기 때문이다.

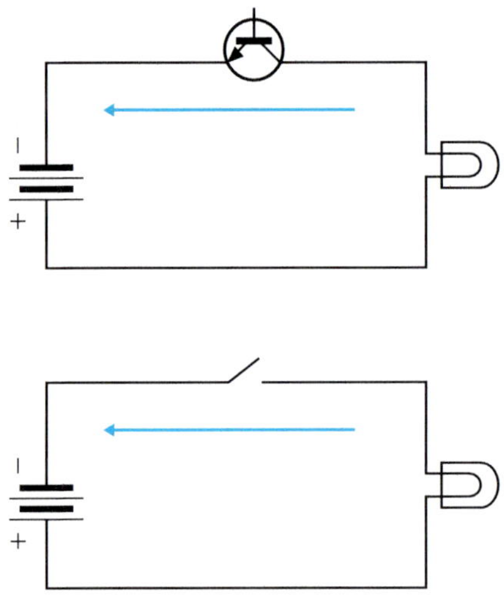

싱크전기회로

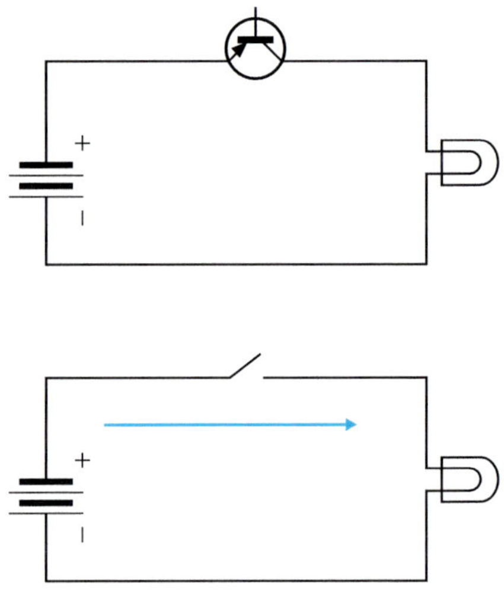

소스전기회로

### 4) 소스방식의 입력회로 결선

PLC 입력모듈의 Com이 DC 전원의 0 V에 연결되고 입력에 연결되는 스위치의 Com이 +24 V에 연결되는 형태의 결선방식을 의미한다.

PLC의 Com이 0 V에 연결된다 하여 네거티브 커먼 연결방식이라고도 한다.

### 5) 싱크방식의 입력회로 결선

PLC 입력모듈의 Com이 DC 전원의 +24 V에 연결되고 입력에 연결되는 스위치의 Com이 0 V에 연결된다.

PLC의 Com이 +24 V에 연결된다 하여 포지티브 커먼 연결방식이라고도 한다.

### 6) 근접센서의 연결

센서의 출력 형식에는 PNP(positive switching)형과 NPN(negative switching)형이 있다. 일반적으로 positive switching 근접 센서는 PNP 트랜지스터에 의한 출력 회로로 구성된다. 그러나 NPN 트랜지스터에 의한 positive switching을 갖는 근접 센서의 출력 회로 구성도 가능하다.

#### PNP 출력

직류 전원을 사용하는 PNP 출력의 근접 센서는 양의 전원을 출력으로 한다. 즉 센서의 출력단에 부하를 연결할 때, 부하의 다른 한쪽은 0V선에 연결하여야 한다.

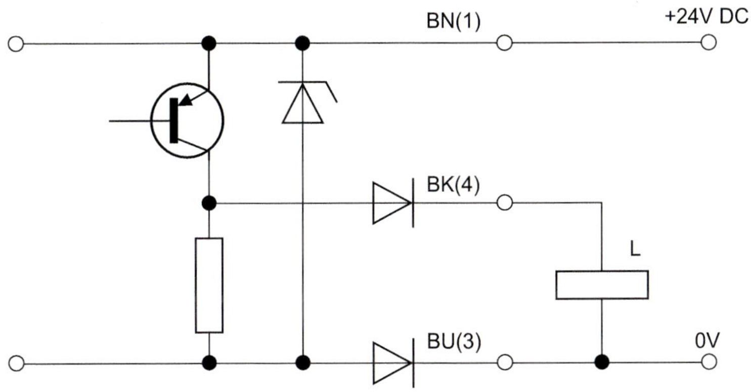


#### NPN 출력

NPN 출력을 갖는 근접 센서의 출력은 음의 전원을 출력한다. 즉 센서의 출력단에 부하를 연결할 때, 부하의 다른 한쪽은 전원의 +단자에 연결하여야 한다.

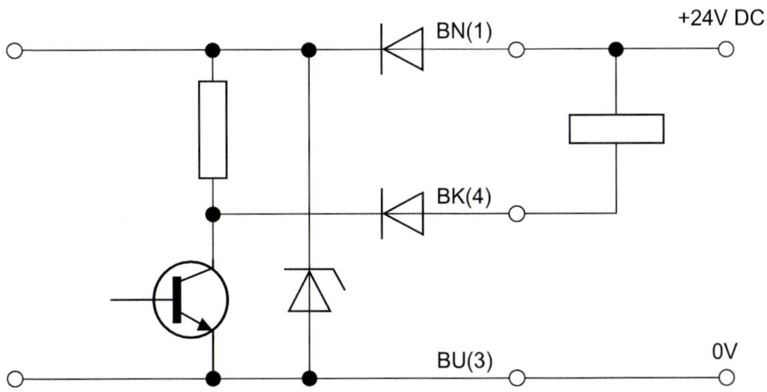

근접센서의 출력 접점은 PNP, NPN 출력에 관계없이 a 또는 b접점의 출력을 갖는다. 아래의 그림에는 이들 각각의 경우를 나타내었으며, 전원 공급 단자로 BN은 갈색(brown, +), BU는 청색(blue, −)을, 출력 단자 BK는 검정색(black)을 의미한다.

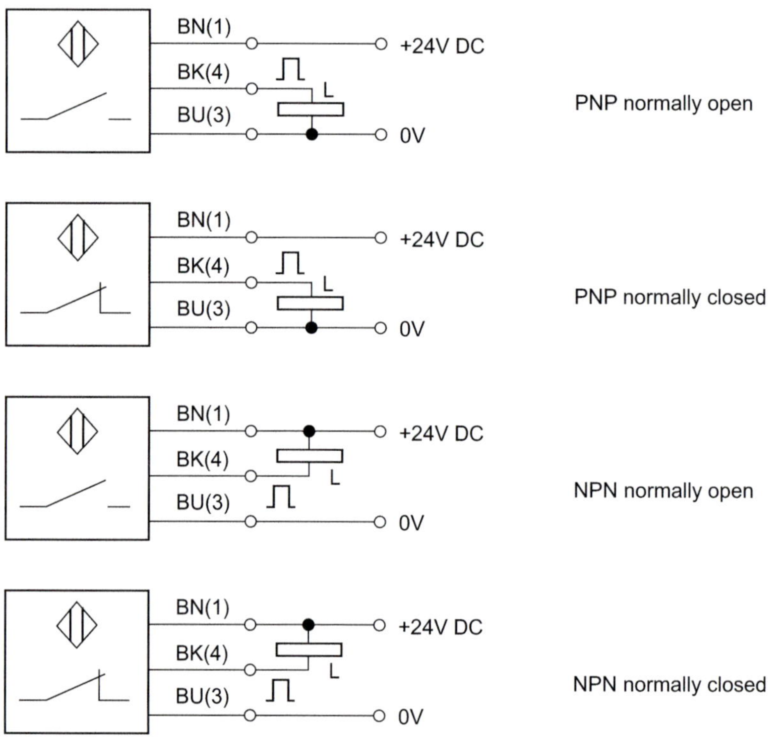


## (2) PLC 출력신호 결선

PLC의 출력모듈은 릴레이출력, 트라이악출력, 트랜지스터 출력모듈로 구분된다.

### 1) 릴레이출력모듈

릴레이 출력모듈은 트랜지스터 출력모듈로 제어하기 어려운 큰 전류를 필요로 하는 출력장치를 제어할 때 주로 사용한다.

### 2) 트라이악 출력모듈

AC 전압을 사용하는 출력장치를 제어할 때 하용하는 AC 전원 On/Off 제어 전용 모듈이다.

### 3) 트랜지스터 출력모듈

트랜지스터 출력모듈은 PNP 타입과 NPN 타입으로 구분된다. 결선방법의 원리는 입력신호 결선과 동일하다.

### 4) 지락사고가 생겼을 때 싱크와 소스출력 모듈의 차이점

오늘날의 자동화 장비에서는 전원을 차단하지 않고 유지보수를 해야 하는 경우가 종종 발생한다. 이때 유지보수를 하다가 기술자 본인도 모르게 지락사고를 발생시키는 경우가 있을 수 있다. 지락은 전류가 흐르는 상태에서 절연부분이 열화 또는 손상된 상태로 타물체와 접촉하여 대지로 전류가 흐르는 현상으로 누전도 지락에 해당한다.

### 5) 싱크 출력모듈의 지락사고

지락사고, 즉 출력이 접지 또는 DC 전원의 0 V와 연결되는 사고가 발생하였다. 부하의 Com이 +24 V에 연결되어 있기 때문에 부하를 통해 전류가 흐르게 된다. 작업자의 의도와 관계없이 부하가 동작하면서 안전사고가 발생할 수 있다.

### 6) 소스 출력모듈의 지락사고

지락사고, 즉 출력이 접지 또는 DC 전원의 0 V와 연결되는 사고가 발생한 경우에 부하의 COM이 0 V에 연결되어 있기 때문에 아무런 문제가 발생하지 않는다. 하지만 지락사고가 발생한 상태에서 해당 출력이 ON되면 과도한 전류가 흐르게 되어 출력모듈을 파손할 수 있기 때문에 이를 막는 회로가 내장되어 있다.

간단히 정리하면 아래와 같다.

| | 소스회로(PNP) | 싱크회로(NPN) |
|---|---|---|
| 스위치/부하의 관점 | 스위치 com : +24 V | 스위치 com : 0 V |
| | 부하 com : 0 V | 부하 com : +24 V |

## 5 FX3U-32M

### (1) 입력 부

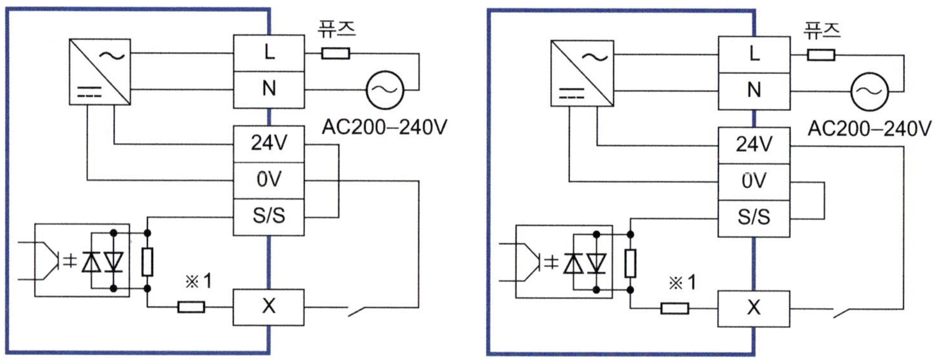


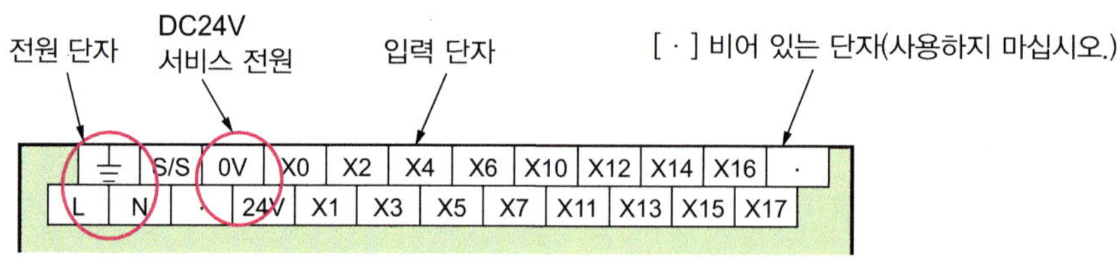


FX3U-32M의 입력 부 단자를 살펴 보게 되면, 왼쪽을 기준으로 PLC에 전원을 공급하기 위한 AC 전원 단자가 있으며 S/S는 PLC의 COM 단자를 뜻하게 됩니다.

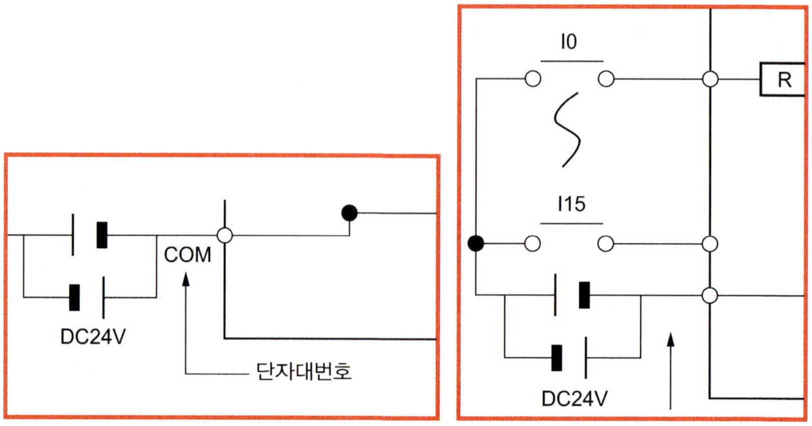

이 표시는 COM에 24 V를 인가하면 입력 신호를 0 V로 받아들이고, 0 V를 인가하면 입력 신호를 24 V로 받아들일 수 있다는 뜻이 됩니다.



#### FX3U-32M 출력부

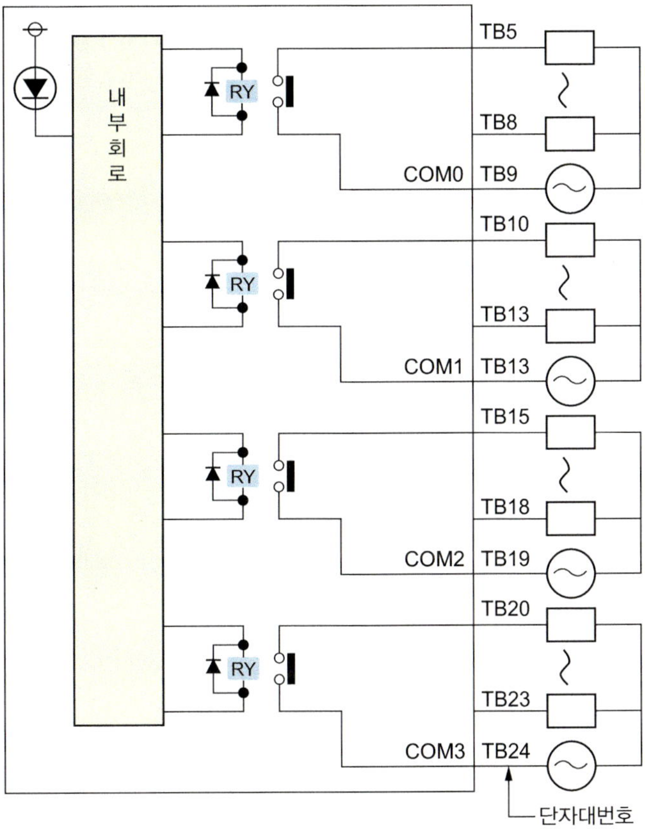


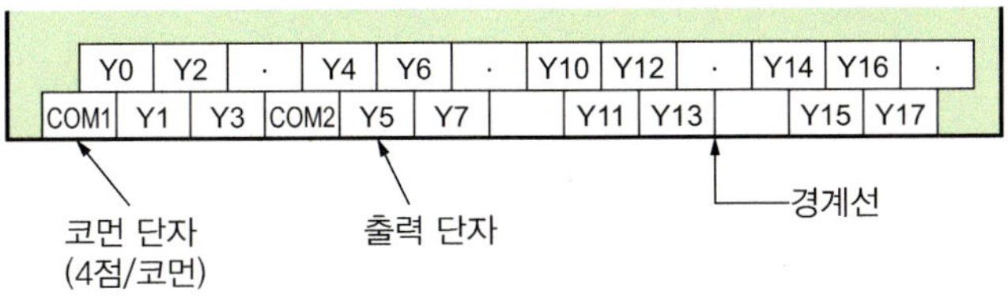


입력이 DC 24V로 고정된 것과 비교하여 출력은 AC 220 V와 DC 24 V를 선택하여 사용할 수 있습니다. COM 부분에 AC 220 V를 인가하였다면 출력 또한 AC 220 V로 나오며, DC 24 V를 인가하였다면 출력 또한 DC 24 V로 나옵니다.

### 3) FX3U-32M 각부 명칭

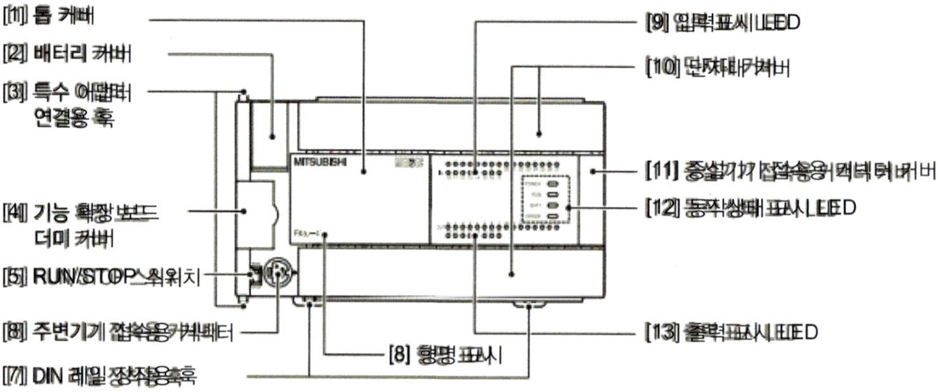


공장출하 시(표준)

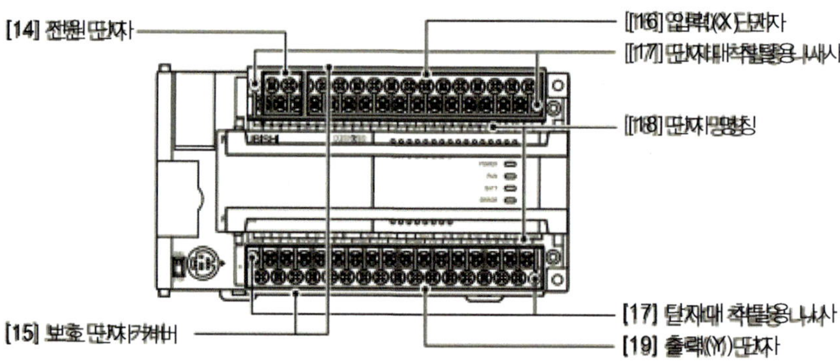


단자대 커버를 연 상태

FX3U-32M PLC 같은 경우 블록형 타입 PLC로써 입력 16점 출력 16점으로 총 32점의 접점수를 가진 PLC입니다. PLC에 직접 배선하는 입출력(최대 256점)과 네트워크(CC-Link)상의 리모트 I/O(최대 256점)의 합계 점수를 384점까지 확장할 수 있습니다.

또한, 64 K 스텝의 RAM 메모리를 내장하고 있으며, 메모리 카세트를 사용함으로써, 프로그램 메모리를 플래시 메모리로 사용할 수 있습니다.

CHAPTER

2

# 시퀀스 차트 작성

## 2.1 GX-Works2

① 압축파일 압축을 풀어줍니다.

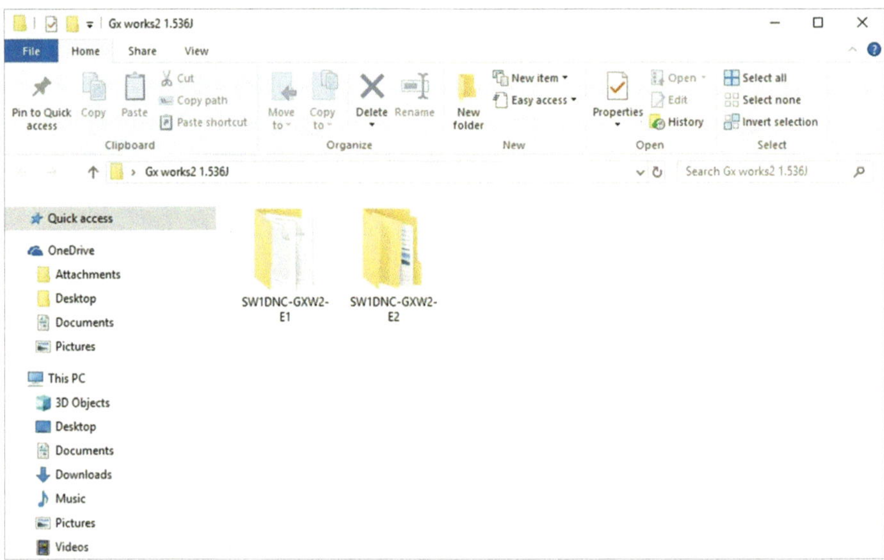


② SW1DNC-GXW2-E1 폴더의 Setup을 더블클릭 합니다.

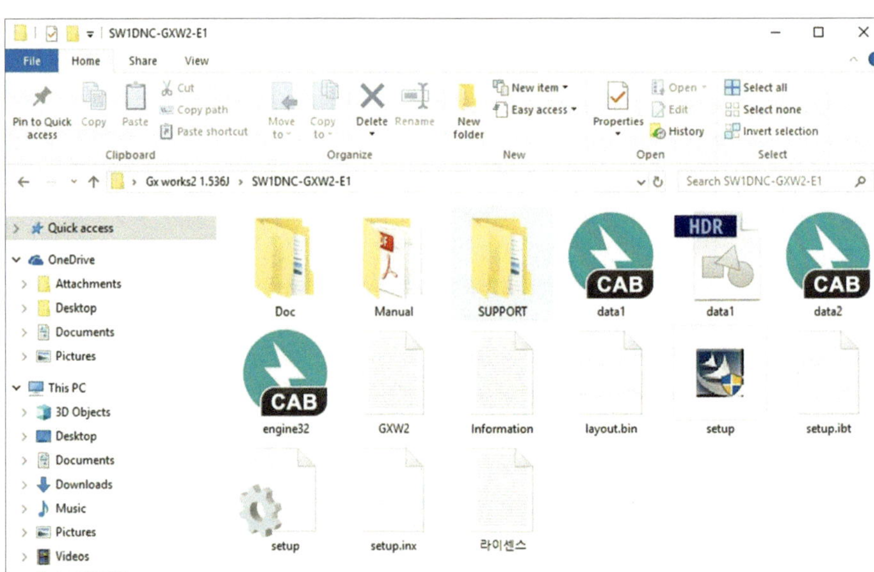

3 OK를 눌러 인스톨을 시작합니다.

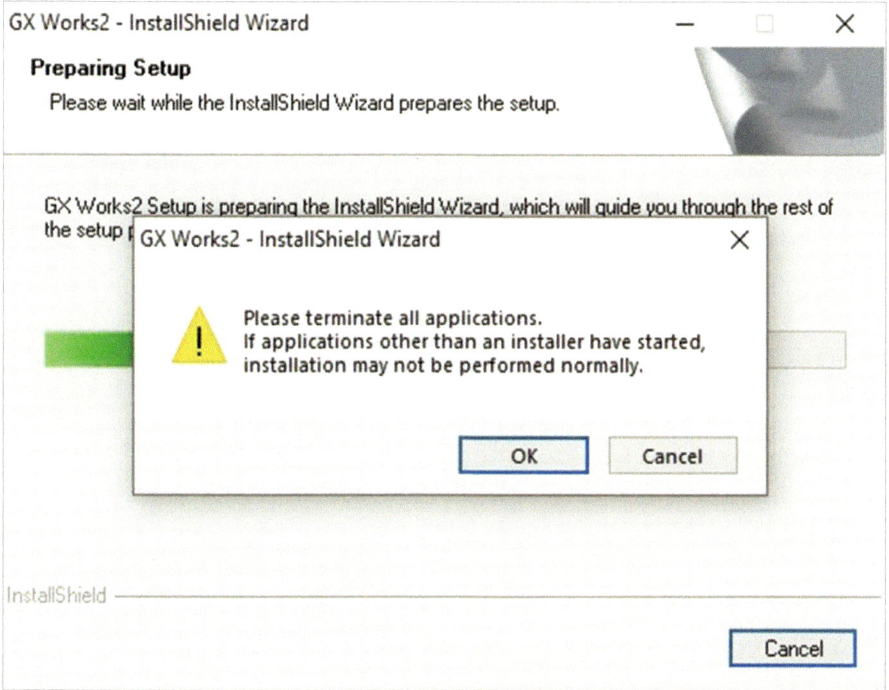


4 Next를 클릭합니다.

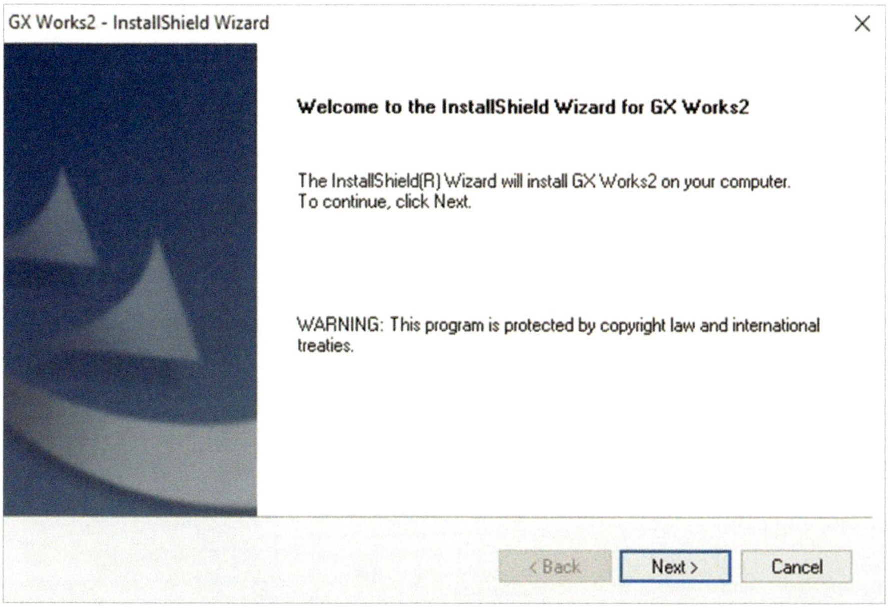

5 사용자 이름, 회사명, 라이센스키를 작성하고 Next를 클릭합니다.

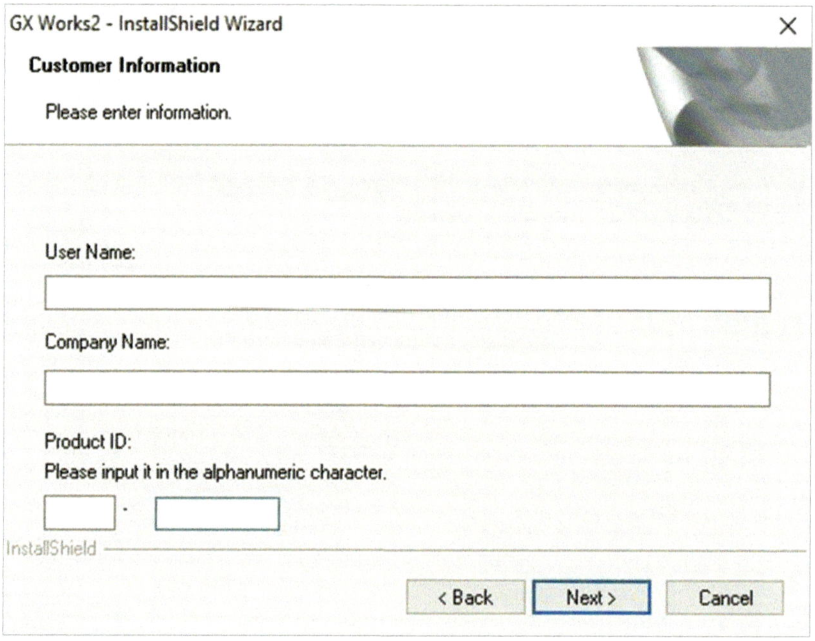


6 프로그램이 설치될 폴더를 확인하고 Next를 클릭합니다.

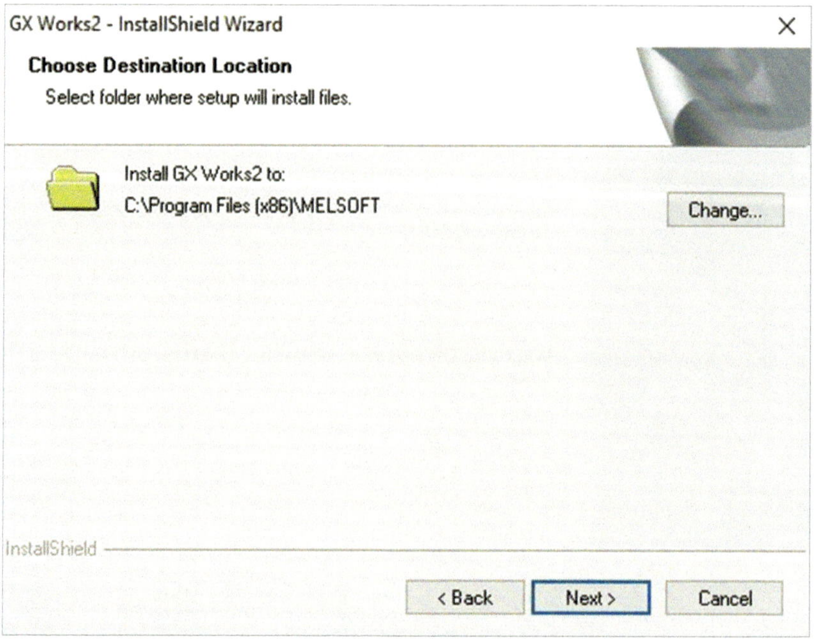

7 Next를 클릭합니다.

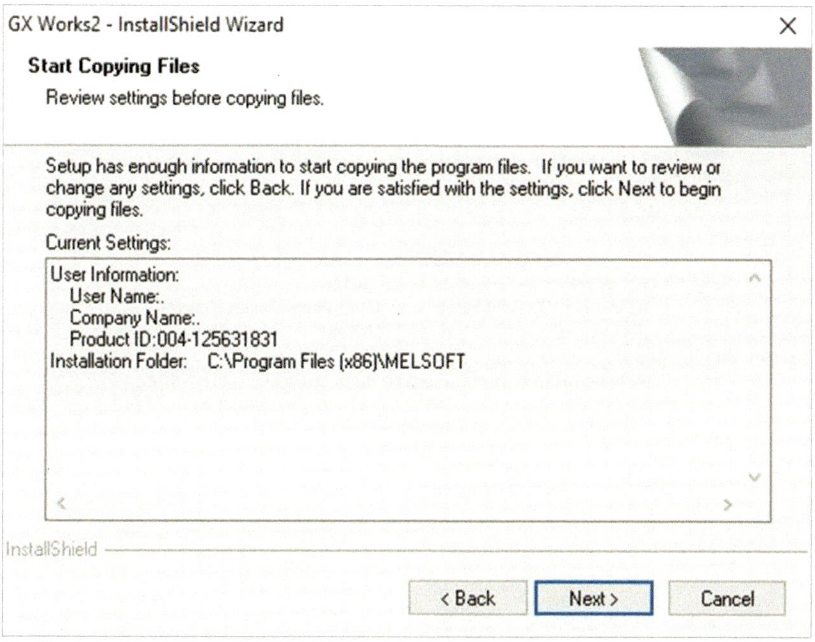


8 설치가 진행되는 화면입니다.

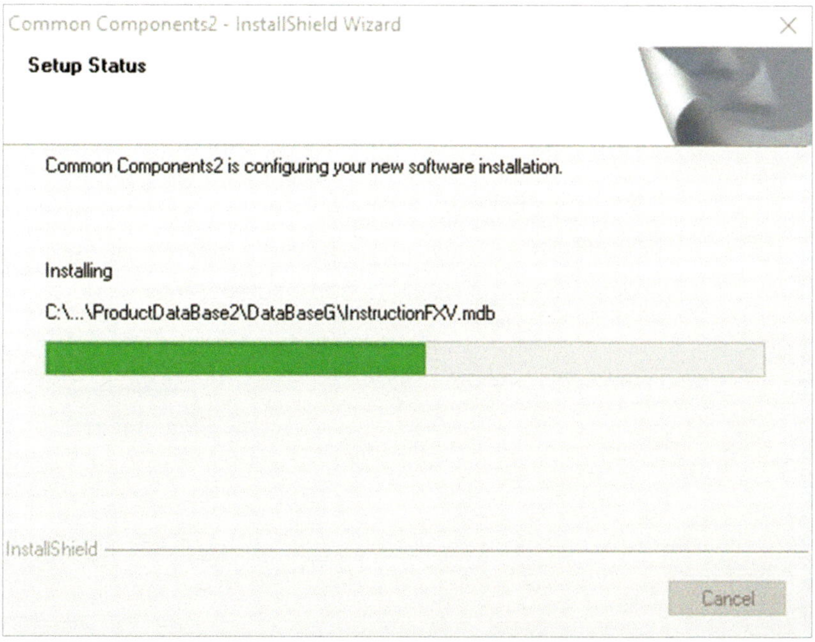

9 OK를 클릭합니다.

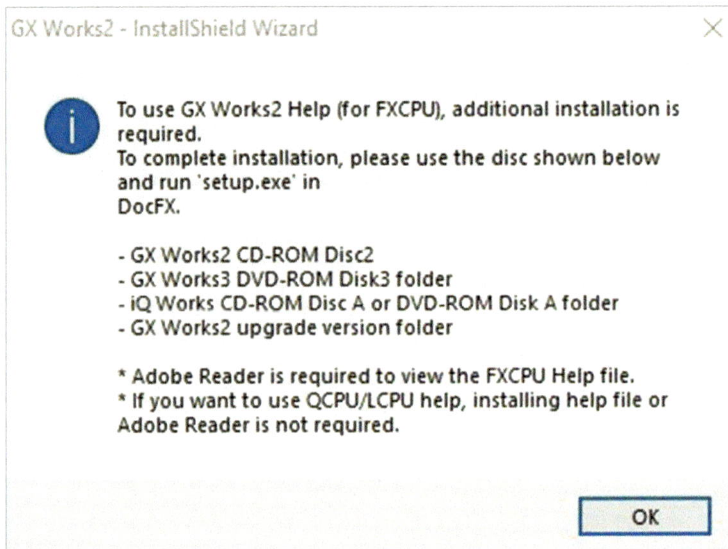


10 OK를 클릭합니다.

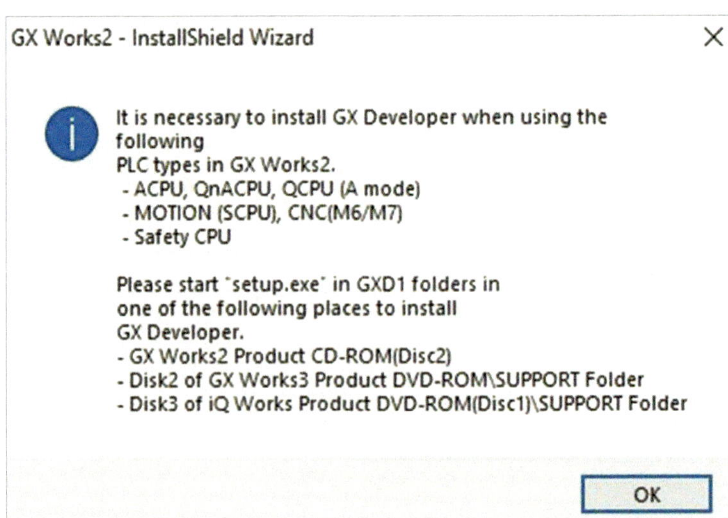

11 Yes를 클릭합니다.

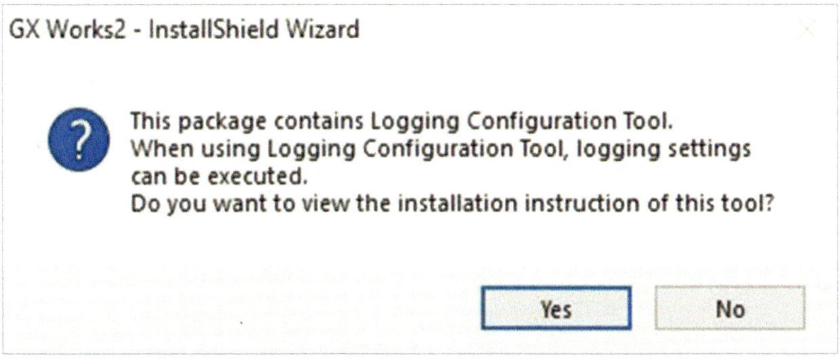


12 Finish를 클릭하여 설치를 마무리 합니다.

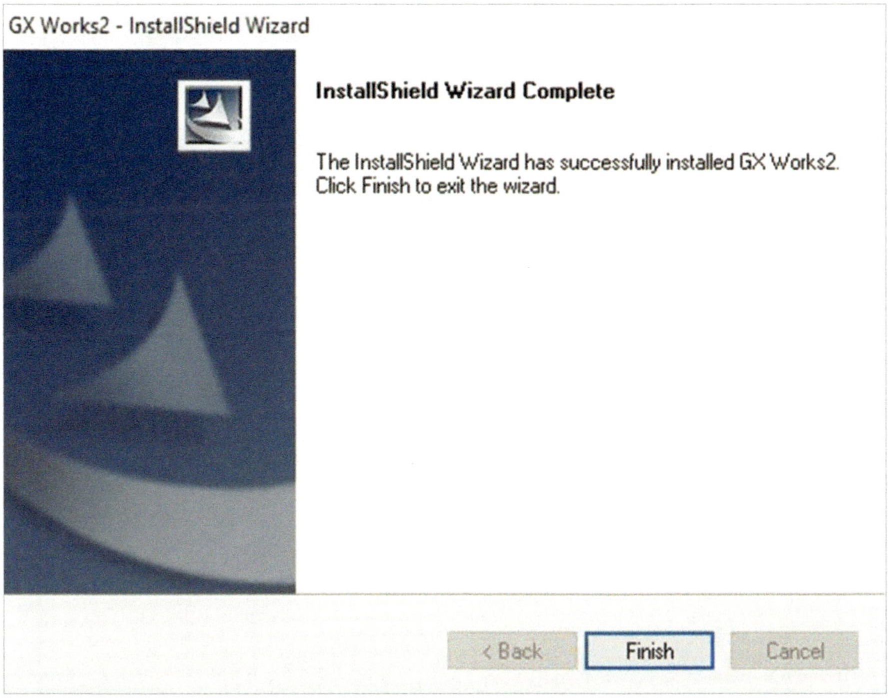

# 1 GX Works2 USB드라이버 설치

소프트웨어 설치시에 자동으로 설치되나 간혹 설치가 안되는 상황이 발생합니다.

아래와 같이 드라이버를 수동으로 설치합니다.

1 아래와 같은 화면이 나타나거나 2번과 같은 화면이 표시되면 PLC와 연결시 접속이 안됩니다.

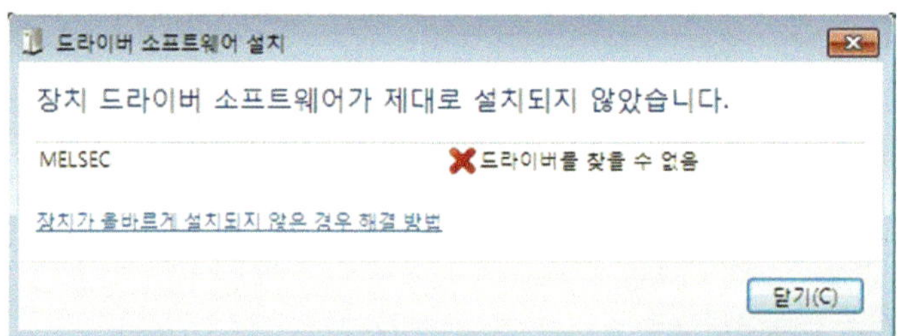


2 컴퓨터 → 제어판 → 장치관리자를 클릭합니다. 아래와 같이 MELSEC에 노란색 느낌표가 나타납니다.

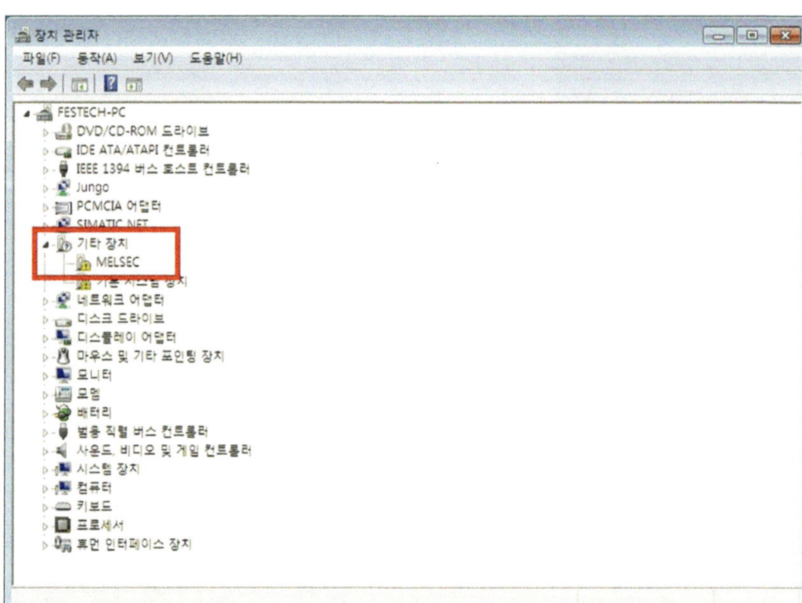

3 MELSEC을 마우스 우클릭하여 드라이버 소프트웨어 업데이트를 선택합니다.

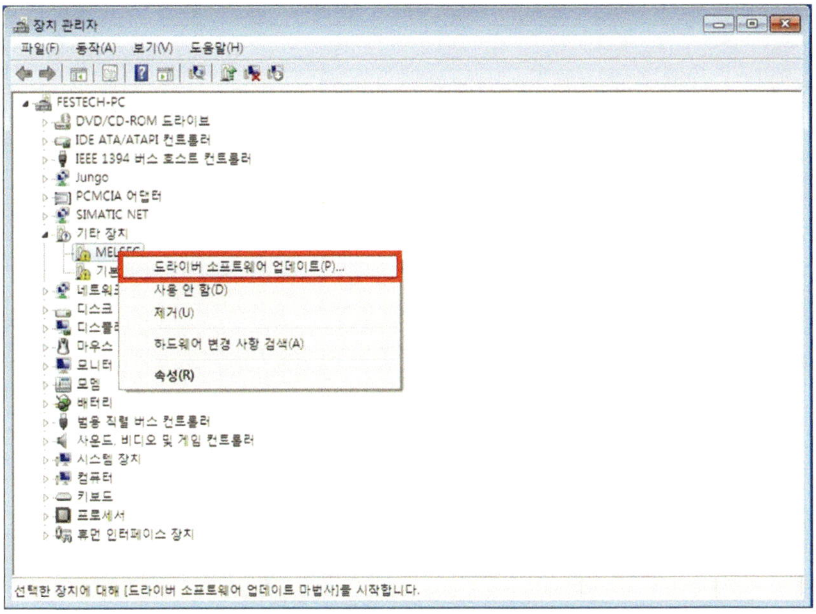

4 컴퓨터에서 드라이버 소프트웨어 찾아보기를 클릭합니다.

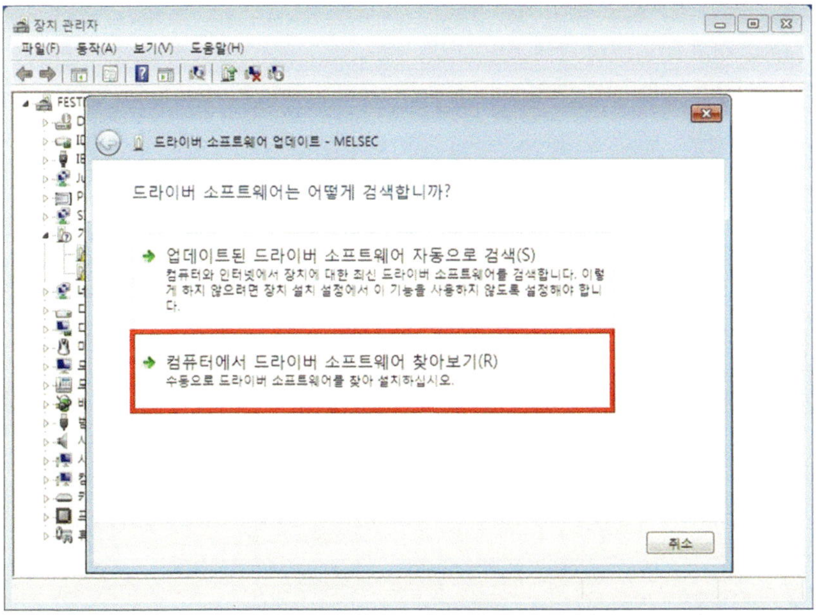

5 찾아보기를 클릭합니다.

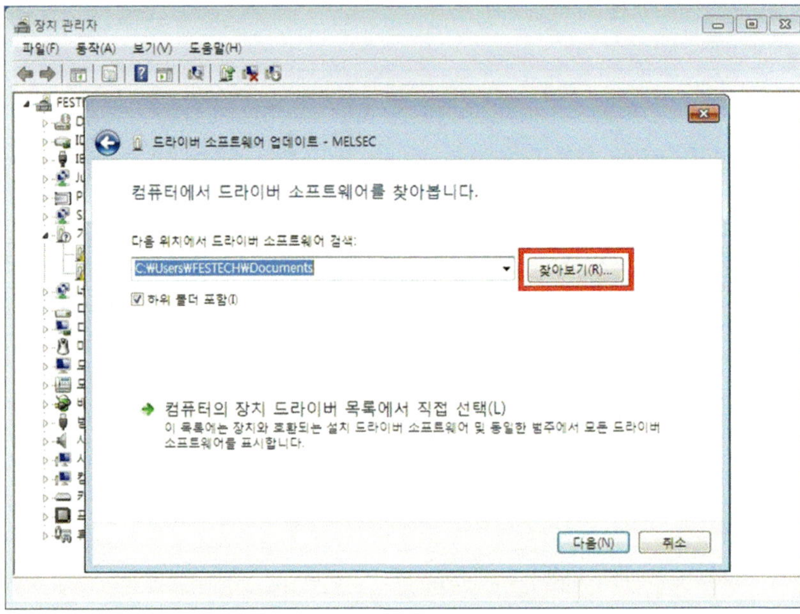


6 파일경로를 다음과 같이 찾아갑니다.

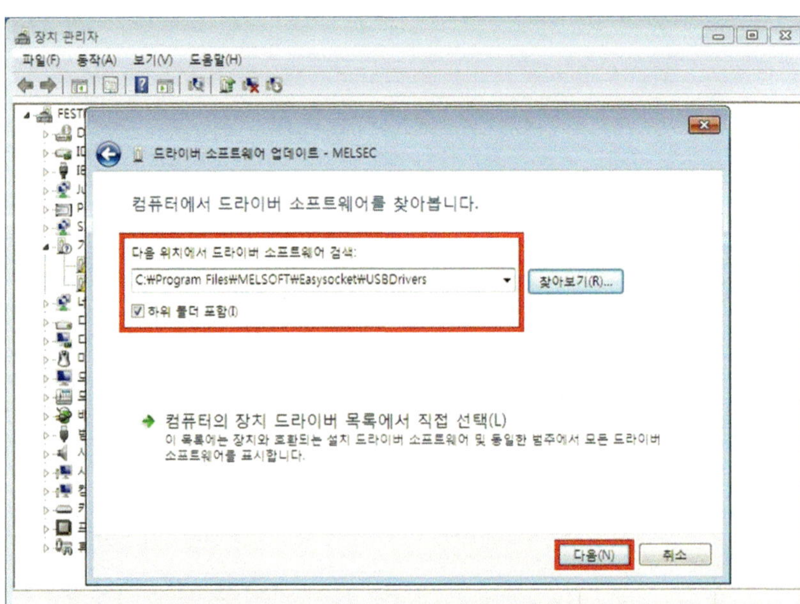

7 미쓰비시 소프트웨어는 항상 신뢰를 체크하고 설치를 클릭합니다.

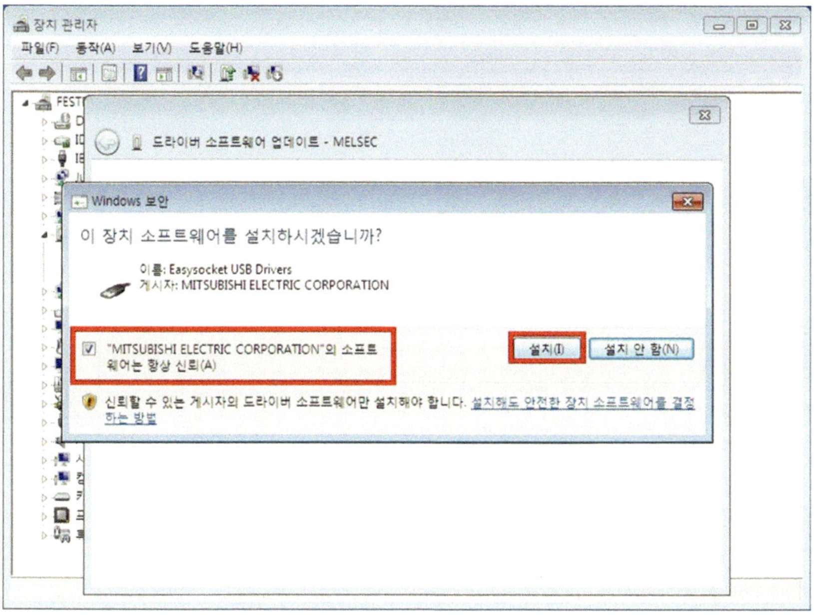


8 드라이버 설치가 진행중인 화면입니다.

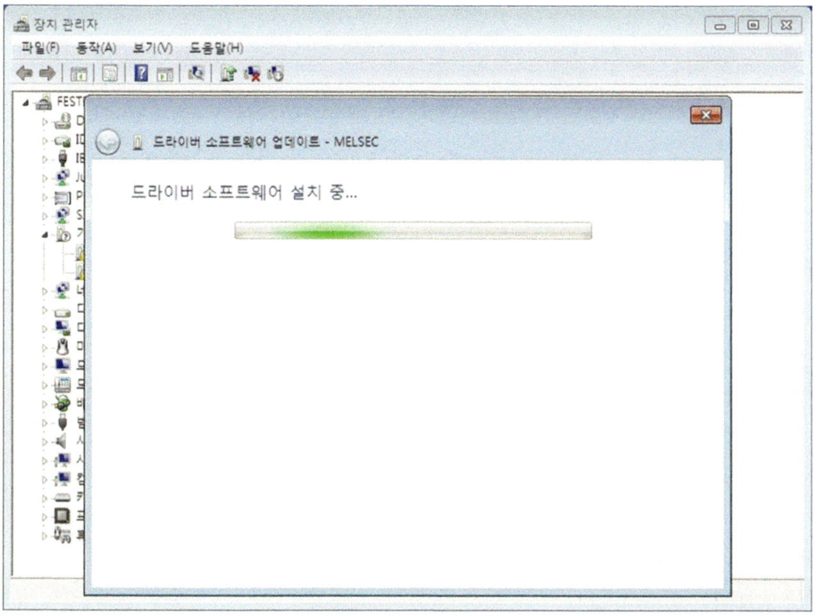

9 드라이버 설치가 완료되었습니다.

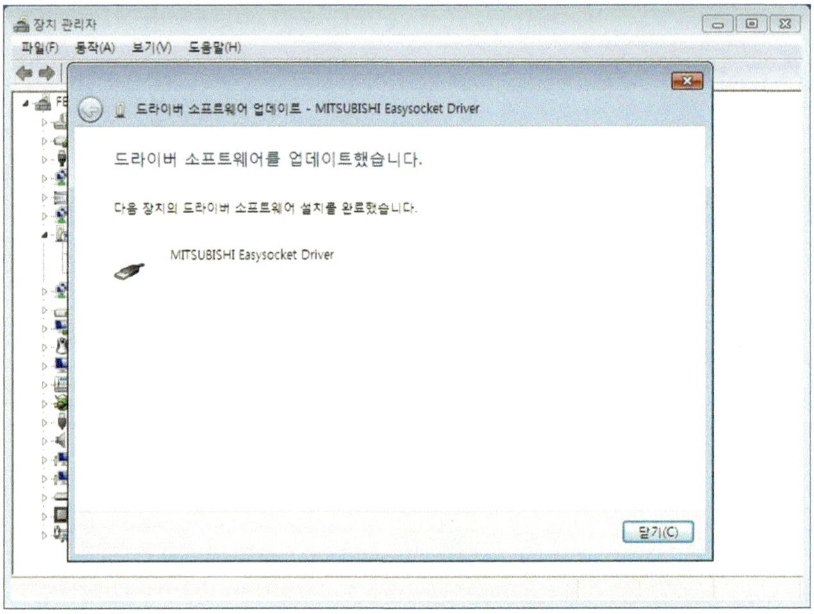


10 Mitsubishi Easy socket Driver가 정상적으로 동작하는것을 확인합니다.

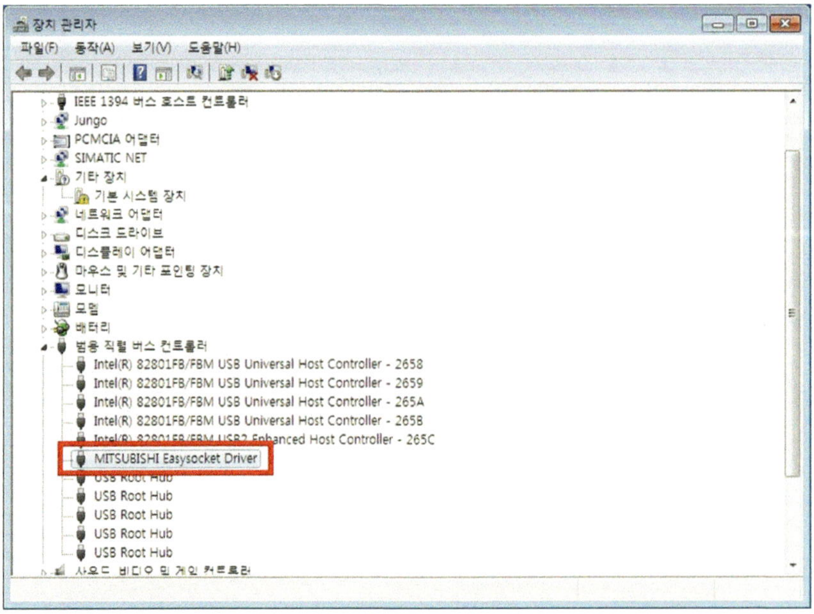

FX3U-32M PLC의 프로그램 작성을 위해서는 GX-Works2 명칭을 가진 소프트웨어를 이용해야 합니다. GX-Works2의 기능을 크게 나누어 살펴보면 다음과 같이 5가지의 기능을 가지고 있습니다.

### (1) 프로그램 작성

아래의 그림처럼 PLC 프로그램을 작성할 수 있습니다.

래더 프로그램

### (2) PLC CPU의 메모리의 읽기 및 쓰기

컴퓨터를 이용하여 FX3U-32M PLC의 메모리의 내용을 읽거나 쓸 수 있습니다.

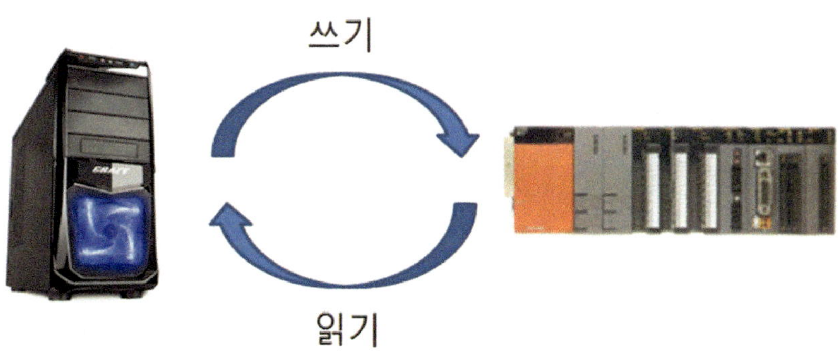


PLC CPU 메모리 읽기 및 쓰기

### (3) 모니터 기능

모니터 기능으로는 시퀀스 프로그램 모니터, 디바이스 일관 모니터, 디바이스 등록 모니터 등을 가지고 있습니다. 아래의 그림은 디바이스 일괄 모니터 화면입니다.

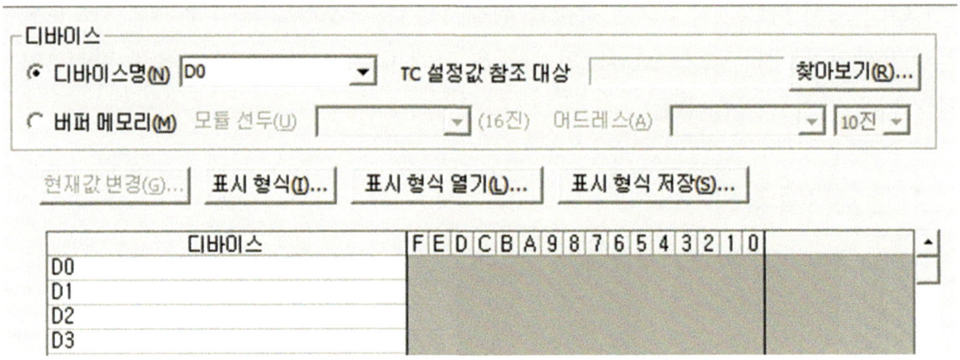

PLC CPU 메모리 모니터링

### (4) 디버그

사용자가 작성한 PLC프로그램을 PLC CPU에 쓰고, PLC프로그램이 정상적으로 동작하는지를 테스트 합니다.

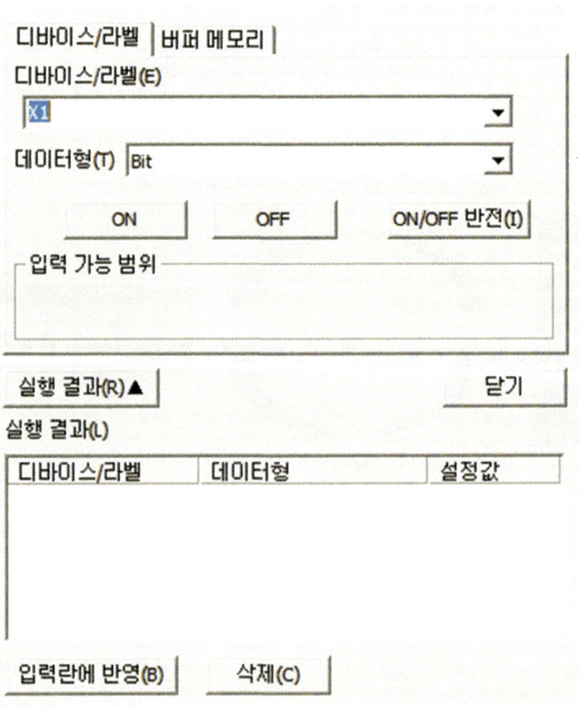

디바이스 테스트 화면

## (5) PLC 진단

PLC 현재의 에러 상태나 고장 이력 등을 확인할 수 있으므로 시스템의 이상 발생 시 복구 작업 시간을 단축할 수 있습니다.

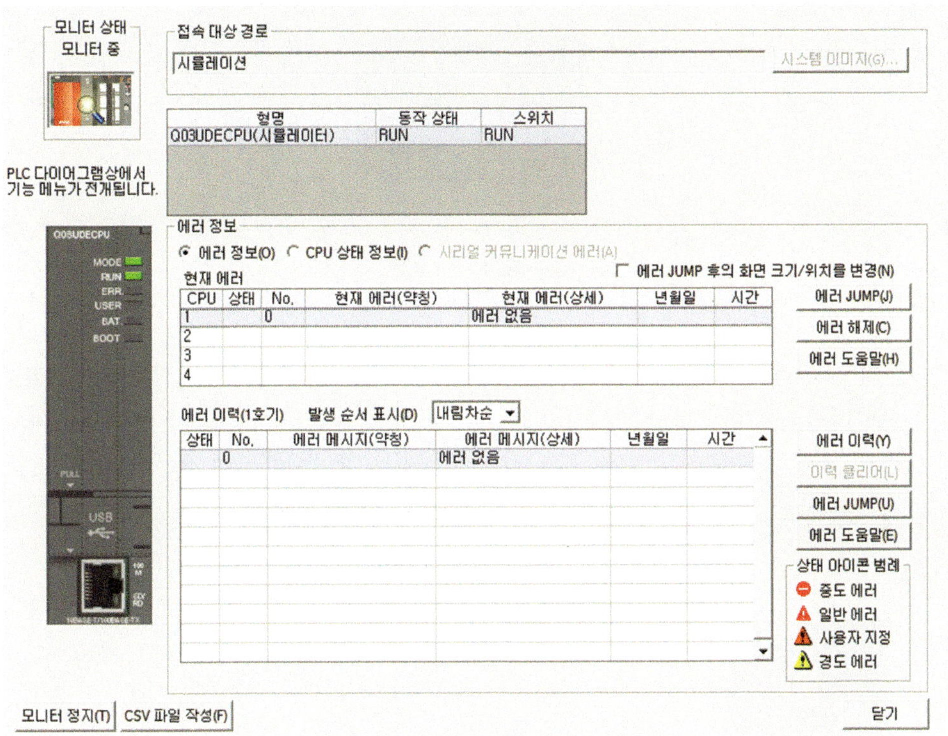


PLC 진단 화면

## (6) 시뮬레이터

PLC 프로그램 작성 후 시뮬레이터를 통한 프로그램 모니터링을 할 수 있습니다.
디버그 - 시뮬레이터 시작/정지를 클릭하면 시뮬레이터가 실행이 됩니다.
다시 시뮬레이터를 종료하려면 시뮬레이터 시작/정지를 다시 클릭하면 됩니다.

시뮬레이터 화면

시뮬레이터 화면이 생성되면 시뮬레이터가 실행됩니다. 여기서 스위치의 STOP를 클릭하면 PLC CPU의 STOP와 동일하게 되고 RUN을 클릭하면 CPU의 RUN과 동일하게 됩니다. ON 하려고 하는 접점에 Shift + Enter을 하게 되면 강제 ON이 되어 모니터링을 가능하게 됩니다.

모니터링 화면

## 2 GX Works2의 특징

GX Works2는 Melsec PLC 시리즈의 프로그램을 작성하고 디버깅하는 소프트웨어이다. GX Works2는 다음과 같은 특징과 장점이 있다.

### (1) 프로젝트 종류

GX Works2에서는 심플프로젝트와 구조화 프로젝트의 선택이 가능하다.

### 심플 프로젝트

미쯔비시 PLC CPU의 명령을 사용하여 시퀀스 프로그램을 작성한다. 또한, 심플 프로젝트에서는 기존의 GX Developer와 같은 조작으로 프로그램을 작성할수 있다.

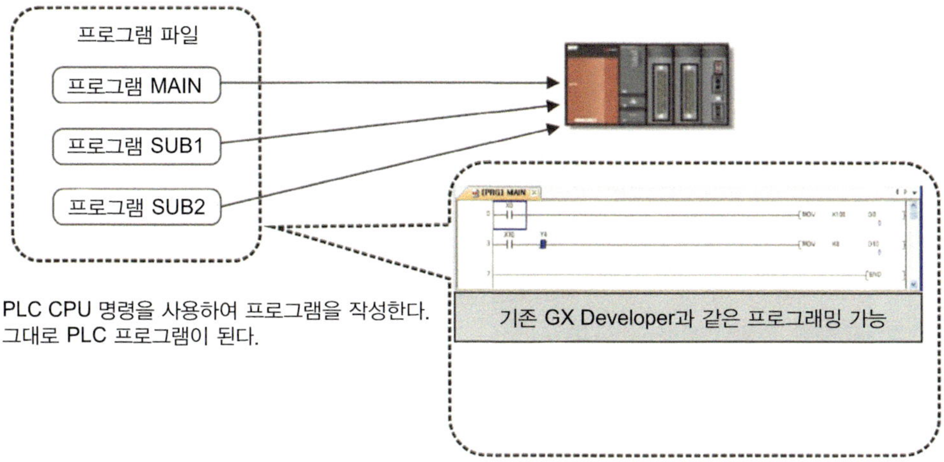


구조화 프로젝트

구조화 프로젝트는 구조화 프로그래밍에 의한 프로그램을 작성할 수 있다. 제어를 세분화하여 프로그램의 공통 부분을 부품화하면, 보기쉽고 유용성 높은 프로그램(구조화 프로그램)의 작성이 가능하다.

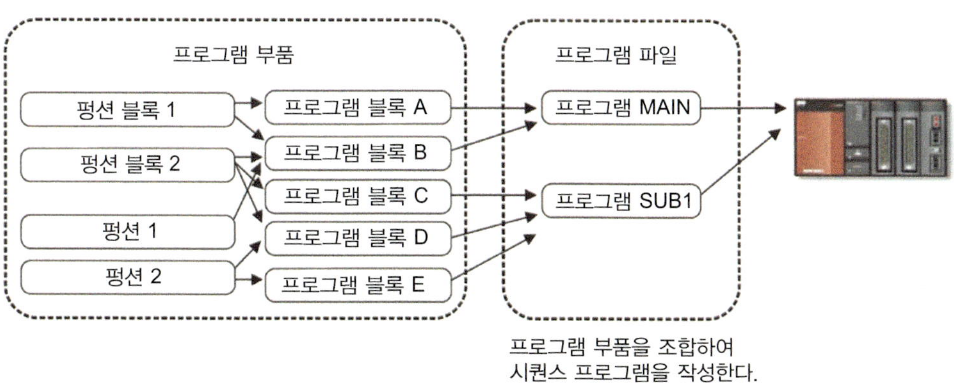


## (2) 라벨을 이용한 프로그래밍

라벨 프로그래밍에서는 디바이스 No.를 신경쓰지 않고프로그램을 작성할 수 있다.

라벨 프로그래밍에서 작성한 프로그램은 컴파일 하면 자동으로 디바이스를 할당할 수 있어 실제의 프로그램에서 사용할수 있다.

글로벌 라벨에서는 작성한 라벨을 다른 프로그램에 유용할 수 있다.

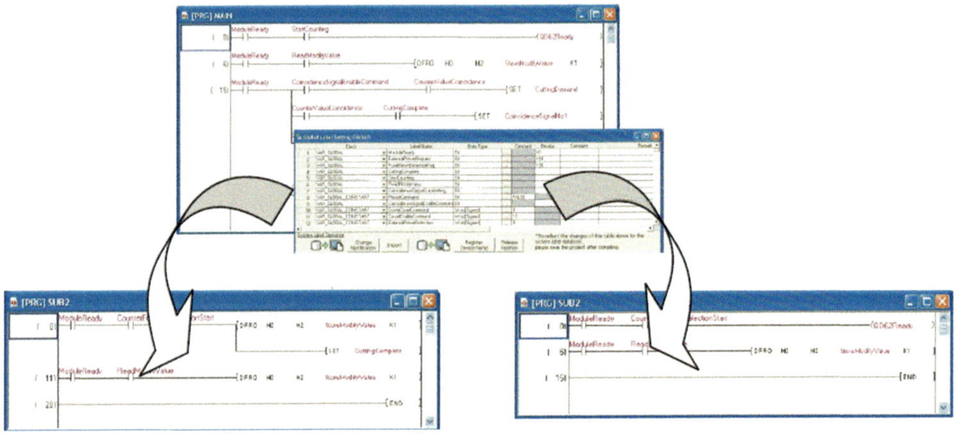

### (3) 과거의 프로그램 자산 활용

심플프로젝트에서는 기존의 GX Developer에서 작성한 프로젝트를 유용할 수 있다. 과거 자산을 유용하면 프로그램의 설계 효율을 향상시킬 수 있다.

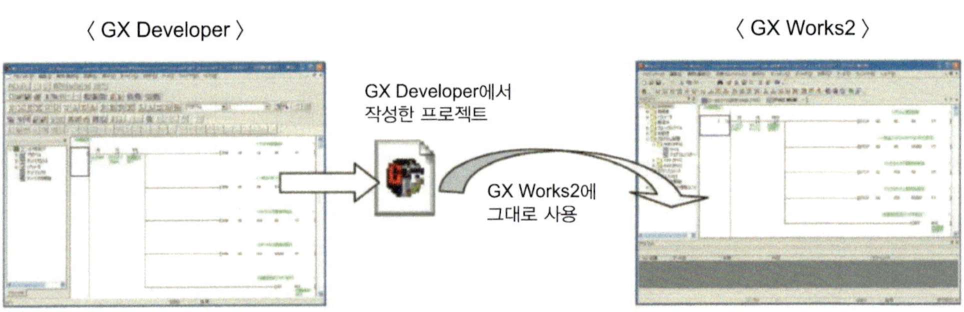


### (4) 라이브러리화에 의한 프로그램 부품 공유

구조화 프로젝트에서는 자주 사용하는 프로그램이나 글로벌 라벨, 구조체를 라이브러리로 등록할수 있다. 이 라이브러리를 활용하면 프로그램 작성시간이 크게 단축된다.

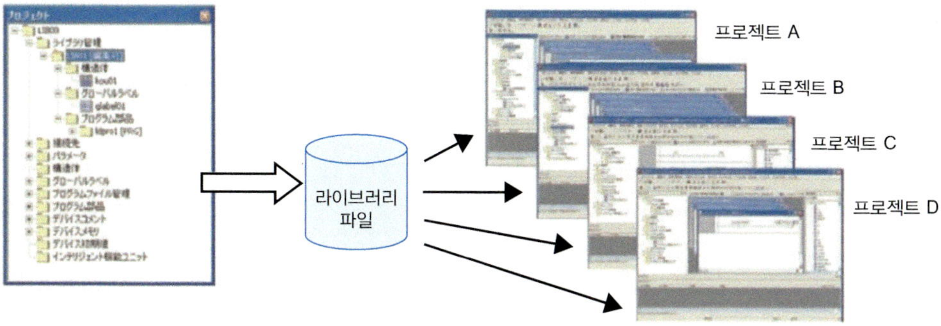


## (5) 다양한 프로그램 언어

다양한 프로그램 언어에 의해 GX Works2에서는 제어에 따라 최적의 프로그램 언어를 선택할 수 있다.

〈래더〉
기존 GX Developer과 같은 프로그래밍

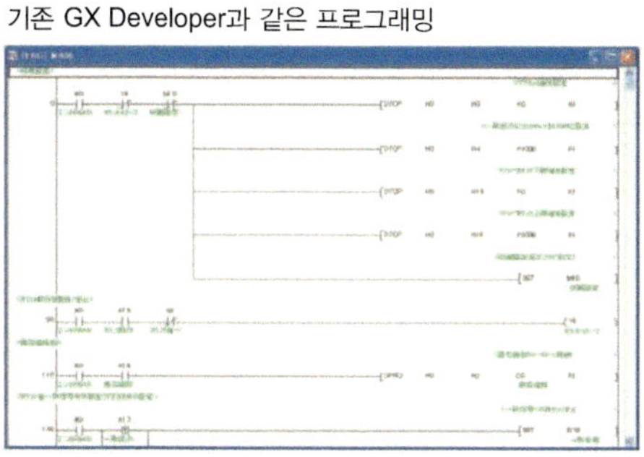

〈SFC〉
처리 순서를 명확하게 할 수 있는 프로그래밍

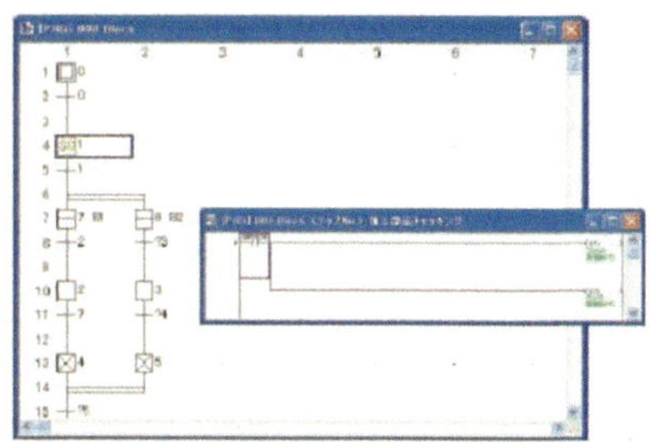

〈구조화 래더〉
래더도를 그래픽으로 프로그래밍

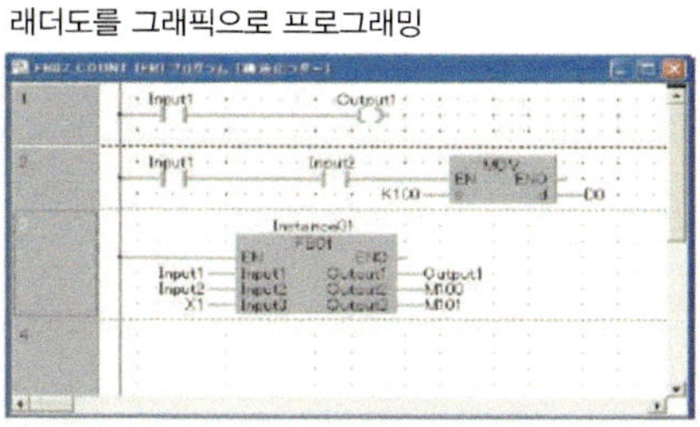

〈ST〉
C 언어와 같은 텍스트 언어로 프로그래밍

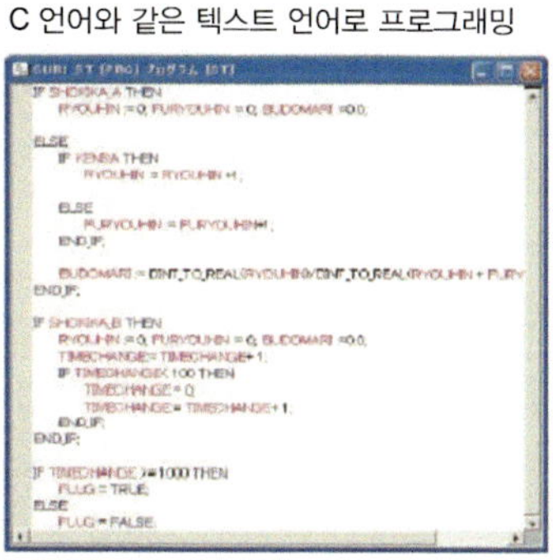

## (6) 기타특징

### 1) 오프라인 디버그

GX Works2에서는 시뮬레이션 기능에 의해 오프라인 상태에서도 디버그가 가능하다. 따라서 PLC CPU에 접속하지 않고도 작성한 시퀀스 프로그램이 정상적으로 동작하는지를 디버그할 수 있다.

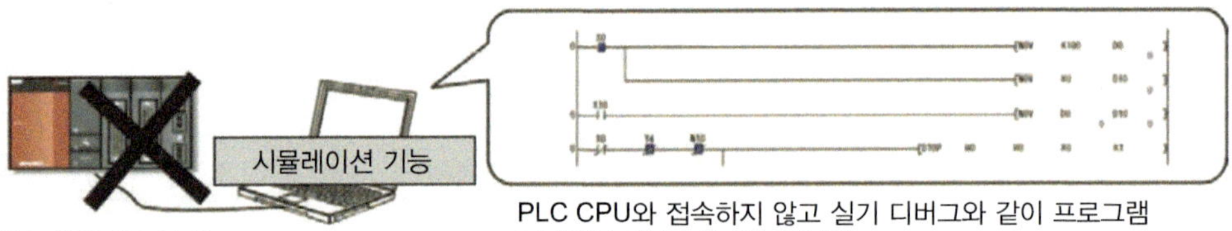


PLC CPU와 접속할
필요가 없습니다.

PLC CPU와 접속하지 않고 실기 디버그와 같이 프로그램
모니터나 디버그가 가능합니다.

#### 사용자 취향의 화면 레이아웃 작성 가능

연결 윈도우에 의해 GX Works2의 화면 레이아웃을 자유롭게 변경할 수 있다.

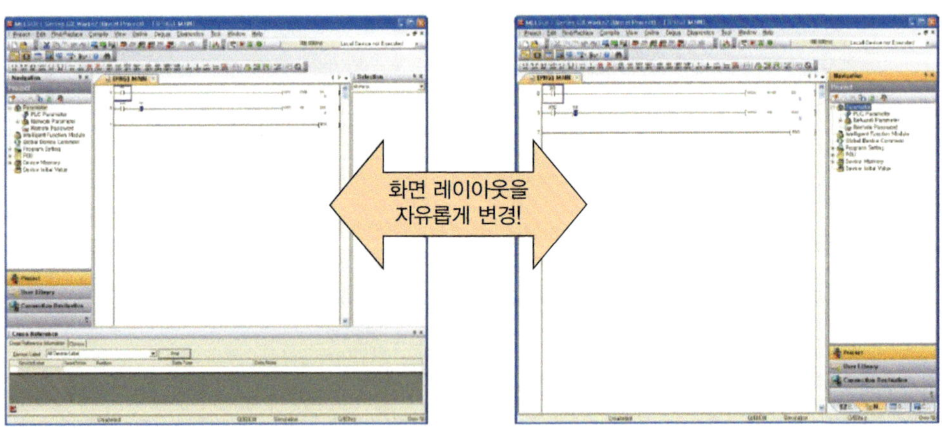

## 3 프로그램의 작성

### (1) 프로젝트 생성하기

1) 아이콘을 더블클릭한다. 아래와 같은 GX Works2 초기화면이 나옵니다.

Project 탭에서 New를 클릭합니다.

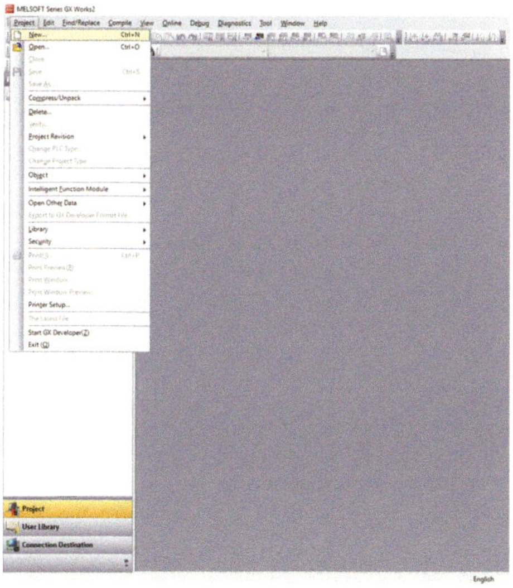

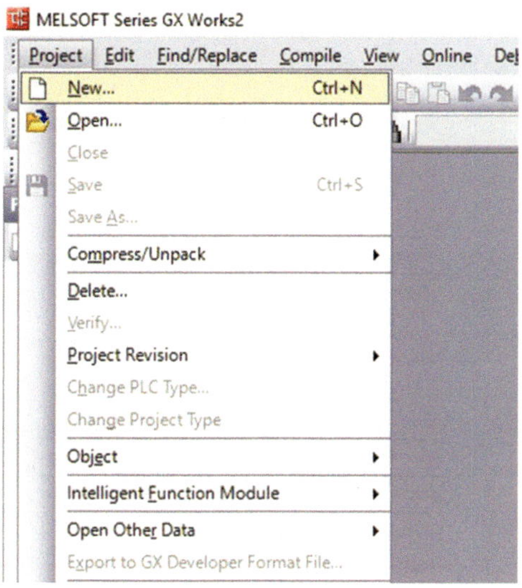


2) PLC Series와 CPU Type, Project Type, Language를 선택하고 OK를 클릭합니다.

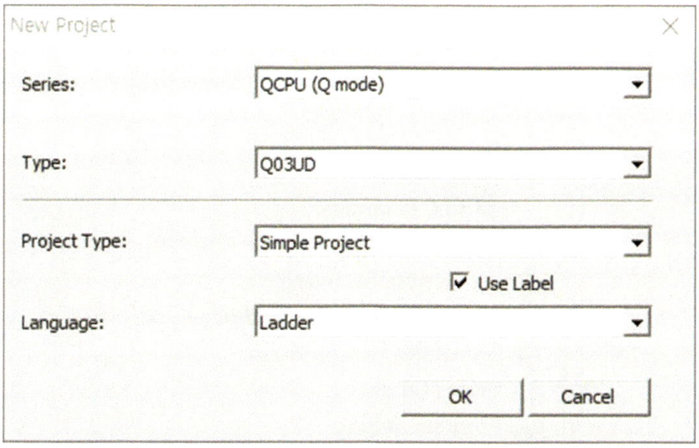

3) 아래의 그림과 같은 화면이 표시됩니다.

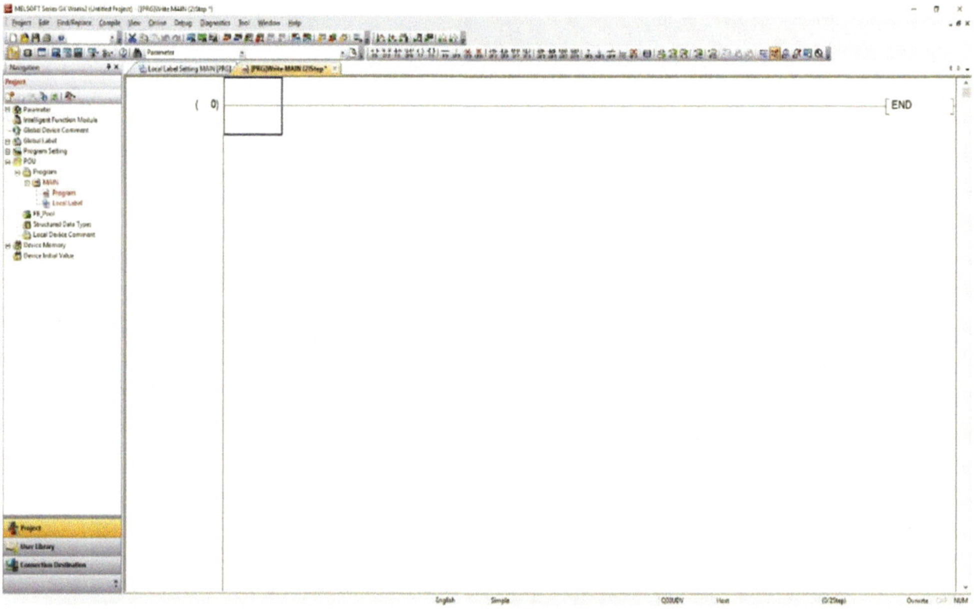

## (2) PLC 파라미터 설정

PLC를 초기에 설정할때 사용한다. PLC의 입력/출력/인텔리먼트 특수카드 등을 Configuration 합니다.

PLC Parameter를 더블클릭하고 I/O Assignment를 클릭합니다.

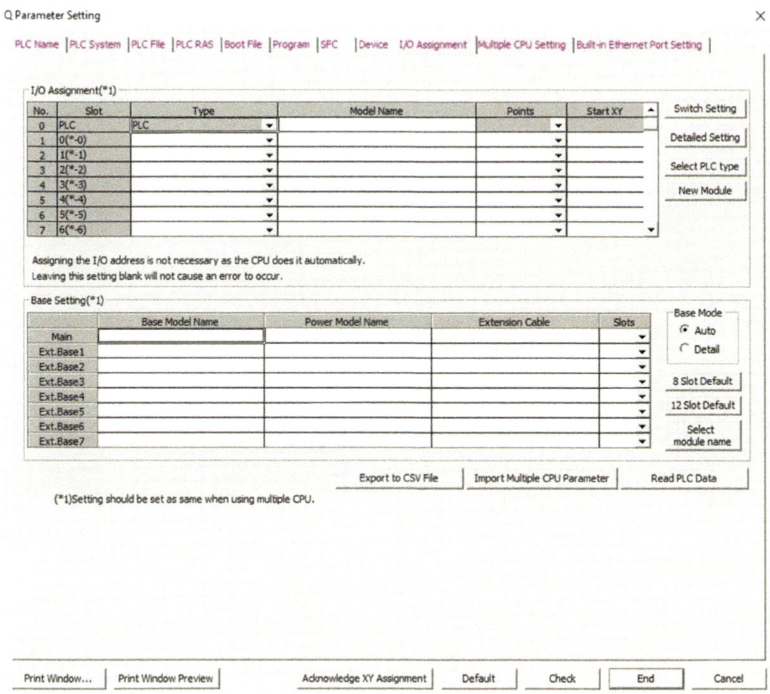


1) Read PLC Data를 클릭하고 Yes를 클릭합니다.

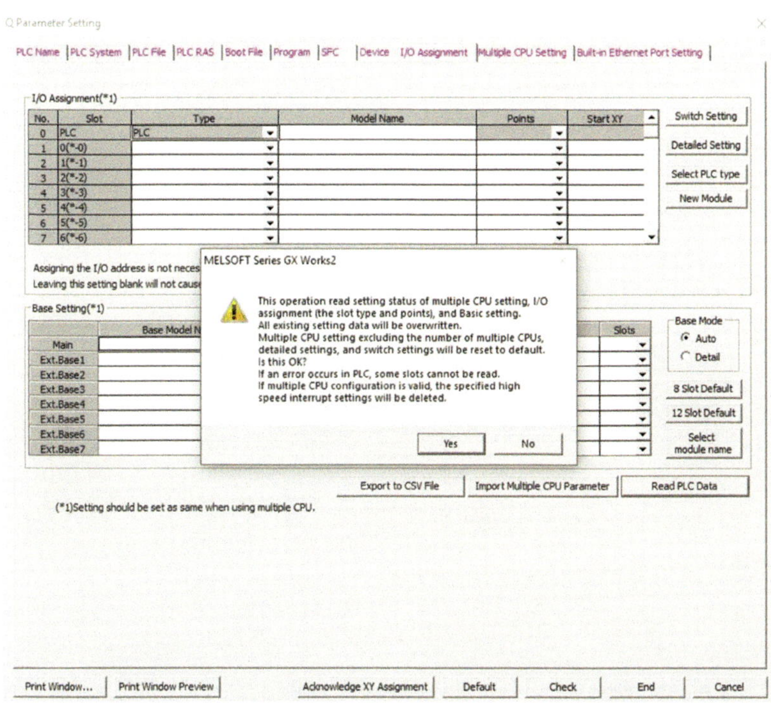

2) PLC의 Data가 넘어온 모습입니다.

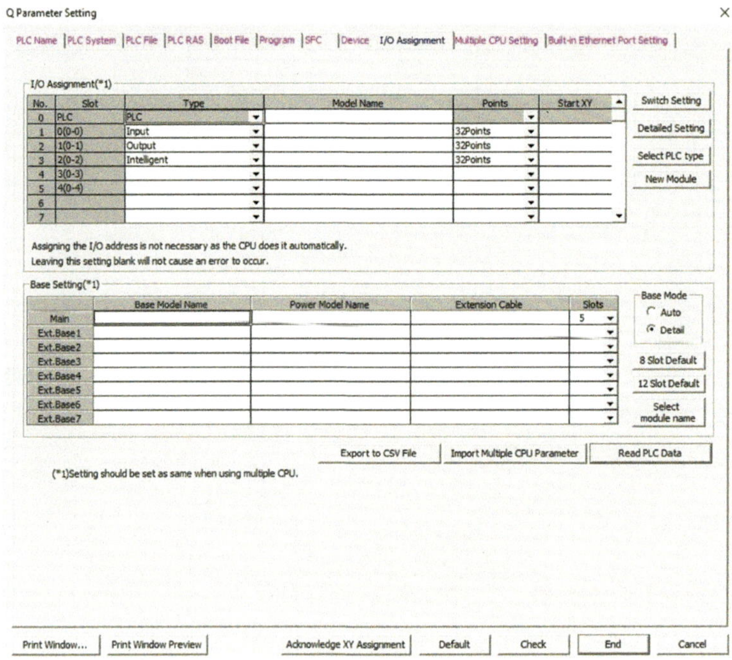

3) Check를 클릭합니다. 에러가 없는 것을 확인한 후 OK를 클릭합니다.

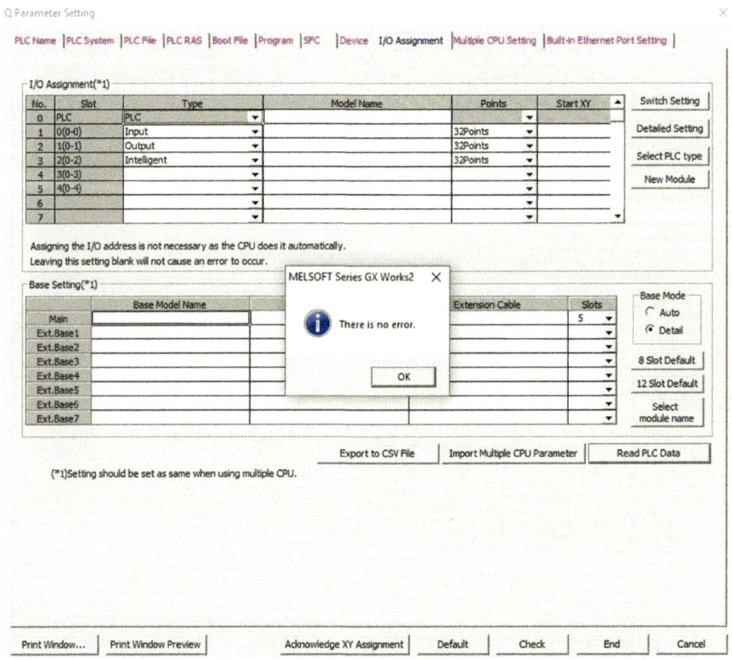

### (3) 통신테스트

1) Connection Destination을 클릭하고 Connection1을 더블클릭 합니다.

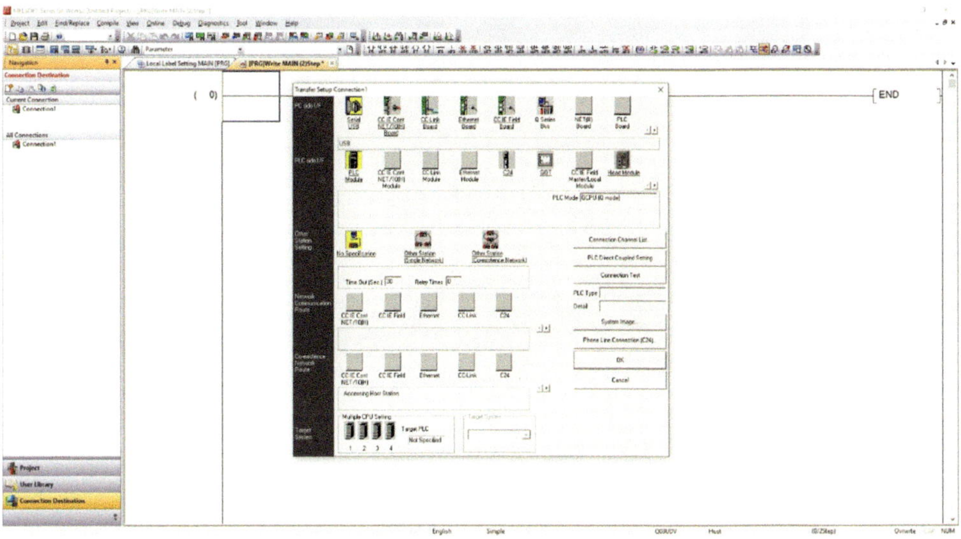

2) USB 케이블을 이용한 통신설정

a) Serial USB를 더블클릭하고 USB를 선택 후 OK를 클릭한다. Connection Test를 클릭한다.

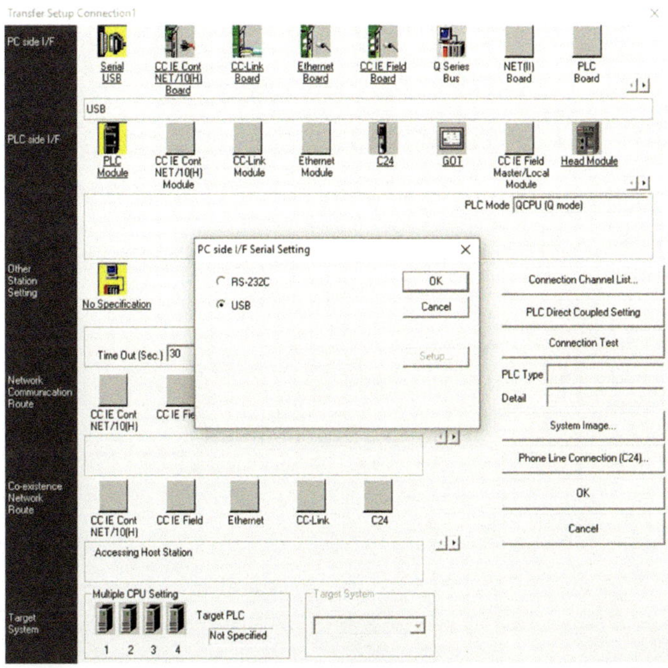

b) 통신이 정상적으로 이루어지면 아래와 같은 화면이 나타난다.

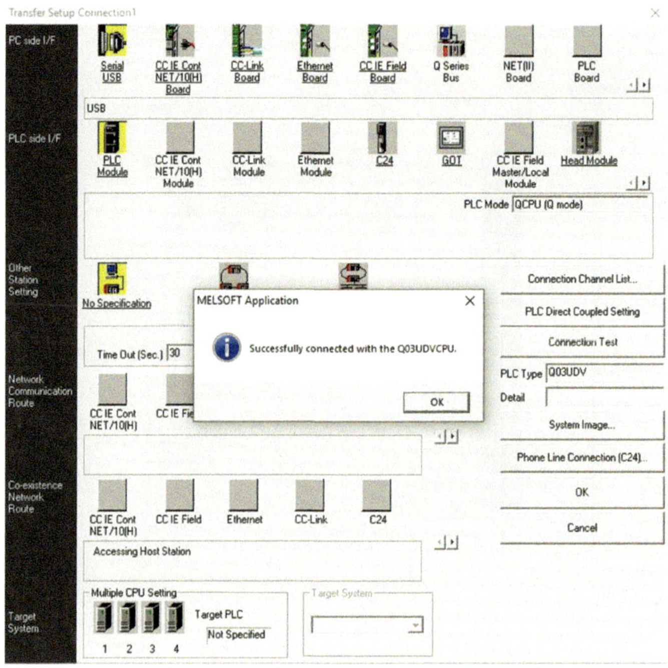


## (4) PLC에 프로그램 쓰기

1) Online 탭에서 Write to PLC를 클릭한다.

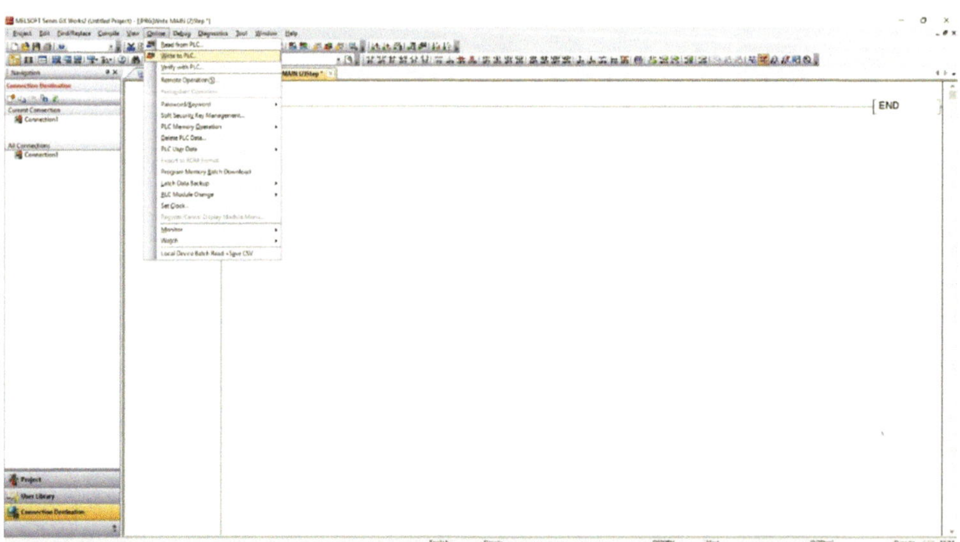

2) Write가 선택되어 있는것을 확인한 후 Parameter+Program을 클릭한 후 Execute를 클릭한다.

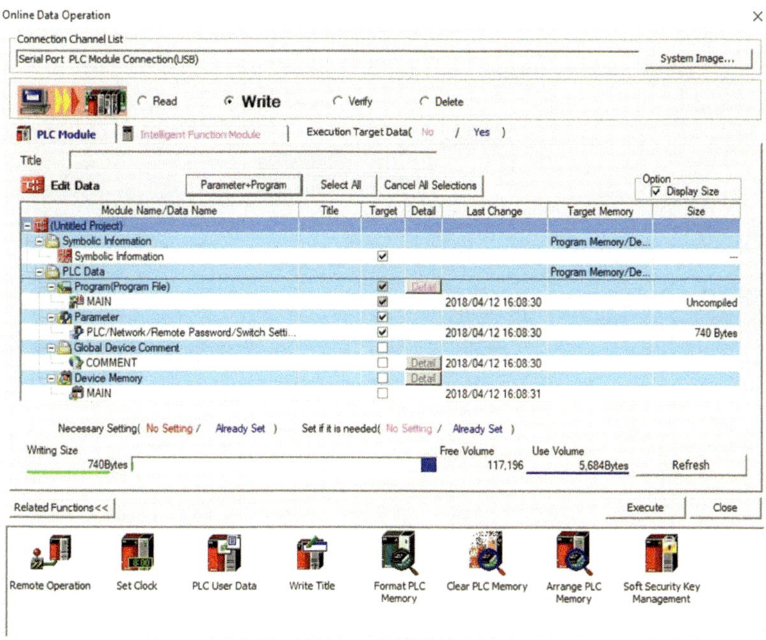


3) Yes를 클릭한다.

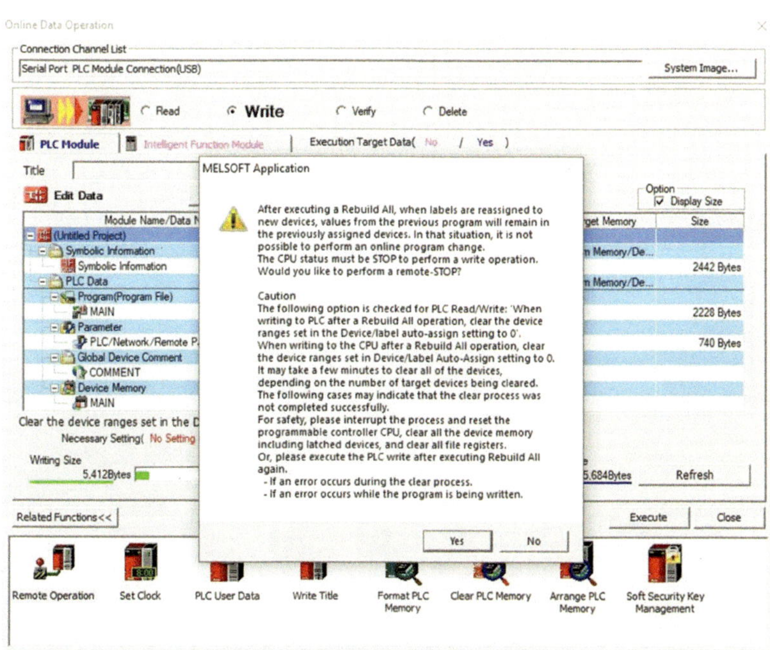

4) Yes to all을 클릭한다.

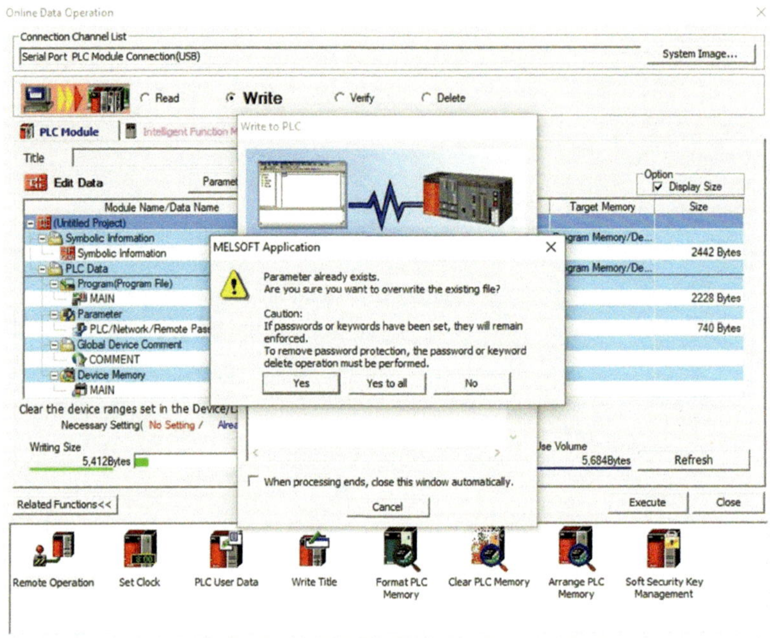

5) Close를 클릭한다.

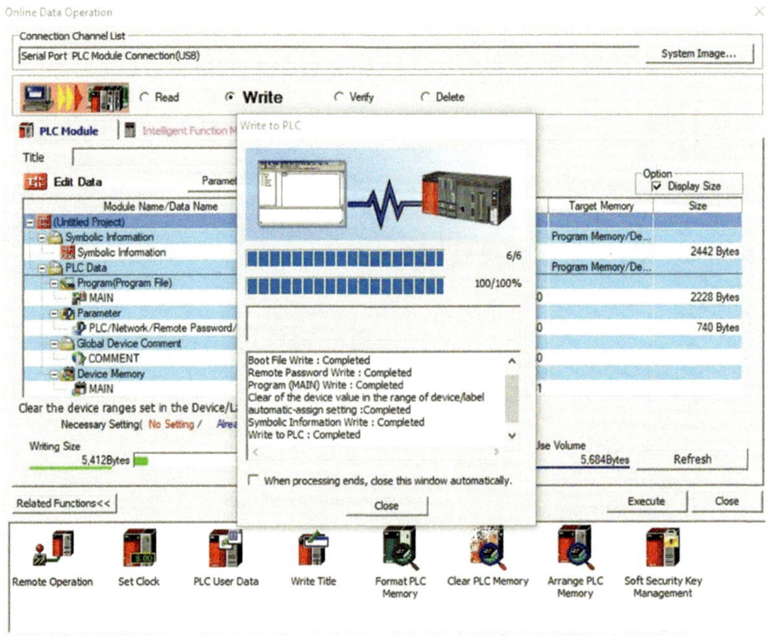

6) Yes를 클릭하고 Close를 클릭한다.

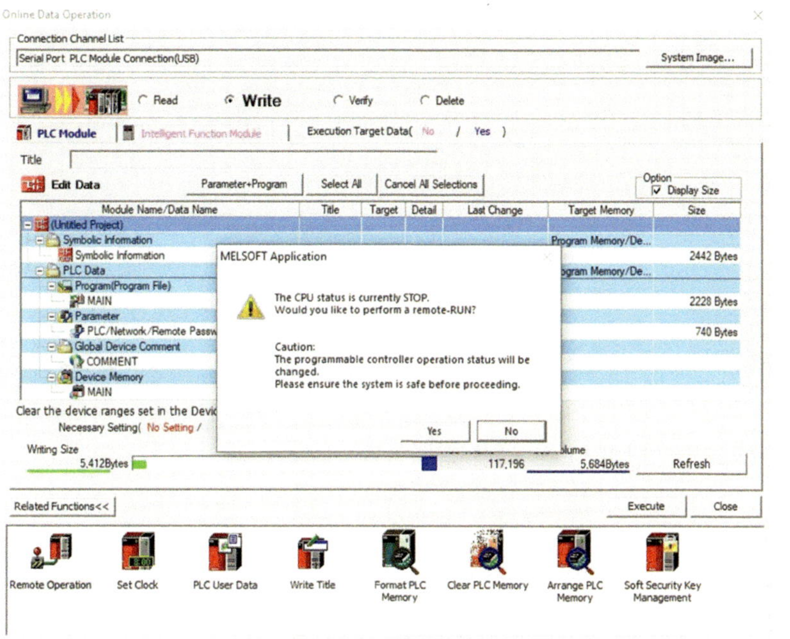


## (5) 프로그램 편집

1) 입력접점/출력코일 삽입

a) 도구상자에서 F5를 클릭한다.

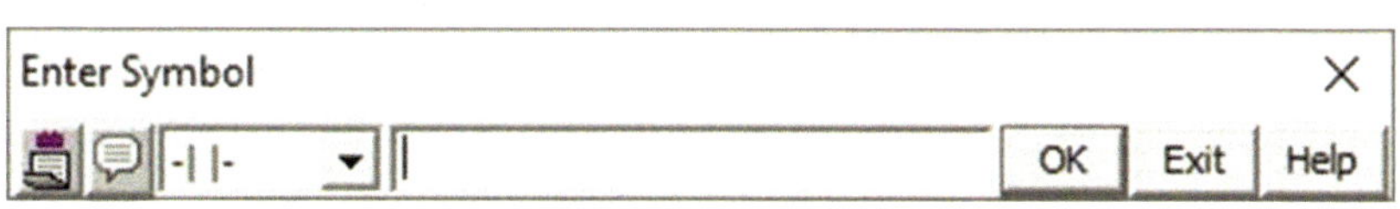


입력접점을 작성하고 확인을 누른다.

b) 도구상자에서 F7를 클릭한다.

출력접점을 작성하고 확인을 누른다.

c) 프로그램을 작성 한 후 PLC에 쓰기 위해서는 변환 및 컴파일이 필요하다.

d) Compile탭에서 Rebuild All을 클릭한다.

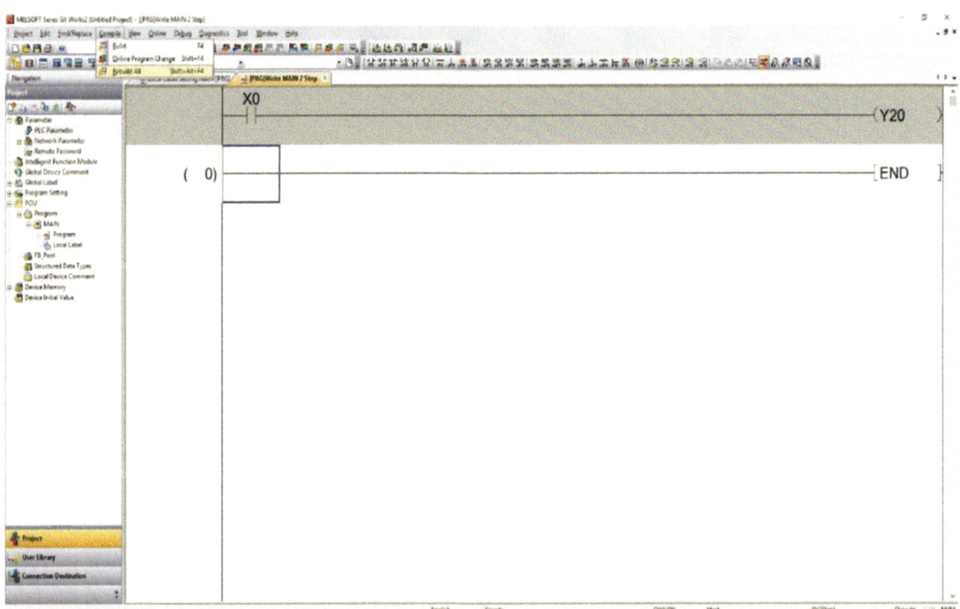


e) 컴파일이 완료된 모습이다. 주의할점은 변환 및 컴파일을 하지 않고 PLC에 쓰기를 하면 프로그램 작성된 것이 모두 반영이 되지 않는다.

## (6) PLC 모니터링

아래의 프로그램을 작성하고 PLC에 Write한다.

1) 메뉴의 "Online–Monitor–Monitor Mode"를 선택하거나 키보드의 F3 버튼을 누른다. 래더 프로그램 상에서 커서의 위치가 다음과 같이 가득 찬 청색으로 표시된다. Monitor Mode에서는 프로그램을 편집할 수 없다.

2) 메뉴의 "Online–Monitor–Monitor(Write Mode)"를 선택하거나 키보드의 Shift + F3 버튼을 누른다. 이 모드는 일명 "런 중 수정" 모드로 프로그램을 모니터링하며 수정할 수 있다. 다음과 같은 창이 나타나면 OK 버튼을 클릭한다.

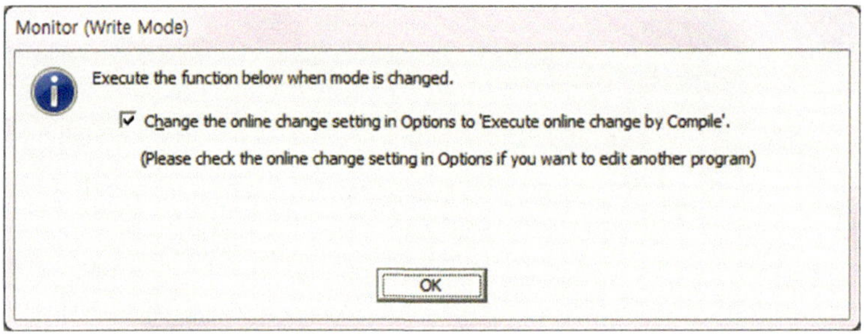


3) 모드가 변경되었다. 커서의 표시가 달라진 것을 확인할 수 있다.

4) 다음과 같이 프로그램을 수정한다. 수정된 영역이 회색으로 표시된다.

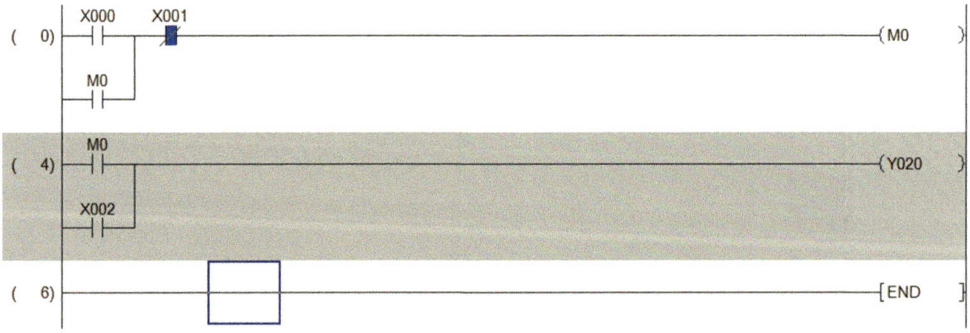


5) 프로그램 편집을 완료한 후 메뉴의 "Compile–Build"를 선택하거나 키보드의 F4 버튼을 누른다. 다음과 같은 창이 나타나면 Yes를 클릭한다. 단, 프로젝트 생성 시 Use Label을 체크하지 않았다면 하단의 창은 나타나지 않는다.

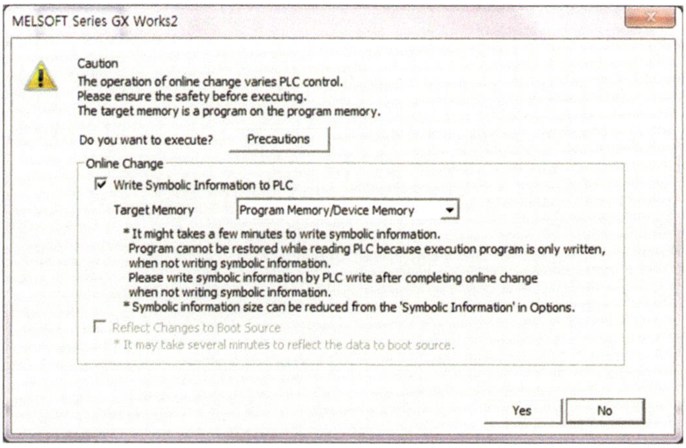


6) 프로젝트 생성 시 Use Label을 선택하지 않았다면 다음과 같은 창이 나타난다. 예(Y)를 클릭하면 컴파일이 진행된다.

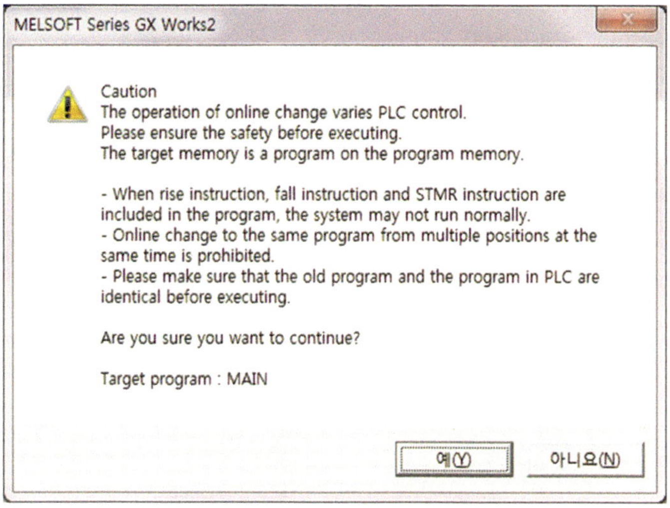


7) 키보드의 "F2" 키를 누르면 런 중 수정 모드를 종료할 수 있다.

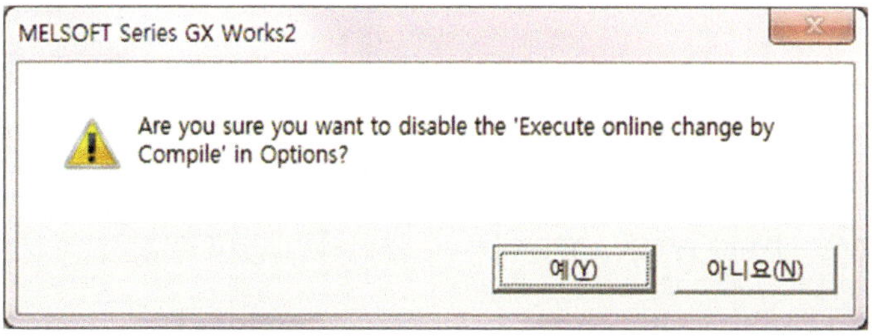

## (7) 시뮬레이션

시뮬레이션 기능으로 PLC CPU와 접속하지 않고 가상의 PLC로 시퀀스 프로그램을 디버그하는 방법을 설명한다. PLC CPU에서 실제로 동작시키기 전에 확인하는데 편리하다.

1) 다음과 같이 테스트용 프로그램을 작성한다.

2) 메뉴의 "Debug–Start/Stop Simulation"을 선택하거나 도구 모음의 버튼을 클릭한다. GX Simulator가 실행된다.

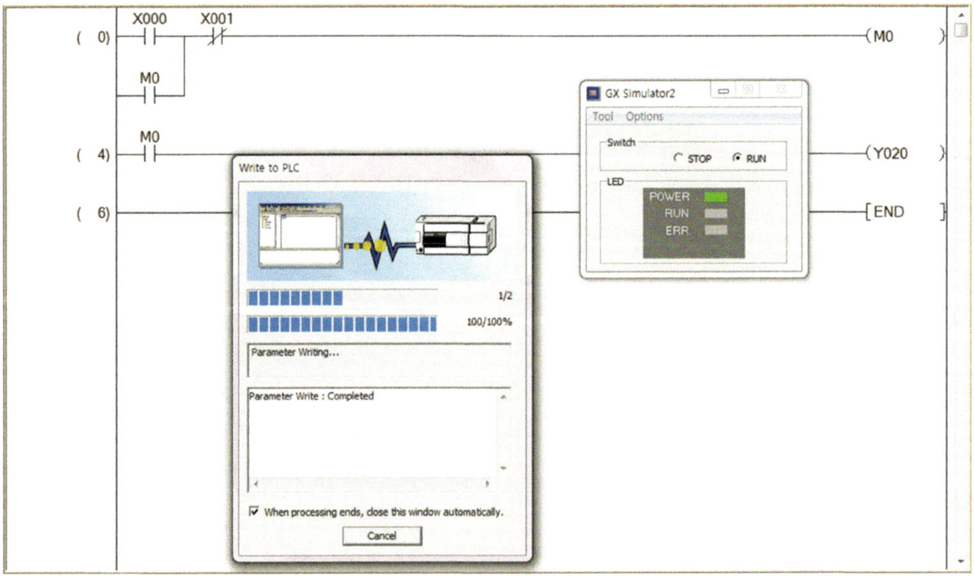


3) 메뉴의 "Debug–Modify Value"를 선택하면 다음과 같은 창이 나타난다. 래더 프로그램에서 X0을 선택하고 ON/OFF 버튼을 클릭하면 값이 변경하는 것을 볼 수 있다.

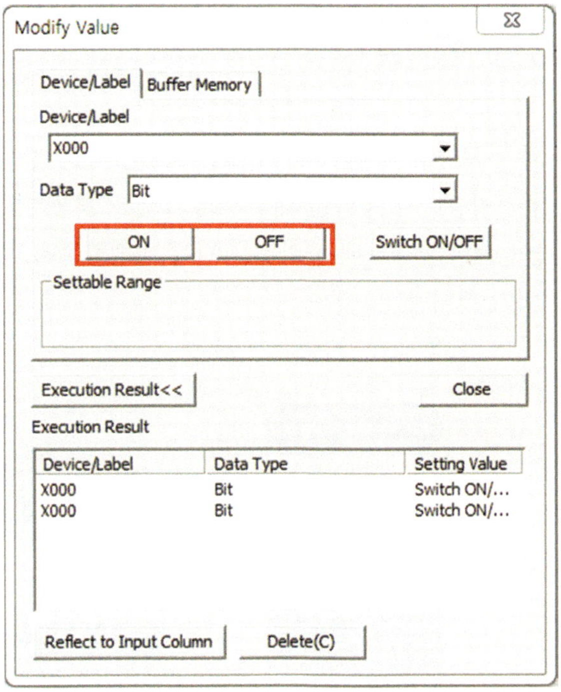


다른 방법으로 Modify Value 도구를 사용하지 않고 프로그램에서 X0을 클릭한 후, 키보드의 Shift + Enter 키를 누르는 방법으로 값을 변경할 수 있다.

4) 시뮬레이션 중 메뉴의 "Debug-Start/Stop Simulation"을 선택하거나 도구 모음의  버튼을 클릭하여 시뮬레이션을 종료할 수 있다.

## 2.2 PLC 프로그램 스캔처리

FX3U-32M PLC의 프로그램 실행 방법은 스캔(Scan)이라는 방법을 사용한다. PLC는 전원 투입과 동시에 사용자가 등록한 래더 프로그램을 처음부터 끝까지 입력 신호를 확인하고, 연산하여 출력을 내보내는 과정을 반복 실행하는데 이런 과정의 1주기를 스캔타임(Scan time)이라 합니다.

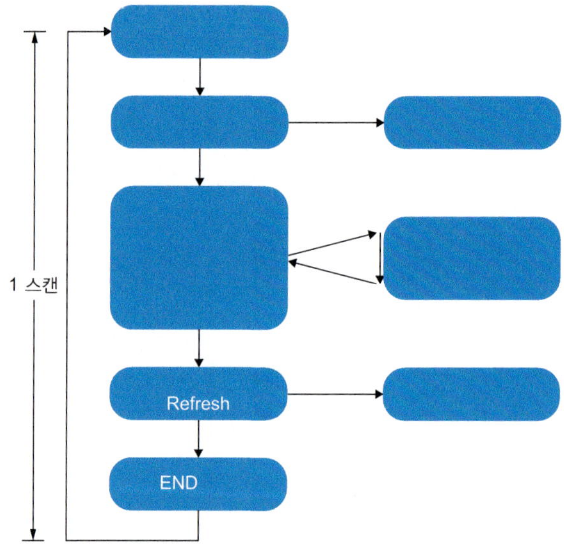


PLC 스캔 처리 순서END

위 그림에 나타낸 것처럼 PLC의 전원이 ON되면 PLC는 자체 테스트를 통해서 PLC 시스템의 이상 유무를 체크한 후(초기화 처리 부분에 해당) 스캔처리 동작을 무한 반복한다. 스캔 처리 순서를 살펴보면 다음과 같습니다.

① 입력 이미지 리프레시

PLC는 운전이 시작되면 입력 모듈을 통해 입력되는 정보들을 메모리의 입력영역으로 받고, 이 정보들은 다시 입력 이미지 영역으로 복사되어 연산이 실행되는 동안의 입력 데이터로 이용합니다. 이렇게 입력 영역의 데이터를 입력 이미지 영역으로 복사하는 것을 '입력 리프레시(Input Refresh)'라고 합니다. 입력 리프레시는 운전이 시작될 때 만 아니라 매 스캔 END 처리가 끝나면 매번 입력 정보를 입력 이미지 영역으로 복사하여 연산의 기본 데이터 또는 연산의 조건으로 활용하게 됩니다.

### ② 프로그램 연산

입력 리프레시 과정에서 읽어 들인 입력 접점의 정보를 조건 또는 데이터로 이용하여 사전에 입력된 프로그램에 따라 연산을 실행하고 그 결과를 내부 메모리 또는 출력 메모리에 저장합니다. PLC에서 프로그램은 크게 스캔 프로그램과 인터럽트 프로그램의 두 가지로 나눌 수 있는데, 스캔 프로그램이란 PLC의 CPU가 RUN 상태면 무조건 실행하는 프로그램이고, 인터럽트 프로그램이란 특정 조건을 만족해야만 동작하는 프로그램입니다. 스캔 프로그램 연산을 실행하는 도중에 인터럽트 프로그램의 실행 조건이 되면 스캔 프로그램의 연산을 멈추고, 인터럽트 프로그램을 실행한 후 인터럽트 프로그램으로 전이하기 직전에 연산이 실행되던 스캔 프로그램의 위치로 복귀하여 스캔 프로그램의 연산을 계속하게 됩니다.

### ③, ④ 프로그램 연산

스캔 프로그램 및 인터럽트 프로그램의 연산 도중에 만들어진 결과는 바로 출력으로 보내어지지 않고 출력 이미지 영역에 저장되게 됩니다. 이 과정을 출력 이미지 리프레시라고 합니다. 연산의 과정에서 만들어진 결과는 바로 출력으로 내보내지 않고 출력 이미지 영역에 저장하는 이유는 프로그램의 마지막 스텝 연산이 끝나고 나면 PLC의 CPU는 시스템 상에 오류가 있는지를 검사하고 오류가 없을 때만 출력을 내보내기 위해서 입니다. 만일 연산이 성공적으로 끝나서 그 결과가 출력 이미지 영역에 저장되었다고 해도 PLC의 CPU는 자기 시스템을 진단하여 시스템 상에 오류가 있다면 출력을 내보내지 않고 에러 메시지를 발생시키게 됩니다.

### ⑤ END 처리

연산이 성공적으로 실행되고 자기 진단 결과 시스템에 오류가 없으면 출력 이미지 영역에 저장된 데이터를 출력 영역으로 복사함으로써 실질적인 출력을 내보내게 됩니다. 이 과정을 END 처리라 하며 END 처리가 끝나면 다시 입력 리프레시를 실시함으로써 PLC 는 반복적인 연산을 실행하게 됩니다.

PLC는 래더 프로그램을 실행하기 위한 입출력 신호를 처리하는 방법은 앞에서 설명한 리프레시 방법 이외에 다이렉트 방법이 있습니다. 다이렉트 방식이란 각 명령어 실행시에 필요로 하는 입출력 신호의 상태를 읽거나 쓰는 방식입니다.

## (1) PLC 프로그램의 실행 순서

아래의 그림은 래더 프로그램의 실행 순서를 표현하였습니다. 앞에서도 설명하였지만 PLC의 프로그램 처리방식은 스캔이라는 방법을 사용한다고 하였습니다. 따라서 PLC 프로그램의 실행 순서는 좌에서 우로, 위에서 아래로 순차적으로 프로그램을 실행합니다.

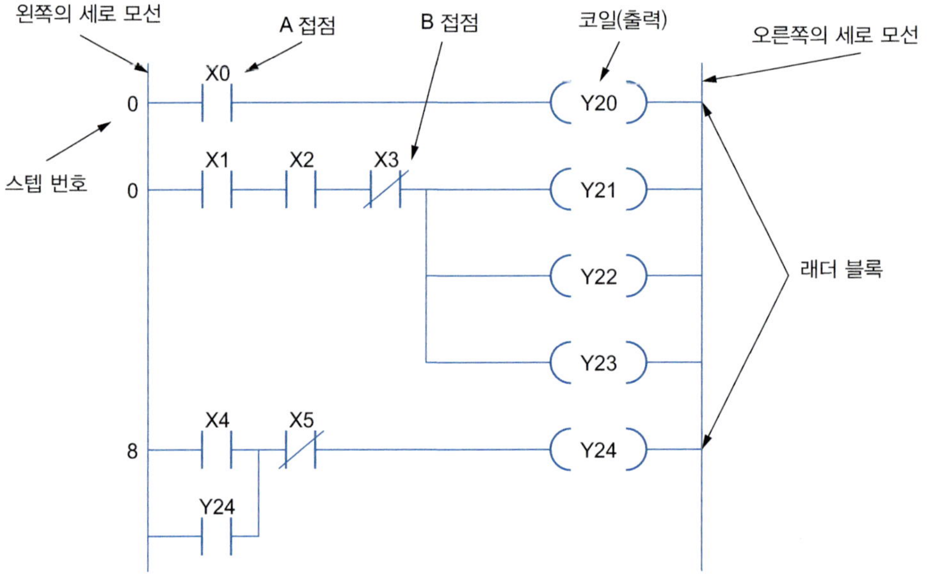


래더 프로그램

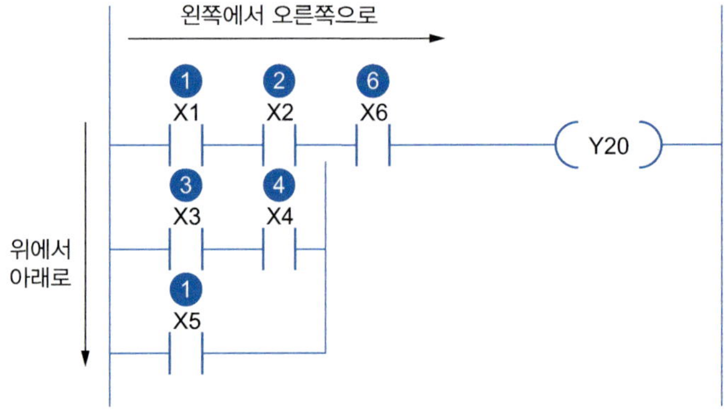


래더 프로그램 연산처리 순서

## 2.3 입/출력 접점의 코일

도구 상자에서 입력 접점 ┤├을 선택하여 래더 입력에서 X0을 입력하고 확인을 합니다. 같은 방법으로 도구상자에서 출력 코일 ( )을 선택하여 래더 입력에서 Y10을 입력하고 확인을 합니다.

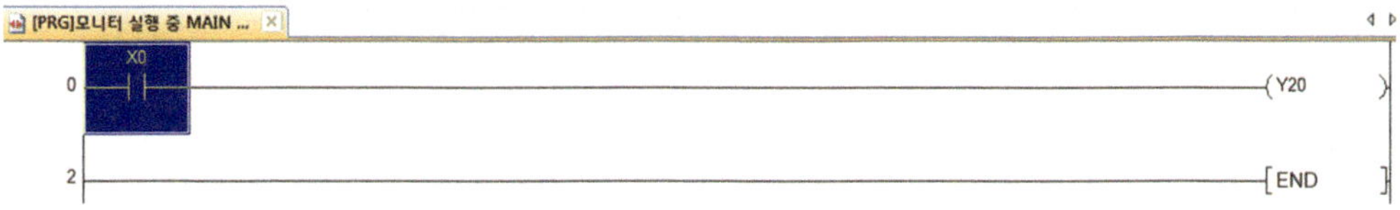


⬆ 접점, 코일 입력

툴바의  또는 [온라인] – [모니터] – [모니터 시작] 메뉴를 클릭합니다.

모니터 시 접점의 ON/OFF 상태와 데이터를 확인할 수 있습니다.

| X0 = OFF 시의 접점 표시 | X0 = ON 시의 접점 표시 |
|---|---|
| X0 X0<br><br>a 접점 (래더는 비도통) b 접점 (래더는 도통) | X0 X0<br><br>a 접점 (래더는 도통) b 접점 (래더는 비도통) |

코일 출력 ON/OFF 상태와 데이터를 확인 할 수 있습니다.

| 실행, 조건 성립 | 비실행, 조건 불 성립 |
|---|---|
|  * |  * |

## (1) 도구모음의 단축키

상단의 도구모음에서 마우스로 드롭&드래그를 하여 사용 하여도 되지만 빠른 프로그램 작성을 위한 단축키 사용은 프로그램 작성자의 필수 입니다.

각각의 접점 또는 코일의 단축키를 숙지하여 프로그램 작성 시 유용하게 사용 할 수 있습니다.

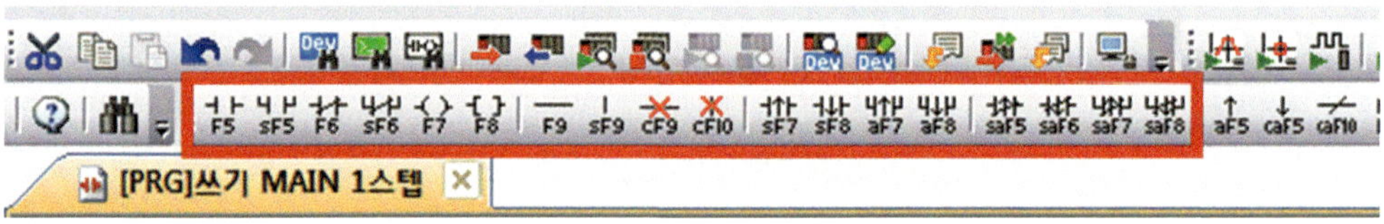


| 기 호 | 단 축 키 | 설 명 |
|---|---|---|
| 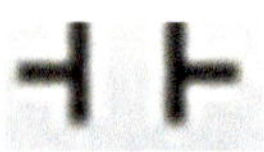 | F5 | A 접점 |
| 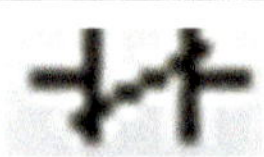 | F6 | B 접점 |
|  | F7 | 코 일 |
|  | F8 | 응용 명령 |
|  | F9 | 가로선 입력 |
|  | 쉬프트 + F9 | 세로선 입력 |
|  | 쉬프트 + F7 | 상승 펄스 |
|  | 쉬프트 + F8 | 하강 펄스 |

# 1 시퀀스 기초회로

## (1) AND 회로

여러개의 입력이 있을때 모든 입력이 존재할 때에만 출력이 나타나는 회로를 AND 회로라고 하며 직렬 스위치 회로와 같다.

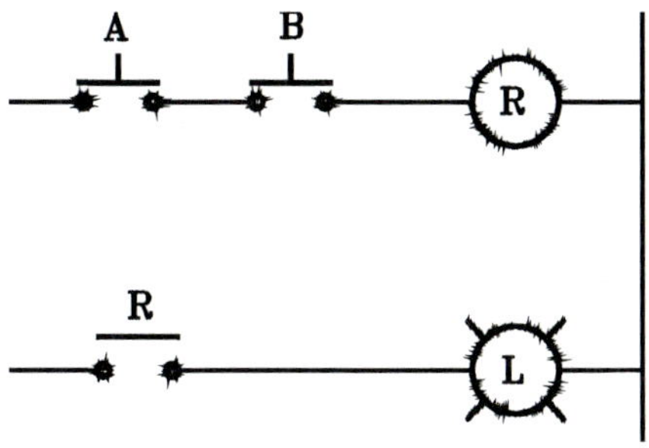


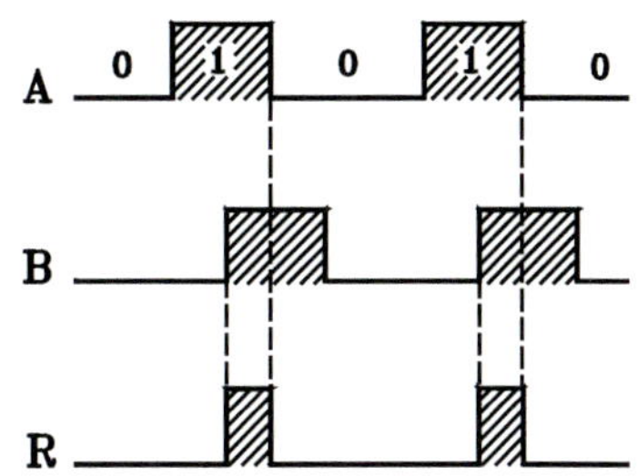

## (2) OR 회로

여러개의 입력신호중 하나 또는 그 이상의 신호가 ON되었을때 출력을 내는 회로로써 병렬회로라 한다.

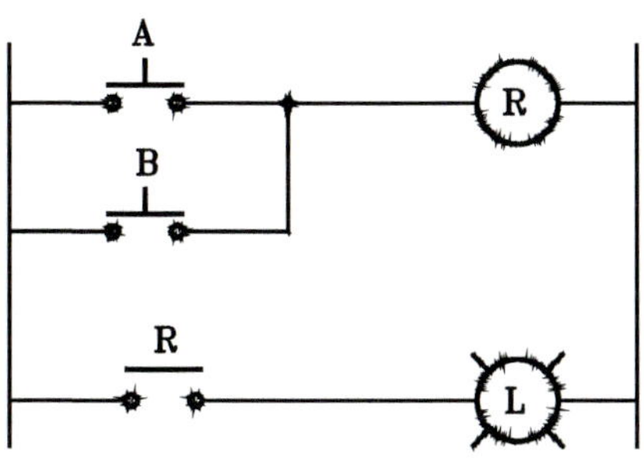


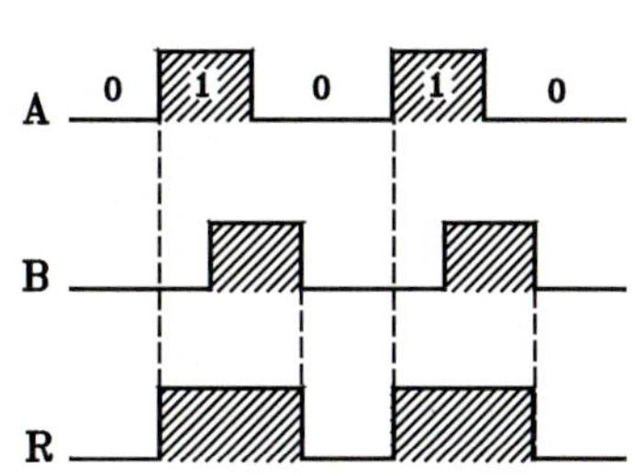

### (3) NOT회로

출력이 입력의 반대가 되는 회로로써 입력이 0이면 출력이 1이고 입력이 1이면 출력이 0이되는 부정회로이다.

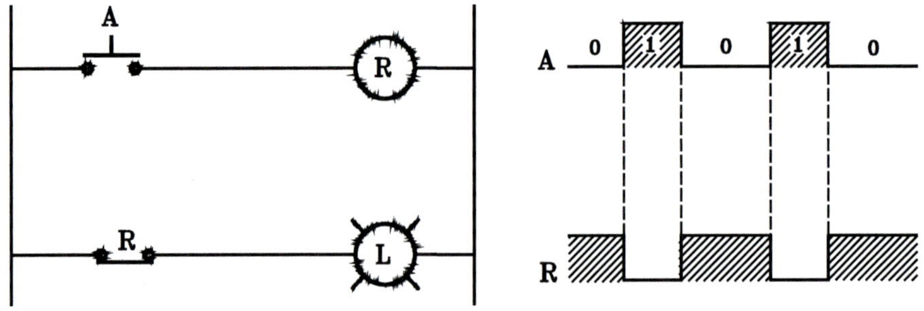

### (4) 자기유지 회로

릴레이의 기능 중에는 메모리 기능이 있다. 릴레이는 자신의 접점으로 자기유지 회로를 구성하여 동작을 기억시킬 수 있으며 자기유지 접점은 누름버튼 스위치에 병렬로 접속한다.

On 우선 자기유지 회로와 Off 우선 자깅유지 회로 두종류가 있다. Set 신호와 Reset 신호가 동시에 입력될 경우 출력이 0이 되는 회로를 정지우선회로라 한다.

Set 우선 회로에 비해 전기 안전상 더 많이 사용되고 있다.

### (5) 인터록 회로

기기의 보호나 작업자의 안전을 위해 두개의 기기 회로 사이에 출력이 동시에 나오는 경우가 없도록 하기 위해 사용된다. 다른말로 선행우선동작회로 또는 상대동작 금지회로라고 한다.

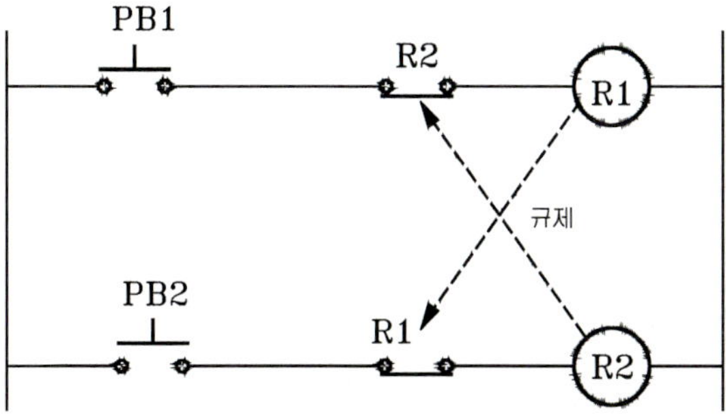

## (6) 한시동작(On-delay) 타이머 회로

타이머는 일정시간동안 출력을 제어하기 위한 목적으로 사용된다. 입력신호를 준 후에 곧바로 출력이 나타나지 않고 계획된 시간만큼 늦게 출력이 나타나도록 설계된 회로이다.

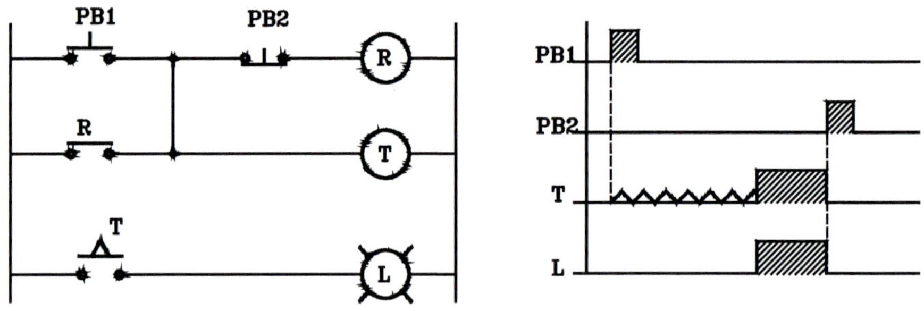

### (7) 한시복귀(Off delay) 타이머

복귀신호가 주어지면 출력이 곧바로 복귀되지 않고, 계획된 시간 후에 부하가 개방되는 회로로써, On delay 타이머의 b접점을 이용하거나, Off delay 타이머의 a접점을 이용하여 회로를 구성할 수 있다.

미쓰비시 PLC는 Off delay 타이머를 지원하지 않는다. 특수기능타이머[STMR]을 이용하여 Off delay 타이머를 구현할 수 있다. 예제는 On delay 타이머의 b접점을 이용하여 회로를 구성한다.

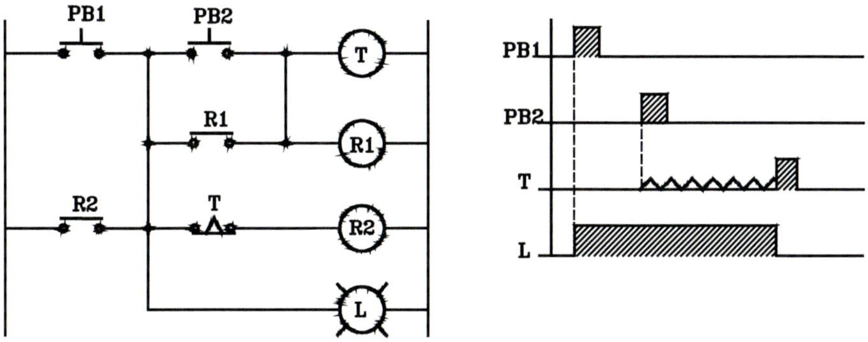


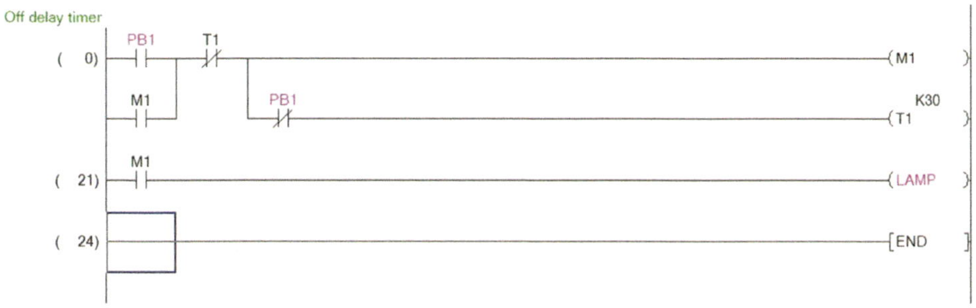


### (8) 카운터 회로

입력인호가 On/Off될 때마다 현재값에 1을 더하고, 설정값과 비교하여 같거나 크면 카운터의 출력이 On된다. 출력이 On된 이후에는 리셋명령을 통해 현재값을 0으로 만들어 주어야 카운터의 출력도 Off된다.

## 2.4 응용 명령어

### 1 양변환/음변환 접점

사람이 일반적으로 인식하는 신호는 ON과 OFF 2가지 신호입니다. 스위치를 누르고 있을 때와, 누르고 있지 않을 때의 경우입니다.

실제 신호는 OFF 상태의 신호와 ON 상태의 신호, OFF에서 ON으로 전환되는 순간인 양변환 신호와, ON에서 OFF로 전환되는 순간인 음변환 신호가 존재합니다.

일반 접점의 신호처리

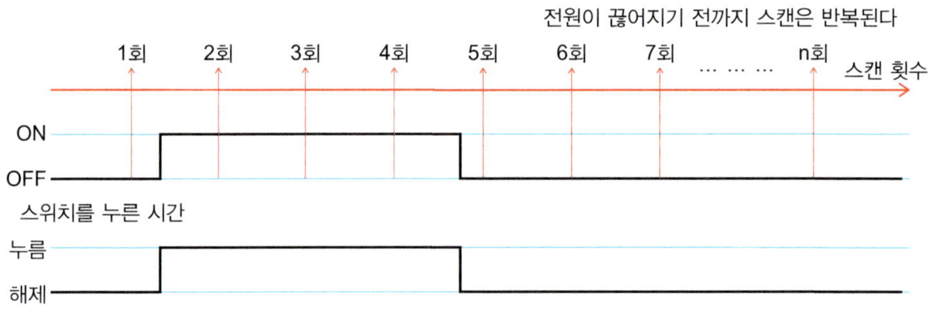


일반 접점은 스위치를 누르고 있는 동안 ON 신호를 유지하고, 해제하면 OFF 신호를 유지합니다.

### 양변환 접점의 신호 처리

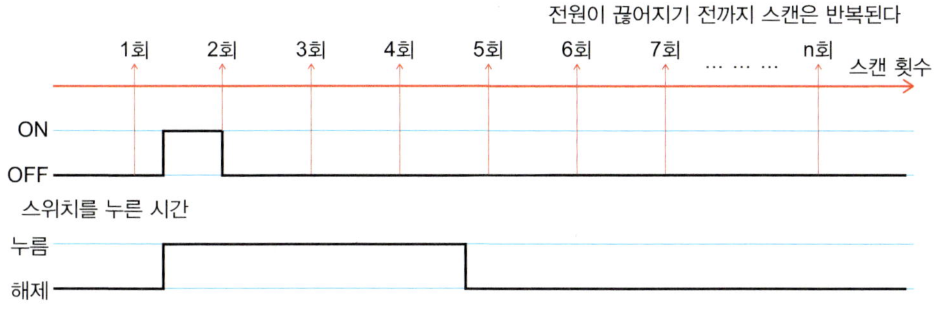


양변환 접점은 1스캔과 2스캔 사이에서 스위치를 누르면, 2스캔이 끝날 때까지 ON 신호를 유지 했다가, 2스캔이 끝난 순간부터 스위치를 누르고 있더라도 OFF 신호를 유지합니다. 양변환 접점이 다시 동작하기 위해서는 양변환 접점 주소의 신호가 OFF가 되었다가 ON이 되었을 때 다시 동작하게 됩니다.

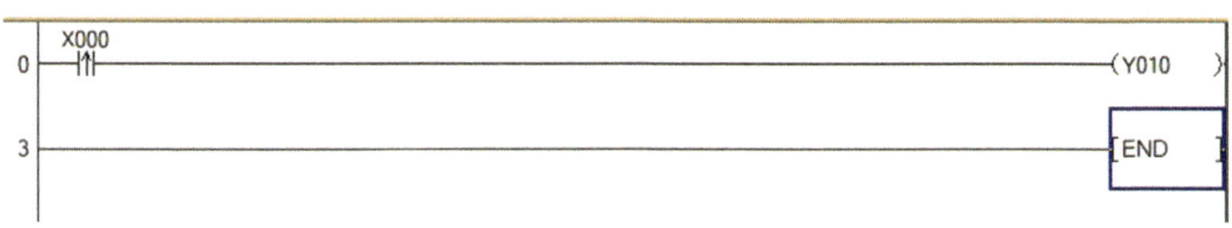


### 음변환 접점의 신호 처리

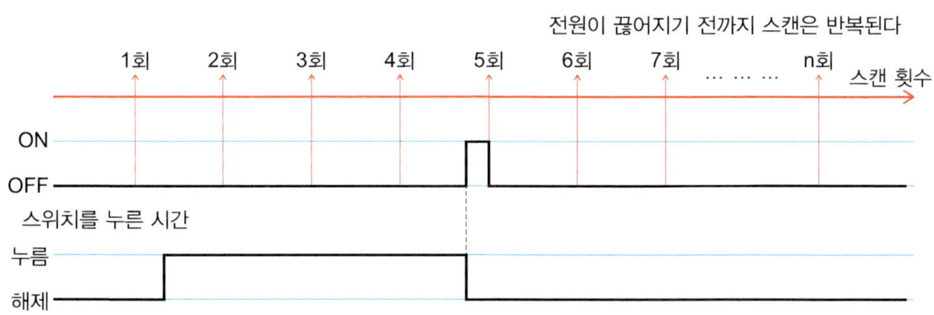


음변환 접점의 신호는 스위치를 누르고 있는 상태에서 해제한 순간부터 발생합니다. 스캔이 반복되는 와중에 누르고 있던 스위치를 해제하면, 그 순간부터 스캔의 종료까지 ON 신호를 유지하게 됩니다.

위의 그림은 음변환 접점의 동작을 묘사한 것으로, 4회와 5회 사이에서 스위치를 해제한 순간부터 스캔이 끝나는 지점까지 ON 신호를 유지합니다.

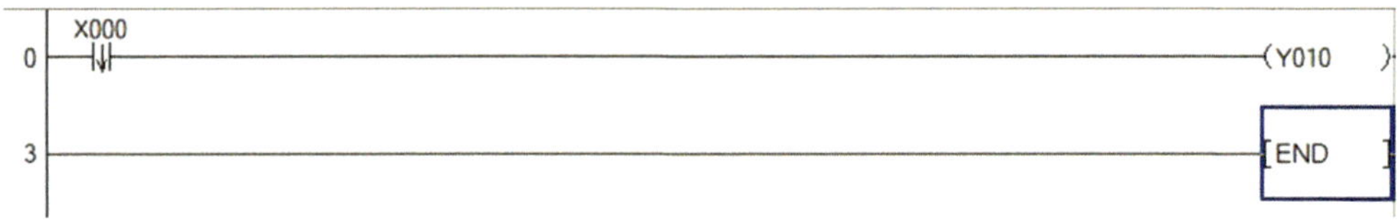


## 2 ON 타이머

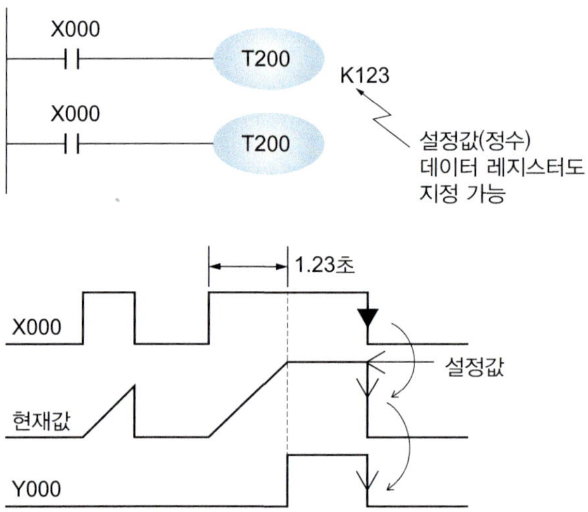


타이머 코일 T200의 구동 입력 X000가 ON하면 T200용 현재 값 카운터는 10 ms 클럭펄스를 가산 계수 해, 그 값이 설정 값 K123에 동일해지면 타이머의 출력 접점이 동작합니다. 구동 입력 X000가 OFF하거나, 정지하면 타이머는 Reset되고 출력 접점은 복귀합니다.

[프로그램 해석]

- 타이머 명령어의 디바이스인 T0은 타이머의 설정 값 3초가 현재 값과 일치하면 T0 접점은 ON하게 됩니다.

- ON 타이머 명령어 작성 시 단축키 F7 또는 상단도구모음 -( )-을 클릭하여 래더 입력에 아래와 같이 입렵합니다. 여기서 30은 3초를 의미 하며 K는 상수를 의미 합니다.

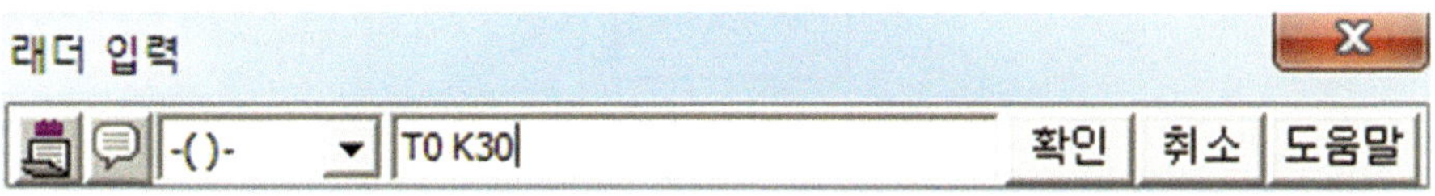


## 3 UP 카운터

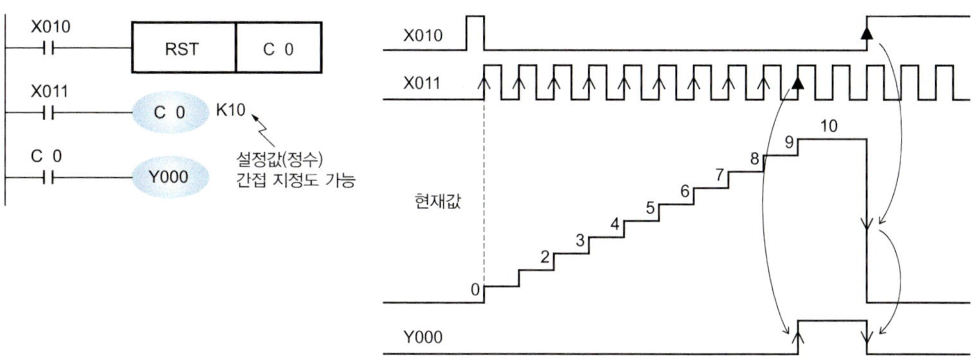


계수 입력 X011에 의해 C0코일이 구동될 때마다 카운터의 현재 값은 증가해, 10번째의 코일 명령 실행 시점에서 출력 접점이 동작합니다. 그 후, 계수 입력 X011가 동작해도 카운터의 현재 값은 변화하지 않습니다.

Reset 입력 X010가 ON하면 RST 명령 실행 시점에서, 카운터의 현재 값은 0이 되어 출력접점도 복귀합니다.

- [RST CO] - 코일 작성 방법은 F8 또는 상단도구모음에서 -[ ] -를 클릭하여

작성합니다.

## 4 데이터 이동 명령어(MOV)

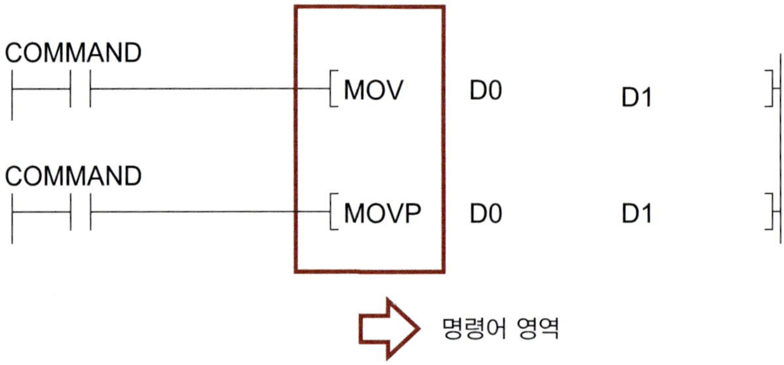


MOV : 지정비트의 논리 값이 ON 상태일 때 데이터 복사를 수행합니다.

MOVP : 지정비트의 논리 값이 ON 상태에서 OFF 상태로 변환 할 때 1회 데이터 복사를 수행합니다.

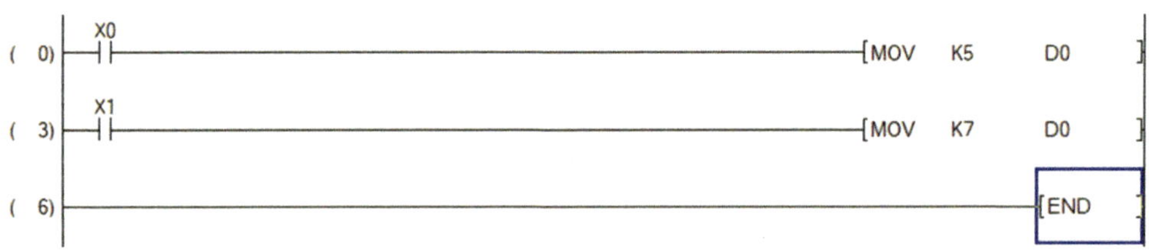


– [MOV KO D0] – 코일 작성 방법은 F8 또는 상단도구모음에서 –[ ] –를 클릭하여

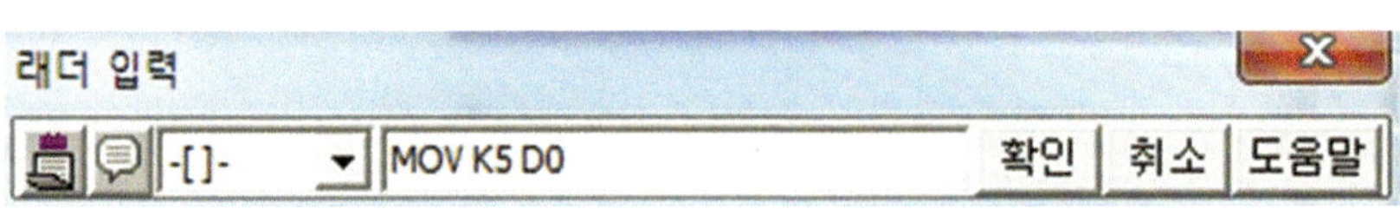


작성합니다.

## 5 연산 명령어(ADD)

| 16Bit 명령 | | |
|---|---|---|
| 7Step | ADD | 연속 실행형 |
| | ADDP | 펄스 실행형 |

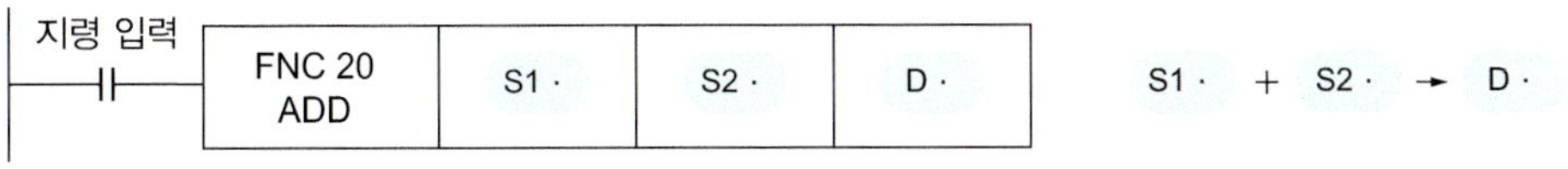


S1과 S2의 내용을 바이너리 가산해서 D에 전송합니다.

각 데이터의 최상위 BIT는 정수(0), 음수(1)의 부호 Bit이며 이러한 데이터는 대수적으로 가산됩니다.

EX) 5+(−8) = −3

S1이나 S2에 정수(K)를 지정하면 자동적으로 BIN 변환됩니다.

## 6 연산 명령어(DEC)

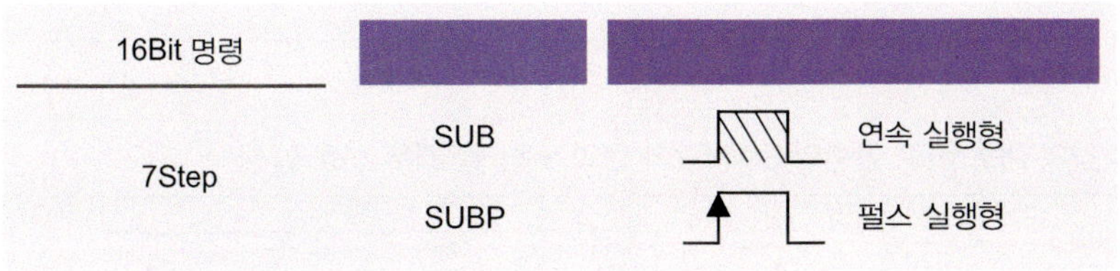


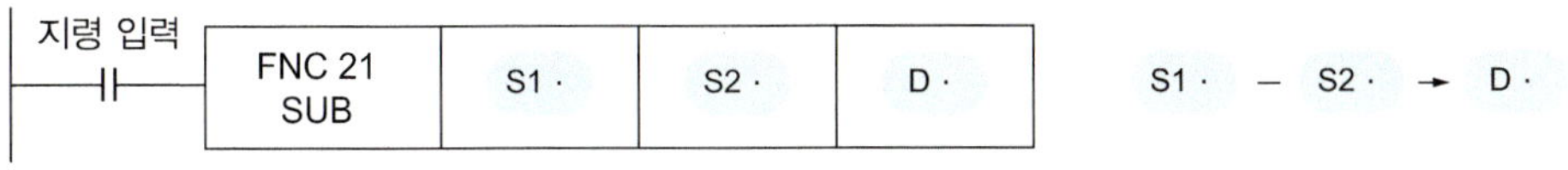


## 7 데이터 증가(INC)

INC 명령은 지정된 디바이스에 [1]을 더하는 (+1 가산)명령입니다.

연속 실행형 INC명령을 이용하면 연산 주기 마다 1이 가산되므로, 일반적으로는 펄스 실행형 INCP 명령을 이용합니다.

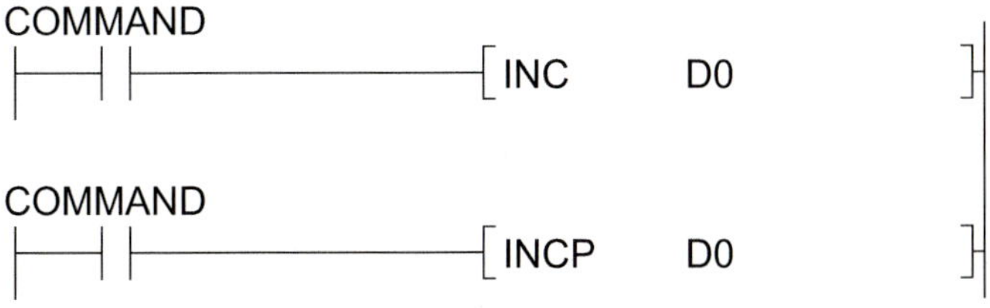

## 8 데이터 감소(DEC)

DEC 명령은 지정된 디바이스에 [1]을 감소하는(−1 감소)명령입니다.

연속 실행형 DEC 명령을 이용하면 연산 주기 마다 1이 감소되므로, 일반적으로는 펄스 실행형 DECP 명령을 이용합니다.

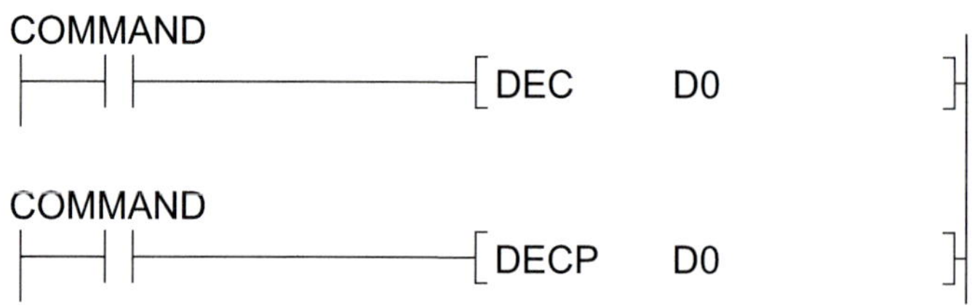


## 9 비교 명령어

| 비교 명령 | 내 용 |
|---|---|
| 기능 : 각각의 대소 비교 명령의 S1과 S2의 결과가 참 일 경우 신호 발생 | |
| 같다<br>= | = S1 S1 |
| 크다<br>> | > S1 S1 |
| 작다<br>< | < S1 S1 |
| 크거나 같다<br>>= | >= S1 S1 |
| 작거나 같다<br><= | <= S1 S1 |
| 같지 않다<br><> | <> S1 S1 |

CHAPTER

# 3

# 모듈별 설명

## 3.1 푸쉬 버튼 스위치(Push Button Switch)

푸쉬버튼 스위치는 모터의 기동(시동)이나 정지에 많이 사용되는 수동 소자로 일반적으로 접점의 개폐는 손가락으로 누르는 동안에는 동작 상태가 되고 손가락을 떼면 복귀하는 구조로 되어 있다.

푸쉬버튼 스위치의 구조는 다음 그림과 같이 스위치를 눌렀을 때 회로가 열리는 스위치와 눌렀을 때 스위치가 닫히는 스위치 그리고 눌렀을 때 스위치가 열리고 닫히는 접점을 모두 보유한 스위치의 세 가지가 있다.

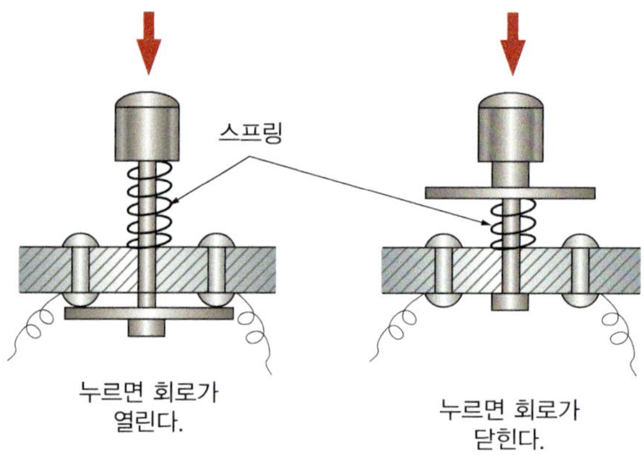


[그림 3-1-1] 푸쉬버튼 스위치

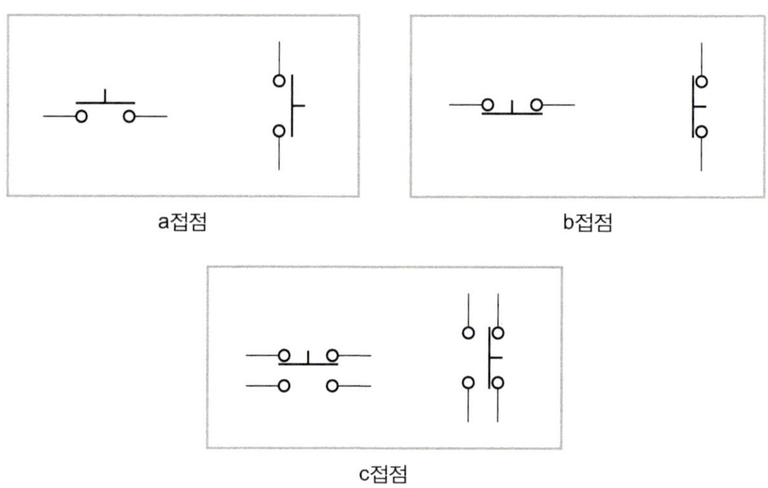


[그림 3-1-2] 푸쉬버튼 스위치 심벌

스위치를 눌렀을때 회로가 닫히는 접접을 a접점이라 하고 스위치를 눌렀을 때 회로가 열리는 스위치를 b접점이라 하며 a접점과 b접점을 모두 가지고 있는 스위치를 c접점이라고 부른다.

본 교재에서 사용된 푸쉬 버튼 스위치의 예시 및 회로도는 다음과 같다.

[그림 3-1-3] Button switch 배치 및 출력단자

Button Switch의 구성은 상기 [그림 3-1-3]과 같이 좌(Left), 우(Right), 상(Up), 하(Down), 선택(Enter)의 5개 푸쉬 버튼 스위치로 구성되어 있으며 각각의 스위치는 버튼을 눌렀을 때 High(ON)가 출력되고 평상시에는 LOW(OFF)가 출력된다. 또한 Button Switch가 high(On)인 동안 버튼 내부의 LED가 점등된다.

Button Switch의 회로도는 상기 [그림 3-1-4]와 같다.

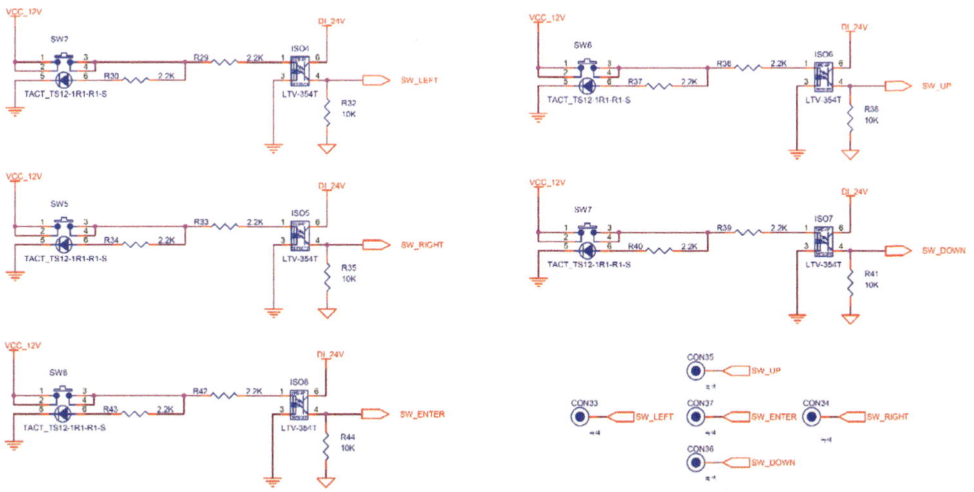

[그림 3-1-4] Button switch 회로도

## 1 푸쉬 버튼 스위치(Push Button Switch) 제어 방법

푸쉬 버튼 스위치를 눌렀을 경우 해당 스위치에 해당하는 출력 단자는 High 신호가 출력되고, 눌리지 않은 스위치에 해당하는 출력 단자는 Low 신호가 출력된다.

푸쉬 버튼 스위치의 제어 타이밍은 다음 그림과 같다.

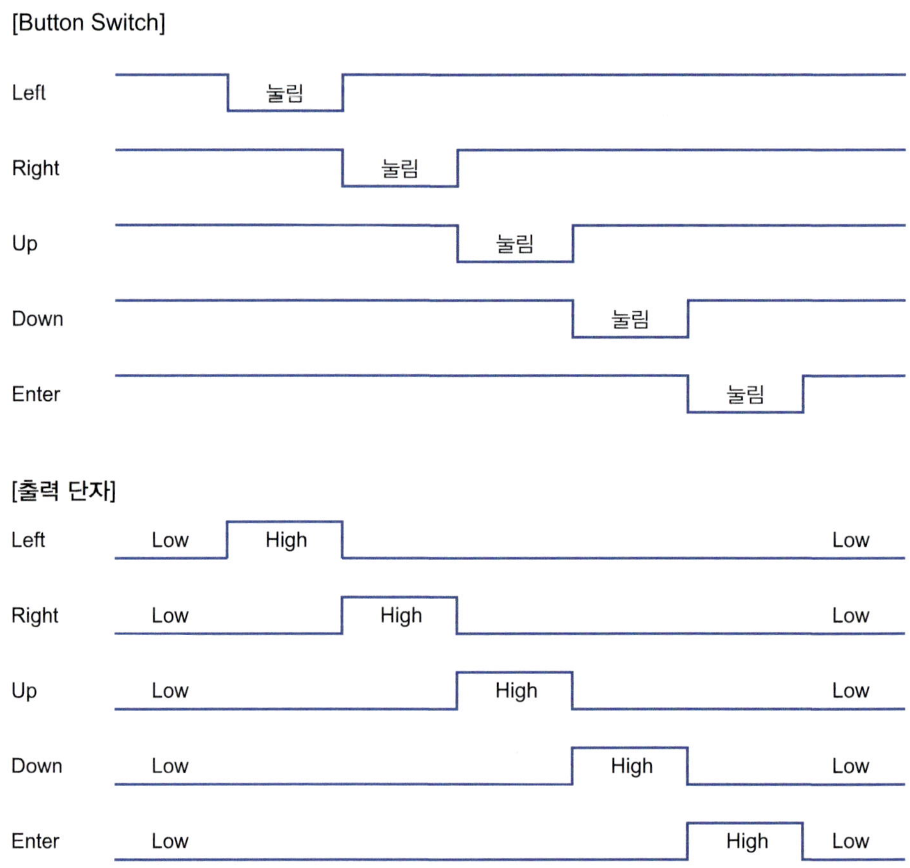


[그림 3-1-5] 푸쉬 버튼 제어 타이밍

## 2 푸쉬 버튼 스위치 제어 실습(예제)

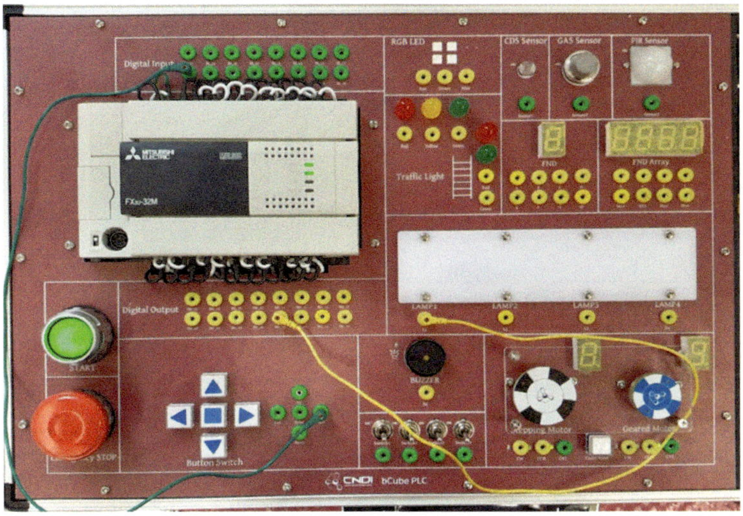

A. Right 버튼을 눌렀을 때만 LAMP1이 점등되도록 로직을 구현하세요.

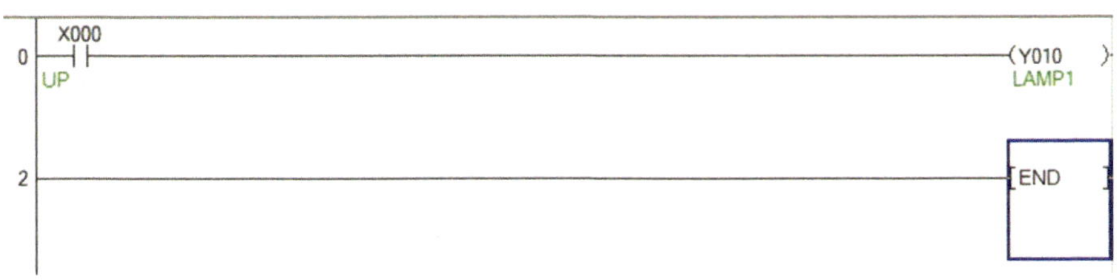


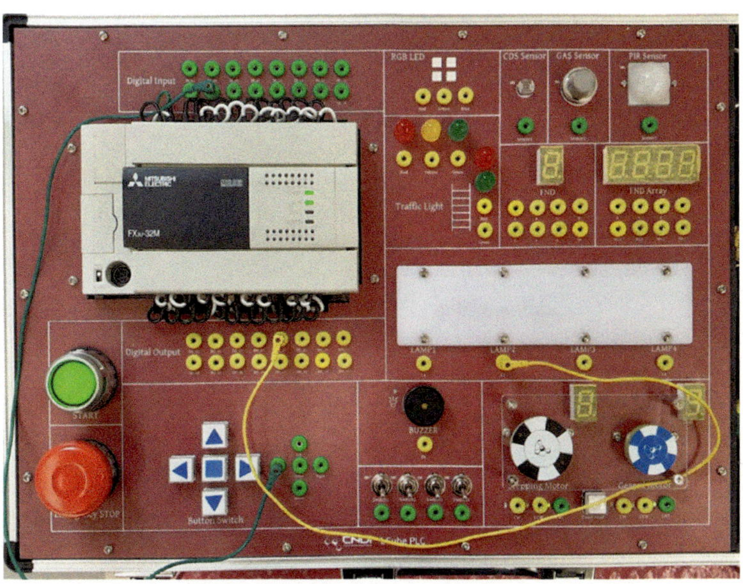

B. Left 버튼을 한번 누르면 LAMP2가 점등되고 Left 버튼을 다시 누르면 LAMP2가 소등되는 로직을 구현하세요.

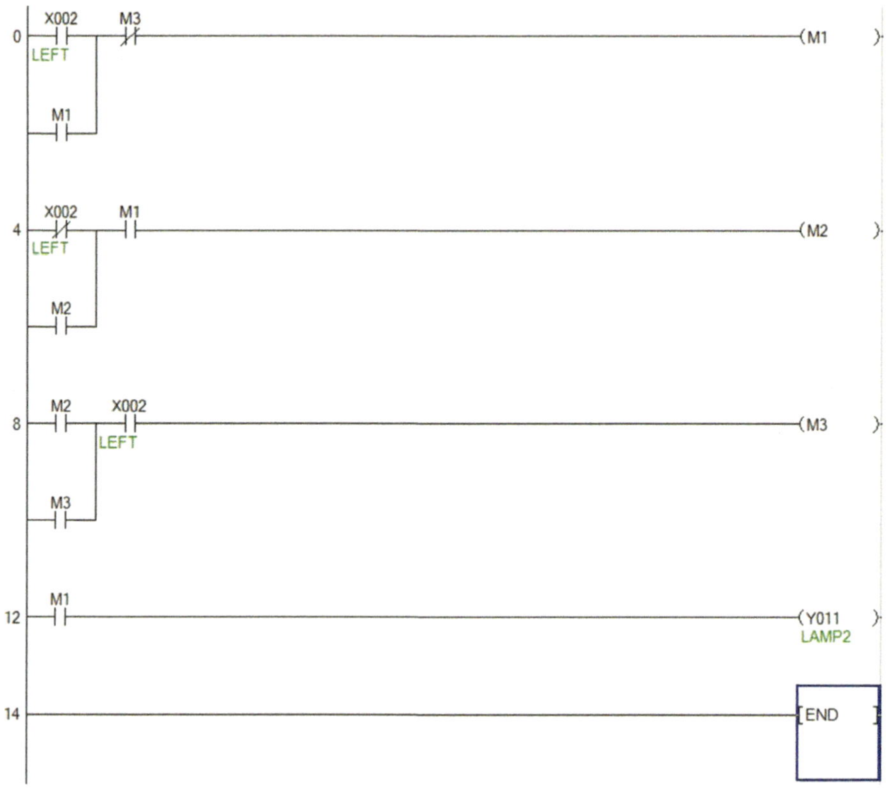

C. Up 버튼을 누르면 LAMP1이 점등되고 Down 버튼을 누르면 LAMP1이 소등되는 로직을 구현하세요.

D.

## 3.2 토글 스위치(Toggle Switch)

손잡이를 손가락으로 밀어서 세우거나 눕히는 스위치로 ON 또는 OFF 동작중 하나의 상태를 유지하는 스위치로 중앙의 단자가 공통 단자이고 좌(상), 우(하)측 단자는 각각 NC(Normal close)와 NO(Normal Open) 단자로 되어 있다. 모양은 다음 그림과 같다.

[그림 3-2-1] 토글 스위치

토글 스위치는 ON과 OFF가 모두 존재하는 c 접점으로 되어 있으며 심벌은 다음 그림과 같다.

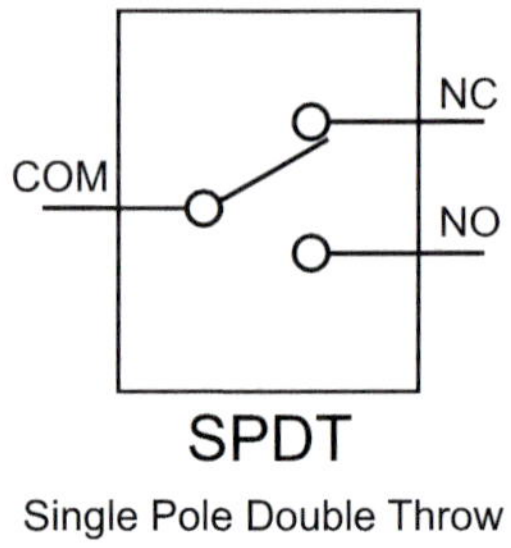


[그림 3-2-2] 토글 스위치 심벌

본 교재에 사용된 토글스위치의 예시 및 회로도는 다음과 같다.

[그림 3-2-3] 토글 스위치 배치 및 출력단자

Toggle Switch의 구성은 상기 [그림 3-2-3]과 같이 Switch1, Switch2, Switch3, Switch4의 4개로 구성되어 있으며 각각의 스위치는 스위치 레버를 위로 올렸을 때 High(ON)가 출력되고 스위치 좌측의 LED가 점등(On)되며 레버를 아래로 내렸을 때 LOW(OFF)가 출력되고 좌측의 LED가 소등(Off)된다.

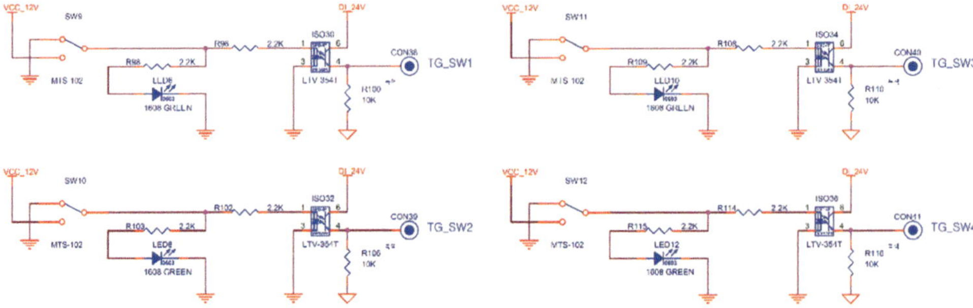


[그림 3-2-4] 토글 스위치 회로도

Toggle Switch의 회로도는 상기 [그림 3-2-4]와 같다.

## 1 토글 스위치(Push Button Switch) 제어 방법

토글 스위치는 레버를 위로 올렸을 때 해당 스위치에 할당된 출력 단자에 High 신호가 출력되고, 레버를 아래로 내렸을 때 해당 스위치에 할당된 출력 단자에 Low 신호가 출력된다.

토글 스위치의 제어 타이밍은 다음 그림과 같다.

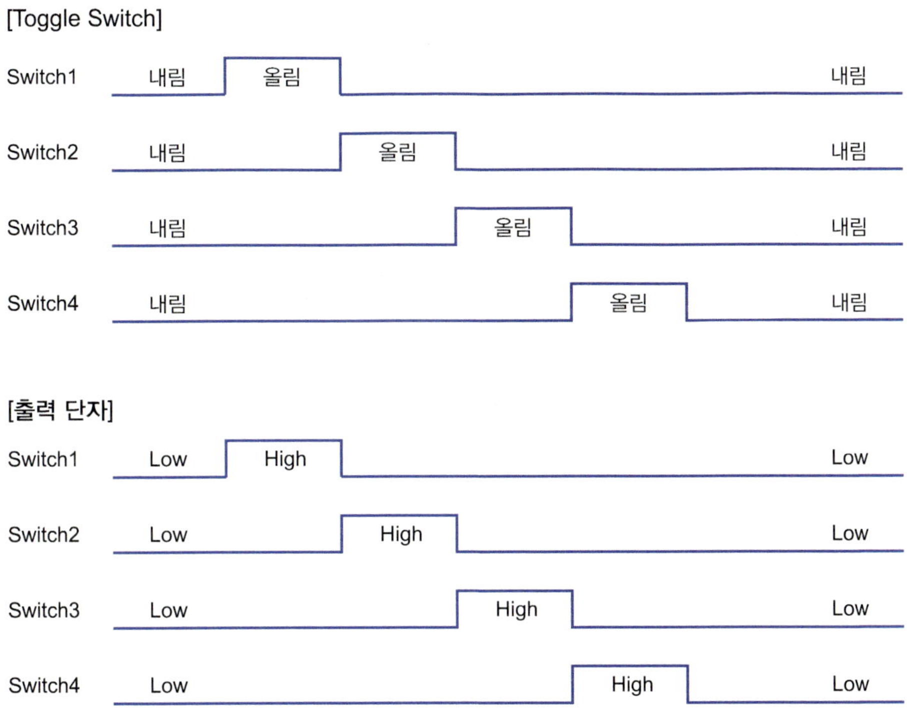


[그림 3-2-5] 토글스위치 제어 타이밍

## 2 토글스위치 제어 실습(예제)

A. Switch1의 레버를 올렸을 때 LAMP1이 점등되고 레버를 내리면 소등되는 로직을 구현하여라. (푸쉬 버튼 A번 예제와 프로그램은 같지만 버튼의 기능 차이를 통해 재현되는 동작의 차이점을 이해하도록 합니다.)

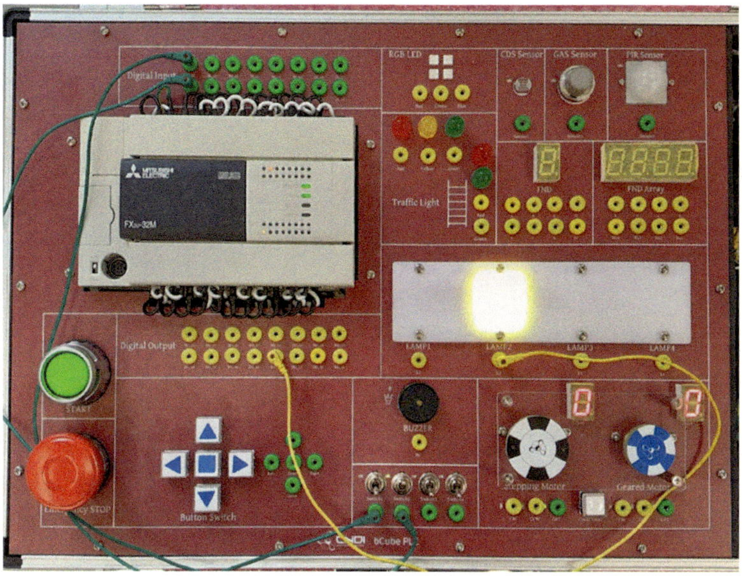


B. Switch1의 레버를 올렸을 때 LAMP2가 점등되고, 이때 Swtch2의 레버는 내려진 상태이다. Switch1을 내리거나 Switch2의 레버를 올렸을 때 LAMP2가 소등되게 로직을 구현하라. 즉, 2개소에서 전등을 On/Off 할 수 있는 로직을 구현하여라.

C. Switch1의 레버를 올렸을 때 LAMP1, LAMP2, LAMP3, LAMP4가 모두 점등되고 Switch2 레버를 내리면 모두 소등되는 로직을 구현하여라.

D. Switch1의 레버를 올렸을 때 LAMP1, LAMP3가 모두 점등되고 Switch2 레버를 올리면 LAMP2, LAMP4 점등되는 로직을 구현하여라.

## 3.3 LED (Light Emitting Diode)

LED(Light Emitting Diode)는 발광다이오드라고 말하며 Ga(갈륨), P(인), As(비소)를 재료로 하여 만들어진 반도체 소자로 동작 극성이 없는 백열 전구와 달리 다이오드와 같이 동작 극성을 지니고 있다. 즉, 극성을 반대로 연결하면 LED에 전류가 흐리지 않으며 점등되지 않는 특징이 있다. LED는 발광 다이오드라고도 불리는데 화합물 반도체의 특성을 이용하여 전기에너지를 빛 에너지로 전환하여 다양한 용도로 사용되고 있다. 반도체를 물질의 종류로 구분하면 그림 1-1과 같이 구분할 수 있는데 LED는 화합물 반도체로 분류된다. LED는 화합물 반도체로 각각의 화합물마다 빛 에너지 방출과 방출된 파장에 따라 색상이 모두 다르기 때문에 광범위하게 다양한 제품에 응용되고 있다.

LED에 전류를 흐르게 하면 빨간색, 노랑색, 녹색, 파랑색등의 빛을 발산한다. 필라멘트로 만들어진 백열 전구에 비해 수명이 길고 응답속도가 빠르며 외형을 다양하게 만들 수 있으며 소비전력이 적은 특징이 있어서 상태 표시용 또는 숫자 표시기에 많이 사용되고 있다. 최근에는 고휘도 LED가 개발되어 조명을 대신하기도 한다. 본 교재에서는 신호등용 적색, 노랑색, 녹색의 LED가 사용되었으며 LED의 모양은 다음 그림과 같다.

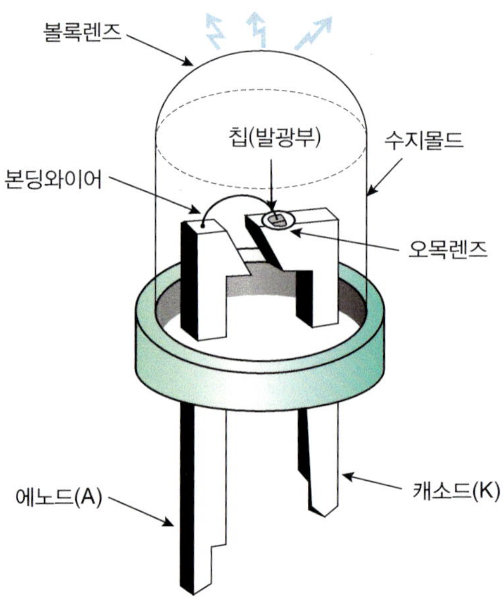

[그림 3-3-1] 적색 LED

LED는 극성이 있어서 Anode(+) 단자에 양(+) 전원을 연결하고 Cathode단자(−)에 음(−)전원을 연결할 경우에만 전류가 흘러서 빛을 발산하여 On되며 그렇지 않은 경우에는 Off되며 심벌은 다음 그림과 같다.

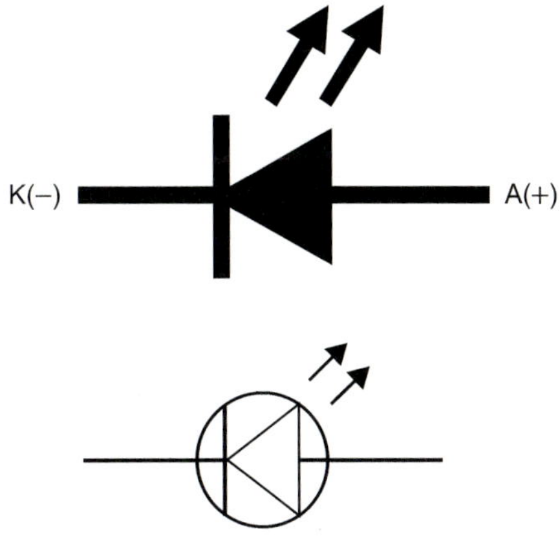


[그림 3-3-2 LED 심벌]

본 교재에 사용된 신호등 LED 및 회로도는 다음과 같다.

[그림 3-3-3] 신호등 LED 배치 및 입력단자

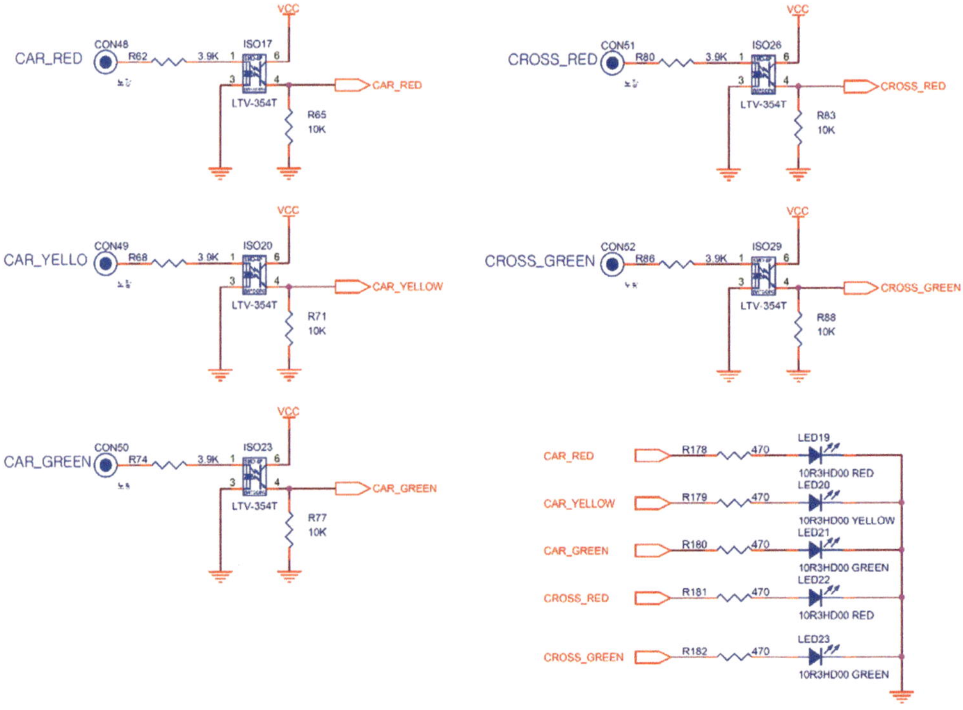


[그림 3-3-4] LED 회로도

## 1 (Light Emitting Diode) 제어 방법

LED 입력 단자에 High 신호를 입력하면 해당 LED가 점등(On)되고 LED 입력 단자에 Low 신호를 입력하면 해당 LED가 소등(Off)된다.

LED의 제어 타이밍은 다음 그림과 같다.

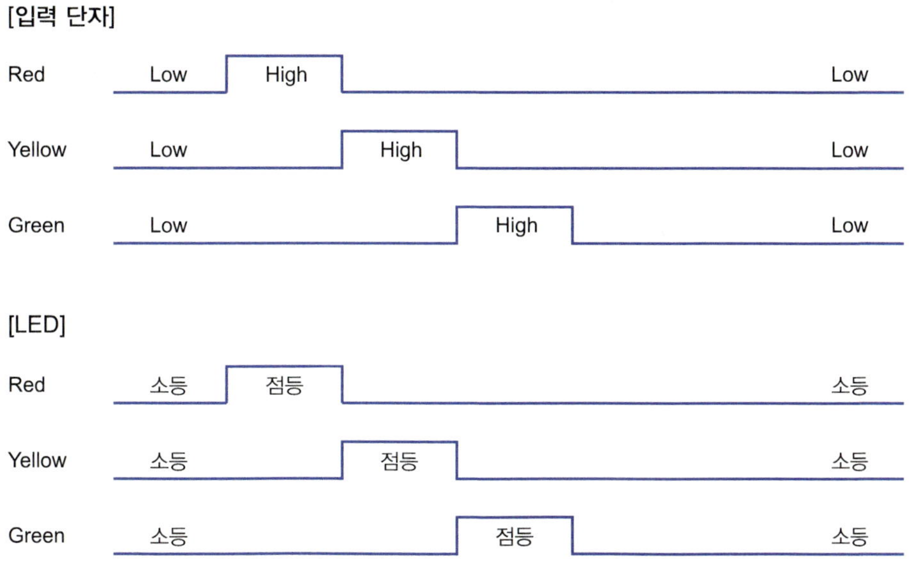


[그림 3-3-5] LED 제어 타이밍

## 2 LED 제어 실습(예제)

A. 토글스위치 Switch3을 올렸을 때 횡단보도 LED(적색, 녹색)가 각각 다음과 같이 동작하도록 로직을 구현하여라

1) 적색 LED가 10초간 점등된다. 녹색 LED는 소등 된다.

2) 적색 LED가 소등되고 녹색 LED가 5초간 점등된다.

3) 1)~2)항을 반복 수행한다.

4) 토글스위치 Switch3을 내리면 동작을 멈춘다.

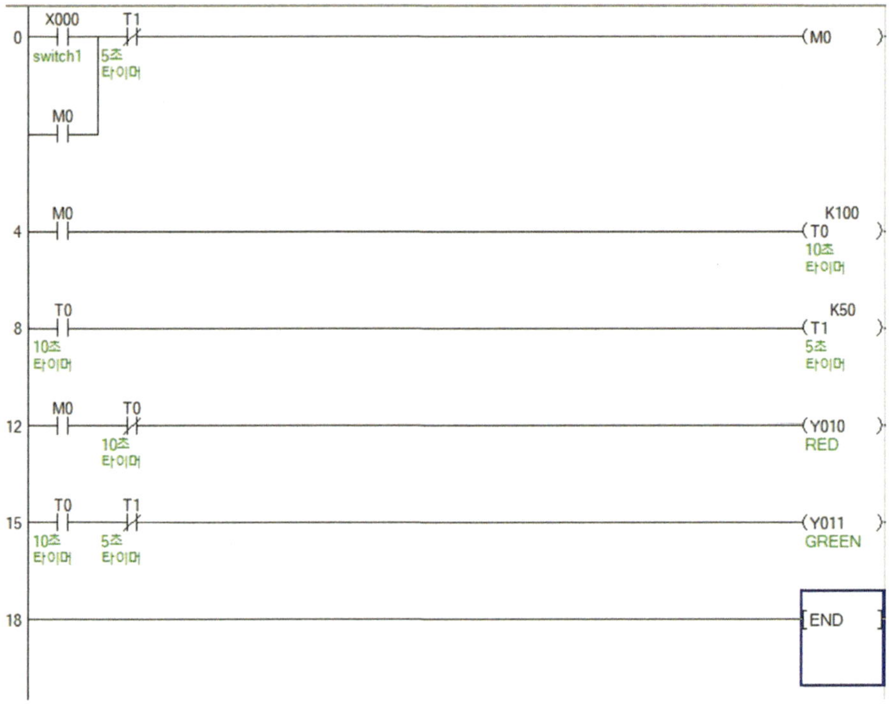
0
X000
switch1
T1
5초
타이머
M0
(M0 )
4
M0
K100
(T0 )
10초
타이머
8
T0
10초
타이머
K50
(T1 )
5초
타이머
12
M0
T0
10초
타이머
(Y010 )
RED
15
T0
10초
타이머
T1
5초
타이머
(Y011 )
GREEN
18
[END ]

Digital Output
Traffic Light

B. 토글스위치 Switch4를 올렸을 때 3색 신호등(적색, 노랑색, 녹색)이 각각 다음과 같이 동작하도록 로직을 구현하여라

1) 적색 LED가 10초간 점등된다.

2) 적색 LED가 소등되고 녹색LED가 5초간 점등된다.

3) 녹색 LED가 소등되고 적색 LED와 노랑색 LED가 1초간 점등된다.

4) 노랑색 LED가 꺼지고 녹색 LED가 점등된다.

5) 1)~4)항을 반복 수행한다.

6) 토글스위치 Switch4를 내리면 동작을 멈춘다.

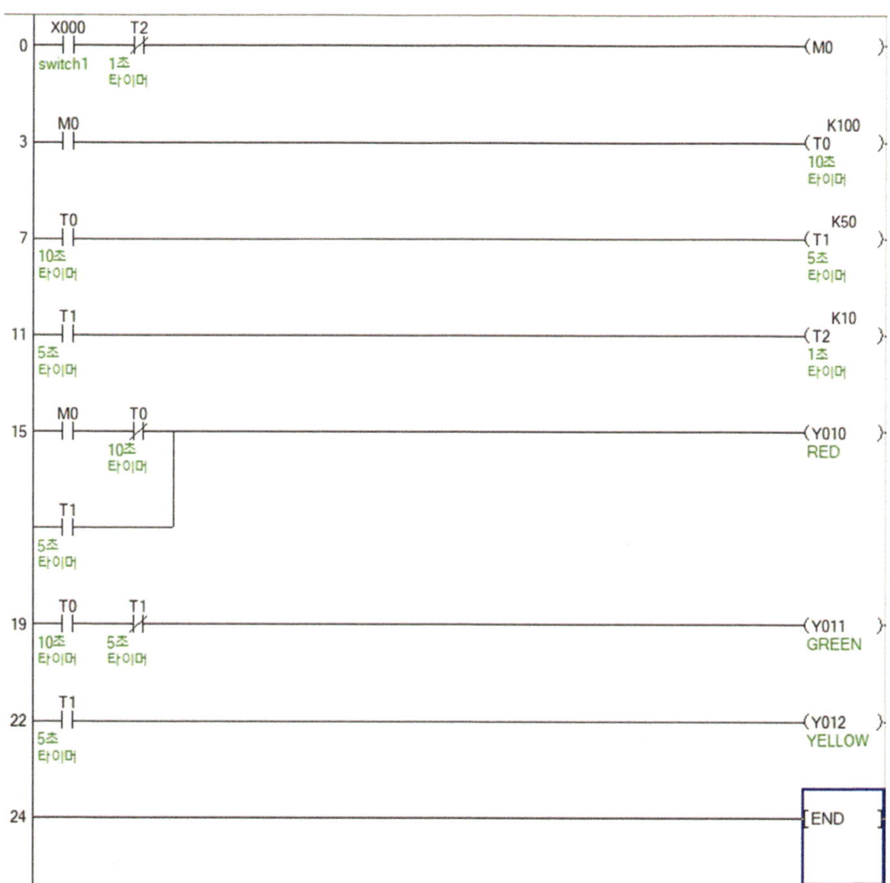


3

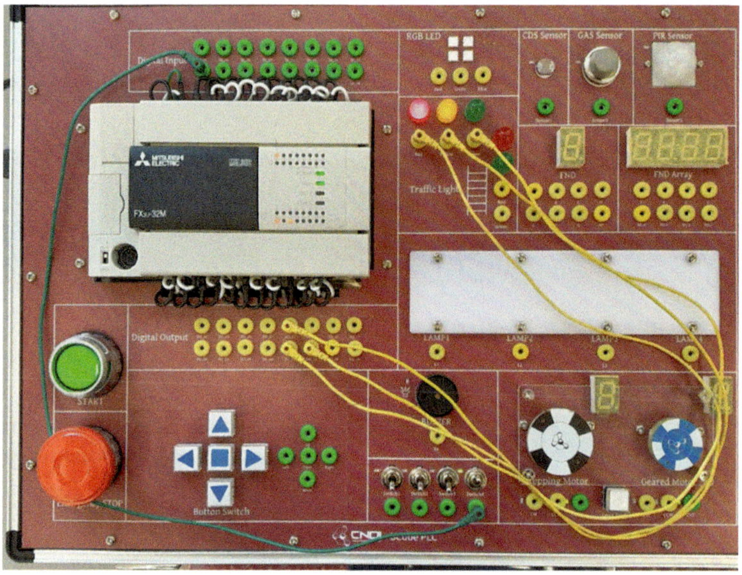

C. 토글스위치 Switch1을 올렸을 때 3색 신호등(적색, 노랑색, 녹색)과 횡단보도신호등(적색, 녹색)이 예제 A와 예제 B를 통합하여 동작하도록 로직을 구현하시오. 토글스위치 Switch2를 올리면 동작을 멈춘다.

## 3.4 Color LED (Red, Green, Blue LED

빨강, 초록, 파랑의 빛은 이를 겹쳐 비출 때 가장 많은 가지 수의 색깔을 만듦으로, 이 세가지를 빛의 3원색이라고 한다. 그림 7-4는 빛의 3원색을 그림으로 표시한 것이다. 이들 색의 조합으로 우리는 원하는 색의 조합을 구성할 수 있다. 예를 들어 이 3가지의 색이 모두 조합 될 경우 흰색이 만들어 지게 되는데 이 혼동하지 말아야 할 것이 색의 3원색이다. 색은 섞을 수로 어두워지는 감산 혼합이라는 단어로 표현하여 이 3색을 혼합하면 검정색이 된다. 이와 반대로 빛은 색이 혼합될수록 밝아 지는 가산혼합이라고 표현한다.

빛을 혼합하는 것은 해당되는 LED를 끄거나 켜서 얻을 수 있는데 각 색의 끄고 켜는 조합을 통해 우리는 8가지의 색상을 만들 수 있다.

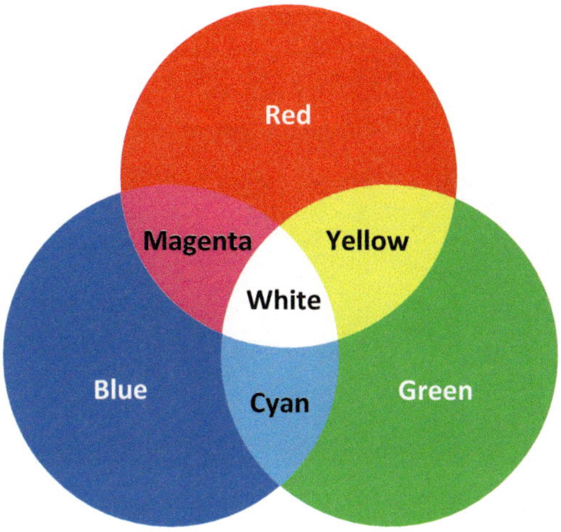


[그림 3-4-1] 빛의 3원색과 조합

**표 3-1** 8색 LED 색상 조합

| LED 색상 | | | Color |
|---|---|---|---|
| Red | Green | Blue | |
| 0 | 0 | 0 | Black |
| 0 | 0 | 1 | Blue |
| 0 | 1 | 0 | Green |
| 0 | 1 | 1 | Cyan |
| 1 | 0 | 0 | Red |
| 1 | 0 | 1 | Magenta |
| 1 | 1 | 0 | Yellow |
| 1 | 1 | 1 | White |

RGB(Red, Green, Blue) LED는 RGB SMD(Surface Mount Device) LED 4개가 병렬로 연결되어 구성되어 있으며, 배치 모양 및 입력 단자는 다음과 같다.

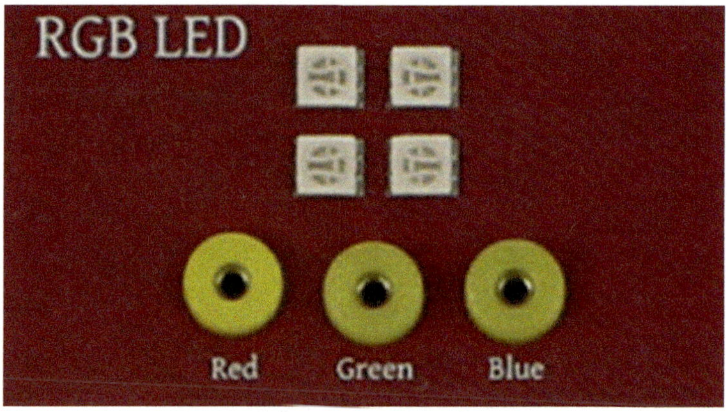


[그림 3-4-2] RGB LED 배치 및 입력단자

RGB LED 단자의 입력이 High(On)이면 해당 LED가 점등되고, Low(Off) 또는 Open 이면 해당 LED는 소등된다. RGB LED 모듈의 회로도는 다음 [그림 4-4-2]와 같다.

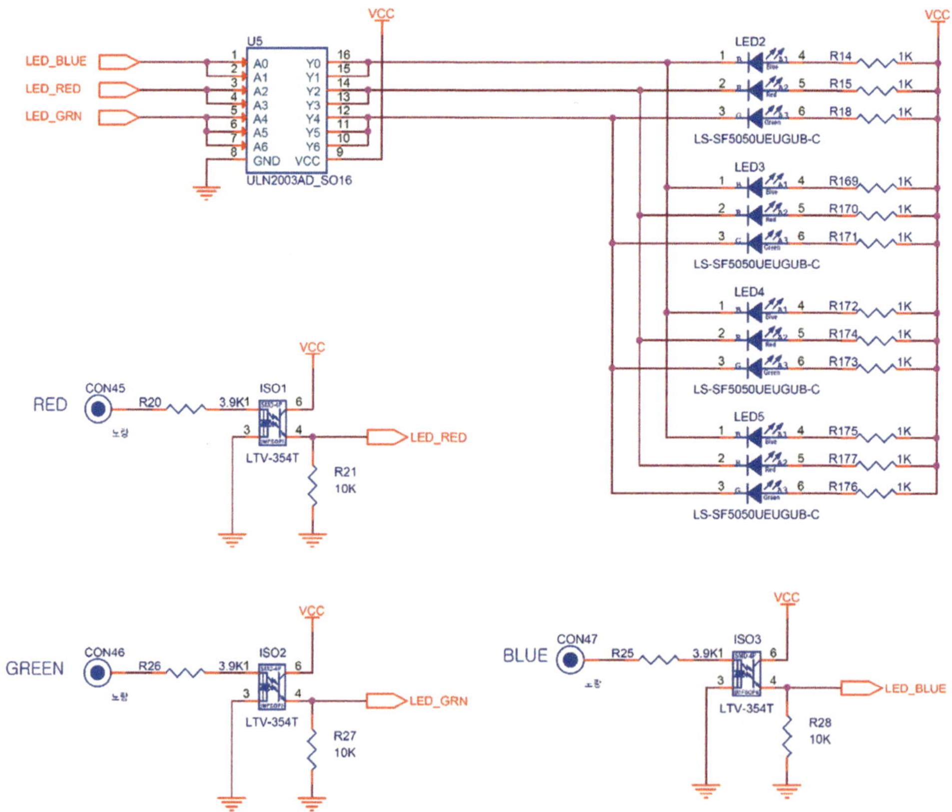


[그림 3-4-2] RGB LED 회로도

## 1 RGB LED 제어 방법

RGB LED 입력 단자에 High 신호를 입력하면 해당 색상의 LED가 점등(On)되고 RGB LED 입력 단자에 Low 신호를 입력하면 해당 색상의 LED가 소등(Off)된다.

적색의 LED와 청색의 LED가 동시에 점등되면 적색과 청색이 합성된 보라색으로 보이게 된다.

RGB LED의 제어 타이밍은 다음 그림과 같다.

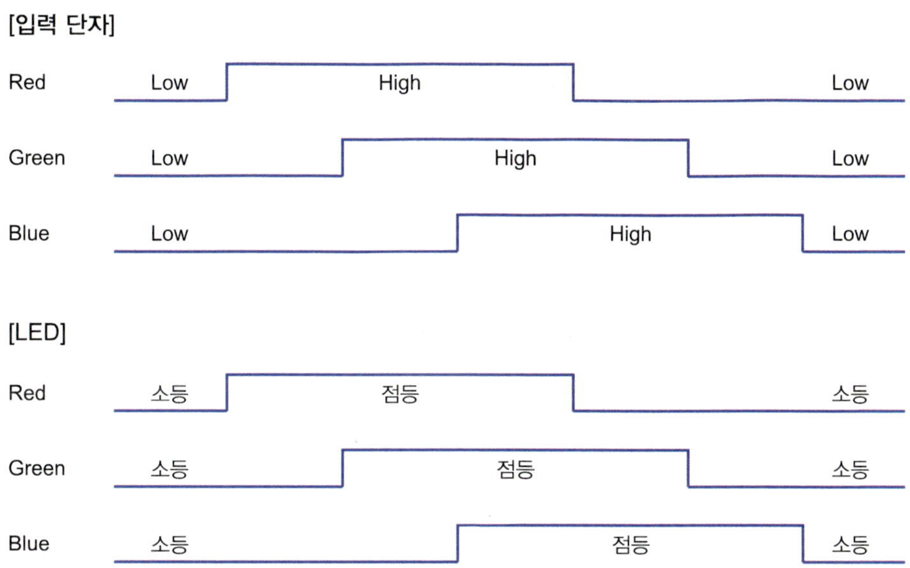


[그림 3-4-3] RGB LED 제어 타이밍

## 2 RGB LED 제어 실습(예제)

A. 상승 버튼을 누를 때마다 아래에 지정한 램프 색상을 순서대로 표시하며, 하강 버튼을 누를 때마다 지나온 순서를 다시 되돌아 가도록 하게 만드세요.
(무색 → 빨강색 → 초록색 → 파랑색 → 연두색 → 보라색 → 하늘색 → 무색)

1) RGB LED 색상 조합은 다음과 같습니다.
빨강 + 초록 = 연두색, 빨강 + 파랑 = 보라색, 빨강 + 초록 + 파랑 = 하늘색

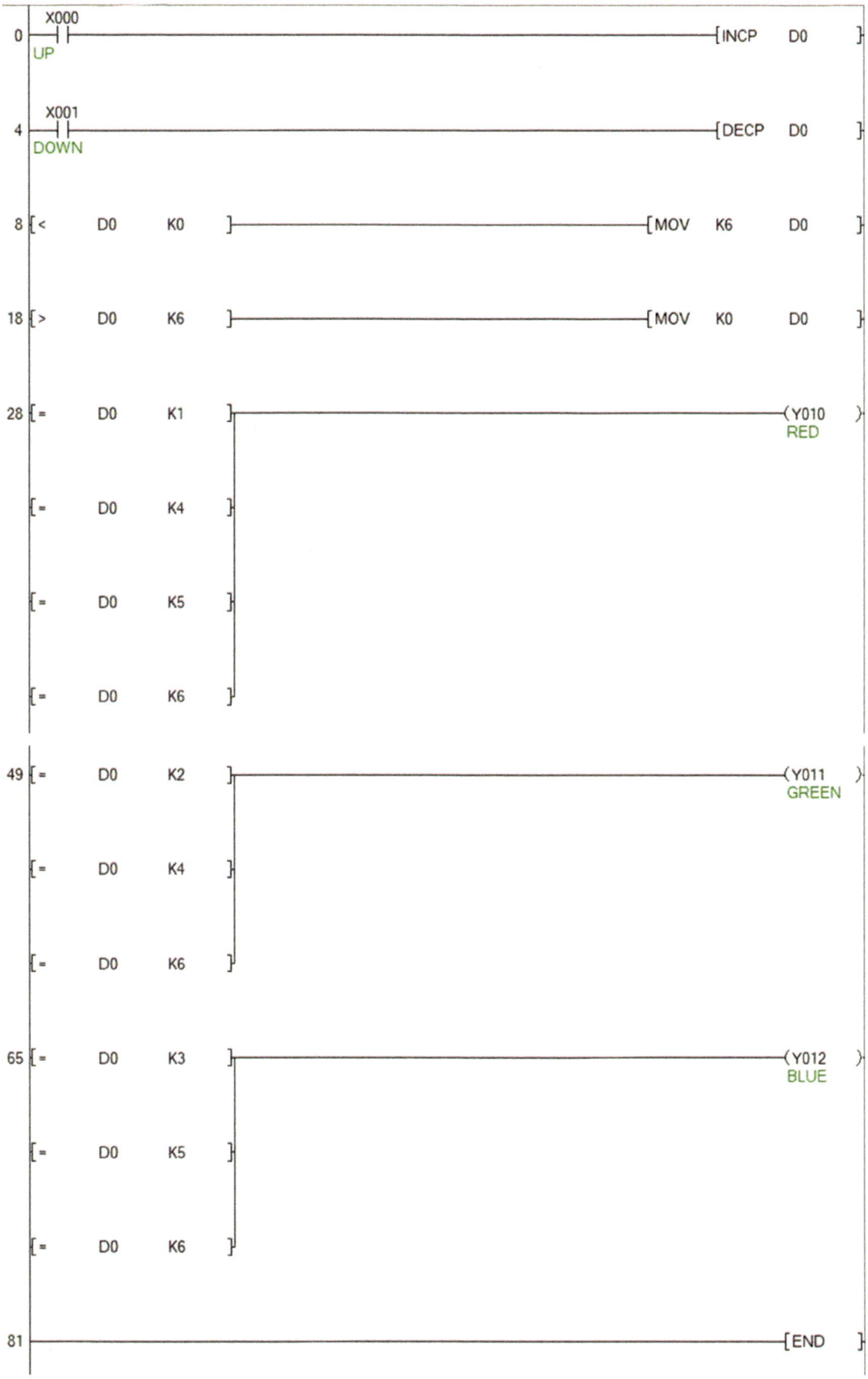
0 X000 UP [INCP D0]
4 X001 DOWN [DECP D0]
8 [< D0 K0] [MOV K6 D0]
18 [> D0 K6] [MOV K0 D0]
28 [= D0 K1] [= D0 K4] [= D0 K5] [= D0 K6] (Y010 RED)
49 [= D0 K2] [= D0 K4] [= D0 K6] (Y011 GREEN)
65 [= D0 K3] [= D0 K5] [= D0 K6] (Y012 BLUE)
81 [END]

# 3.5 LED COB(LED Chip On Board)

LED COB는 PCB 또는 board에 SMD LED를 여러 개를 배치하여 하나의 LED처럼 동작하도록 제작된 조명용 LED로 밝기가 밝고 소비전력이 높다. 동작은 LED와 동일하게 동작하며 배치 및 회로는 다음 그림과 같다.

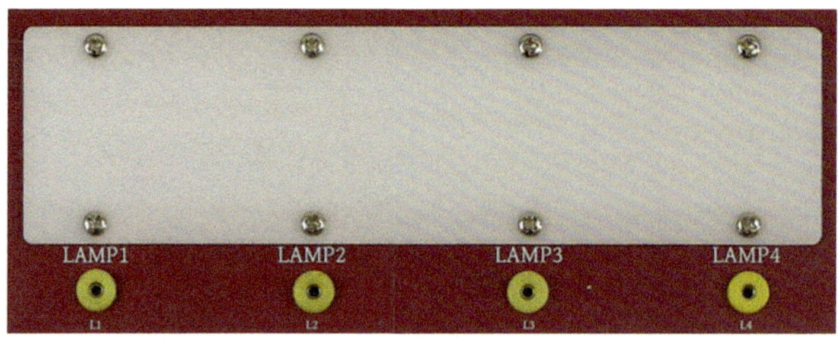


[그림 3-5-1] RGB LED 배치 및 입력단자

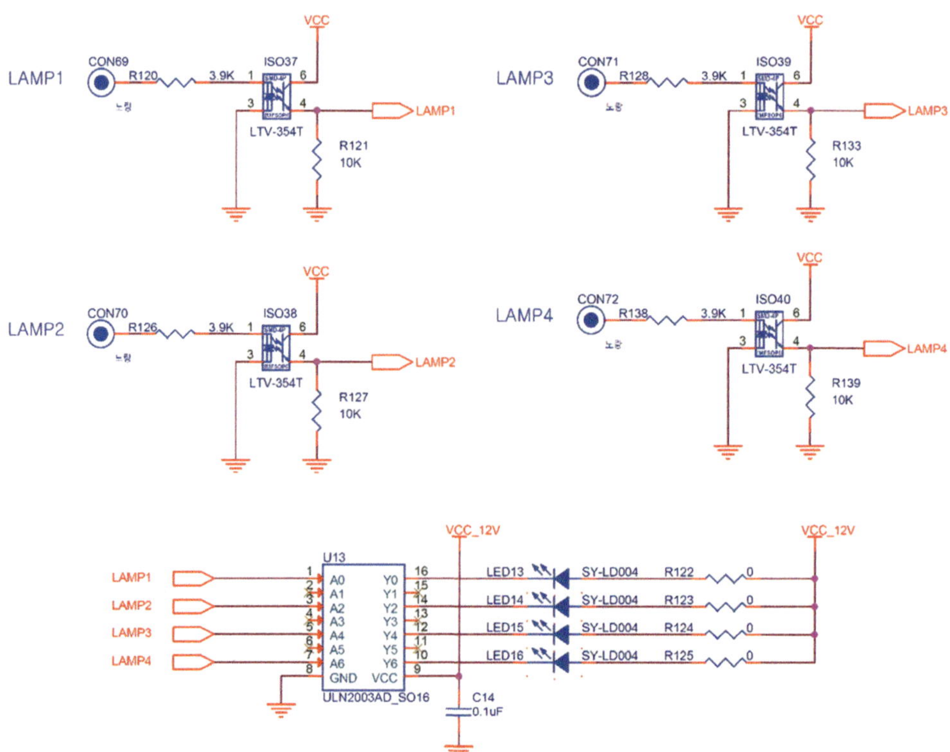


[그림 3-5-2] RGB LED 회로도

## 1 LED COB 제어 방법

LED COB 입력 단자에 High 신호를 입력하면 해당 LED COB가 점등(On)되고 LED 입력 단자에 Low 신호를 입력하면 해당 LED COB가 소등(Off)된다.

LED COB의 제어 타이밍은 다음 그림과 같다.

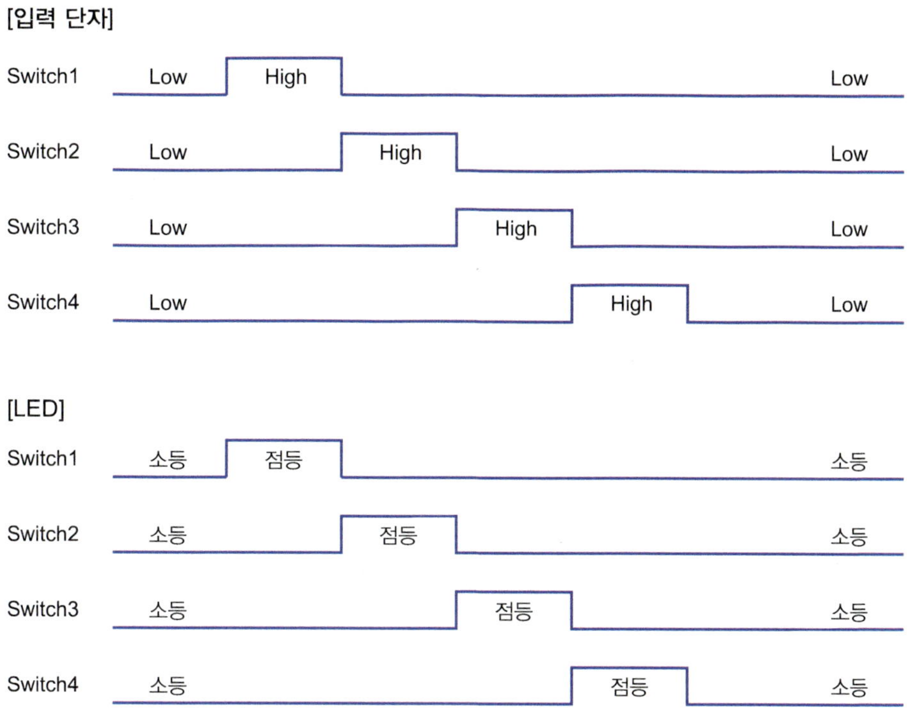


[그림 3-5-3] LED COB 제어 타이밍

## 2 LED COB 제어 실습(예제)

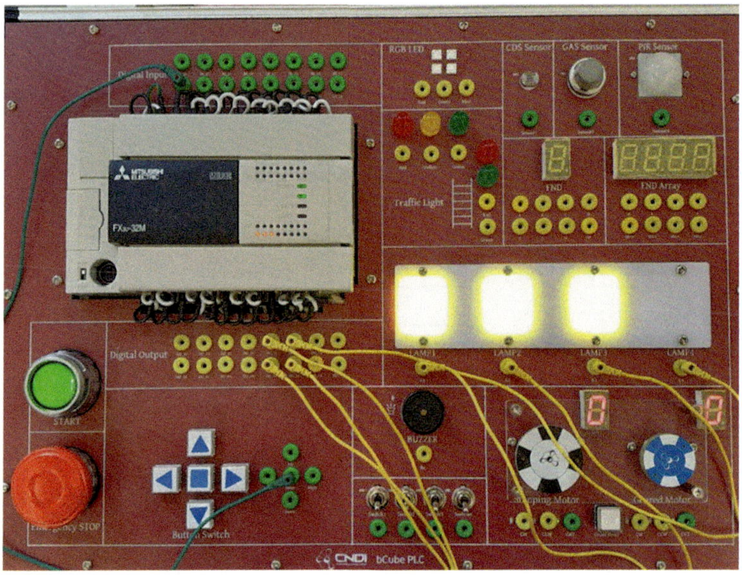


A. Enter 스위치를 ON하게 되면, LED COB(LAMP1)이 점멸합니다.

1) LED COB(LAMP1)이 3회 점멸하게 되면, LED COB(LAMP2)이 ON합니다.

2) LED COB(LAMP1)이 4회 점멸하게 되면, LED COB(LAMP3)이 ON합니다.

3) LED COB(LAMP1)이 5회 점멸하게 되면, LED COB(LAMP4)이 ON합니다.

4) LED COB(LAMP1)이 6회 점멸하게 되면, 프로그램은 리셋 되며, 다시 Enter 스위치를 ON하게되면 위의 동작을 시작할 수 있어야 합니다.

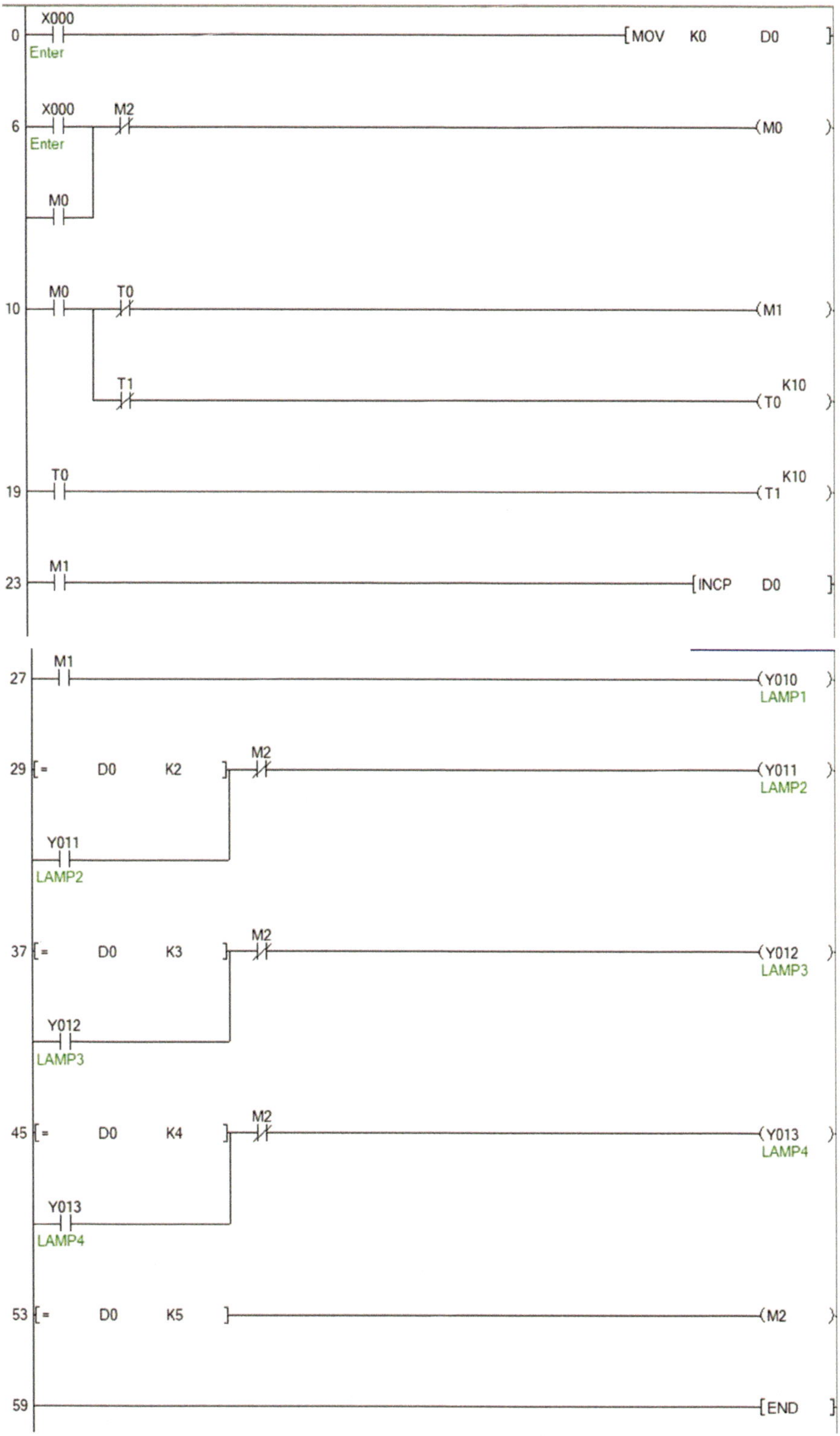
0 X000 Enter [MOV K0 D0]
6 X000 Enter M2 (M0)
M0
10 M0 T0 (M1)
T1 K10 (T0)
19 T0 K10 (T1)
23 M1 [INCP D0]
27 M1 (Y010 LAMP1)
29 [= D0 K2] M2 (Y011 LAMP2)
Y011 LAMP2
37 [= D0 K3] M2 (Y012 LAMP3)
Y012 LAMP3
45 [= D0 K4] M2 (Y013 LAMP4)
Y013 LAMP4
53 [= D0 K5] (M2)
59 [END]

## 3.6 CDS 조도 센서

CDS(황화카드뮴) 조도 센서는 CDS cell 주위의 빛의 밝기에 따라 CDS cell의 저항값이 바뀌는 소자로 일반적으로 빛의 유무를 감지하는데 가장 많이 사용되는 소자중 하나이다. 본 교재에서 사용된 CDS cell은 직경 10 mm짜리가 사용되었고 CDS cell 주위가 밝아지면 CDS cell의 저항값이 작아지고 CDS cell 주위가 어두우면 CDS cell의 저항값이 커지는 특성이 있다.

다음 그림은 CDS cell의 상단 모양이다.

[그림 3-6-1] CDS Cell

CDS cell의 심벌은 다음과 같이 표시된다.

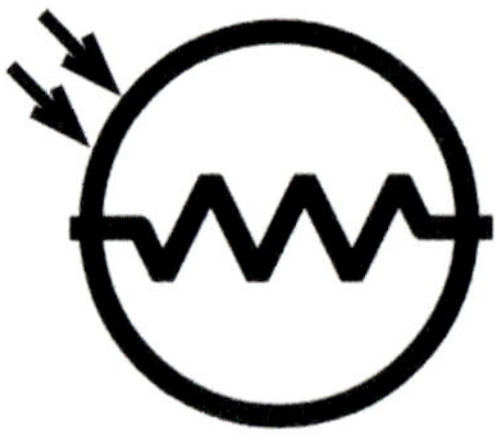

[그림 3-6-2] CDS Cell 심벌

그림 3-6-3에서 볼 수 있는 바와 같이, CdS셀은 빛이 밝아질수록 저항값이 작아지는 가변 저항기와 같이 동작한다는 것을 알 수 있다. 다만, 빛이 있다 없다 혹은 어느 정도 밝다는 것만 알아낼 수 있을 뿐이며 정확한 조도계로 사용하기는 어렵다. (정확한 조도계로 사용되는 센서는 앞에서 배운 조도계용 photo diode 등이 널리 사용된다). 예를 들어 100룩스(lx)의 빛 밝기에서 상황에 따라 500[Ω]에서 7[kΩ] 정도로 값이 달라질 수 있기 때문이다.

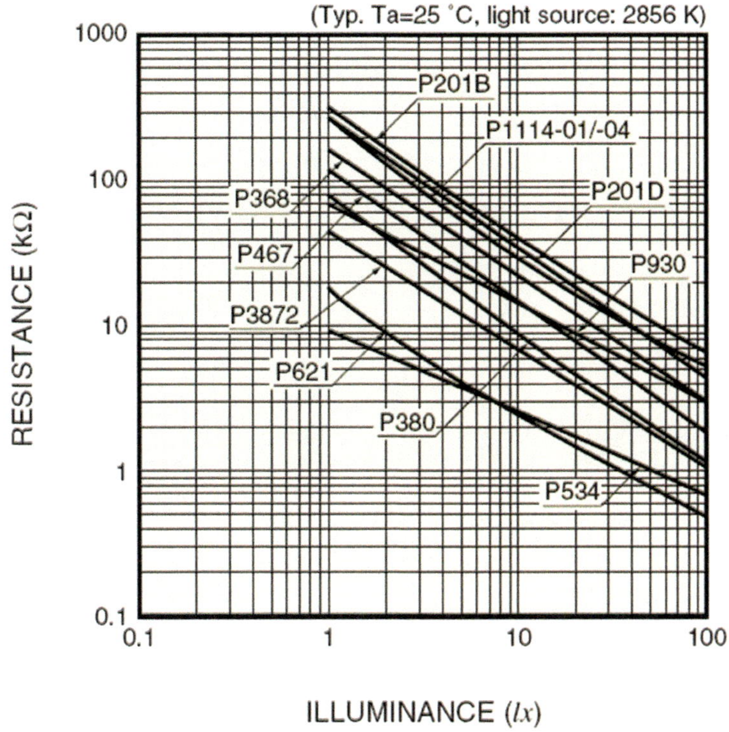


[그림 3-6-3] CdS의 빛에 따른 저항 변화

아무튼 가변저항기에 따른 저항값 변화를 저항 분배기에 의해 전압으로 바꾸어 ADC로 읽어 들이면 빛의 밝기 변화를 마이크로프로세서에서 읽어 들일 수 있다. 이러한 원리로 만들어진 회로가 본 교재에서 사용하는 HBE-MCU 장비의 센서에 사용되며, 그 회로도는 그림 3-6-4와 같다.

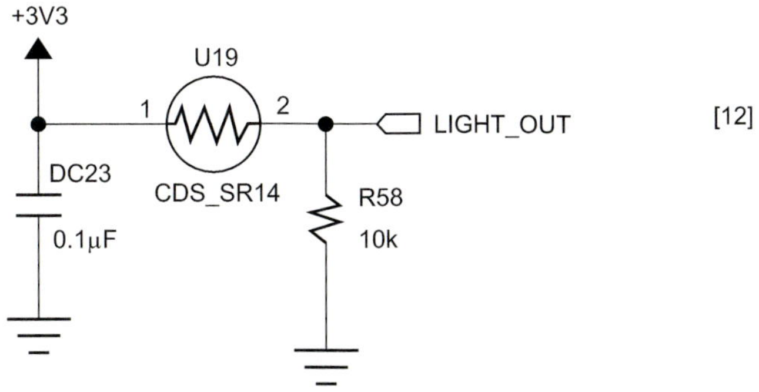


[그림 3-6-4] CdS 셀을 이용한 빛 감지 회로

그림 3-6-4에서 전압분배 원리에 의해 LIGHT_OUT에 걸리는 전압을 읽어주면 된다. 이 경우 3.3[V]가 걸려 있을 때, 읽어 들인 전압 값과 CdS셀의 저항 사이의 관계를 알아내기 위해 전압분배 법칙을 적용하면 다음 식 (14.2)와 같다.

$$\text{LIGHT OUT} = \frac{10\ k_r}{R_{CdSr} + 10\ k_r} \times 5[V] \tag{14.2}$$

여기서, LIGHT_OUT은 ADC로 읽어 들인 전압 값이며, RCdS는 우리가 알고 싶은 CdS셀의 저항값이다.

식(14.2)로부터 CdS셀의 저항값은 다음 식(14.3)과 같이 유도된다.

$$R_{CdS} = \frac{50\ k}{\text{LIGHT\_OUT}} - 10k \tag{14.3}$$

이 저항값과 그림 14.2의 저항과 빛의 세기와의 관계를 통해 대략의 빛의 세기를 알아볼 수 있다.

지금까지 조도 센서 CdS셀에 대하여 알아보았다. 센서신호가 아날로그 전압으로 출력된다는 것에 유의하자. 다음 절에서는 마이크로프로세서에서 프로그램에 의해 이 아날로그 전압 신호를 읽어내는 방법에 관하여 학습한다.

본 교재에 사용된 CDS Cell의 배치 및 출력 단자는 다음과 같다.

[그림 3-6-3] CDS Cell 배치 및 출력단자

본 교재에 사용된 CDS Sensor 모듈은 CDS Cell에 빛을 비추면 CDS Cell의 저항값이 작아져서 결과적으로 CDS Sensor의 출력으로 High(On)이 출력되고, CDS Cell 주변이 어둡거나 손가락등으로 CDS Cell을 가리면 CDS Cell의 저항값이 증가하여 결과적으로 CDS Sensor의 출력이 Low(Off)가 출력된다.

본 교재에 사용된 CDS Sensor 모듈의 회로도는 다음의 [그림 3-6-4]와 같다.

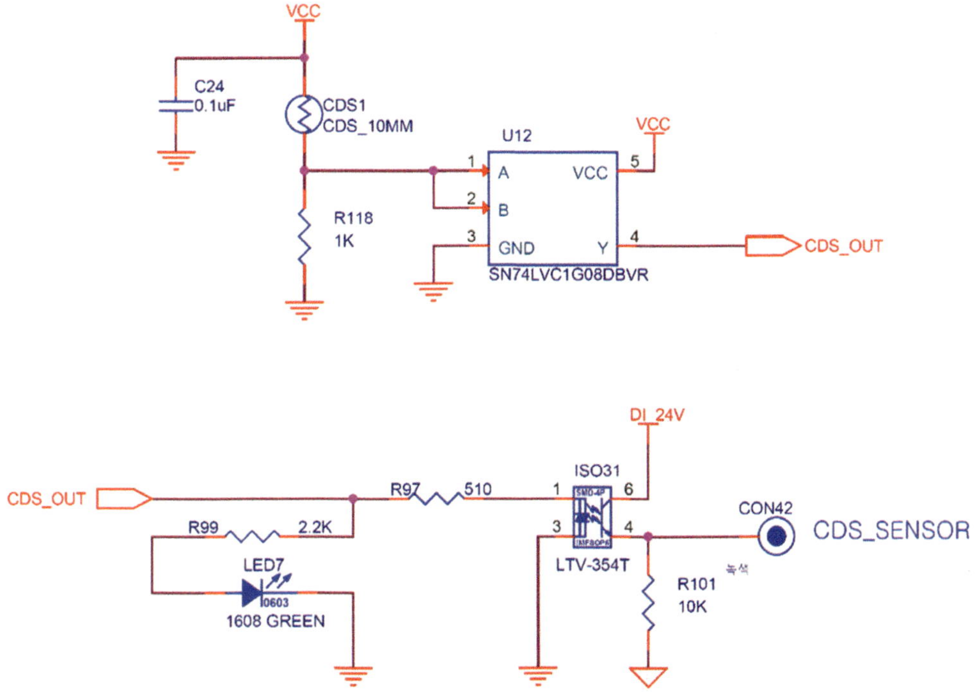


[그림 3-6-4] CDS Cell 회로도

## 1 CDS 조도센서 제어 방법

CDS 조도 센서의 주위에 밝은 빛을 쪼이면 출력 단자는 High 신호가 출력되고, CDS 조도 센서의 주위를 어둡게 하거나 손으로 센서를 가리면 출력 단자는 Low 신호가 출력된다.

CDS 조도 센서의 제어 타이밍은 다음 그림과 같다.

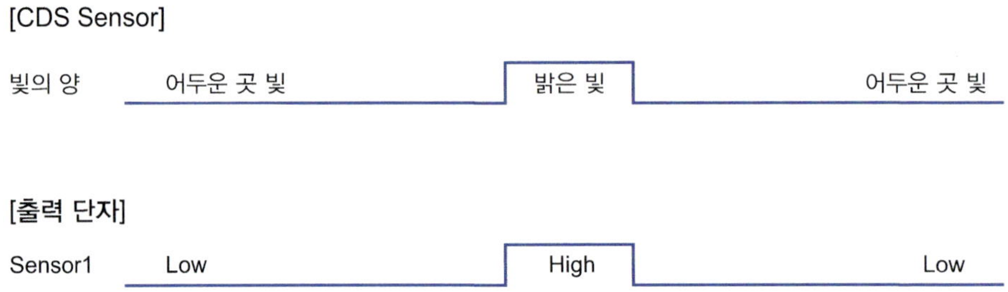


[그림 3-6-5] CDS 조도 센서 제어 타이밍

## 2 CDS 조도센서 제어 실습(예제)

A. CDS 조도센서에 빛을 비추면 RED LAMP가 ON을 하며 그 상태를 유지하게 됩니다. 다시 CDS 조도센서에 빛을 비추게 되면, RED LAMP가 OFF를 하며 빛을 비출 때마다 이 동작을 반복 하게 됩니다.

-[ALT M0]- 명령어는 반전 혹은 자기유지 명령어라 부릅니다.
해당 명령어에 신호를 넣게 되면 지정된 비트의 값을 반전 시켜 그 값을 유지시켜주는 역할을 합니다.

B. CDS 조도센서에 빛을 비춘 시간에 따라 램프가 ON 합니다.

1) 조도 센서에 1초간 빛을 비추게 되면, RED LAMP가 ON 합니다.

2) 조도 센서에 2초간 빛을 비추게 되면, YELLOW LAMP가 ON 합니다.

3) 조도 센서에 3초간 빛을 비추게 되면, GREEN LAMP가 ON 합니다.

한번 ON한 램프는 다시 OFF하지 않으며 모든 램프가 ON 하고 조도 센서에 1초간 빛을 비추게 되면 모든 램프가 OFF 합니다.

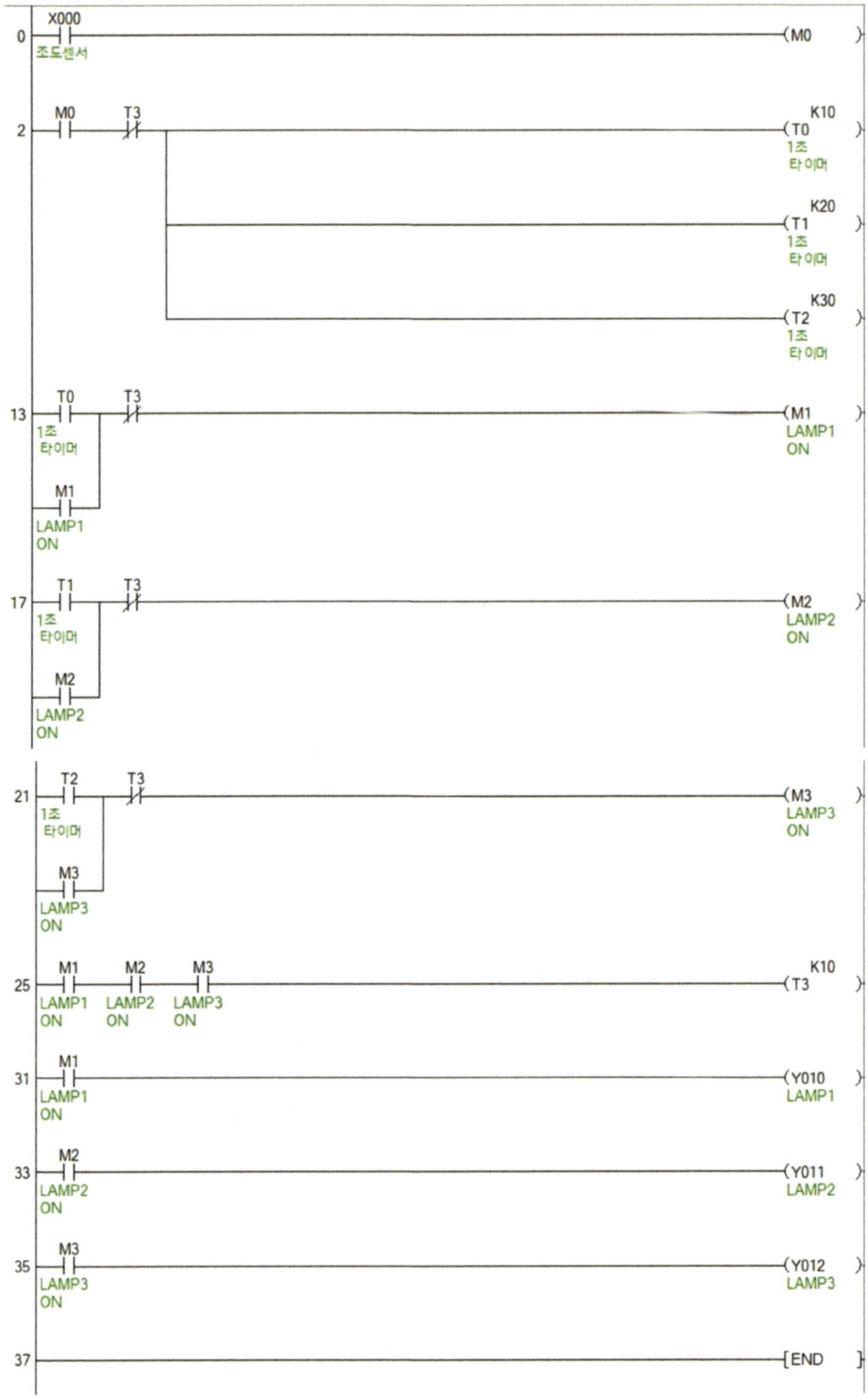
X000
조도센서
M0
M0
T3
K10
T0
1초
타이머
K20
T1
1초
타이머
K30
T2
1초
타이머
T0
1초
타이머
T3
M1
LAMP1
ON
M1
LAMP1
ON
T1
1초
타이머
T3
M2
LAMP2
ON
M2
LAMP2
ON
T2
1초
타이머
T3
M3
LAMP3
ON
M3
LAMP3
ON
M1
LAMP1
ON
M2
LAMP2
ON
M3
LAMP3
ON
K10
T3
M1
LAMP1
ON
Y010
LAMP1
M2
LAMP2
ON
Y011
LAMP2
M3
LAMP3
ON
Y012
LAMP3
END

# 3.7 세그먼트(7-segment)

7-세그먼트(segment)는 LED 7개로 숫자를 표현하여 7-세그먼트라고 불리며 FND(Flexible Numeric Display)의 일종으로 숫자 표시용으로 널리 사용되고 있는 소자이다. 위 아래에 사각형 모양으로 두 개의 가로 획과 두 개의 세로 획이 배치되어 있고, 위쪽 사각형의 아래 획과 아래쪽 사각형의 위쪽 획이 합쳐진 모양이다. 가독성을 위해 종종 사각형을 기울여서 표시하기도 한다. 7개의 획은 각각 꺼지거나 켜질 수 있다. 7-세그먼트의 종류는 공통(Common) 단자에 인가되는 전원에 따라서 Common Anode(+공통)과 Common Cathode(−공통)으로 분류된다. 공통 단자에 VCC(+전원)를 연결하고 입력 단자에 0 V(GND)를 인가하였을 때 해당하는 LED에 램프가 들어오는 것이 Common Anode(+공통)형이고, 공통단자에 0 V를 연결하고 입력 단자에 VCC를 인가하였을 때, 해당하는 LED에 램프가 들어오는 것이 Common Cathode(−공통)형이다.

참고로 본 교재에서는 Common Cathode(−공통)형이 사용되었기 때문에 Common Cathode(−공통)형 위주로 설명하도록 한다. 7-세그먼트 표시장치의 각 획은 맨 위쪽 가로 획부터 시계방향으로, 그리고 마지막 가운데 가로 획까지 각각 A부터 G까지의 이름으로 불린다. 소수를 나타내기 위해서 숫자의 오른쪽 아래에 소수점(DP 혹은 H)가 붙어 있는 경우가 대부분이다. 사용 예를 들면, 7-세그먼트에 '3'을 표시하기 위해서 A, B, G, C, D의 LED를 ON 시키면 되고, '7'을 표시하기 위해서는 F, A, B, C의 LED를 ON 시키면 된다. 다음 그림은 사용 예를 7-세그먼트의 형태로 표현한 것이다.

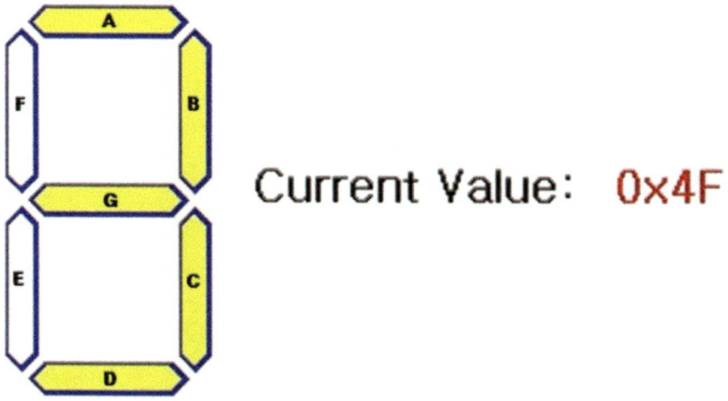


[그림 3-7-1] 7-세그먼트 구조 및 형대

다음은 일반적으로 각 숫자에 해당하는 7-세그먼트 표시 장치의 모습이다.

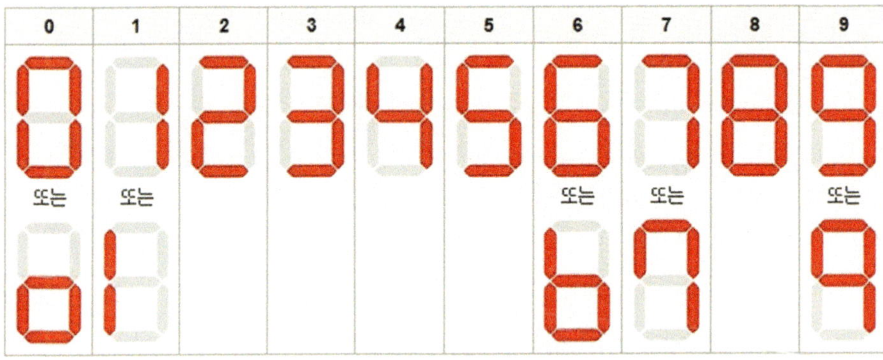


[그림 3-7-2] 7-세그먼트 의 숫자 표시 예시

FND는 Flexible Numeric Display를 나타내는 말로 7개의 소자를 이용해서 숫자 또는 문자를 표시할 수 있기 때문에 7-Segment라고도 한다.

이 FND는 숫자 또는 문자를 디스플레이 하기 위한 최소의 장치이다. 장비에는 1개로 구성된 FND 1개와 4개의 FND가 연결되어 구성된 FND Array 1개가 구성되어 있다.

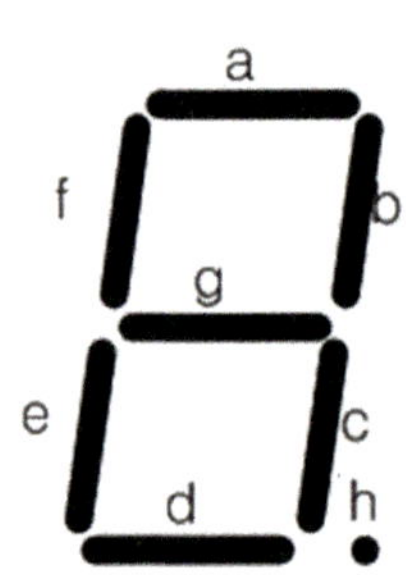


위의 그림과 같이 FND에는 a, b, c, d, e, f, g, h" 8개의 LED로 구성되어 있다. 이 LED를 제어하여 숫자 또는 문자를 표현할 수 있는 것이 FND이다. 실제 숫자와 문자를 표시하는 것은 a, b, c, d, e, f, g, h 의 데이터이고, h는 구분 등의 표시를 나타내는 용도로 사용된다. 예를 들어, FND의 a, b, c, d, e, f, g, h 라인에 "01100000"의 데이터를 입력 시키면 "1"의 숫자가 표시된다. 같은 방법으로 FND의 a, b, c, d, e, f, g, h 라인에 데이터를 입력하여 다음과 같은 숫자와 문자들을 표시할 수 있다.

또한 HBE-Green-LED의 FND 아래에 있는 8circuit 딥 스위치는 FND의 8개 LED에

순서대로 연결되어 있다. 딥스위치를 “00000001”으로 셋팅하면 FND의 “h”에 해당되는 LED가 켜지게 된다.

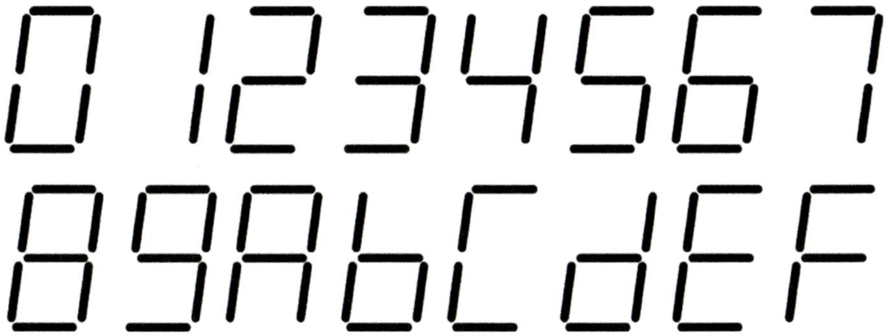

다음의 표는 위의 16개의 숫자와 문자를 표시하기 위한 FND 디코더 데이터이다.

**표 3-2** 7-Segment에서 16진수 표시방법

| 16 진수 | 7-세그먼트의 비트 값 | | | | | | | | 데이터 값 (HEX) |
|---|---|---|---|---|---|---|---|---|---|
| | H | G | F | E | D | C | B | A | |
| 0 | 0 | 0 | 1 | 1 | 1 | 1 | 1 | 1 | 0X3F |
| 1 | 0 | 0 | 0 | 0 | 0 | 1 | 1 | 0 | 0X06 |
| 2 | 0 | 1 | 0 | 1 | 1 | 0 | 1 | 1 | 0X5B |
| 3 | 0 | 1 | 0 | 0 | 1 | 1 | 1 | 1 | 0X4F |
| 4 | 0 | 1 | 1 | 0 | 0 | 1 | 1 | 0 | 0X66 |
| 5 | 0 | 1 | 1 | 0 | 1 | 1 | 0 | 1 | 0X6D |
| 6 | 0 | 1 | 1 | 1 | 1 | 1 | 0 | 1 | 0X7D |
| 7 | 0 | 0 | 1 | 0 | 0 | 1 | 1 | 1 | 0X27 |
| 8 | 0 | 1 | 1 | 1 | 1 | 1 | 1 | 1 | 0X7F |
| 9 | 0 | 1 | 1 | 0 | 1 | 1 | 1 | 1 | 0X6F |
| A | 0 | 1 | 1 | 1 | 0 | 1 | 1 | 1 | 0X77 |
| B | 0 | 1 | 1 | 1 | 1 | 1 | 0 | 0 | 0X7C |
| C | 0 | 0 | 1 | 1 | 1 | 0 | 0 | 1 | 0X39 |
| D | 0 | 1 | 0 | 1 | 1 | 1 | 1 | 0 | 0X5E |
| E | 0 | 1 | 1 | 1 | 1 | 0 | 0 | 1 | 0X79 |
| F | 0 | 1 | 1 | 1 | 0 | 0 | 0 | 1 | 0X71 |

HBE-Green-LED에는 FND가 1개로 된 것과 4개가 Array로 연결되어 있는 두 가지 형태로 구성되어 있다.

FND에는 애노드 공통형 FND와 캐소드 공통형 FND가 있다.

애노드 공통형의 FND는 FND를 구성하는 LED의 애노드 단자가 공통으로 연결된 형태를 취한다. 애노드가 공통으로 연결되기 때문에, 각 데이터 라인이 캐소드 단자가 되고 애노드 단자에 비해 데이터 라인의 전압이 낮게 인가될 때 FND에 숫자나 문자가 표시된다.

캐소드 공통형의 FND는 FND를 구성하는 LED의 캐소드 단자가 공통으로 연결된 형태를 취한다. 캐소드가 공통으로 연결되기 때문에, 각 데이터 라인이 애노드 단자가 되고 캐소드 단자에 비해 데이터 라인의 전압이 높게 인가될 때 FND에 숫자나 문자가 표시된다.

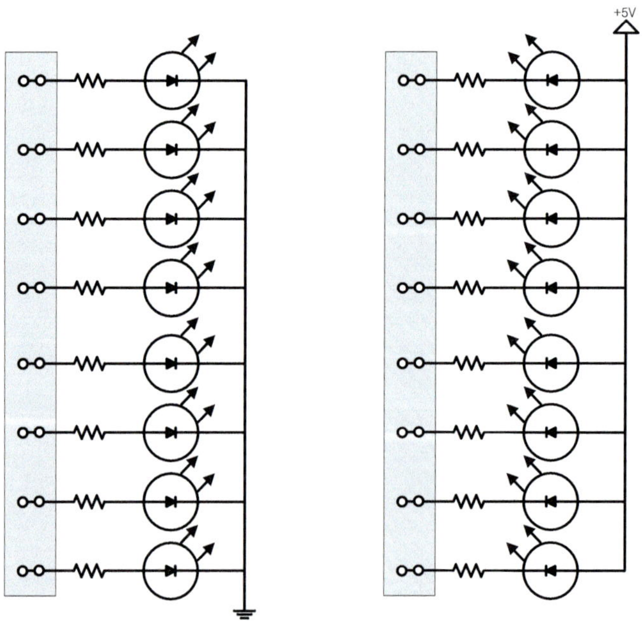


[그림 3-7-3] 캐소드 공통형 FND, 애노드 공통형 FND

FND 캐소드 단자가 공통으로 연결된 캐소드 공통형 FND를 사용하고 있다.

7-세그먼트 의 배치 및 회로도는 다음 그림과 같다.

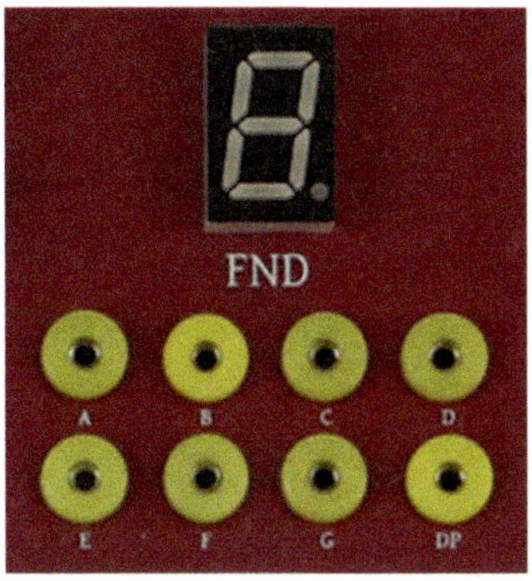


[그림 3-7-4] 7-세그먼트 배치 및 입력단자

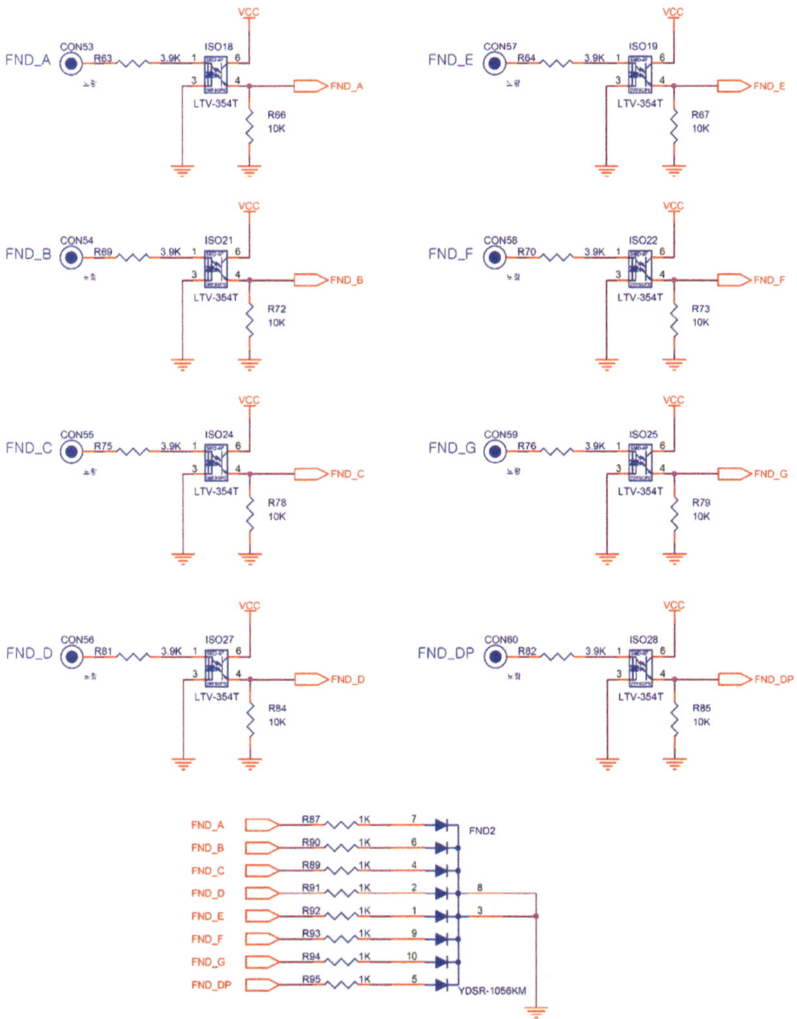


[그림 3-7-5] 7-세그먼트 회로도

## 1 7세그먼트 제어 방법

7세그먼트 입력 단자에 High 신호를 입력하면 해당 세그먼트가 점등(On)되고 7세그먼트 입력 단자에 Low 신호를 입력하면 해당 세그먼트가 소등(Off)된다.

7세그먼트 의 제어 타이밍은 다음 그림과 같다.

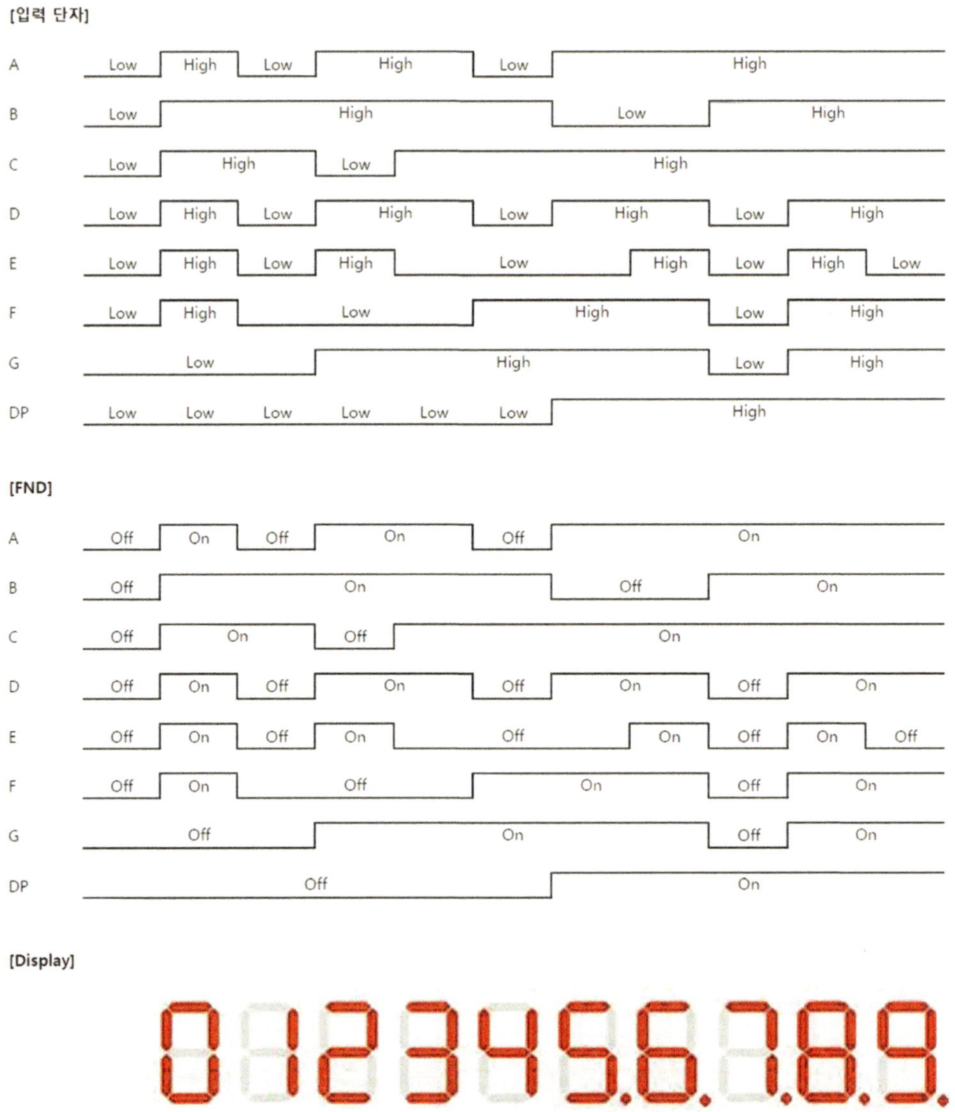


[그림 3-7-6] 7세그먼트 제어 타이밍

## 2 7세그먼트 제어 실습(예제)

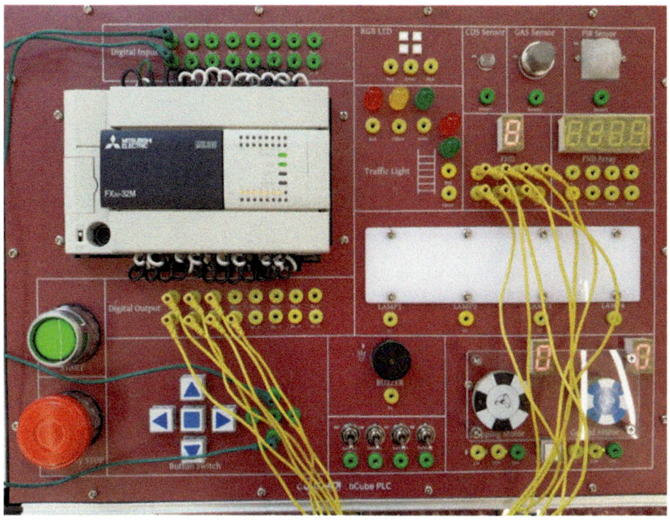

A. UP 버튼을 누를 때 마다 7세그먼트의 값은 1씩 증가합니다.
DOWN 버튼을 누를 때 마다 7세그먼트의 값은 1씩 감소합니다.

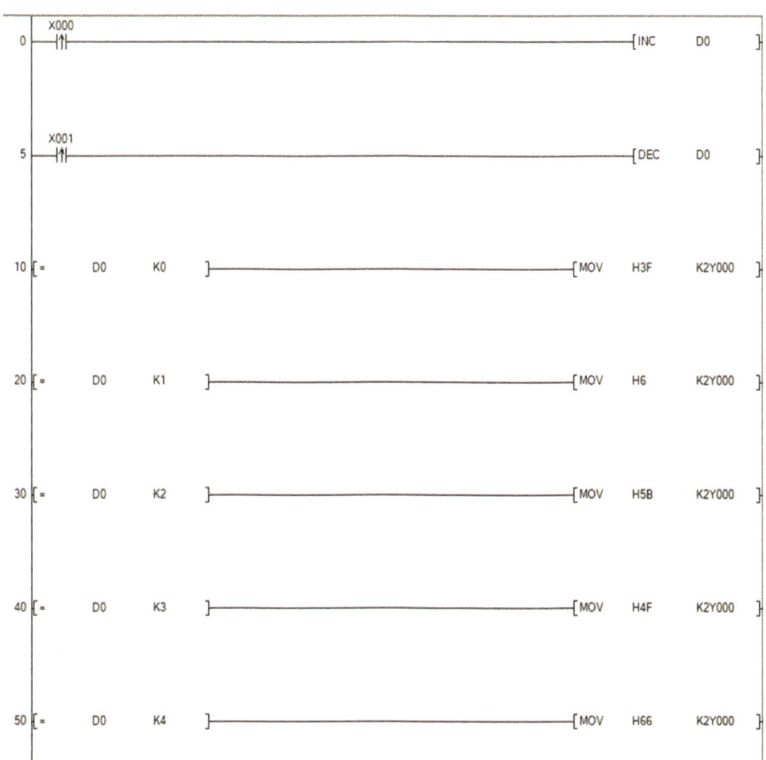

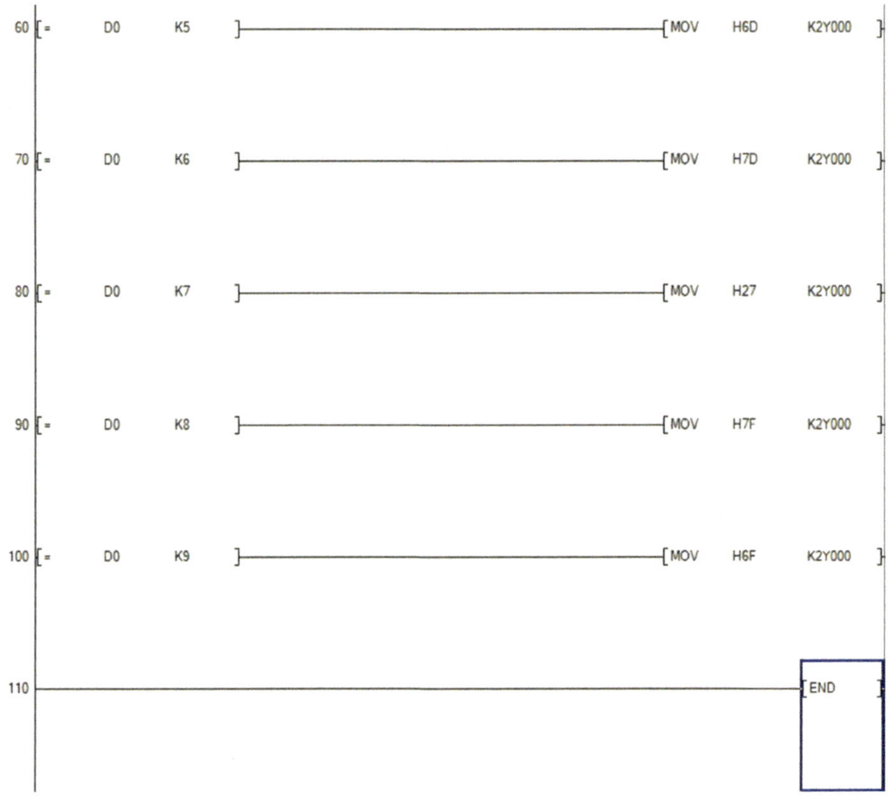
60 [= D0 K5 ] [MOV H6D K2Y000 ]
70 [= D0 K6 ] [MOV H7D K2Y000 ]
80 [= D0 K7 ] [MOV H27 K2Y000 ]
90 [= D0 K8 ] [MOV H7F K2Y000 ]
100 [= D0 K9 ] [MOV H6F K2Y000 ]
110 [END ]

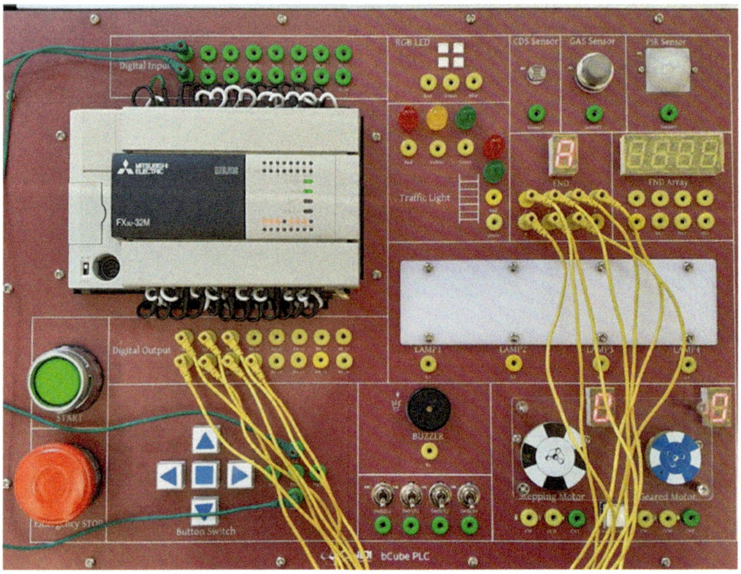
Digital Input
Digital Output
RGB LED
CDS Sensor
GAS Sensor
PIR Sensor
Traffic Light
FND Array
BUZZER
Button Switch
bCube PLC

B. UP 버튼을 누를 때 마다 7세그먼트의 값은 A부터 F까지 차례로 표기합니다. DOWN 버튼을 누를 때 마다 A부터 F의 값을 역으로 표시합니다.

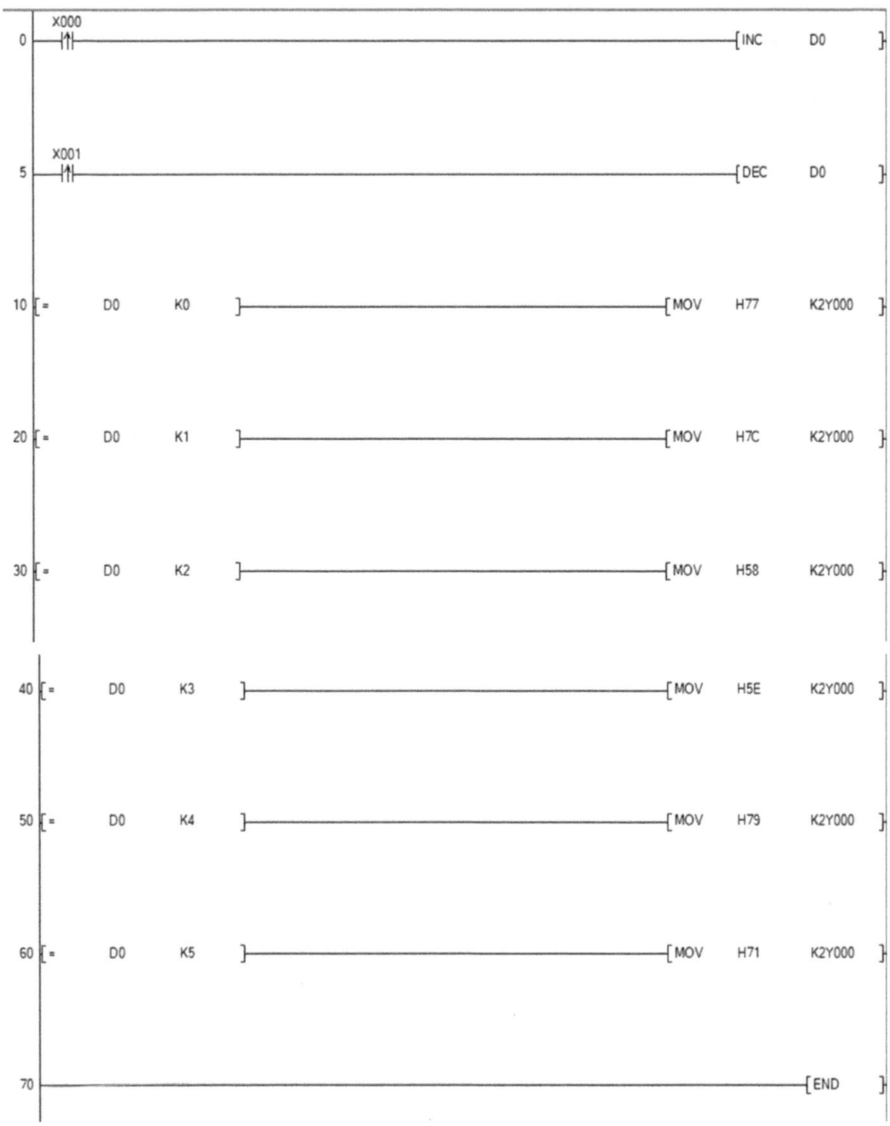

1) X0과 X1을 누를 때마다 D0의 값은 증가 혹은 감소합니다.
   다음 비교문을 이용해 지정한 순서에 따라 그에 알맞은 값을 지정해 줍니다.
   D0의 값이 0일때에 실행될 MOV 명령어로 애를 들어보겠습니다.
   MOV 옆의 H77 값을 보게 되면, H는 16진수를 뜻하는 약어 입니다. 그 다음 77은 0111 0111을 뜻하며 A를 표기하기 위한 16진수입니다.

위 그림을 참고하여 7세그먼트에 표시하고자 하는 값을 생각하며 해당하는 값을 ON시켜 줍니다. 다음 K2Y000은 Y0어드레스를 8 Byte로 묶는 다는 뜻이며 만약 K1로 지정했을 경우 1 Byte로 묶는다는 뜻이 됩니다. 이제 이 프로그램을 해석하면 PLC에 전원을 ON하게 되면 프로그램은 시작되며 D0의 값은 0일 것입니다.

그렇다면, [MOV H77 K2Y000] 출력이 ON 되어 H77(0111 0111)의 값이 K2Y000에 입력되게 되며, 7세그먼트에 A가 표기 됩니다.

## 3.8 7-세그먼트 어레이(7-segment Arrary)

7-세그먼트 어레이는 7-세그먼트를 2개 이상 배열한 것으로 본 교재에서는 7-세그먼트 4개를 배열한 4자리 7-세그먼트 어레이가 사용되었다. 각각의 7-세그먼트는 Common Cathode(−공통)형이며 4개의 7-세그먼트 값은 4-bit 이진수에 의해 결정되며, 각각의 7-세그먼트 는 SEL신호에 의해 선택된다. 주의할 점은 SEL 신호(SEL4, SEL3, SEL2, SEL1)가 Rising edge(Low에서 High로 변할 때)에서 4-bit 이진수가 래치(Latch)되어 7-세그먼트에 display된다.

예를 들어 맨 왼쪽의 7-세그먼트 에 숫자 “3”을 표시하기 위해서는 단자 “2”와 “1”에 High 신호를 입력하여 숫자 “3”을 입력한 이후에 “SEL4” 단자에 High를 입력하면 맨 좌측 7-세그먼트 에 숫자 “3”이 Display된다. 같은 방법으로 가장 우측 7-세그먼트 에 숫자 “9” 출력하기 위해서는 단자 “8”과 단자”1”에 High 신호를 입력하여 숫자 ”9”을 입력한 이후에 “SEL1” 단자에 High를 입력하면 맨 우측 7-세그먼트에 숫자 “9”가 Display 된다.

본 교재에서 사용된 7-세그먼트 어레이는 다음 그림과 같다.

[그림 3-8-1] 7-세그먼트 어레이 배치 및 입력단자

본 교재에서 사용된 7-세그먼트 어레이의 회로도는 다음[그림 3-8-2]와 [그림 3-8-3]과 같다.

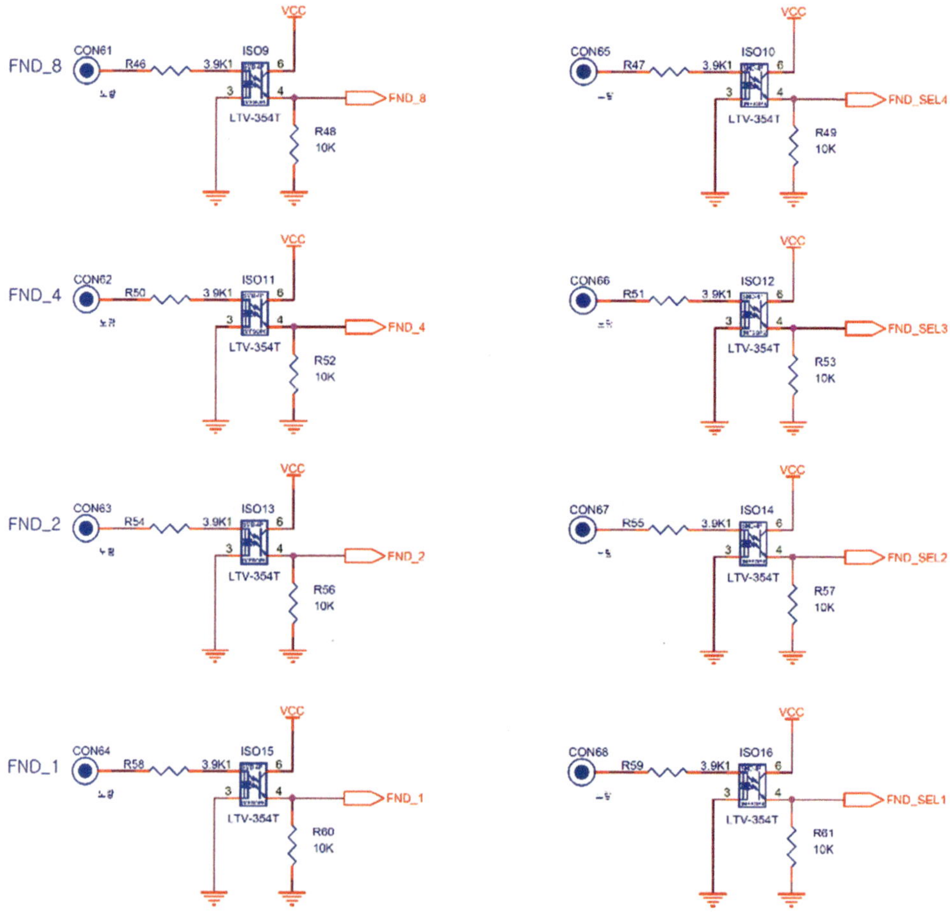


[그림 3-8-2] 7- Segment 어레이 회로도1]

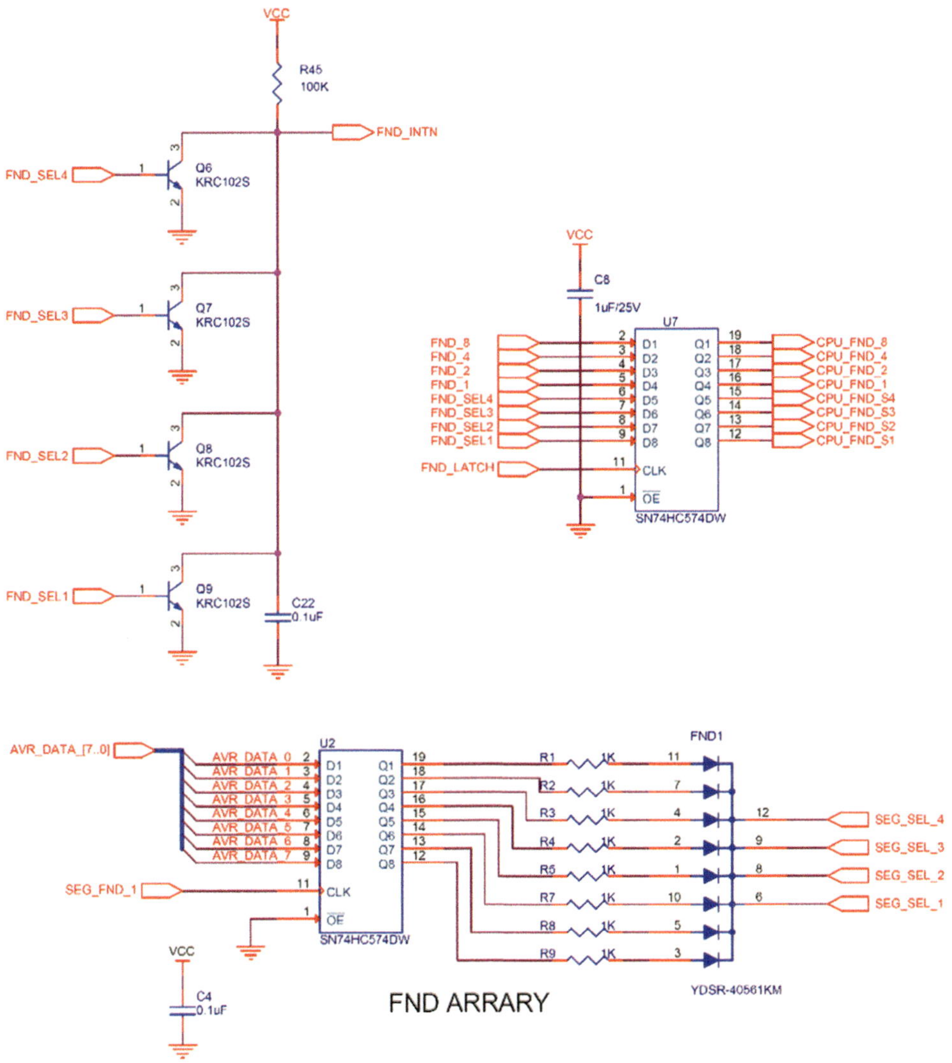


[그림 3-8-3] 7- Segment 어레이 회로도2]

## 1 7세그먼트 어레이 제어 방법

7세그먼트 어레이 입력 단자 중 바이너리 입력 단자(8/4/2/1)에 표시하고자 하는 숫자에 해당하는 바이너리 값을 입력(High)하고, 표시하고자 하는 자리에 해당하는 Select 신호(SEL4/SEL3/SEL2/SEL1)를 Low에서 high로 입력하면 해당 세그먼트 자리에 해당 숫자가 입력된다.

Select 신호가 Low에서 High로 변화하는 시점에 바이너리 숫자를 레치하는 로직이 적용되어 있기 때문에 Select 신호는 반드시 low에서 High로 변화해야 바이너리 숫자가 래치 되어 표시된다.

7세그먼트 어레이의 제어 타이밍은 다음 그림과 같다.

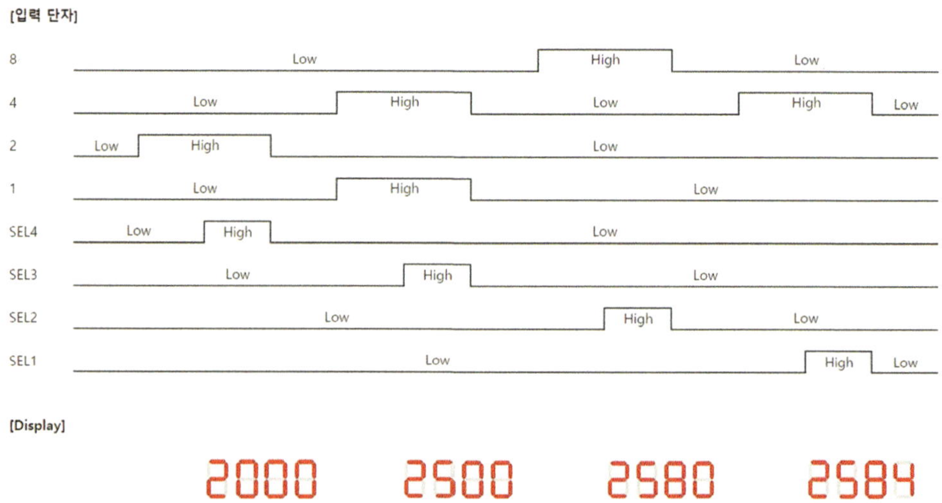


[그림 3-8-4] 7세그먼트 어레이 제어 타이밍

## 2 7세그먼트 어레이 제어 실습(예제)

A. UP 버튼을 누를 때마다 7세그먼트의 값은 1씩 증가합니다.
DOWN 버튼을 누를 때마다 7세그먼트의 값은 1씩 감소합니다.
Switch1,2,3,4를 이용해 SEL1,2,3,4 자릿수를 입력해 줍니다.
이때 변경시킨 값은 Switch를 ON할 때마다 변합니다.

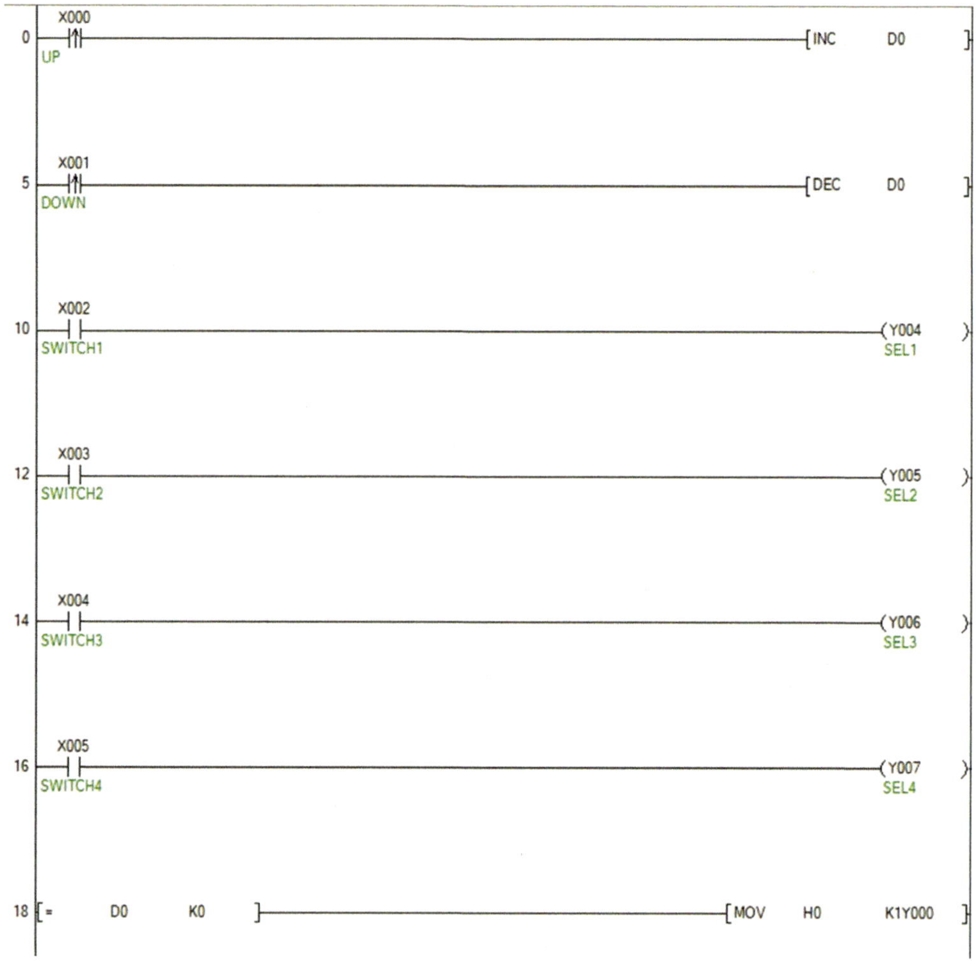
0
X000
UP
INC D0
5
X001
DOWN
DEC D0
10
X002
SWITCH1
Y004
SEL1
12
X003
SWITCH2
Y005
SEL2
14
X004
SWITCH3
Y006
SEL3
16
X005
SWITCH4
Y007
SEL4
18
= D0 K0
MOV H0 K1Y000

```
 28  [=  D0  K1 ]----------------------[MOV  H1  K1Y000 ]
 38  [=  D0  K2 ]----------------------[MOV  H2  K1Y000 ]
 48  [=  D0  K3 ]----------------------[MOV  H3  K1Y000 ]
 58  [=  D0  K4 ]----------------------[MOV  H4  K1Y000 ]
 68  [=  D0  K5 ]----------------------[MOV  H5  K1Y000 ]
 78  [=  D0  K6 ]----------------------[MOV  H6  K1Y000 ]
 88  [=  D0  K7 ]----------------------[MOV  H7  K1Y000 ]
 98  [=  D0  K8 ]----------------------[MOV  H8  K1Y000 ]
108  [=  D0  K9 ]----------------------[MOV  H9  K1Y000 ]
118  ---------------------------------------------[END ]
```

## 3.9 부저(Buzzer)

부저는 전자석과 진동편을 조합해서 신호음을 발생시키거는 장치를 말하며, 경보 또는 알림용으로 사용된다. 본 교재에서 사용된 부저의 모양은 다음과 같다.

[그림 3-9-1] 부저

부저(Buzzer)의 심벌은 다음과 같이 표시된다.

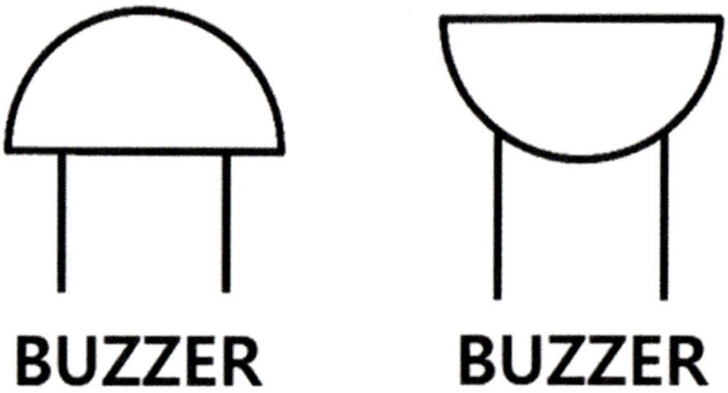


[그림 3-9-2] 부저 심벌

본 교재에 사용된 부저의 배치 및 회로도는 다음과 같다.

[그림 3-9-3] 부저 배치 및 입력단자

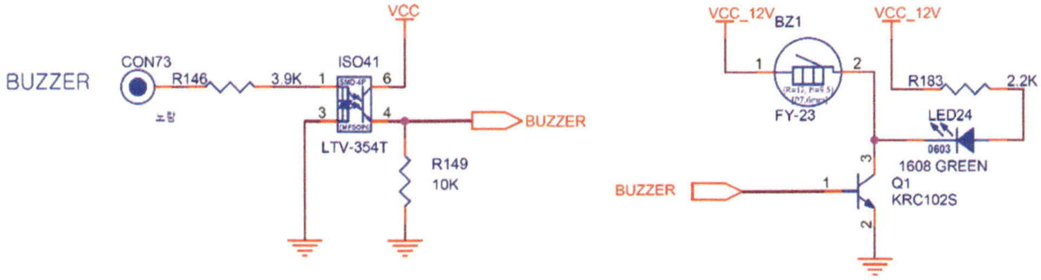


[그림 3-9-4] 부저 회로도

3

모듈 블록

## 1 부저 제어 방법

부저 입력 단자에 High 신호를 입력하면 부저에서 비프음이 송출되고 부저 입력단자에 단자에 Low 신호를 입력하면 비프음이 송출되지 않는다.

부저의 제어 타이밍은 다음 그림과 같다.

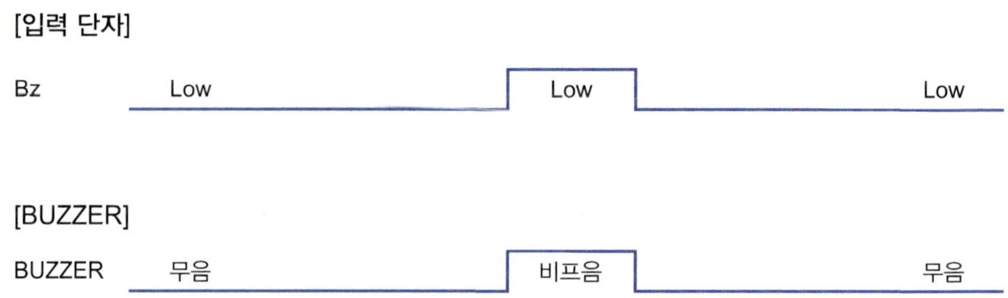


[그림 3-9-5] CDS 부저 제어 타이밍

## 2 부저 제어 실습(예제)

A. 아래의 조건과 같도록 프로그램을 작성하세요.

1) UP 버튼을 누를 때 마다 타이머의 시간은 1초씩 증가합니다.

2) DOWN 버튼을 누를 때 마다 타이머의 시간은 1초씩 감소합니다.

3) Enter 버튼을 누르면 설정한 타이머 시간 만큼 부저가 점멸합니다.

4) 비상 버튼을 누르면 부저는 정지합니다.

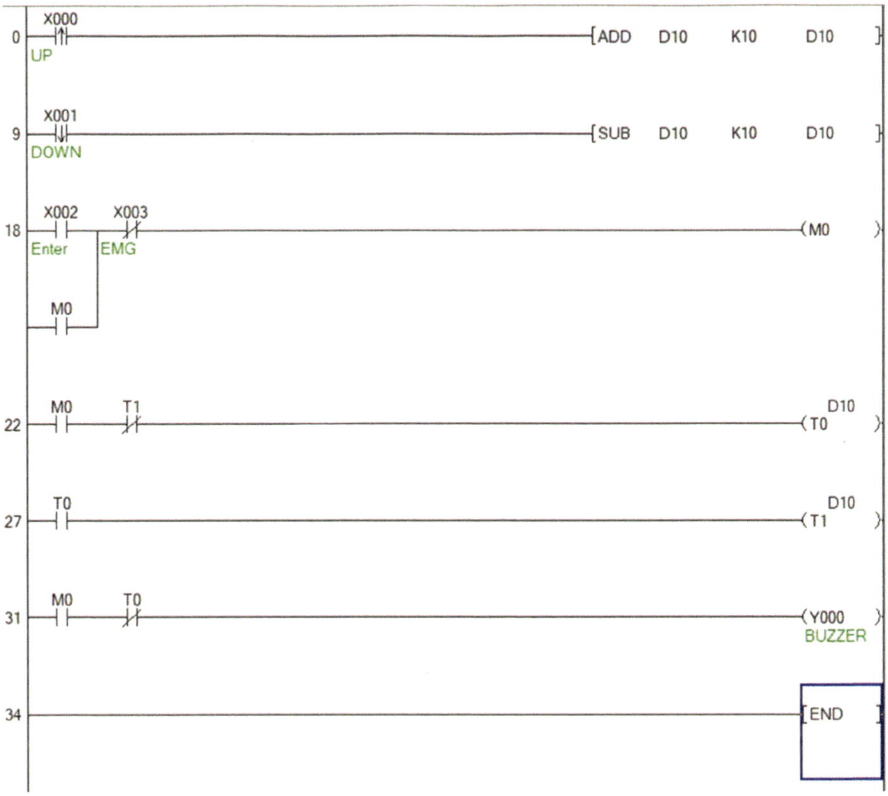

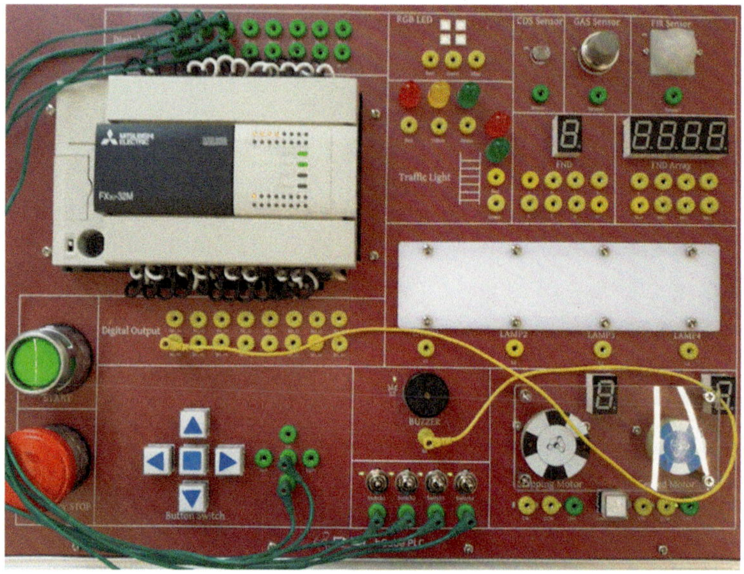


B. 아래의 조건과 같도록 프로그램을 작성하세요.

1) Switch1, Switch2, Switch3, Switch4는 각각 1, 2, 4, 8 (2진법)로 의미하여 제어합니다.

2) Swich로 지정한 값은 초로 사용하며, 1의 값 당 1초만큼의 동작을 할 수 있어야 합니다.

3) Enter 버튼을 누르면 계산한 값만큼 부저가 점멸하며, Down 버튼을 누르게 되면, 정지합니다.

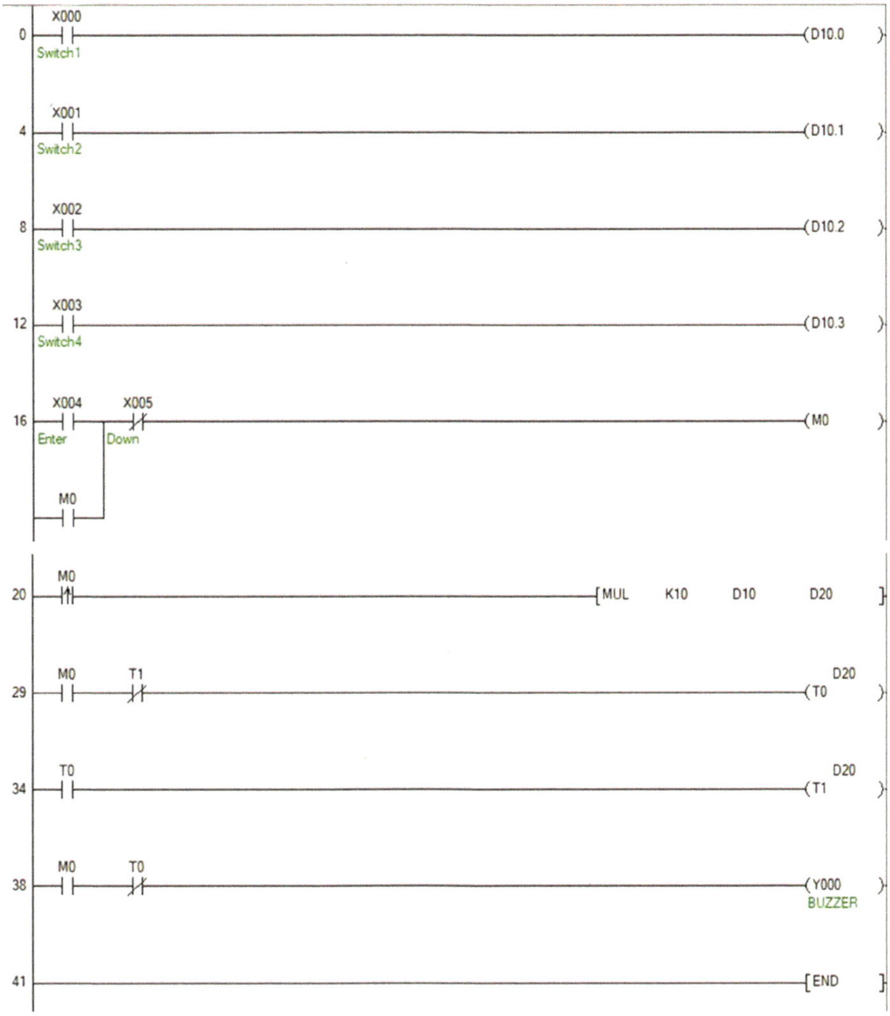
0
X000
Switch1
D10.0
4
X001
Switch2
D10.1
8
X002
Switch3
D10.2
12
X003
Switch4
D10.3
16
X004
Enter
X005
Down
M0
M0
20
M0
MUL K10 D10 D20
29
M0
T1
D20
T0
34
T0
D20
T1
38
M0
T0
Y000
BUZZER
41
END

## 3.10 MQ-6 가스 센서(MQ-6 GAS sensor)

MQ-6 가스 센서(GAS Sensor)의 감지 물질은 $SnO_2$(산화 주석)으로 산화 주석은 깨끗한 공기에서 전도성이 떨어지고, 가연성 가스가 센서 주위 공기중에 존재하면 센서의 전도성이 가스 농도에 비례하여 상승함에 따라 가스 유무를 확인 할 수가 있다. MQ-6 가스 센서는 가연성의 가스 종류를 감지할 수 있으며 특히 LPG(propane) gas에 대해 높은 감도가 있어서 저가의 센서로 많이 활용되고 있다.

MQ-6 가스 센서는 아날로그 소자인 관계로 출력이 아날로그로 나온다. MQ-6 가스 센서의 출력단에 OP−AMP와 AND gate를 추가하여 비교적 간단하게 아날로그 신호를 디지털 신호로 변환할 수가 있다.

MQ-6 가스 센서의 모양은 [그림 3−10−1]과 같다.

[그림 3−10−1] MQ−6 가스 센서

QM-6 가스센서(Gas Sensor)의 심벌은 다음과 같이 표시된다.

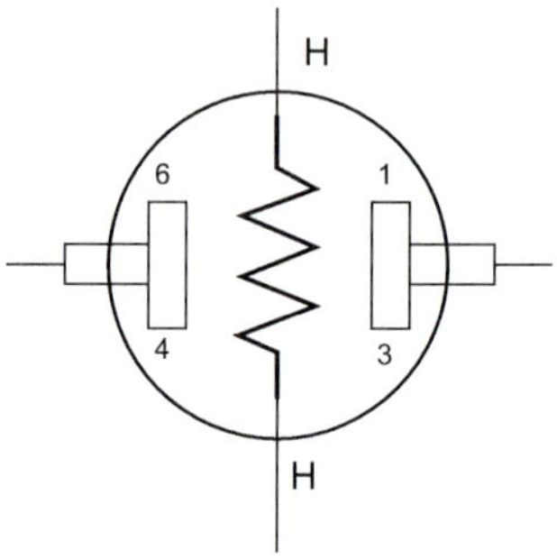


[그림 3−10−2] MQ−6 가스 센서 심벌

본 교재에 사용된 MQ-6 가스 센서의 배치 및 회로도는 다음과 같다.

[그림 3-10-3] MQ-6 가스 센서 배치 및 출력단자

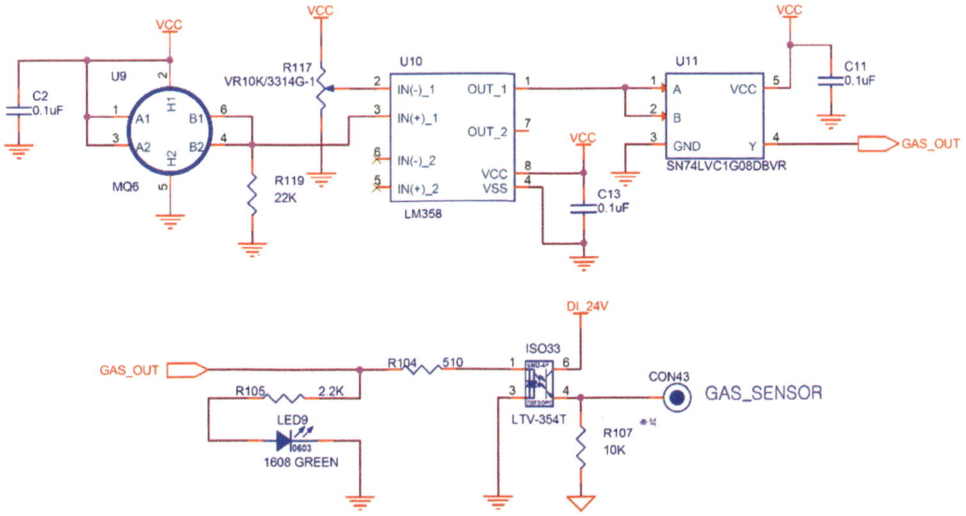


[그림 3-10-4] MQ-6 가스 센서 회로도

## 1 MQ-6 가스 센서 제어 방법

MQ-6 가스 센서의 주위에 라이터 가스를 방출 시키면 출력 단자는 High 신호가 출력되고, MQ-6 가스 센서의 주위에 맑은 공기를 유입 시키면 출력 단자는 Low 신호가 출력된다.

MQ-6 가스 센서의 제어 타이밍은 다음 그림과 같다.

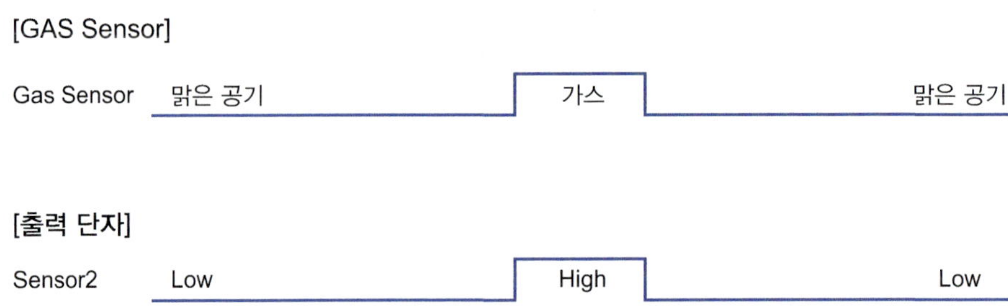


[그림 3-10-5] MQ-6 가스 센서 제어 타이밍

## 2 MQ-6 가스 센서 제어 실습(예제)

A. MQ-6 가스 센서에 감지된 시간만큼 Enter버튼을 눌렀을 때 지정 램프가 ON되어야 합니다.

1) 5초 이하 = RED LAMP

2) 7초 이하 = YELLOW LAMP

3) 10초 이하 = GREEN LAMP

단, Enter 버튼을 한번 더 눌렀을 경우 점등된 램프는 소등해야 하며, 위의 동작을 재동작할 수 있어야 합니다.

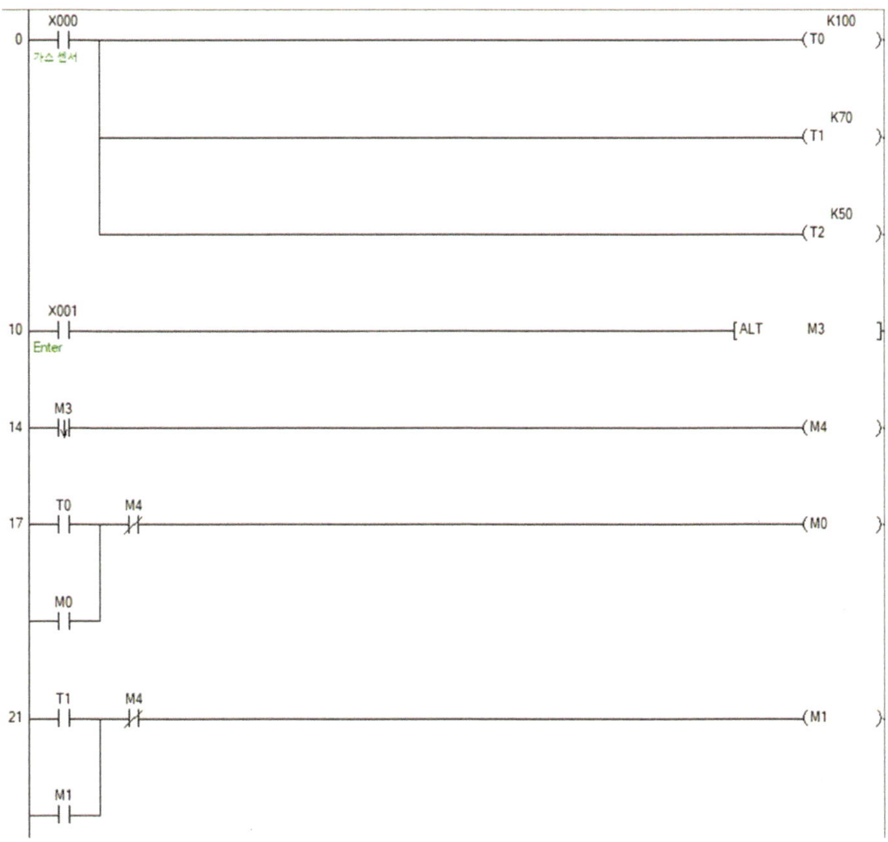

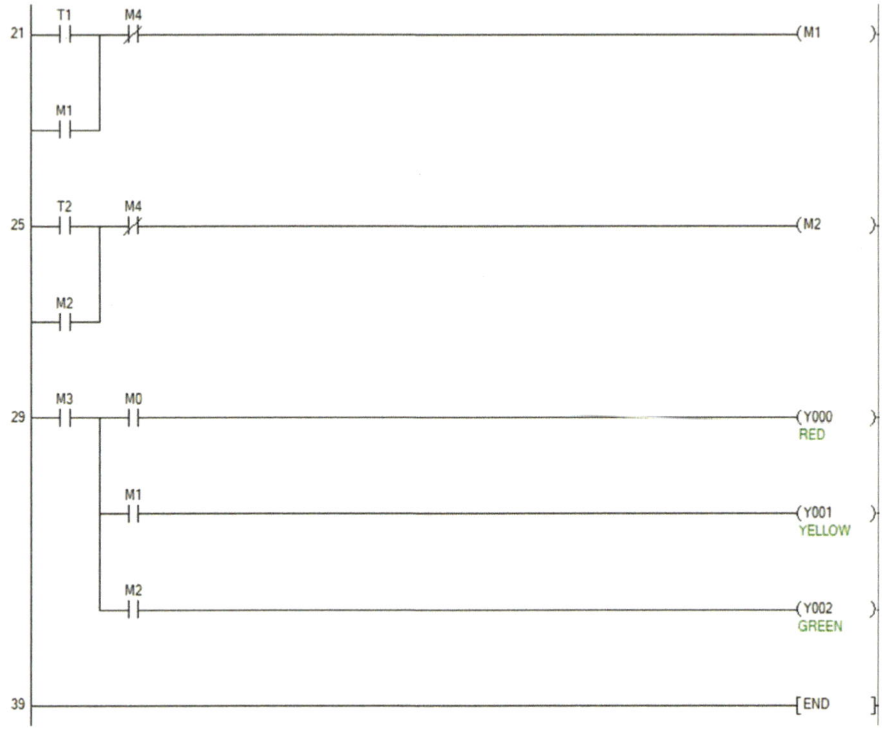


## 3.11 PIR 동체 감지기

PIR(Passive Infrared) 동체감지기는 사람이 센서의 범위에 들어왔는지, 또는 이탈했는지 검출하기 위해 사용한다. 센서는 작고, 저가이며, 저전력에 사용하기 쉬우며, 실외에는 설치하지 않는다. 이런 이유로 일반적으로 가정이나 기업에서 사용되는 기기에서 사용된다.

이것은 종종 “Pyroelectric” 또는 “IR motion”이라고 언급되기도 하며 PIR은 기본적으로 적외선의 레벨을 검출할 수 있는 초전 센서로 구성된다(초전 센서를 덮고 있는 반구 형태의 커버를 벗기면 중앙에 사각형 크리스탈을 장착한 둥근 금속을 확인할 수 있다). 즉, 적외선을 방출하는 물체가 움직이는 것을 감지하는 센서이다. 백열등이나 할로겐 등 그리고 태양 빛과 같이 PIR 동체감지기가 감지 가능한 대역의 적외선이 주위에 있다면 오동작을 할 수 있다. PIR 동체감지기는 적외선의 움직임을 감지했을 때 High 신호를 출력하며 PIR 동체감지기의 모양은 다음 그림과 같다.

[그림 3-11-1] PIR 동체감지기

PIR 동체감지기의 심벌은 다음과 같이 표시된다.

[그림 3-11-2] PIR 동체감지기 심벌

PIR 센서(초전형 적외선센서)는 적외선의 초전 효과를 이용하여 인체가 발산하는 적외선 영역(약 5~30)의 열에너지를 통해 인체의 동작을 감지할 수 있는 센서이다.

PIR 센서의 표면에는 불투명한 유리 재질의 필터가 부착되어 있는데, 이 필터는 외부에서 들어오는 적외선 중 인체를 감지할 수 있는 특정 파장 범위의 적외선만을 센서 내부로 통과시킨다.

통과된 적외선은 센서 내부에 고정된 세라믹 재질의 element 에 감지되어 센서로서 동작하게 된다. 또한 PIR 센서 자체의 제한된 감지 영역을 넓혀주기 위하여, 센서 외부에 불투명한 플라스틱 재질의 Lends 를 장치하여 감지 범위를 증가 시켰다.

RE200B는 NIPPON Ceramic 사에서 생산되는 PIR 센서로서 다음과 같은 외양을 가지고 있다.

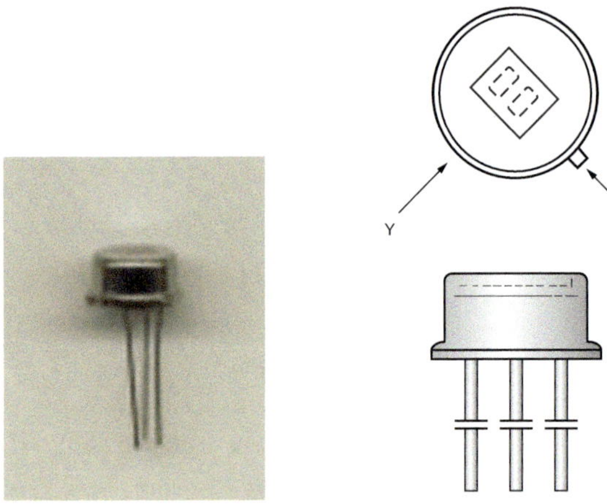


[그림 3-11-3] PIR 센서의 외관

이 PIR 센서가 감지할 수 있는 범위는 X축 방향으로 138도 그리고 Y축 방향으로 125도로 다음과 같다.

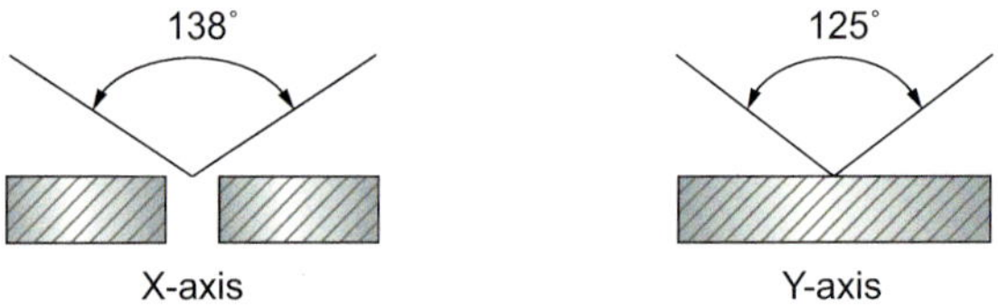


[그림 3-11-4] PIR 센서의 감지 범위

3~10 V DC 전압에서 동작 가능하며, 최소 2.5 이상, 일반적으로 4 V의 아날로그 아웃풋을 발생시킨다. 본 교재에 사용된 PIR 동체감지기의 배치 및 회로도는 다음과 같다.

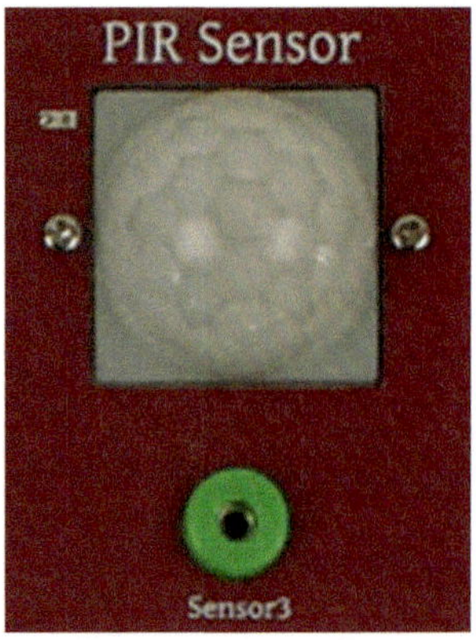


[그림 3-11-5] PIR 동체감지기 배치 및 출력단자

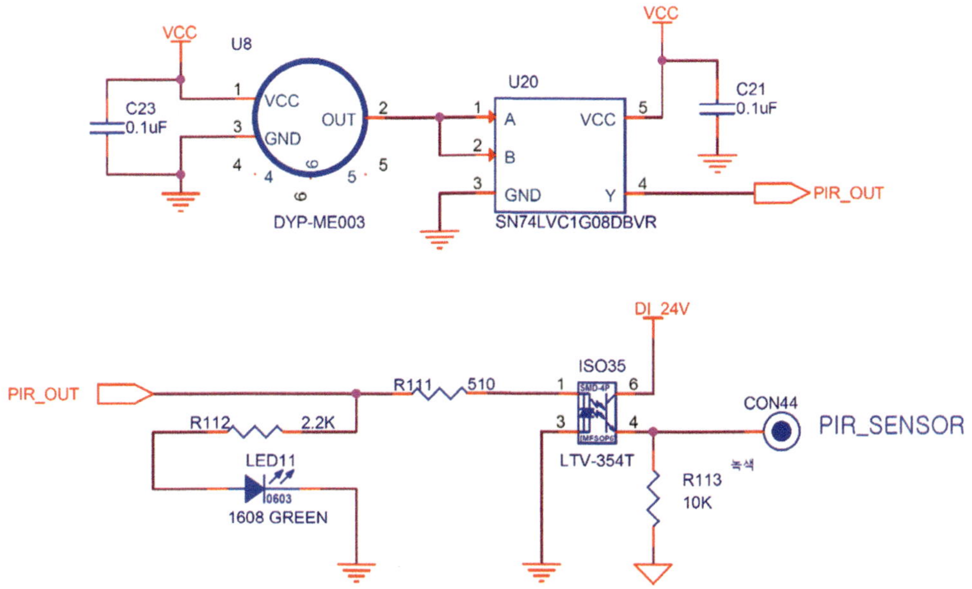


[그림 3-11-6] PIR 동체감지기 회로도

## 1 PIR 동체감지기 제어 방법

PIR 동체감지기로부터 50 cm~1 M 떨어진 거리에서 손을 흔들면 Sensor3 출력 단자는 High 신호가 출력되고, 움직이지 않고 가만히 있으면 Sensor3 출력 단자는 Low 신호가 출력된다.

PIR 동체감지기는 동작감지하는 시간이 약 1초~3초 정도 소요되며, 동작감지 유지 시간이 3초~10초이 필요하다. 즉, 동체를 한번 감지한 이후 재 감지하기 위해서는 5초 정도의 휴지 시간이 필요하다.

PIR 동체감지기의 제어 타이밍은 다음 그림과 같다.

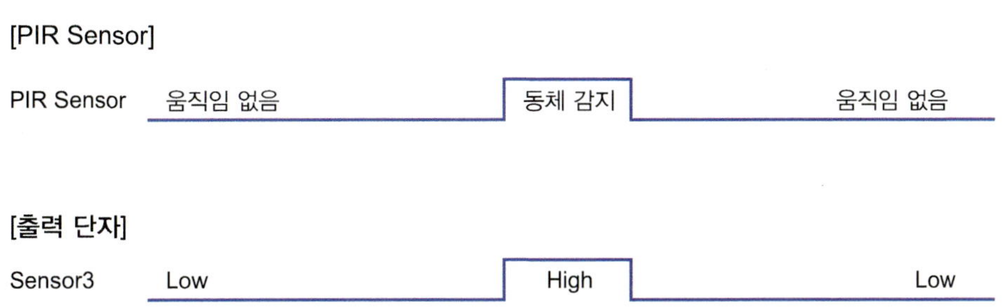


[그림 3-11-7] MQ-6 가스 센서 제어 타이밍

## 2 PIR 동체감지기 제어 실습(예제)

A. 아래의 조건에 따라 프로그램을 작성하세요.

1) Enter 버튼을 누르면 YELLOW LAMP가 점멸합니다.

2) PIR 동체감지기가 감지 되었을 때는 물체 혹은 사람이 가까이 있다는 뜻이며, RED LAMP가 점등하고, 감지 되지 않을 때는 GREEN LAMP가 점등합니다.

3) 단, 1번 동작을 하기 위해서는 녹색 램프가 점등 했을 경우이며, 적색 램프가 점등했을 때는 1번 동작이 실행되면 안됩니다.

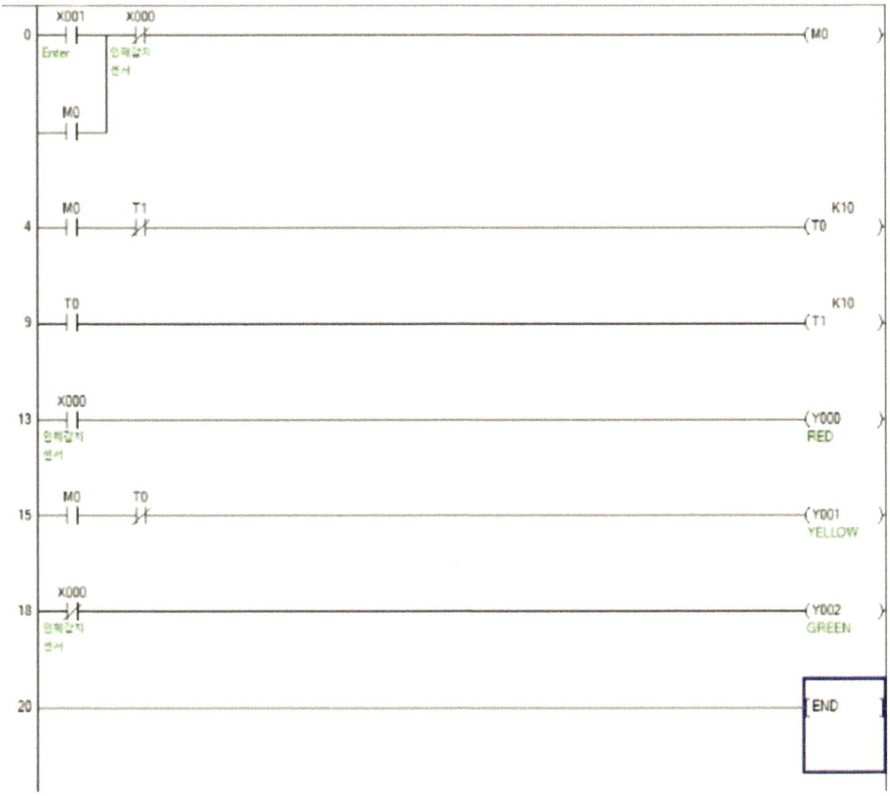


## 3.12 스테핑 모터 (Stepping Motor)

스테핑 모터(Stepping Motor)는 스텝 모터(Step Motor) 또는 스테퍼 모터(Stepper Motor)라고도 불리우며 한바퀴의 회전을 많은 수의 스텝으로 나누어 놓은 브로쉬리스 모터로 펄스에 의해 디지털 신호로 제어가 가능하여 마이크로 컴퓨터 등의 정밀한 제어기에 사용되고 있으며, 정지 시 다른 모터에 비해 큰 유지 토크가 있어 위치 유지가 용이하고 다른 피드백 장치가 없더라도 정해진 각도를 정확히 회전한다.

본 교재에 사용된 스테핑 모터의 모양은 다음 그림과 같으며 사용된 스테핑 모터의 스탭수는 4,096 step/1회전이다.

[그림 3-12-1] Stepping Motor

스테핑 모터의 심벌은 다음과 같이 표시된다.

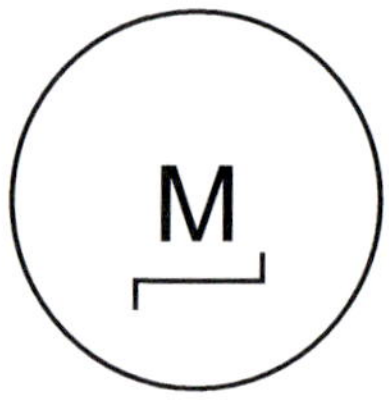


[그림 3-12-2] Stepping Motor 심벌

본 교재에 사용된 스테핑 모터의 배치 및 회로도는 다음과 같다.

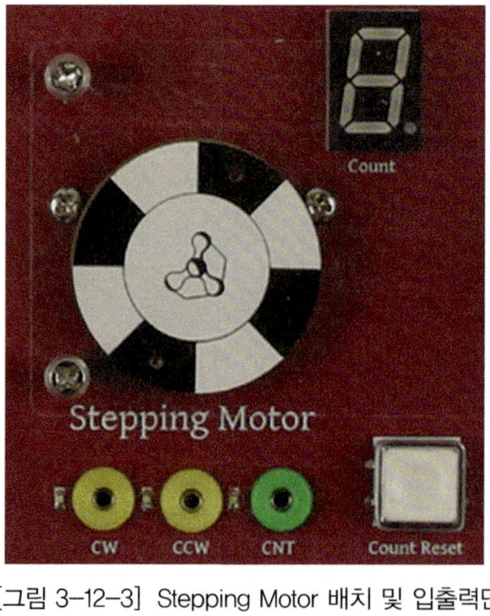


[그림 3-12-3] Stepping Motor 배치 및 입출력단자

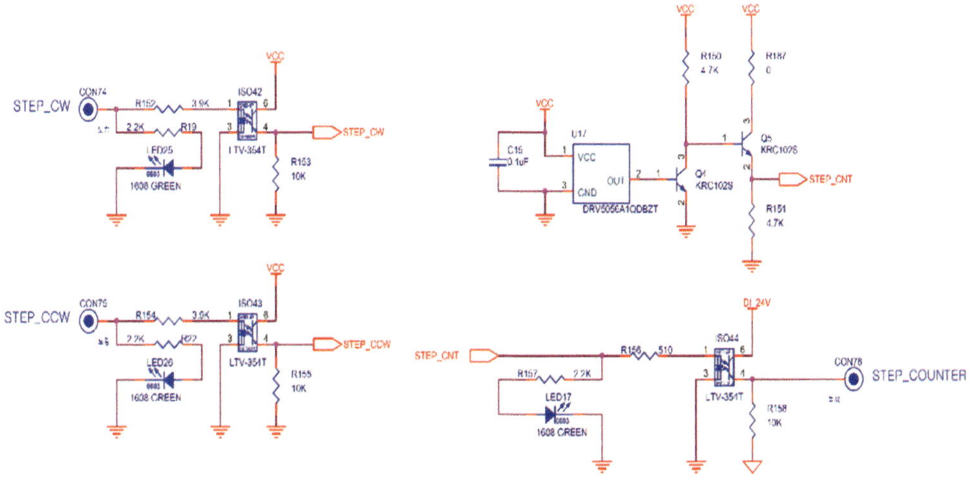


[그림 3-12-4] Stepping Motor 회로도1

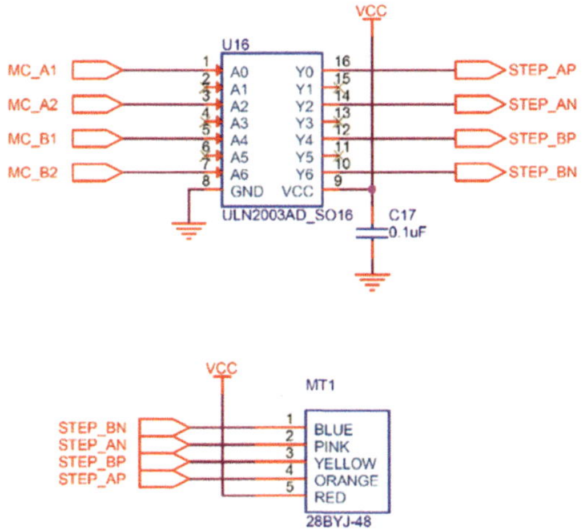


[그림 3-12-5] Stepping Motor 회로도2

## 1 스테핑 모터의 종류

스텝 모터에는 다양한 종류가 있지만, 여기서는 회전 방식의 타입에 대해서 언급하기로 한다. 널리 사용되는 타입으로는 VR(Variable Reluctance), PM(Permanent magnet), HB(Hybrid) 타입이 있다.

- VR형 : 연철 또는 성층강판으로 회전자(Rotor)가 만들어지며, 회전자 둘레와 고정자(Stator)의 내경에 치(Teeth)가 있고, 고정자 코일에서 발생된 전자력에 의해 자극이 회전하면 이에 따라 회전한다.
- PM형 : N극과 S극을 가지는 영구자석으로 만들어져 자성을 띄는 회전자(Rotor)가 있고, 고정자(Stator)의 내경에 자성을 가진 치가 맞물려 회전한다. 이 형태는 영구 자석을 사용하여 무여자 시에도 유지 토크가 있다는 특징을 가진다.
- HB형 : VR형과 PM형을 합친 형태로 회전자(Rotor) 둘레에 치(Teeth)가 있고, 영구자석이 끼워져 있다. 고정자(Stator)의 내경에 치가 맞물려 회전한다.

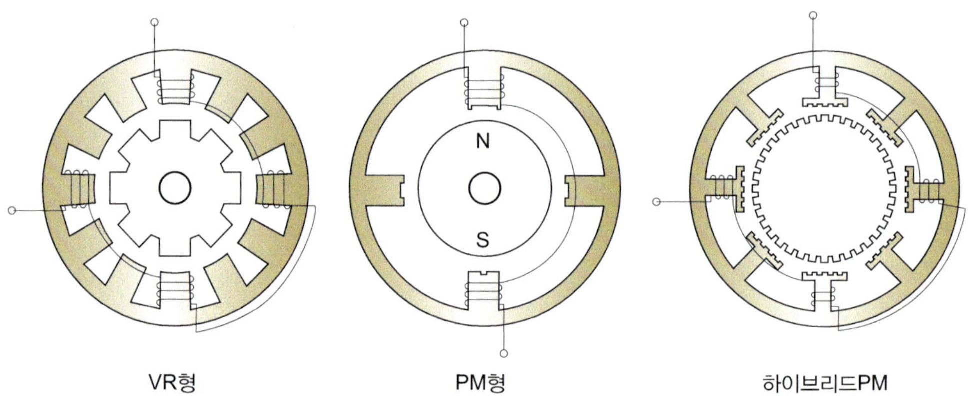


[그림 3-12-6] STEP MOTOR 종류에 따른 형태

본 장비에서 사용하고 있는 모터는 ULN2003 드라이버 IC 및 기어를 가진 5선 2상 스테퍼 모터이며 1회전 당 64스텝(5.625도)이며 내부는 1/16 감속 기어이다. 이는 1회전당 32×16 = 512 스텝이 필요하다.

### (1) STEP Motor 동작 원리

직류 브러쉬 모터는 전극의 전압이 적용됨에 따라 연속적으로 회전하는 반면에, 스텝모터는 효과적으로 다수의 톱니모양 전자석이 금속기어를 중심으로 주변에 배치되어 있다. 이때, 전자석은 마이크로컨트롤러(Microcontoroller)같은 외부 제어 회로로부터 전류를 받아 작동한다. 모터의 한 축을 돌리기 위해선 일단 한 전자석이 전력을 받게 하여 기어의 톱니를 전자석으로 끌어당기게 한다.

첫번째 전자석에 기어의 톱니가 일직선으로 맞춰지면 기어는 서서히 다음 전자석으로 치우쳐지게 된다. 따라서 다음 전자석이 전력을 받게 되면 이전의 전자석은 꺼지게 되며, 기어의 톱니는 다음 전자석에 일직선이 되며, 이런 작용들을 반복시킨다. 이때, 회전의 각각 작용을 '스텝'이라 하며 수많은 스텝들이 전체의 회전을 만들어 낸다. 이를 통해서 모터는 정밀한 각도로 회전한다.

### (2) STEP Motor 구동방법

스텝모터의 구동방법은 그 권선 코일에 어떤 형태로 전류를 흐르게 하는가에 따라 구별된다. 이것은 모터의 종류에 따라서도 달라지지만, 본 장비에 장착하고 있는 스텝모터의 경우를 예로 설명한다.

다음에 나오는 그림에서 스텝모터는 A, B, /A, /B 는 신호 입력에 따라 전자석으로 동작하게 된다. 아래 나오는 신호에서 신호 입력이 들어가면 전자석이 동작하여 축에 연결되어 있는 영구자석을 당기게 된다. 이 신호를 여자신호라고 말하기도 하며, 여자신호를 입력하는 방식에 따라 스텝모터의 구동방법이 몇 가지로 나뉜다.

#### 1) 1상 여자방식

스텝 모터를 구동하기 위한 기본적인 방법으로 한 개의 상에 차례로 전류를 흘려주며, 회로도 상의 STEP_AP → STEP_BP → STEP_AN → STEP_BN 순서로 전압을 가해주면 정회전하며, 역순으로 전압을 가해주면 역회전 한다.

| 구분 | 1 | 2 | 3 | 4 | 5 | 6 | 7 | 8 | 9 |
|---|---|---|---|---|---|---|---|---|---|
| A | 1 | 0 | 0 | 0 | 1 | 0 | 0 | 0 | 1 |
| B | 0 | 1 | 0 | 0 | 0 | 1 | 0 | 0 | 0 |
| /A | 0 | 0 | 1 | 0 | 0 | 0 | 1 | 0 | 0 |
| /B | 0 | 0 | 0 | 1 | 0 | 0 | 0 | 1 | 0 |

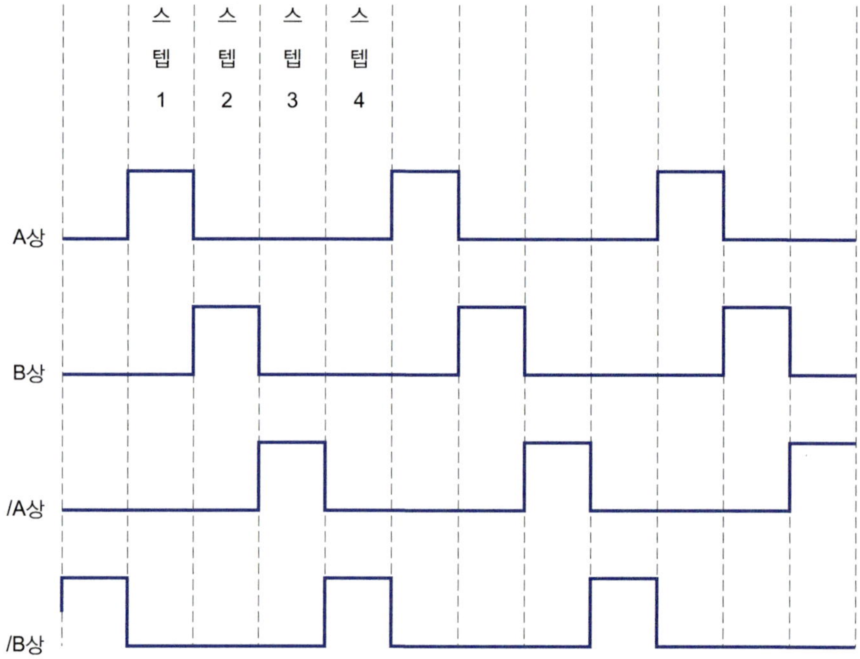


[그림 3-12-7] 1상 여자 방식 동작 타이밍

## 2) 2상 여자방식

항상 2개의 상에서 전류가 흐르게 하는 방법으로 회로도 상의 STEP_AP,STEP_BP → STEP_BP, STEP_AN → STEP_AN, STEP_BN → STEP_BN,STEP_AP 순서로 전압을 가하면 정회전하며, 역순으로 전압을 가해주면 역회전 한다.

| 구분 | 1 | 2 | 3 | 4 | 5 | 6 | 7 | 8 | 9 |
|---|---|---|---|---|---|---|---|---|---|
| A | 1 | 0 | 0 | 1 | 1 | 0 | 0 | 1 | 1 |
| B | 1 | 1 | 0 | 0 | 1 | 1 | 0 | 0 | 1 |
| /A | 0 | 1 | 1 | 0 | 0 | 1 | 1 | 0 | 0 |
| /B | 0 | 0 | 1 | 1 | 0 | 0 | 1 | 1 | 0 |

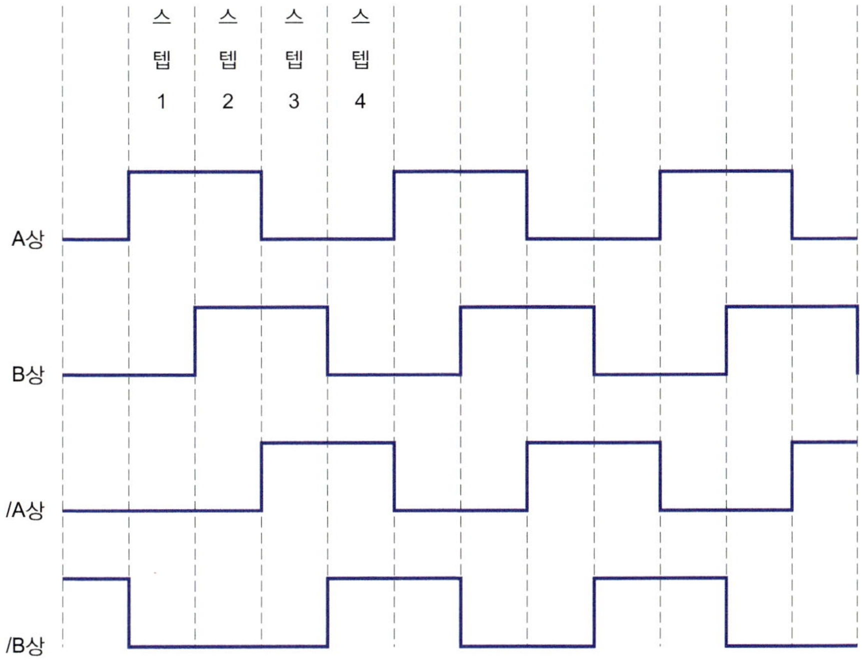


[그림 3-12-8] 2상 여자 방식 동작 타이밍

### 3) 1-2상 여자방식

하나의 상과 두 개의 상에 교대로 전류를 흐르게 하는 방법으로 스텝 각은 1,2상 여자방식의 1/2이며 1주기가 1,2상 여자방식의 2배이다. 전압을 가면 정회전하며, 역순으로 전압을 가해주면 역회전 한다.

| 구분 | 1 | 2 | 3 | 4 | 5 | 6 | 7 | 8 | 9 |
|---|---|---|---|---|---|---|---|---|---|
| A | 1 | 1 | 0 | 0 | 0 | 0 | 0 | 1 | 1 |
| B | 0 | 1 | 1 | 1 | 0 | 0 | 0 | 0 | 0 |
| /A | 0 | 0 | 0 | 1 | 1 | 1 | 0 | 0 | 0 |
| /B | 0 | 0 | 0 | 0 | 0 | 1 | 1 | 1 | 0 |

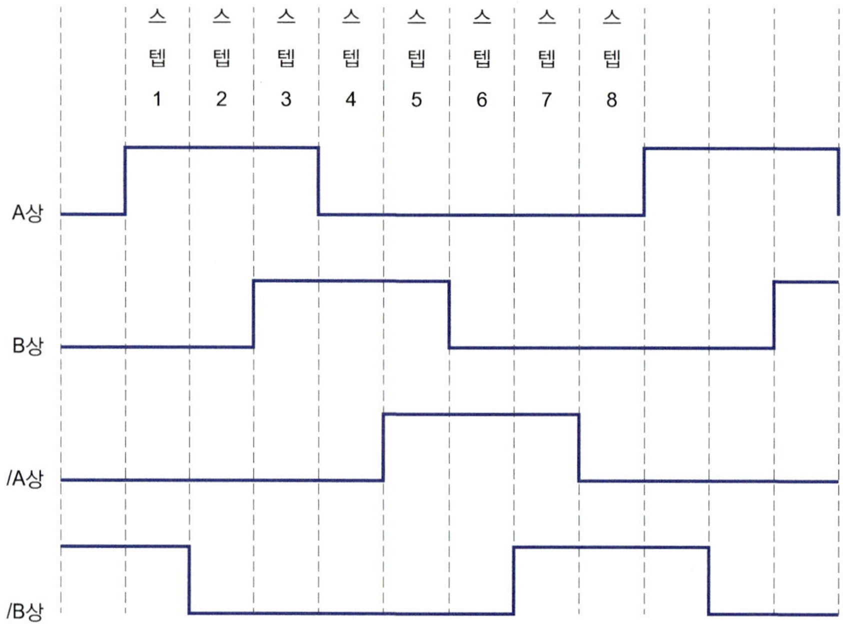


[그림 3-12-9] 1-2상 여자 방식 동작 타이밍

## 2 스테핑 모터 제어방법

본 교재에 사용된 스테핑 모터는 1-2상 여자방식으로 제어되고 있으며, 실습의 편의를 제공하기 위해서 내부에 1-2상 제어 로직을 구현하여 PLC 제어는 시계방향(CW: Clock wise) 과 반시계방향(CCW: Counter Clock wise) 제어 입력 그리고 펄스 출력(1펄스/1회전)의 세개의 신호선을 제공하여 PLC 제어에 사용된다.

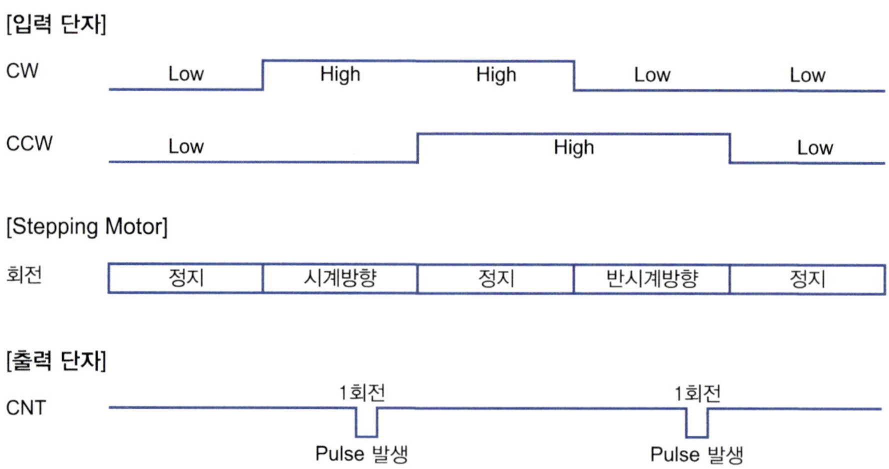


[그림 3-12-10] 스테핑 모터 제어 타이밍

스테핑모터 카운터의 리셋은 Count Reset버튼을 1회 눌렀다 떼면 스테핑 모터가 시계방향으로 약 1회전 회전 후 카운터 값이 "0"으로 바뀌며 정지한다.

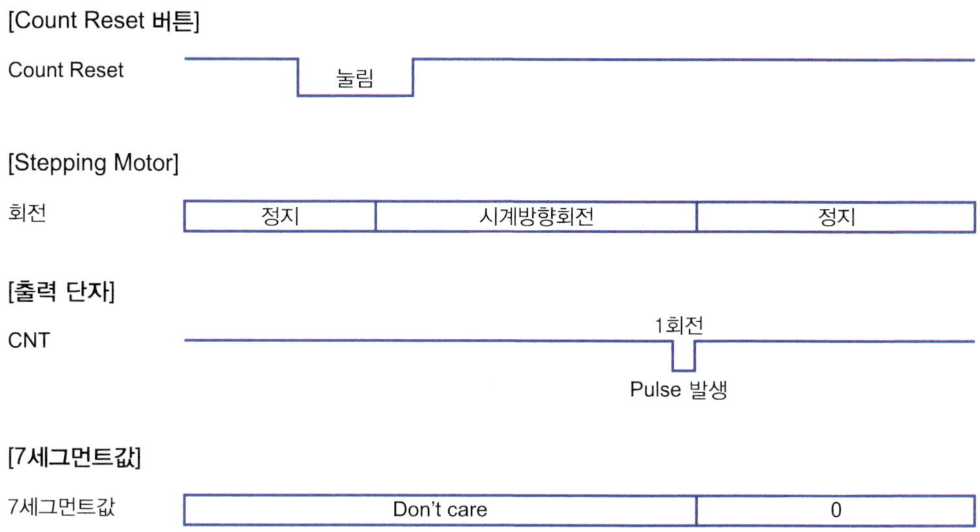


[그림 3-12-11] 스테핑 모터 카운터 리셋 타이밍

## 3 스테핑 모터 제어 실습(예제)

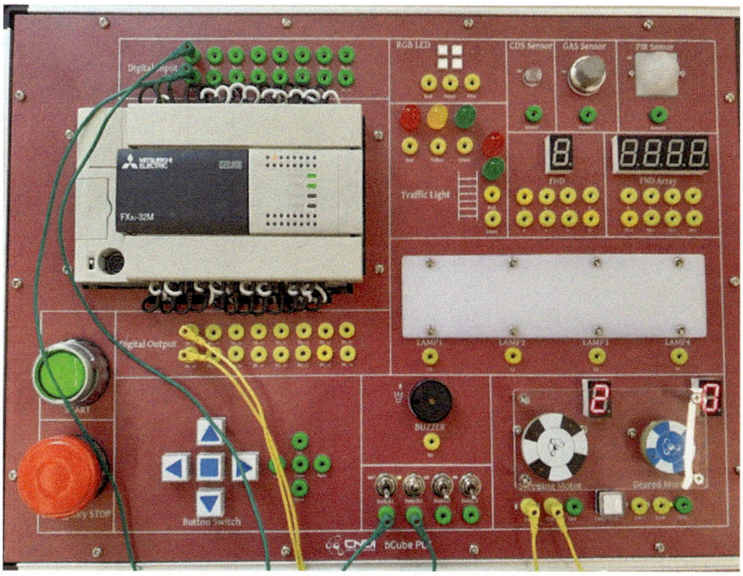

A. Switch1을 누르면 스테핑 모터는 회전합니다. 단, Switch2를 누르면 회전하던 스테핑 모터는 정지합니다. 다시 Switch1을 누르면 회전 해야 하며, 위 동작을 반복합니다.

B. Switch1을 누르면 스태핑 모터는 회전합니다. 여기서 이전 동작과는 다르게, Switch2를 누르는 것이 아니라 3초 후 자동으로 정지하도록 합니다.
마찬가지로 정지후 다시 Switch1을 누르면 위 동작을 재동작할 수 있어야 합니다.

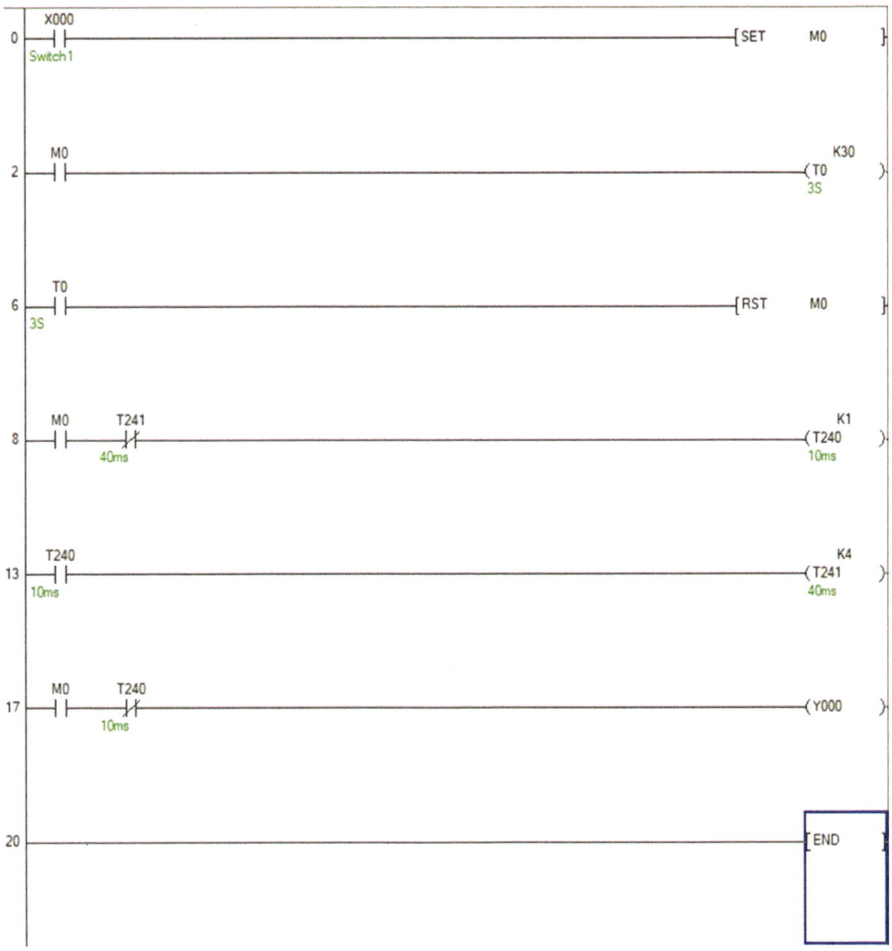


PLC에서 일반적으로 사용하는 타이머는 100 ms 단위로 k뒤에 1을 넣게 되면, 0.1초를 뜻하게 됩니다. 그렇다면 위 명령어에서 30을 지정한 이유는 3초로 사용하기 위해서 이고, t240 or t241은 10 ms 단위로 K뒤에 1을 넣게 되면, 0.01초를 뜻하게 됩니다. 위 프로그램을 해석하게 되면, 스테핑 모터에 0.01초를 on시키고, 0.04초를 off 시키며, 위 동작을 3초 동안만 하겠다는 뜻이 됩니다. 타이머 시간 영역대는 아래 그림표과 같이 이루어져 있습니다.

| 타이머(온 지연 타이머) | | | |
|---|---|---|---|
| 10 ms | T0~T191 | 192점 | 0.1~3,286.7초 |
| 10 ms[서브루틴, 인터럽트 루틴용] | T192~T199 | 8점 | 0.1~3,276.7초 |
| 10 ms | T200~T245 | 46점 | 0.01~327.67초 |
| 1 ms 적산형 | T246~T249 | 4점 | 0.001~32.767초 |
| 100 ms 적산형 | T250~T255 | 6점 | 0.1~3,276.7초 |
| 1 ms | T256~T511 | 256점 | 0.001~32.767초 |

## 3.13 기어 DC모터(Geaerd Motor)

기어드 모터(Geaerd Motor)는 감속기(Gear box)와 모터(Motor)의 일체형 본체로 감속, 변속, 코크 강화 기능을 가지고 있습니다. 이러한 종류의 일체형 본체를 일반적으로 기어모터라고 한다.

본 교재에 사용된 기어모터는 다음 그림과 같으며 기어비는 약 200:1이며 회전 속도는 42 rpm(분당회전수)이다. 즉, 본 교재에 사용된 모터 본체의 속도는 약 8,500 rpm으로 회전하는 모터이고 200:1의 감속 기어를 사용하여 42 rpm으로 속도를 늦춘 대신 토크(회전력)를 강화한 모터이다.

[그림 3-13-1] 기어 모터

기어 모터의 심벌은 다음과 같이 표시된다.

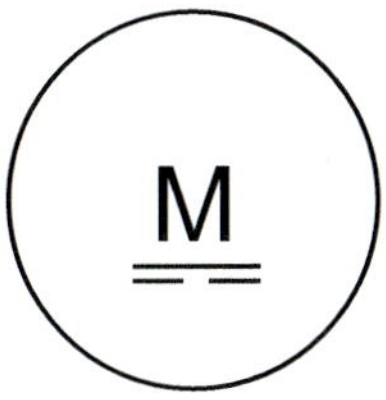


[그림 3-13-2] 기어 모터 심벌

본 교재에 사용된 기어 모터의 배치 및 회로도는 다음과 같다.

[그림 3-13-3] 기어 모터 배치 및 입출력단자

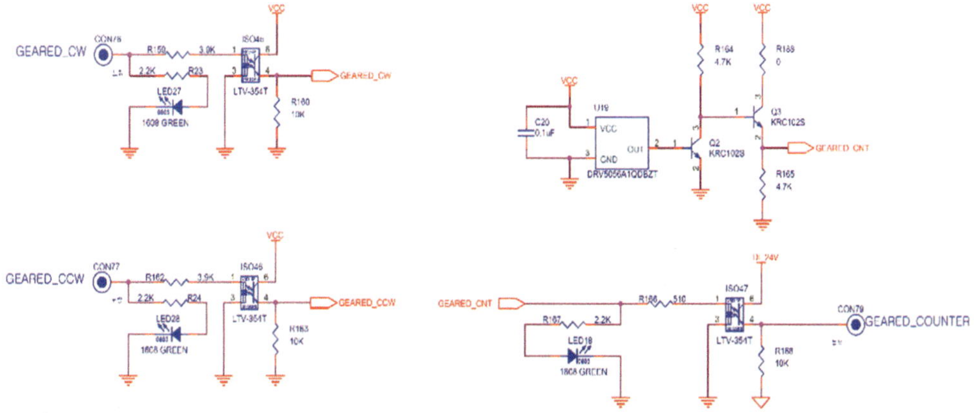


[그림 3-13-4] 기어 모터 회로도1

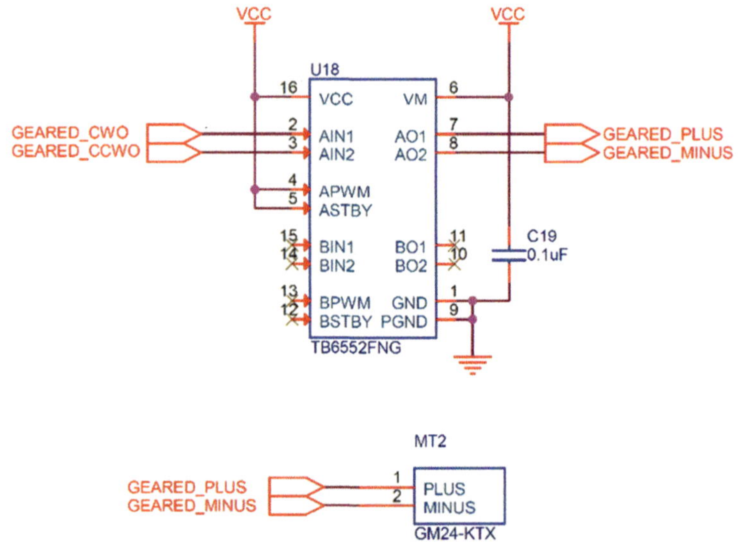


[그림 3-13-5] 기어 모터 회로도2

## 1 기어 모터 제어방법

기어 모터의 제어는 시계방향(CW: Clock wise)과 반시계방향(CCW: Counter Clock wise) 제어 입력 그리고 펄스 출력(1펄스/1회전)의 세개의 신호선을 제공하여 PLC 제어에 사용된다.

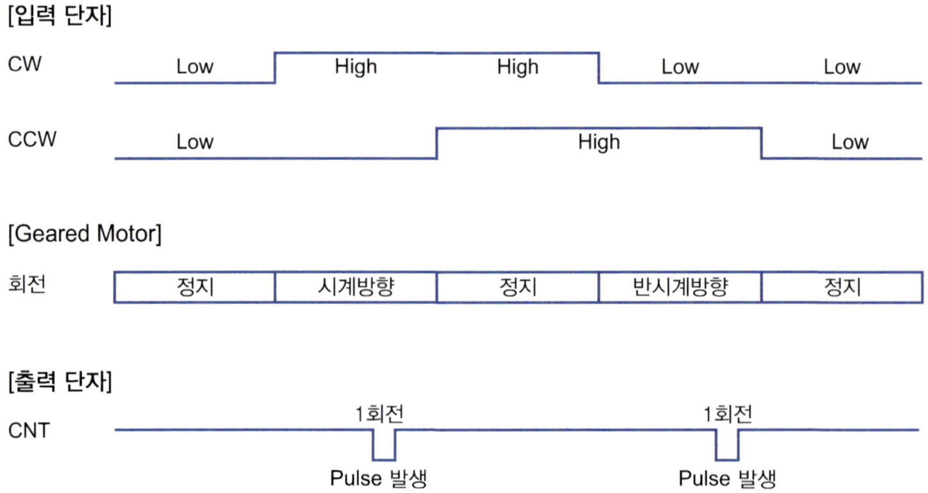


[그림 3-13-6] 기어 모터 제어 타이밍

기어 모터 카운터의 리셋은 Count Reset 버튼을 1회 눌렀다 떼면 기어 모터가 시계 방향으로 약 1회전 회전 후 카운터 값이 “0”으로 바뀌며 정지한다.

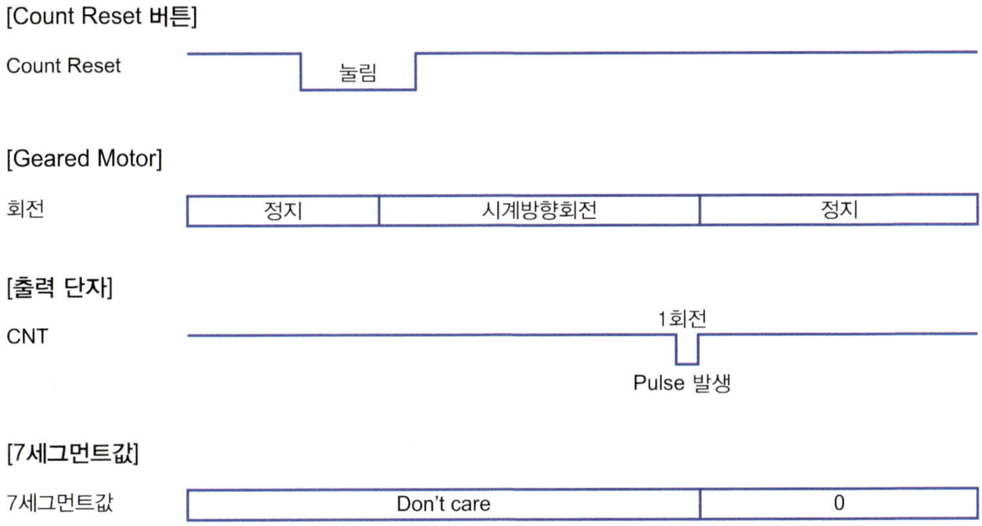


[그림 3-13-7] 기어 모터 카운터 리셋 타이밍

## 2 기어 모터 제어방법

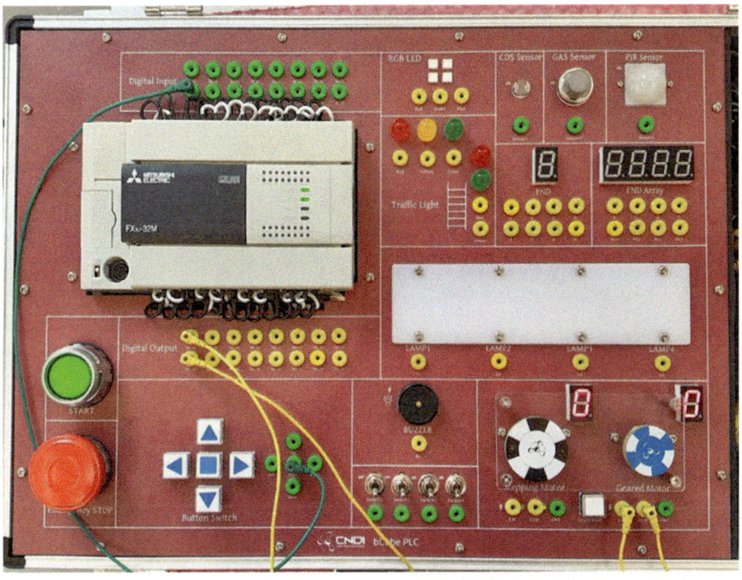

A. Enter 버튼을 누르면 모터가 CW 방향으로 3회 회전합니다.
그 이후, CCW 방향으로 3초간 회전하면 프로그램은 리셋합니다.
Enter 버튼을 다시 누르면 재동작할 수 있어야 합니다.

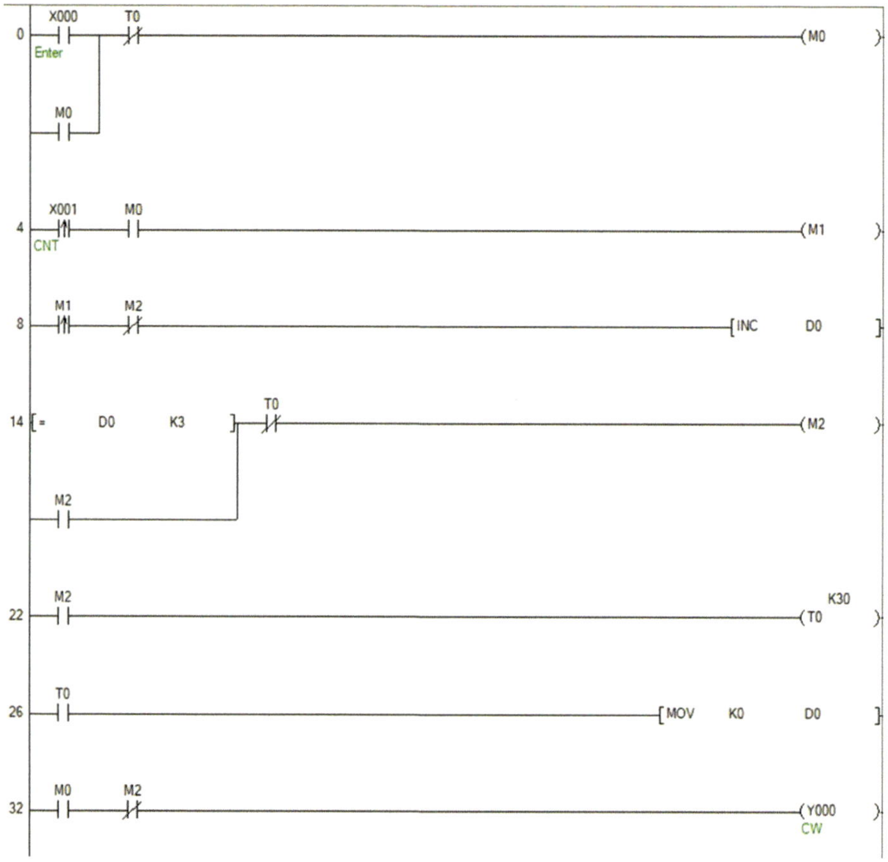

CHAPTER

4

# 생산자동화 장비소개

# 4.1 생산자동화 장비의 개요

컴퓨터의 발달과 첨단 기술의 급속한 발전은 공장자동화(FA)라는 새로운 형태의 생산방식으로 현장에 많은 변화를 가져오게 되었다. 인건비 상승, 제품원가 상승, 경쟁력 약화 그리고 3D 업종 기피현상 등으로 인한 문제가 대두되었고 신제품 개발과 생산성 향상, 품질의 향상, 경제성, 신뢰성향상을 위해 새로운 생산방식을 준비하지 않을 수 없게 되었다.

따라서 기업들은 자동화된 생산방식으로의 변화를 시도했고 이와 같은 변화에 대처하고 적응하기 위해서는 이를 운용할 수 있는 기술을 반드시 습득해야 할 필요가 있다.

**생산자동화 실습장비**는 이러한 기술적 변화를 교육훈련을 통해서 체험하고 응용 기술을 습득하기 위해서 개발된 장비라고 할 수 있다.

## 1 장비의 특징

- 국가기술자격(생산자동화 산업기사, 기능사) 검정 대비용 장비로 활용 가능
- 내구성과 안전성을 고려한 설계와 구조
- 견고한 알루미늄 프로파일 기구부
- 다양한 컨트롤러 적용가능
- 센서 보호회로 적용
- 4 mm 바나나잭을 이용한 결선

## 2 교육내용

- 자동화 시스템의 구성
- 기본 전기공압 제어
- 공압 시퀀스 제어회로
- 각종 부가조건 구성(자동/수동 선택회로, 비상정지회로 등)
- 공압시스템의 안전과 결함추적
- 릴레이 제어회로의 작성
- 자기유지 회로의 구성
- 전기공압 시스템의 배선과 배관

- 전기시퀀스 제어회로
- 센서의 기초개념과 응용
- 제어프로그래밍
- 서보앰프 설정 및 서보모터 구동
- HMI 작화 및 통신

## 4.2 장비구성 및 소개

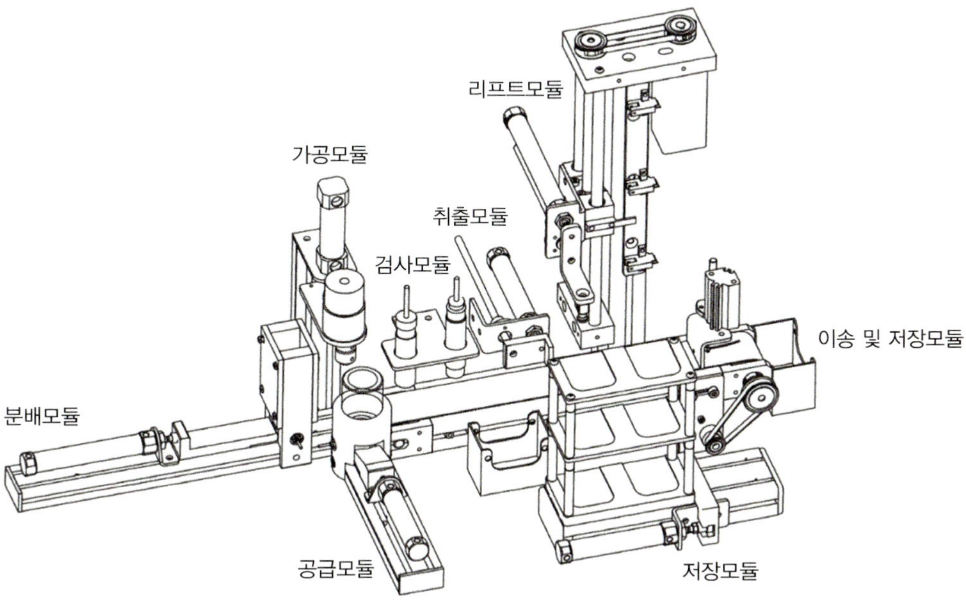

## 1 공급모듈

공급모듈은 매거진에 저장된 원형공작물을 시스템에 순차적으로 전달합니다. 이 모듈은 전체 운영 시나리오의 기본 스테이션을 수행하기 위해 전체 시스템의 시작부분에 있습니다.

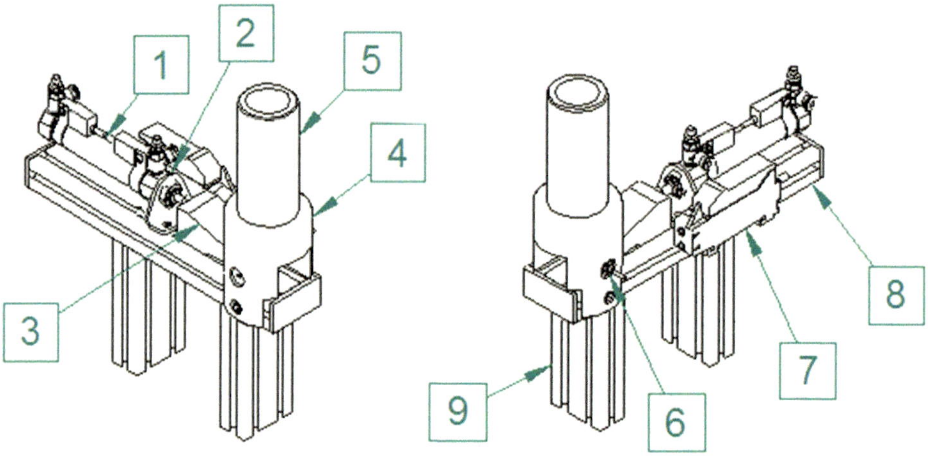


| No. | Description | Remark | Q'ty |
|---|---|---|---|
| 1 | 복동 실린더 | [SMC] CDJ2B16-80Z | 1 |
| 2 | 실린더 브라켓 | | 1 |
| 3 | 실린더 도그 | | 1 |
| 4 | 매거진 가이드 | | 1 |
| 5 | 매거진 튜브 | | 1 |
| 6 | 광화이버 케이블 | [오토닉스] FD-420-05 | 1 |
| 7 | 광화이버 앰프 | [오토닉스] BF3RX | 1 |
| 8 | 프로파일 | | 1 |
| 9 | 프로파일 | | 2 |
| | 리드스위치 | [PARKER] CL-D-73 | 2 |
| | 리드스위치 브라켓 | [SMC] BJ-016 | 2 |
| | 솔레노이드 밸브 | [신영제어기] KV120-4P-C4 | 1 |

## 2 가공모듈

가공모듈은 공작물을 가공하는데 사용합니다.

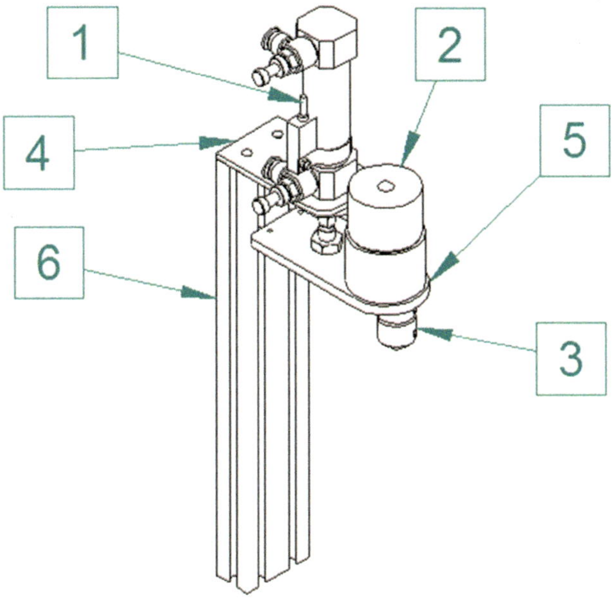


| No. | Description | Remark | Q'ty |
|---|---|---|---|
| 1 | 복동 실린더 | [SMC] CDM2BZ20-25Z | 1 |
| 2 | DC 모터 | [모터뱅크] GM35-3429-2460 | 1 |
| 3 | 드릴 척 | | 1 |
| 4 | 실린더 고정브라켓 | | 1 |
| 5 | 모터 고정브라켓 | | 1 |
| 6 | 프로파일 | | 1 |
| | 리드스위치 | [PARKER] CL-D-73 | 2 |
| | 리드스위치 브라켓 | [SMC] BJ-016 | 2 |
| | 솔레노이드 밸브 | [신영제어기] KV110-4P-C4 | 1 |

## 3 분배모듈

분배모듈은 가공모듈에 의해 가공된 공작물을 이송 및 저장모듈로 전달합니다. 공급모듈을 사용하지 않는 상황에서 분배모듈로 사각형의 공작물을 장비 시스템에 공급할 수 있습니다. 공급모듈의 공작물과 분배모듈의 공작물은 동시에 사용할 수 없습니다.

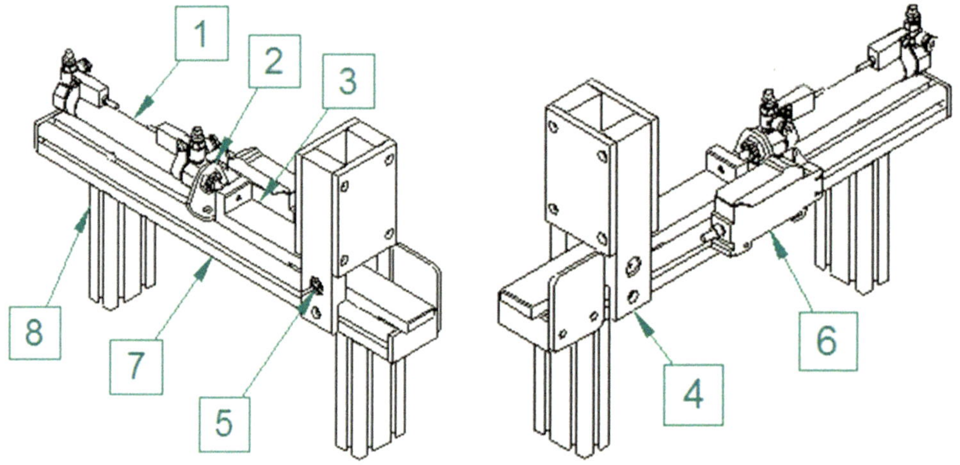


| No. | Description | Remark | Q'ty |
|---|---|---|---|
| 1 | 복동 실린더 | [SMC] CDJ2B16-50Z | 1 |
| 2 | 실린더 브라켓 | | 1 |
| 3 | 실린더 도그 | | 1 |
| 4 | 매거진 | | 1 |
| 5 | 광화이버 케이블 | [오토닉스] FD-420-05 | 1 |
| 6 | 광화이버 앰프 | [오토닉스] BF3RX | 1 |
| 7 | 프로파일 | | 1 |
| 8 | 프로파일 | | 2 |
| | 리드스위치 | [PARKER] CL-D-73 | 2 |
| | 리드스위치 브라켓 | [SMC] BJ-016 | 2 |
| | 솔레노이드 밸브 | [신영제어기] KV120-4P-C4 | 1 |

## 4 이송 및 저장모듈

이송 및 저장모듈은 분배모듈에 의해 공작물이 전달되면 컨베이어 벨트를 통해 이송을 합니다.

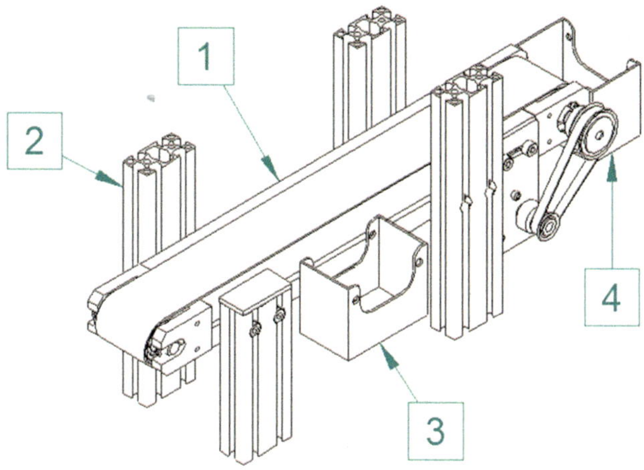


| No. | Description | Remark | Q'ty |
|---|---|---|---|
| 1 | 컨베이어 모듈 | | 1 |
| 2 | 컨베이어 고정 프로파일 | | 1 |
| 3 | 배출상자 (취출부 용) | | 1 |
| 4 | 저장상자(컨베이어 용) | | 1 |

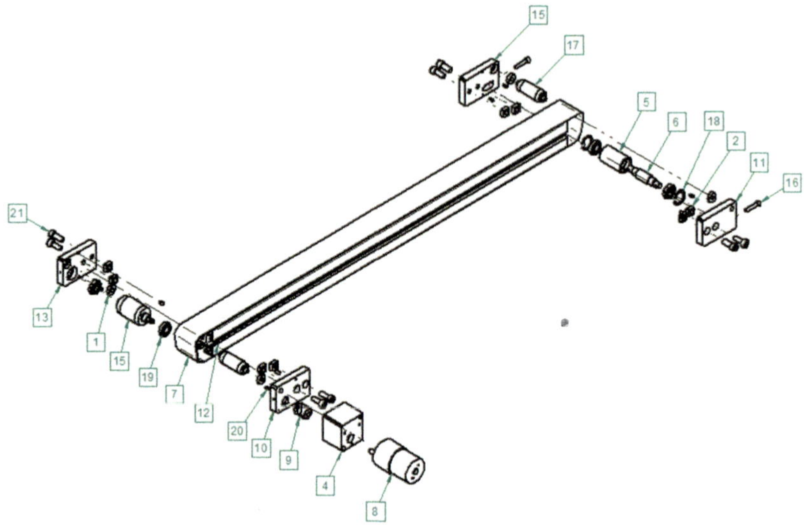


| No. | Description | Remark | Q'ty |
|---|---|---|---|
| 1 | 볼 베어링 | | 4 |
| 2 | 사각 너트 | | 8 |
| 3 | 컨베이어 앤드 브라켓 | | 1 |
| 4 | 컨베이어 모터 커버 | | 1 |
| 5 | 파워 롤러 | | 1 |
| 6 | 장력 조절 축 | | 1 |
| 7 | 컨베이어 벨트 | | 1 |
| 8 | DC 모터 | [모터뱅크] GM35-3429-2460 | 1 |
| 9 | 올덤 커플링 | | 1 |
| 10 | 파워롤러 우측커버 | | 1 |
| 11 | 아이들롤러 좌측커버 | | 1 |
| 12 | 프로파일 | DF4040 | 1 |
| 13 | 파워롤러 좌측커버 | | 1 |
| 14 | 아이들롤러 좌측커버 | | 1 |
| 15 | 컨베이어 구동 축 | | 1 |
| 16 | 아이들 롤러 | | 2 |
| 19 | 스프링 핀 | | 8 |
| | 타이밍 풀리 | [MISUMI] HTPA30S3M060-B-P6 | 1 |
| | 타이밍 풀리 | [MISUMI] HTPA15S3M060-K-P6 | 1 |
| | 타이밍 벨트 | [MISUMI] HTBN18PS3H-60 | 1 |

## 5 검사모듈

정전용량형 센서와 유도형 센서를 이용하여 비금속 공작물과 금속 공작물을 판별하는데 사용합니다.

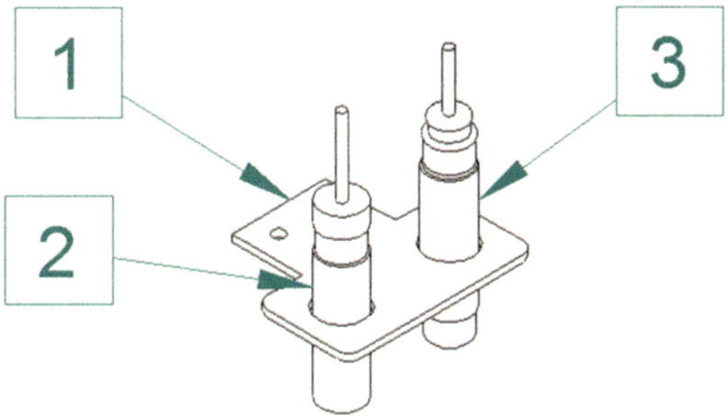


| No. | Description | Remark | Q'ty |
|---|---|---|---|
| 1 | 센서브라켓 | | 1 |
| 2 | 정전용량형 센서 | [오토닉스] CR18-8DN | 1 |
| 3 | 유도형 센서 | [오토닉스] PRL18-8DN | 1 |
| 4 | | | |
| 5 | | | |

## 6 취출모듈

취출모듈은 검사모듈에 의해 판별된 공작물을 분류하는데 사용합니다.

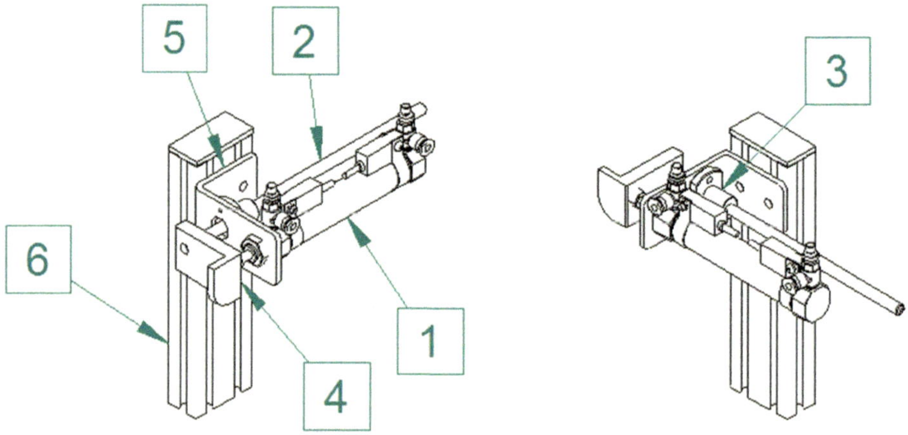


| No. | Description | Remark | Q'ty |
|---|---|---|---|
| 1 | 복동 실린더 | [SMC] CDJ2A16-60Z | 1 |
| 2 | 가이드 샤프트 | | 1 |
| 3 | 베어링 홀더 | [MISUMI] LHFC6 | 1 |
| 4 | 실린더 도그 | | 1 |
| 5 | 실린더 브라켓 | | 1 |
| 6 | 프로파일 | DF2040 | 1 |
| | 리드스위치 | [PARKER] CL-D-73 | 2 |
| | 리드스위치 브라켓 | [SMC] BJ-016 | 2 |
| | 플랜지붙이 리니어 부시 | [MISUMI] LHFC6 | 1 |
| | 솔레노이드 밸브 | [신영제어기] KV120-4P-C4 | 1 |

## 7 스토퍼 모듈

스토퍼 모듈은 이송 및 저장모듈의 컨베이어를 통해 이송되는 공작물을 정지시키는데 사용합니다.

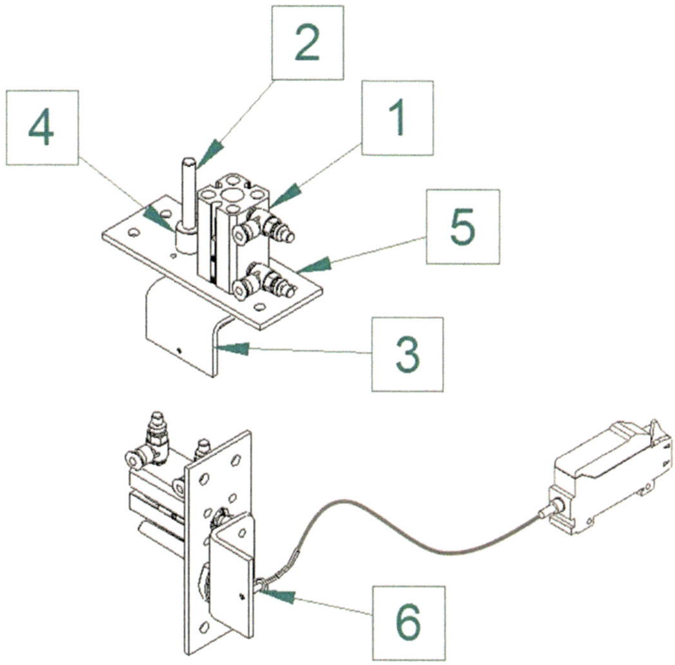


| No. | Description | Remark | Q'ty |
|---|---|---|---|
| 1 | 박형 실린더 | [SMC]CDQ2A12-20DMZ-A93VL | 1 |
| 2 | 가이드 샤프트 | | 1 |
| 3 | 스토퍼 브라켓 | | 1 |
| 4 | 베어링 홀더 | [MISUMI] LHFC6 | 1 |
| 5 | 스토퍼부 브라켓 | | 1 |
| 6 | 광화이버 케이블 | [오토닉스] FD-320-05 | 1 |
| | 광화이버 앰프 | [오토닉스] BF3RX | 1 |
| | 솔레노이드 밸브 | [신영제어기] KV110-4P-C4 | 1 |
| | 리드스위치 | [PARKER] CL-D-73 | 2 |
| | 리드스위치 브라켓 | [SMC] BJ-016 | 2 |

## 8 리프트 모듈

리프트 모듈은 흡착컵을 이용하여 서보모터를 구동하여 공작물을 원하는 창고위치에 적재하는데 사용합니다.

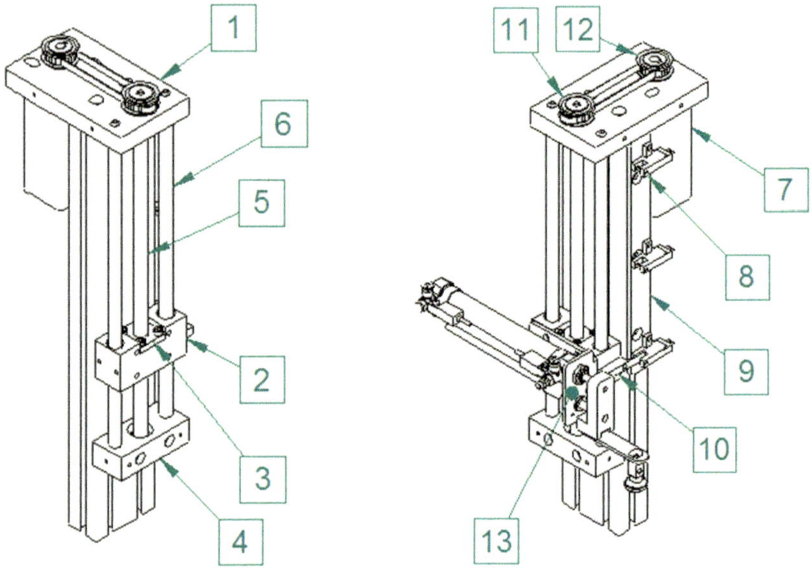


| No. | Description | Remark | Q'ty |
|---|---|---|---|
| 1 | 고정블록 | | 1 |
| 2 | 하우징(TM스크류) | | 1 |
| 3 | 하우징 너트 | | 1 |
| 4 | 지지블록 | | 2 |
| 5 | TM샤프트 | | 1 |
| 6 | 가이드 샤프트 | | 2 |
| 7 | 서보 모터 | [MITSUBISHI] HG-KR13 | 1 |
| 8 | 포토 센서 | [오토닉스] BS5-T2M | 3 |
| 9 | 포토 센서 플레이트 | | 1 |
| 10 | 포지션 감지 핀 | | 1 |
| 11 | 타이밍 풀리 | [MISUMI] HTPA25S3M060-A-P6 | 1 |
| 12 | 타이밍 풀리 | [MISUMI] HTPA25S3M060-A-N8 | 1 |

| 13 | 흡착 부 | | 1 |
|---|---|---|---|
| | 타이밍벨트 | HTBN237S3M-60 | 1 |
| | 서보앰프 | [MITSUBISHI] MR-J4-10B | 1 |

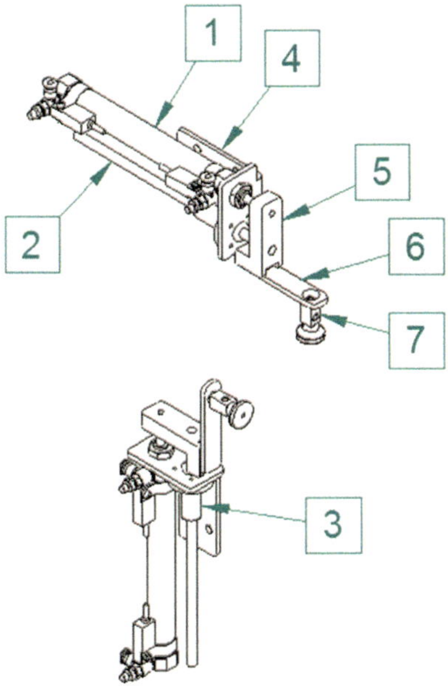


| No. | Description | Remark | Q'ty |
|---|---|---|---|
| 1 | 복동실린더 | [SMC] CDJ2B16-100Z | 1 |
| 2 | 가이드 샤프트 | | |
| 3 | 베어링 홀더 | [MISUMI] LHIRW6 | 1 |
| 4 | 실린더 브라켓 | | |
| 5 | 흡착부 브라켓 | | |
| 6 | 탈부착 브라켓 | | |
| 7 | 흡착컵 | [SMC] ZP3-Y16BN-B5-B5 | 1 |
| | 진공밸브 | KCV-10HS | 1 |
| | 리드스위치 | [PARKER] CL-D-73 | 2 |
| | 리드스위치 브라켓 | [SMC] BJ-016 | 2 |
| | 솔레노이드 밸브 | [신영제어기] KV120-4P-C4 | 1 |

## 9 저장모듈

저장모듈은 3층으로 이루어져 있습니다. 각 층에는 2개의 공작물을 저장할수 있습니다.

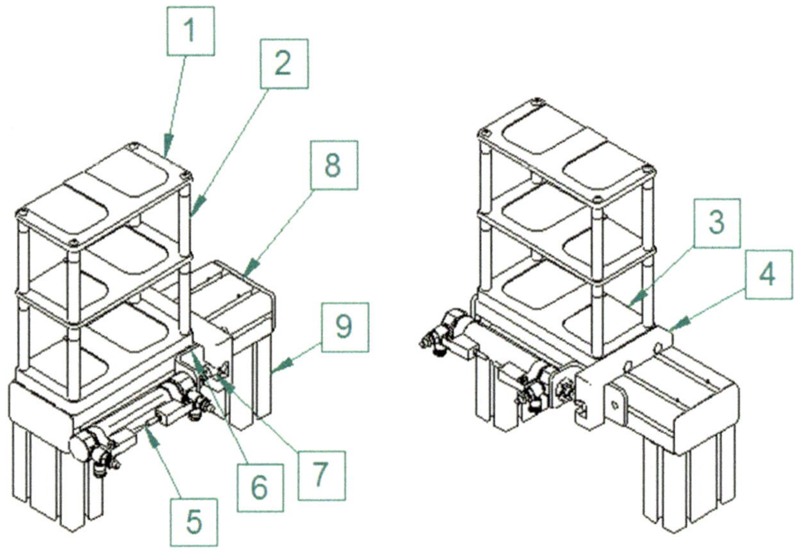


| No. | Description | Remark | Q'ty |
|---|---|---|---|
| 1 | 매거진 분류저장 브라켓 | | 2 |
| 2 | 봉 | | 8 |
| 3 | 매거진 슬라이드 베이스 | [MISUMI] LHIRW6 | 1 |
| 4 | 베이스 브라켓 | | 1 |
| 5 | 복동 실린더 | [SMC]CDJ2B16-100Z | 1 |
| 6 | 실린더 브라켓 | | 1 |
| 7 | 플로팅 조인트 | [SMC] ZP3-Y16BN-B5-B5 | 1 |
| 8 | 프로파일 | DF3060 | 1 |
| 9 | 프로파일 | DF3060 | 2 |
| | 리드스위치 | [PARKER] CL-D-73 | 2 |
| | 리드스위치 브라켓 | [SMC] BJ-016 | 2 |
| | 솔레노이드 밸브 | [신영제어기] KV120-4P-C4 | 1 |

## 10 공작물

| 알루미늄 | 플라스틱 | 플라스틱 |
|---|---|---|
|  | 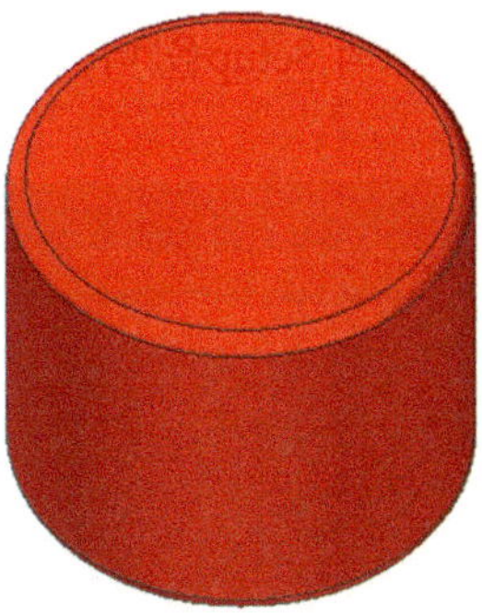 |  |
|  | 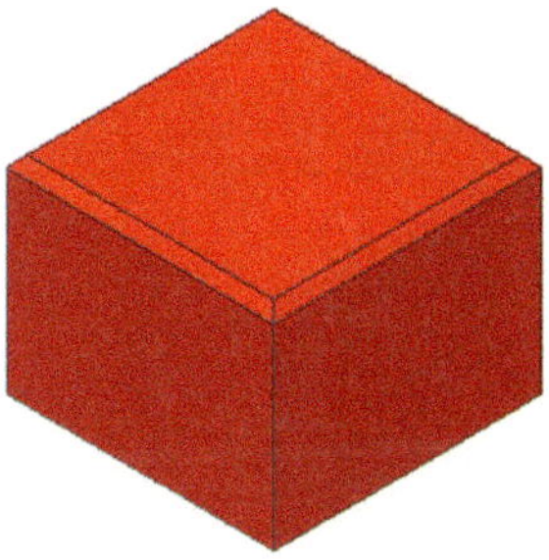 |  |

| No. | Color | Description | Dimension | Q'ty |
|---|---|---|---|---|
| 1 | White | 알루미늄 공작물 | Ø25 mm x 20 mm | 1 |
| 2 | Red | 플라스틱 공작물 | Ø25 mm x 20 mm | 1 |
| 3 | Black | 플라스틱 공작물 | Ø25 mm x 20 mm | 1 |
| 4 | White | 알루미늄 공작물 | 25 mm x 25 mm x 20 mm | 1 |
| 5 | Red | 플라스틱 공작물 | 25 mm x 25 mm x 20 mm | 1 |
| 6 | Black | 플라스틱 공작물 | 25 mm x 25 mm x 20 mm | 1 |

## 4.3 GT Designer3 설치

1. 압축파일을 풀고 CD1 폴더내의 Setup을 더블클릭한다.

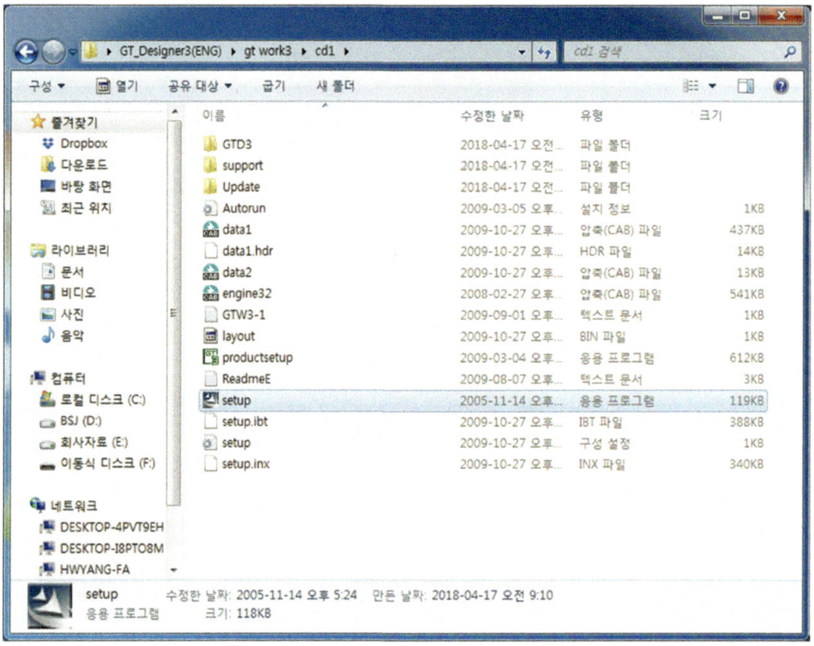


2. '예'를 클릭한다.

3 '확인'을 클릭한다.

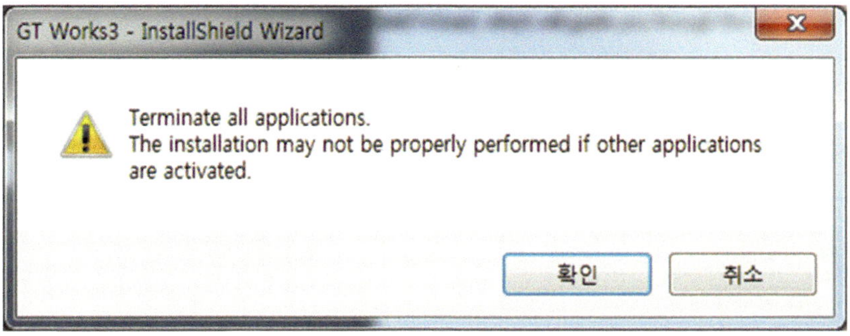


4 'Next'를 클릭한다.

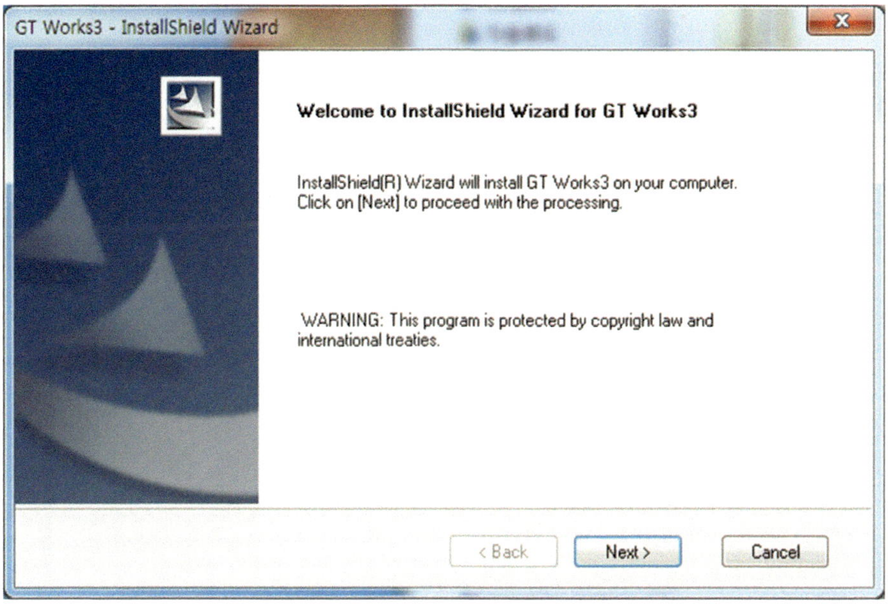

5 사용자 이름과 회사명, Product ID를 입력한 후 Next를 클릭한다.

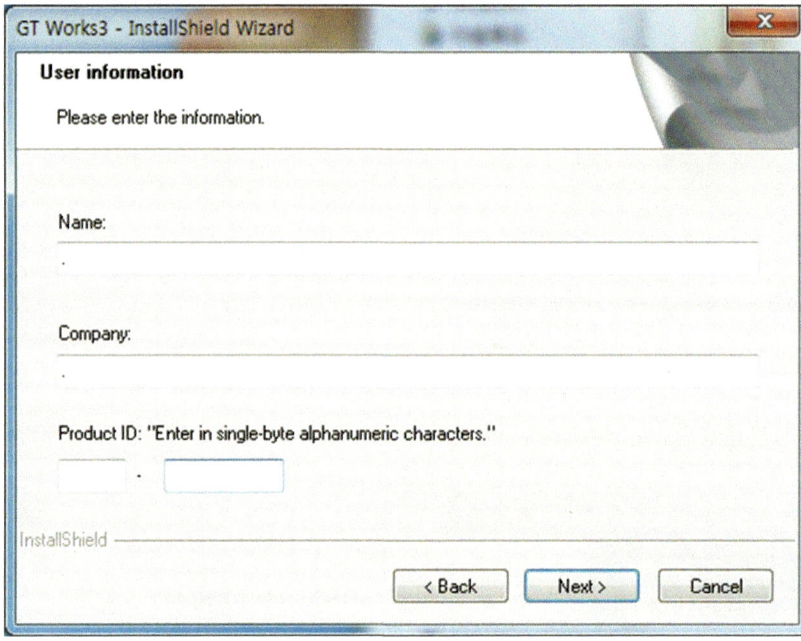


6 설치될 폴더를 확인하고 'Next;를 클릭한다.

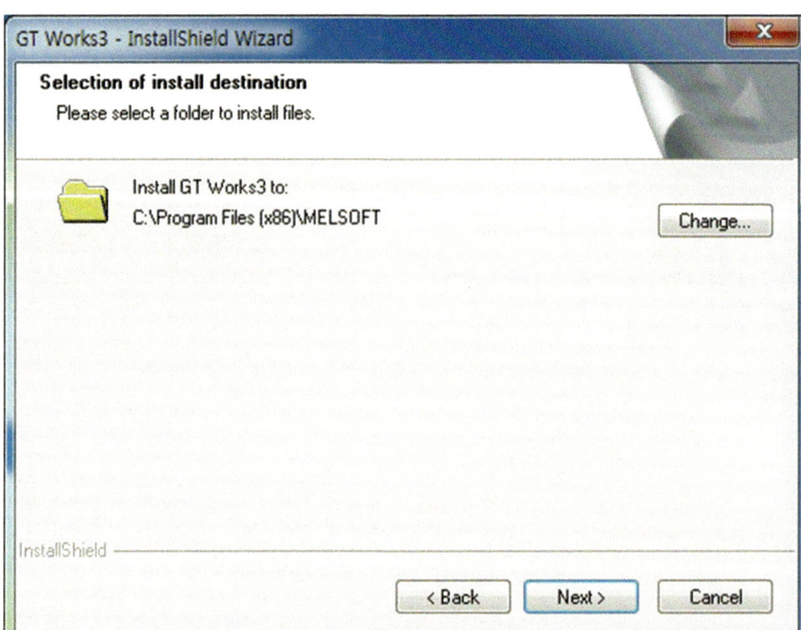

7 설치할 소프트웨어를 선택하고 'Next'를 클릭한다.

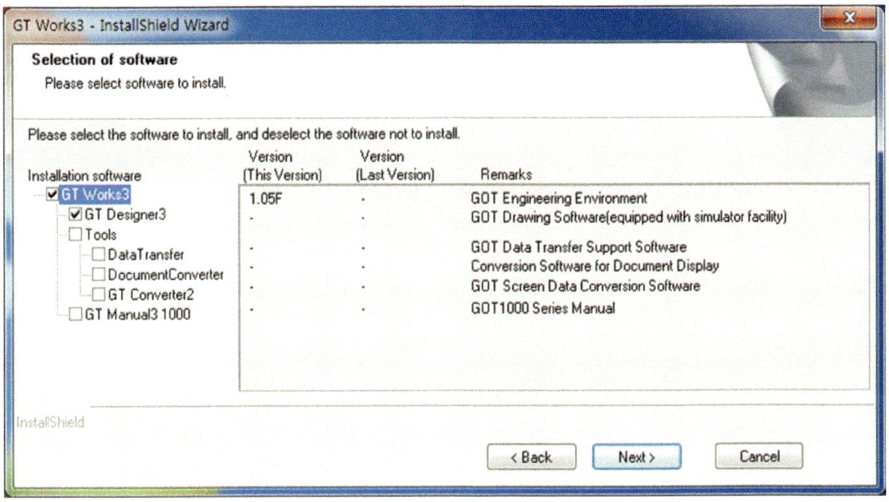


8 'Next'를 클릭한다.

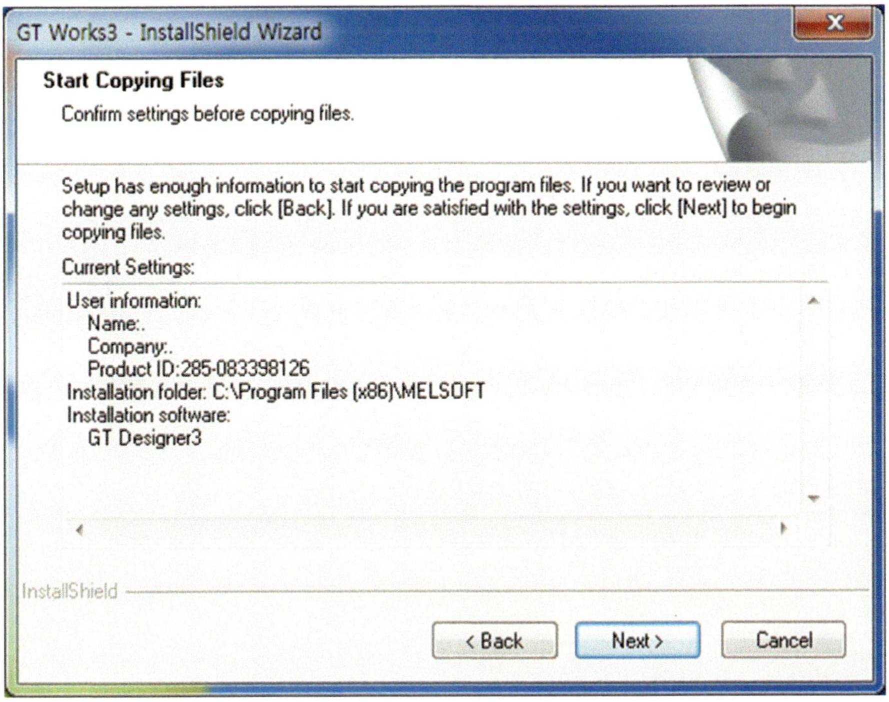

9 설치가 진행중인 모습이다.

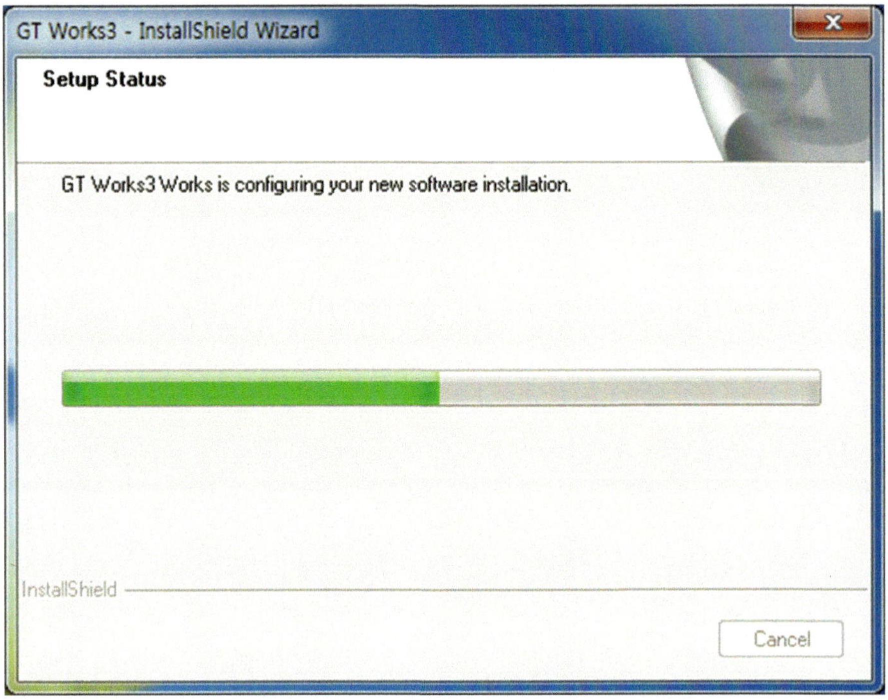


10 'Next'를 클릭한다.

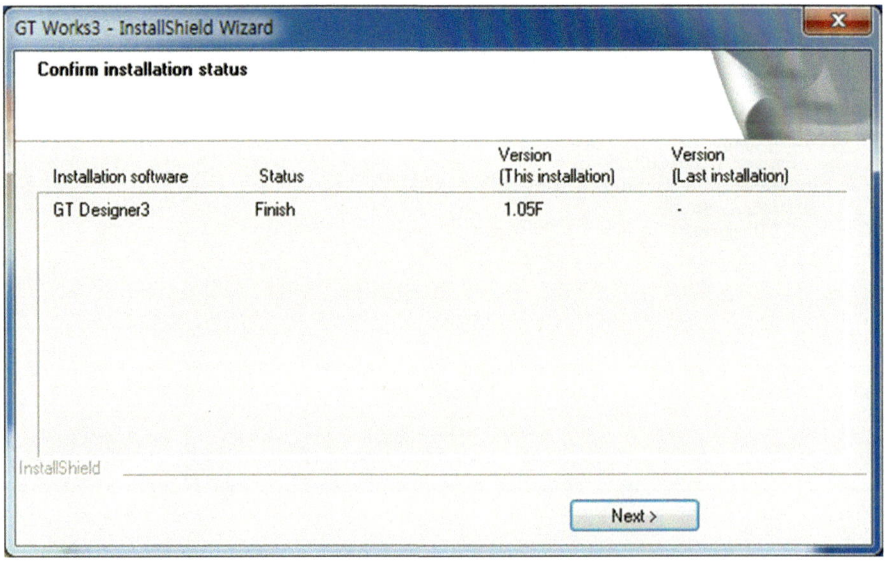

11 데스크탑에 단축아이콘을 설정할것인지 확인하는 창이 나타난다. 체크 후 'OK'를 클릭한다.

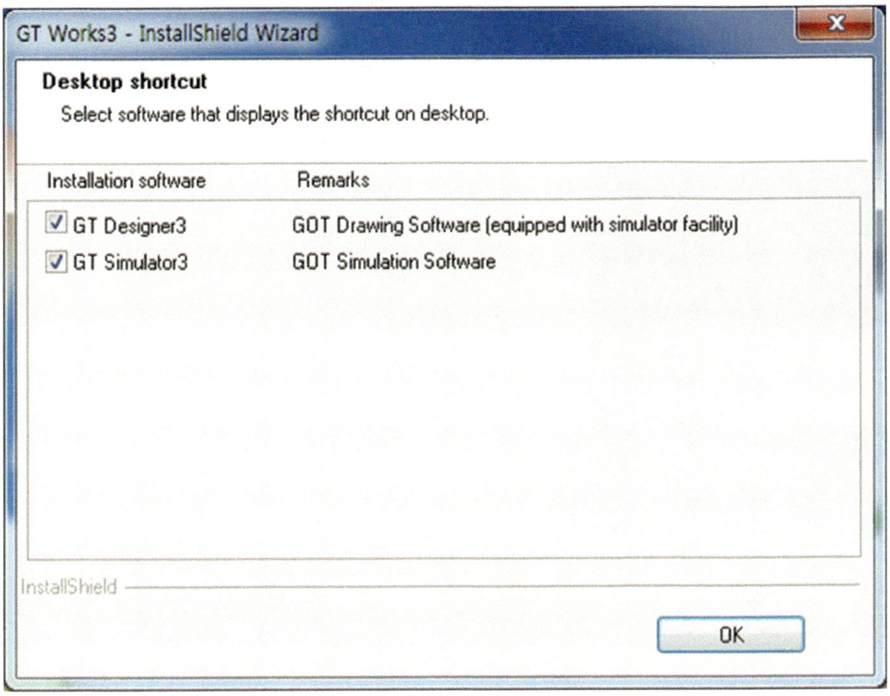


12 '확인'을 클릭한다.

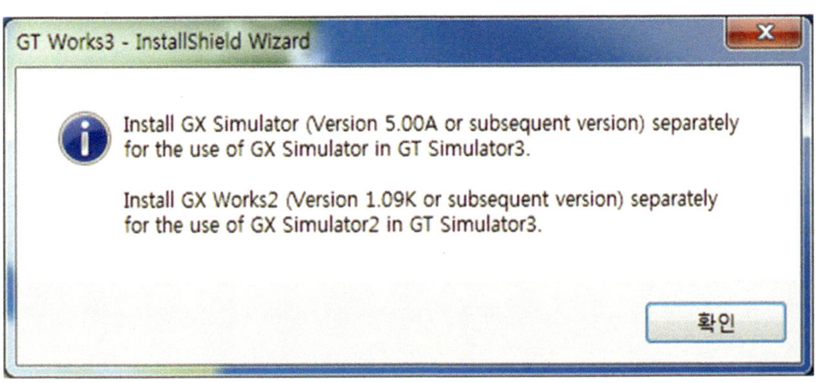

13 설치마무리를 위해 지금 재시작을 체크하고 'Finish'를 클릭한다.

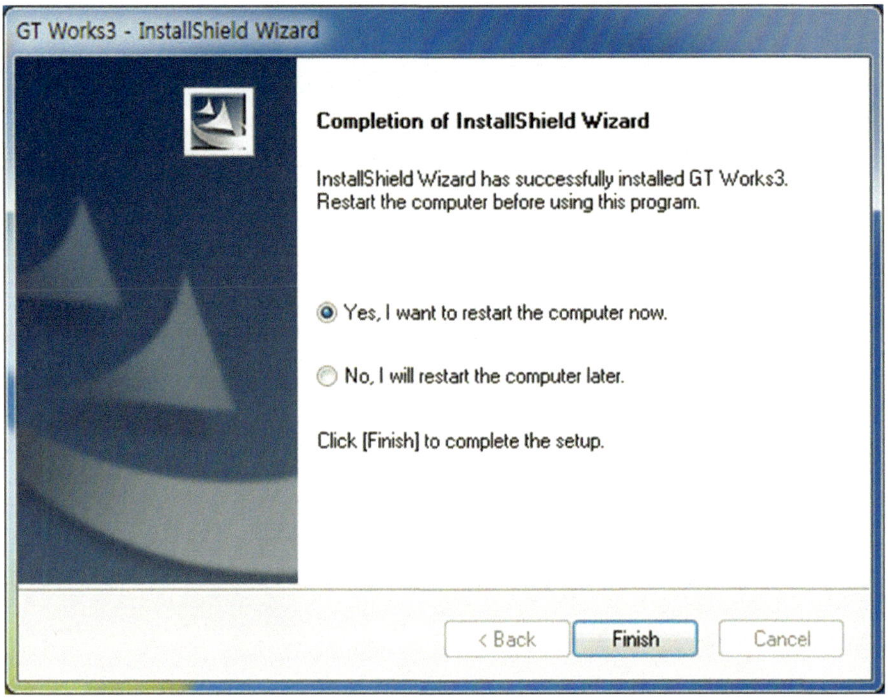

## 4.4 업데이트 설치

① GT-Designer3 1.190Y 업데이트 폴더내의 gtd)2000_e를 더블클릭한다.

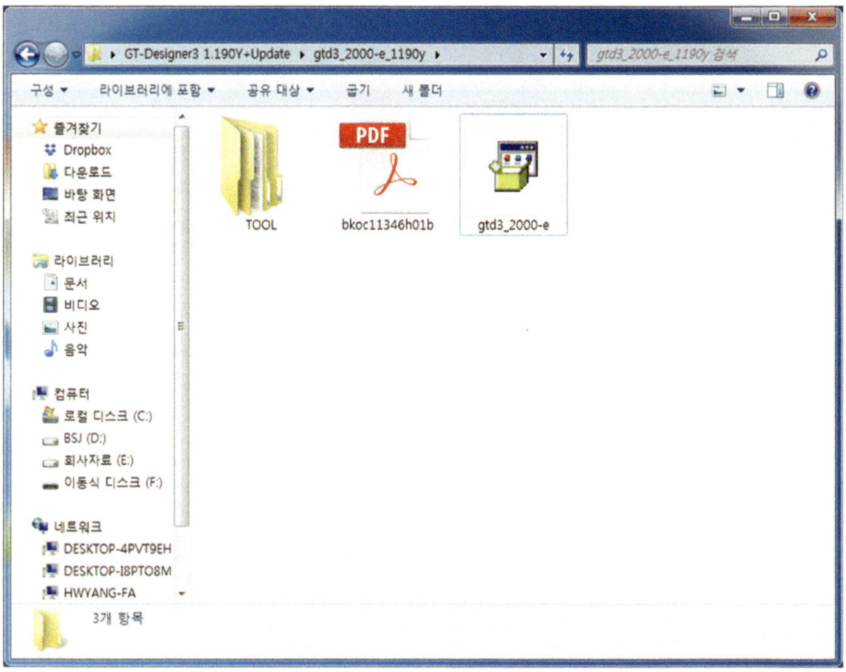


② 설치에 필요한 파일을 준비중인 모습이다.

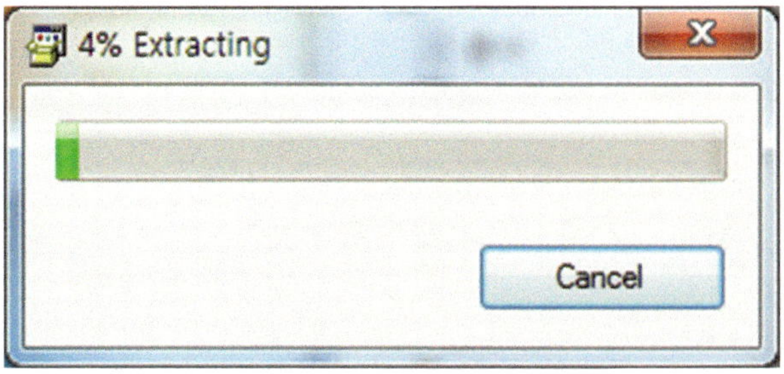


4

생산자동화 장비소개

3 '확인'을 클릭한다.

4 '확인'을 클릭한다.

5 'Next'를 클릭한다.

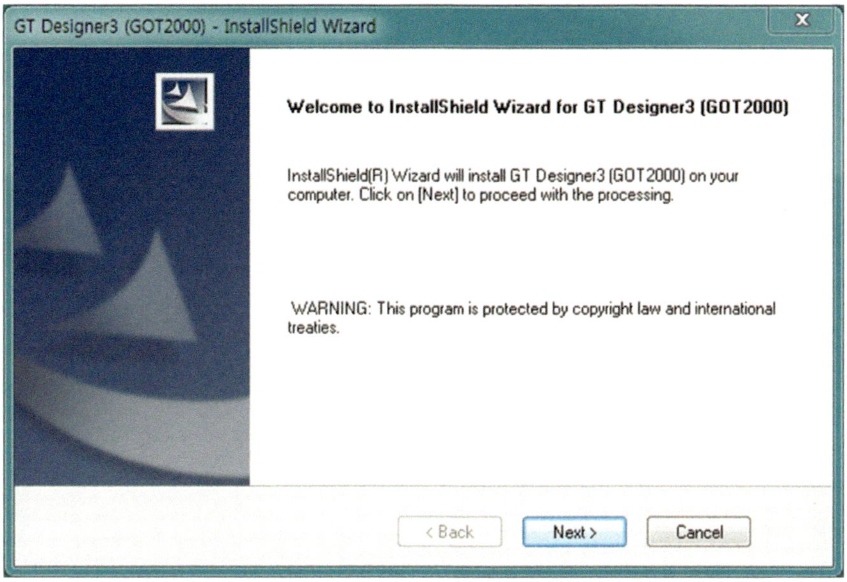


6 사용자 이름과 회사명, Product ID를 입력한 후 Next를 클릭한다.

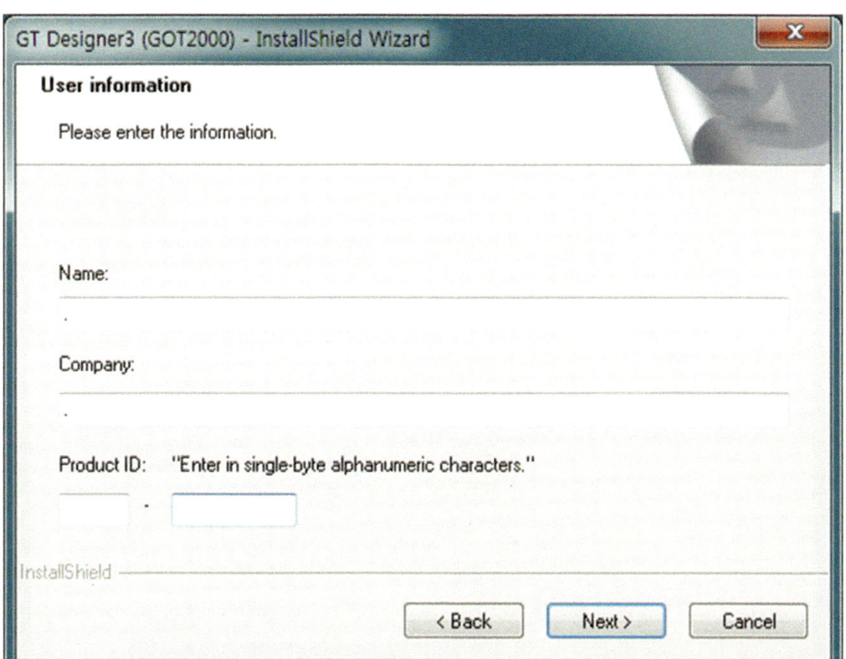

7 'Next'를 클릭한다.

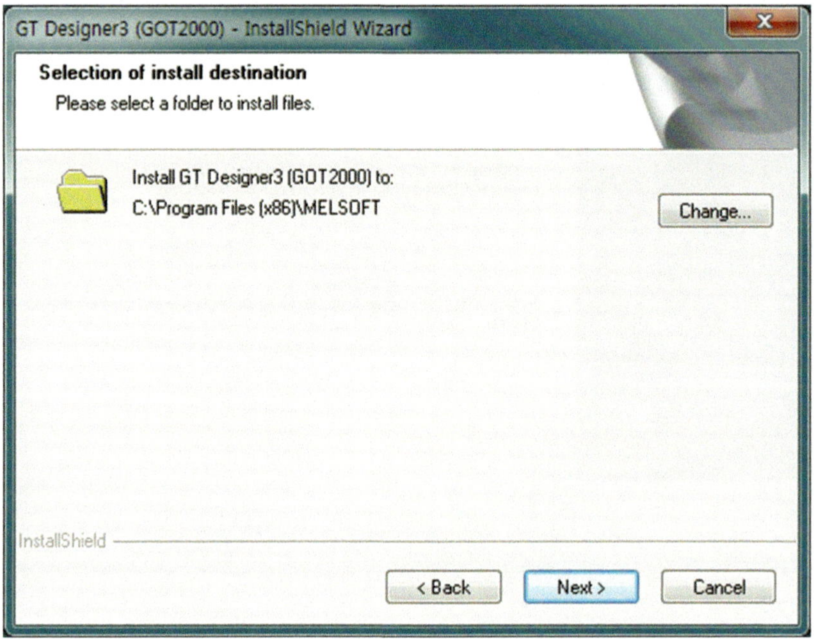


8 'Next'를 클릭한다.

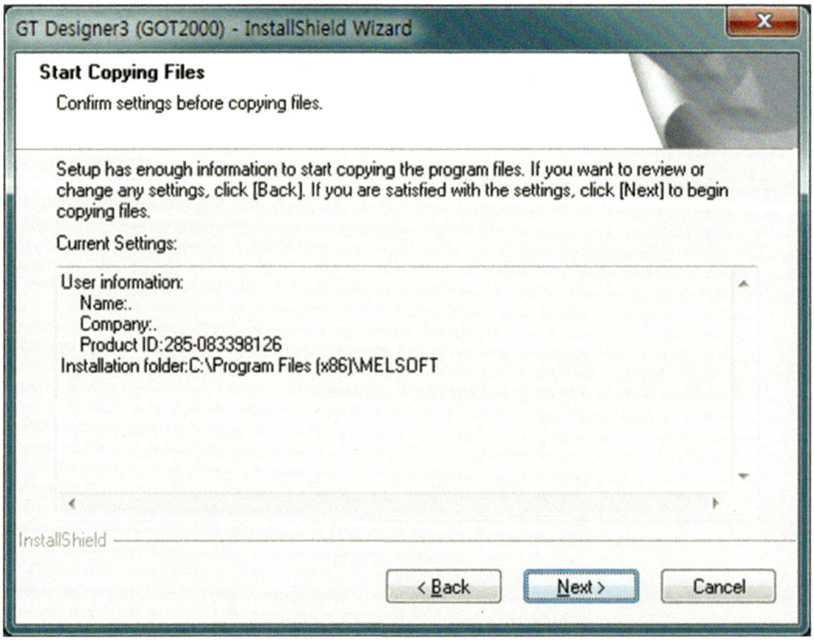

9 설치가 진행되는 모습이다.

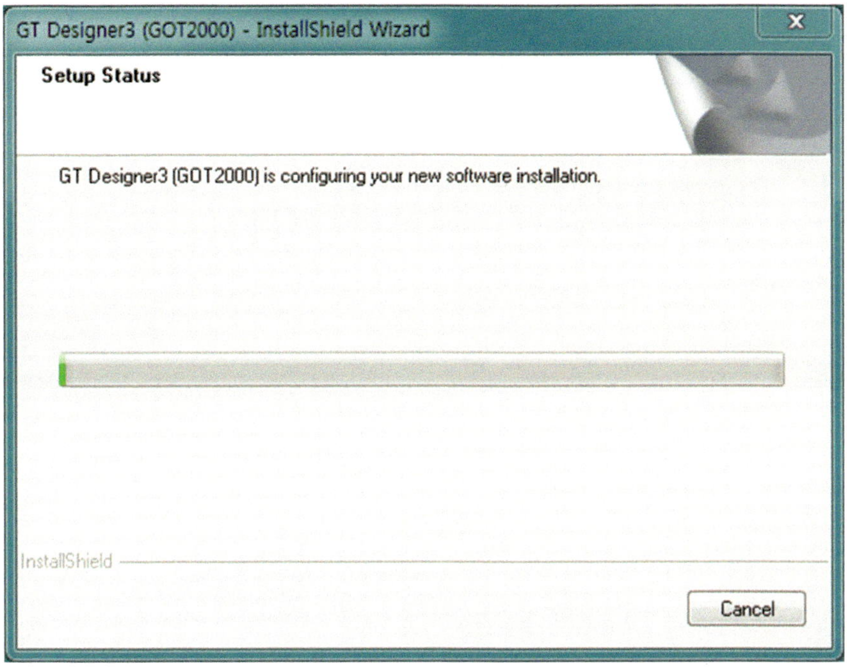


10 바탕화면에 바로가기를 생성할것인지 묻는 창이 뜬다. '예'를 클릭한다.

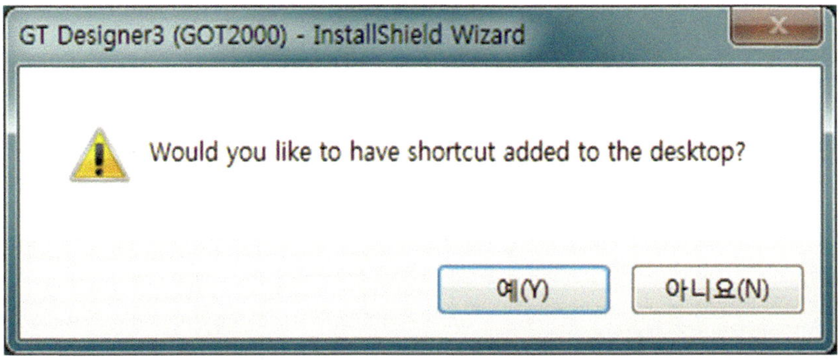

11 '확인'을 클릭한다.

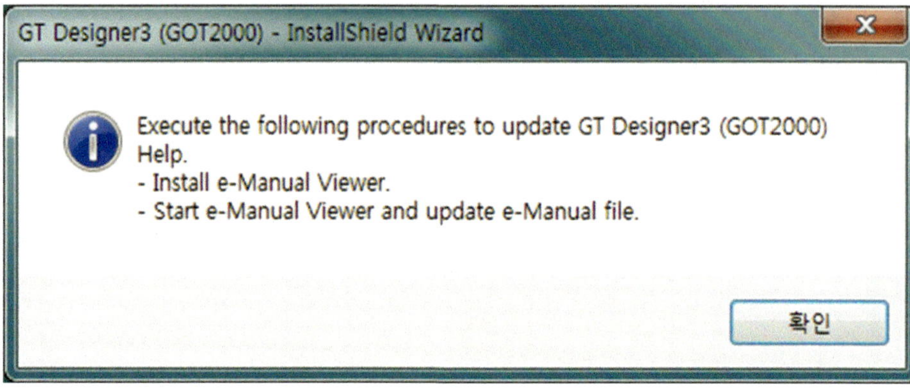


12 '확인'을 클릭한다.

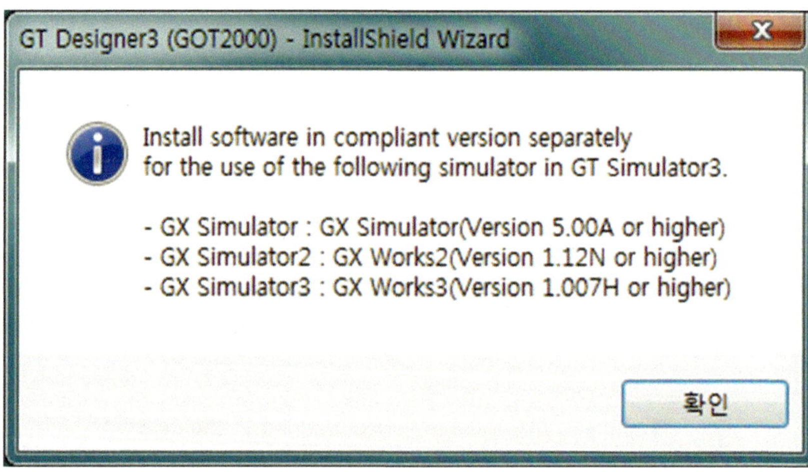

⑬ 설치마무리를 위해 지금 재시작을 선택하고 'Finish'를 클릭한다.

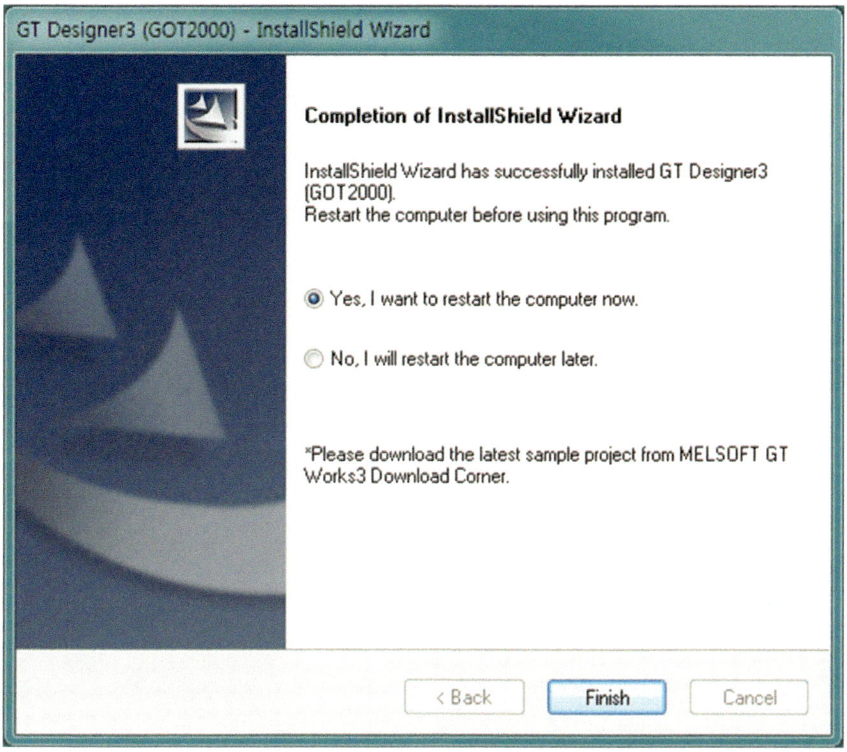

## 4.5 PLC와 HMI 통신설정

PLC측은 이더넷 포트를 이용하여 통신설정을 한다.

① GT Designer3를 실행한다. Project 탭에서 New를 클릭하거나 초기화면에서 나오는 팝업창에서 New를 클릭한다.

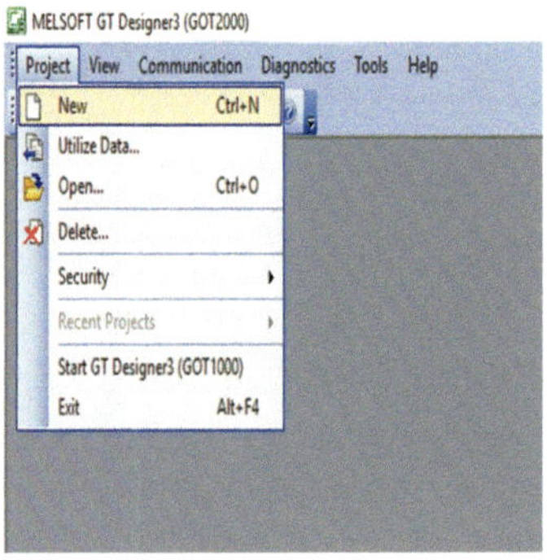

② 'Next'를 클릭한다.

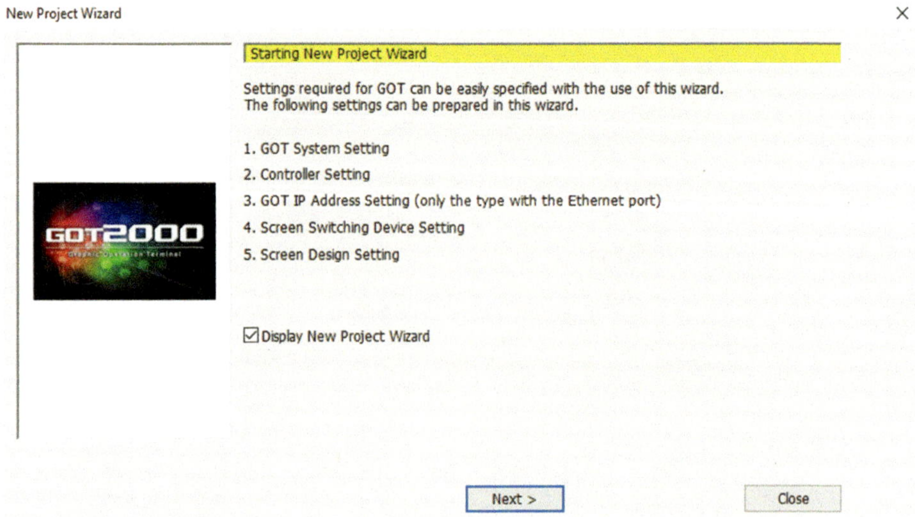

3 GOT Type을 선택하고 'Next'를 클릭한다. (GT2712-STBA Type)

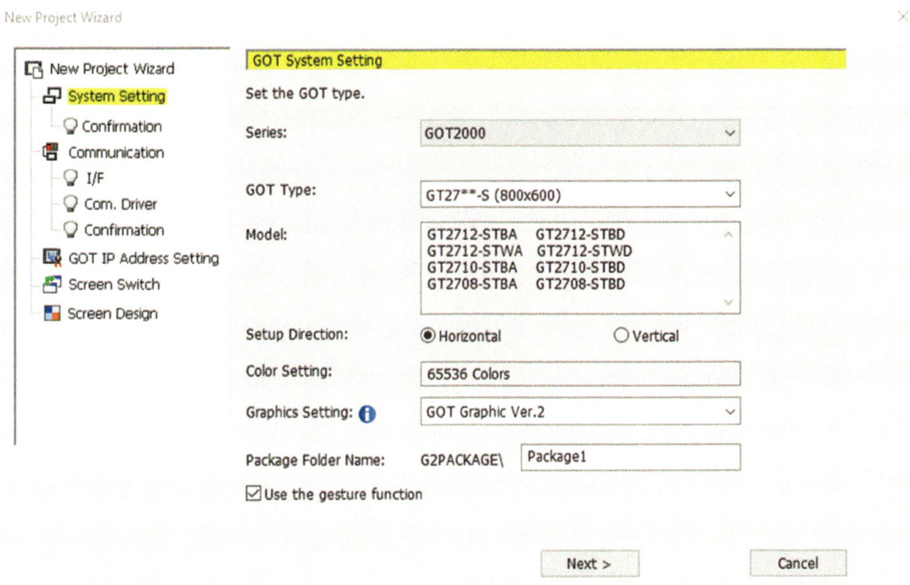


4 'Next'를 클릭한다.

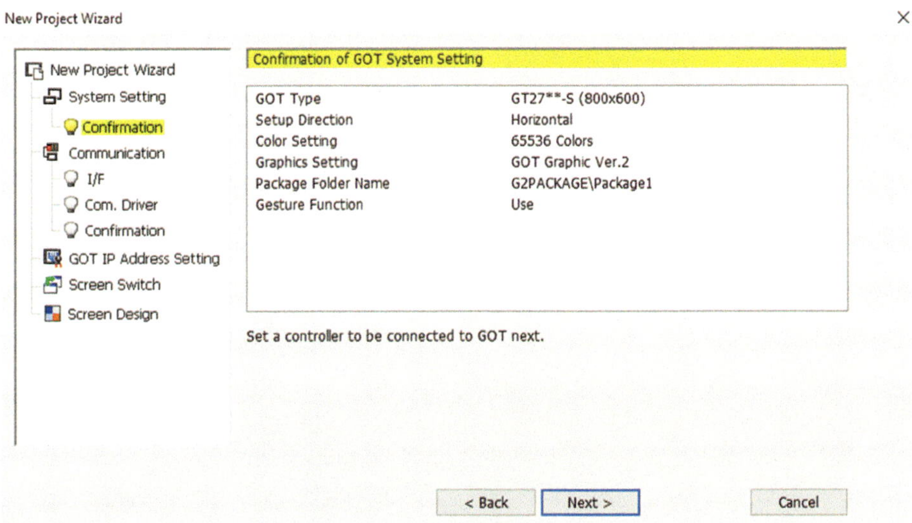

5 Controller Type을 선택하고 'Next'를 클릭한다.
(MELSEC-Q/QS, Q17nD/M/NC/DR, CRnD-700을 선택한다.)

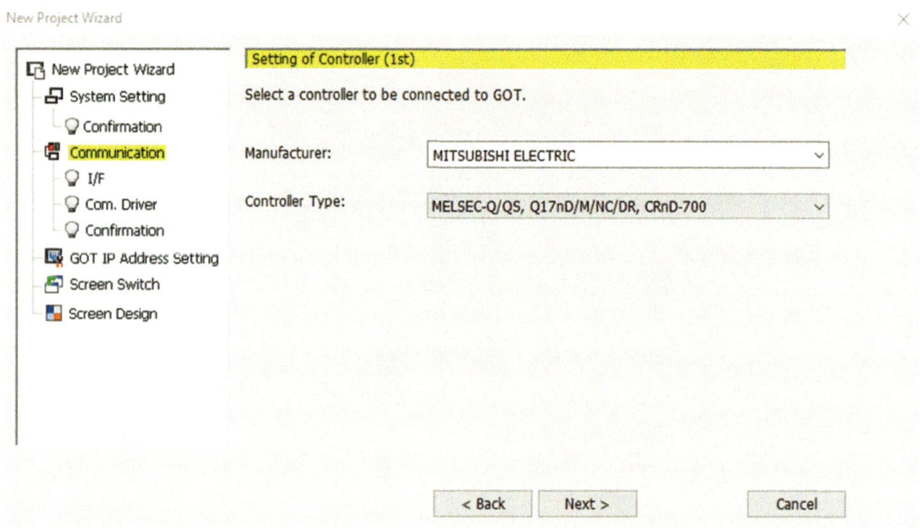


6 Standard I/F(RS232)를 선택하고 'Next'를 클릭한다.

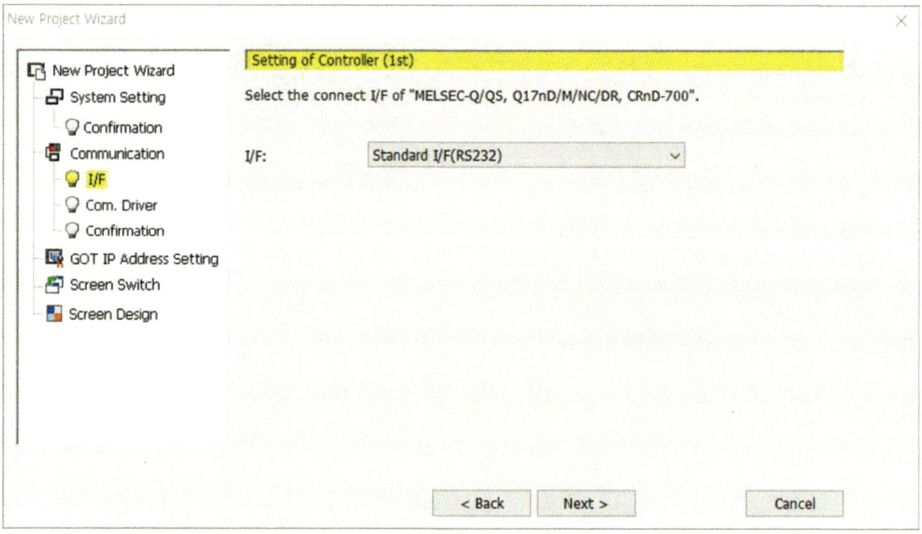

7 'Next'를 클릭한다.

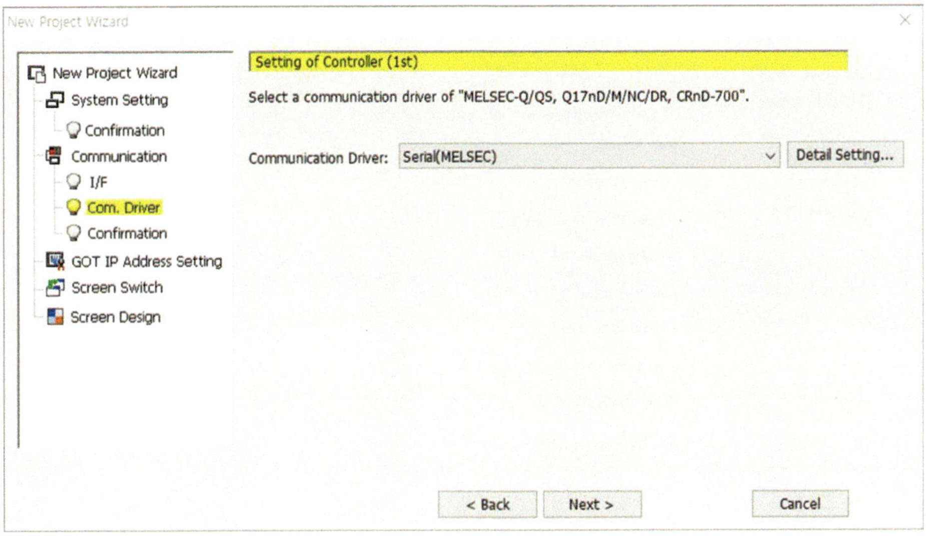


8 'Next'를 클릭한다.

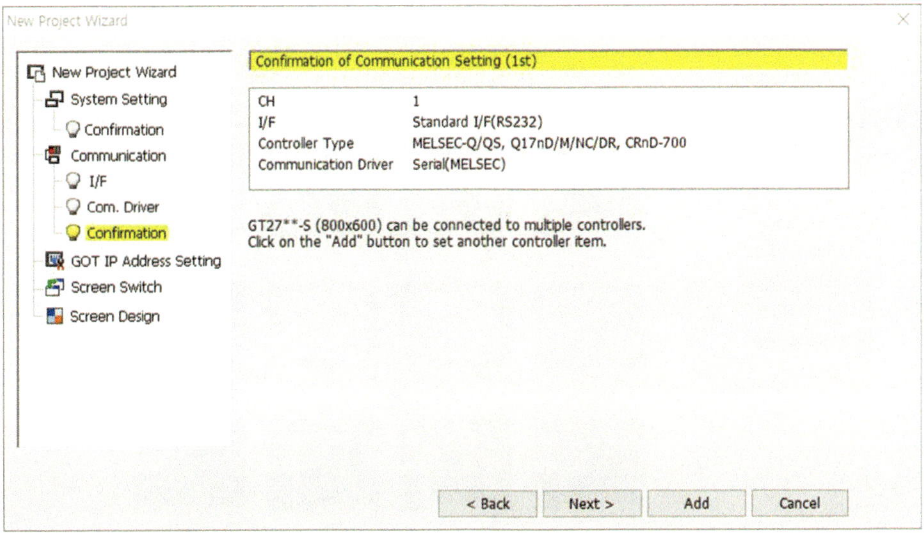

9 'Next'를 클릭한다.

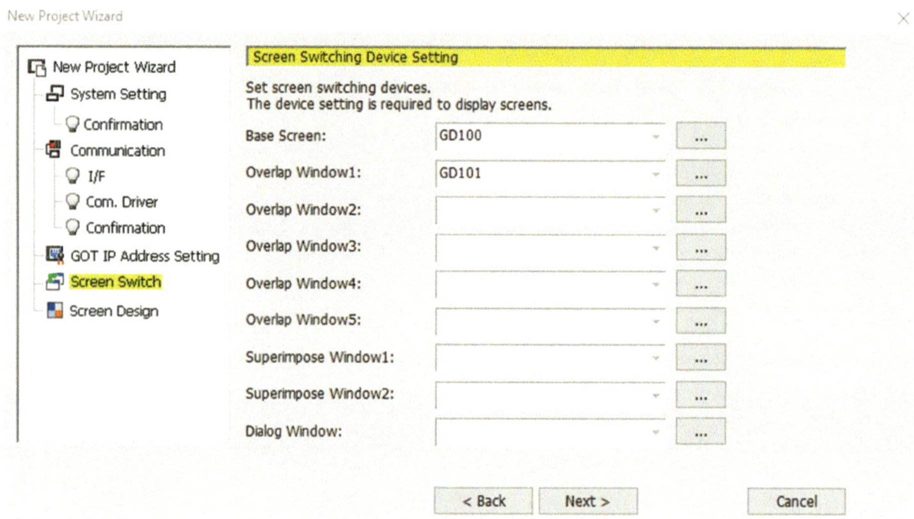


10 'Next;를 클릭한다.

⑪ 'Finish'를 클릭한다.

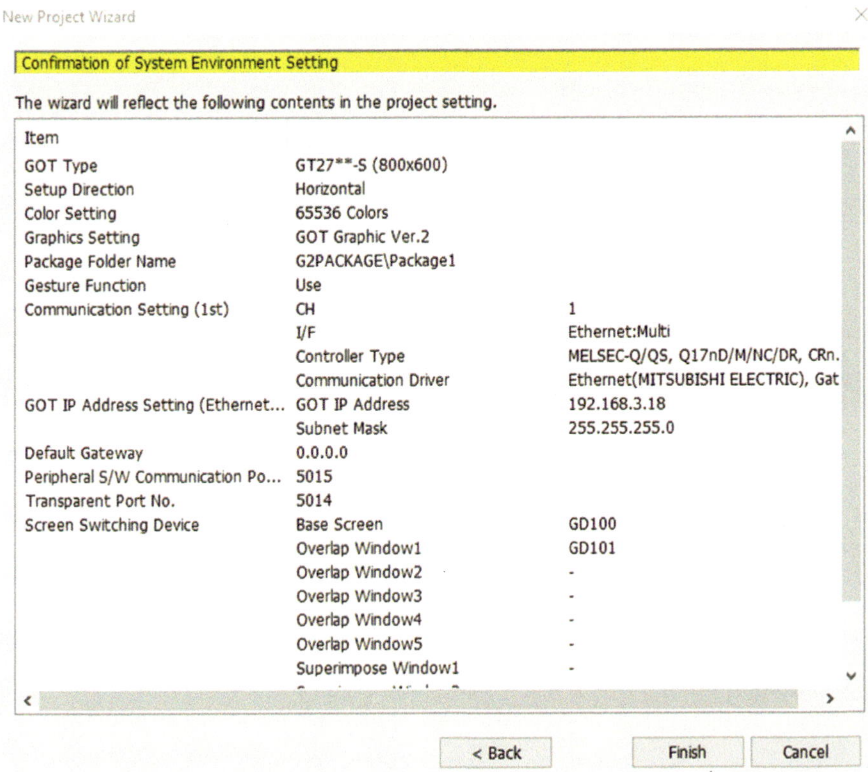

## 4.6 작화 전송을 위한 통신설정

1. Communication 탭에서 Communication Configuration을 클릭한다.

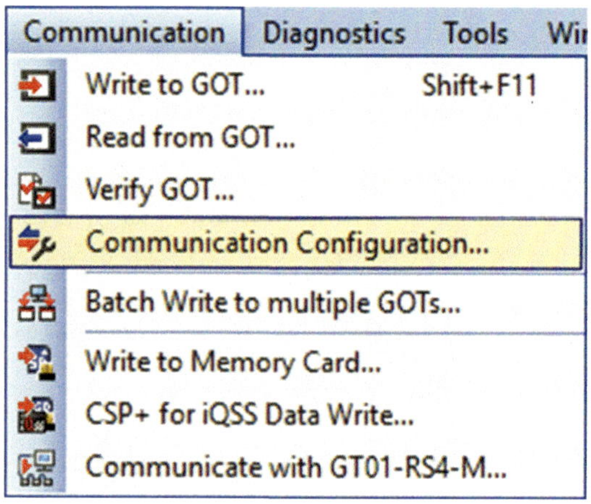


2. Connection image 그룹에서 PC side I/F를 USB로 설정한다.

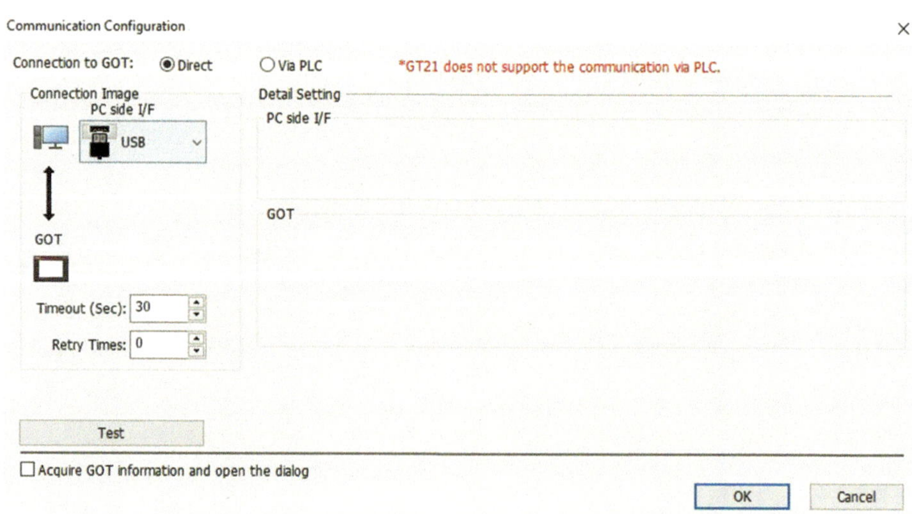

3 'Test'를 클릭한다. 통신연결이 성공되었다는 팝업창이 뜬다.

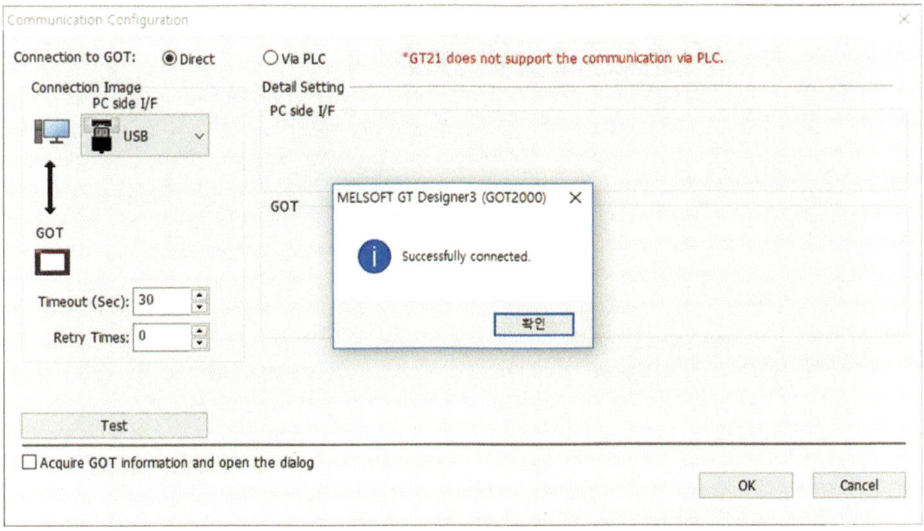


4 스위치를 선택하고 화면에 드래그 하여 스위치를 작성한다.

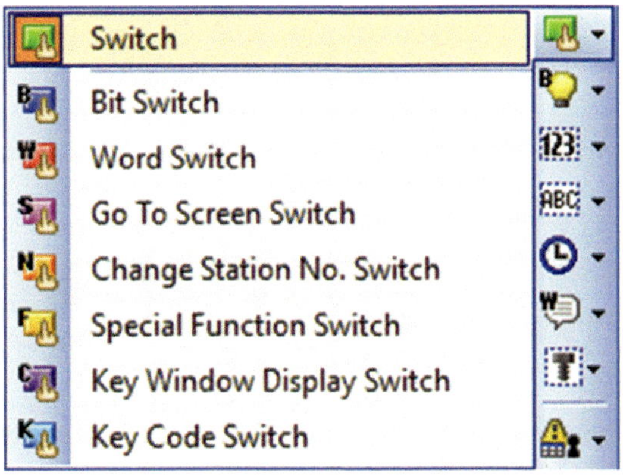


4

생산자동화 장비소개

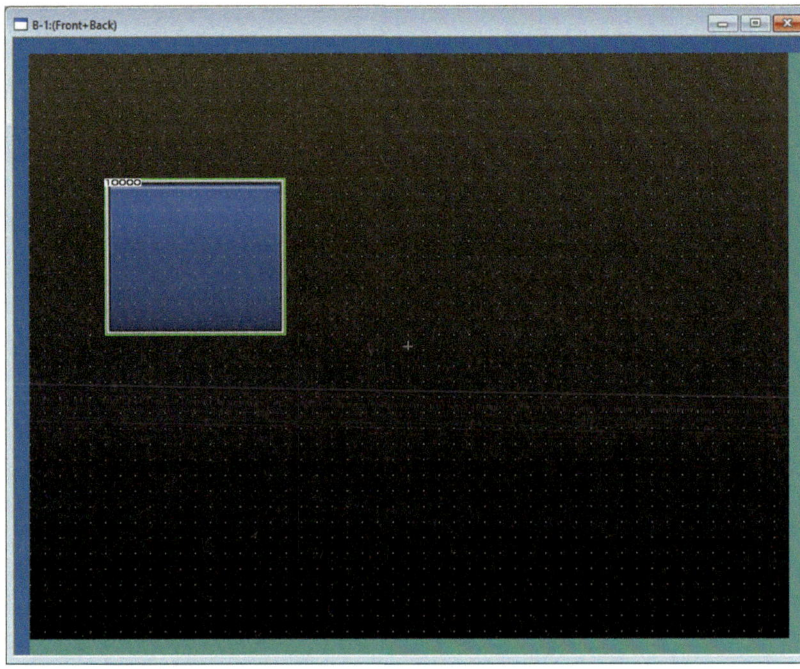


5 작성한 스위치를 더블클릭하고 Add Action에서 Bit를 클릭하고 주소를 작성한다.

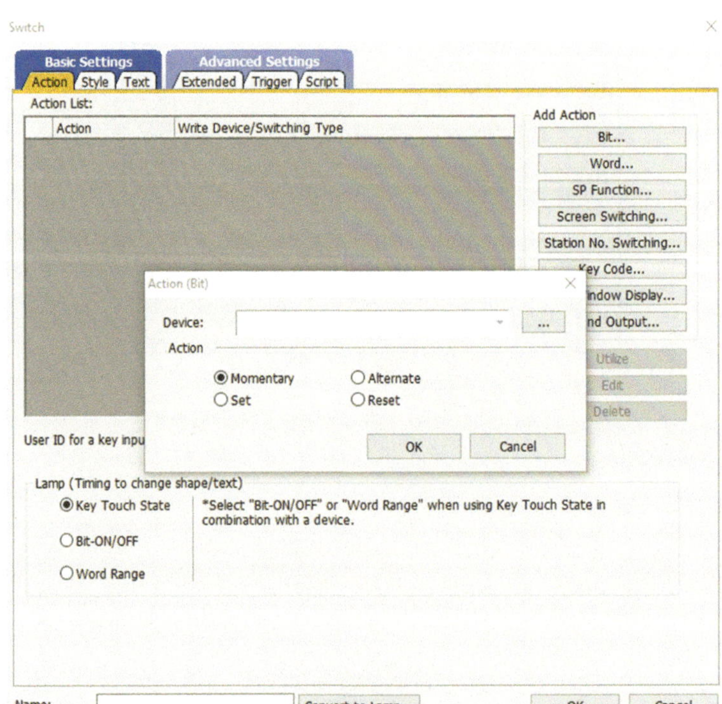

6 주소 작성이 완료된 모습이다. OK를 클릭한다.

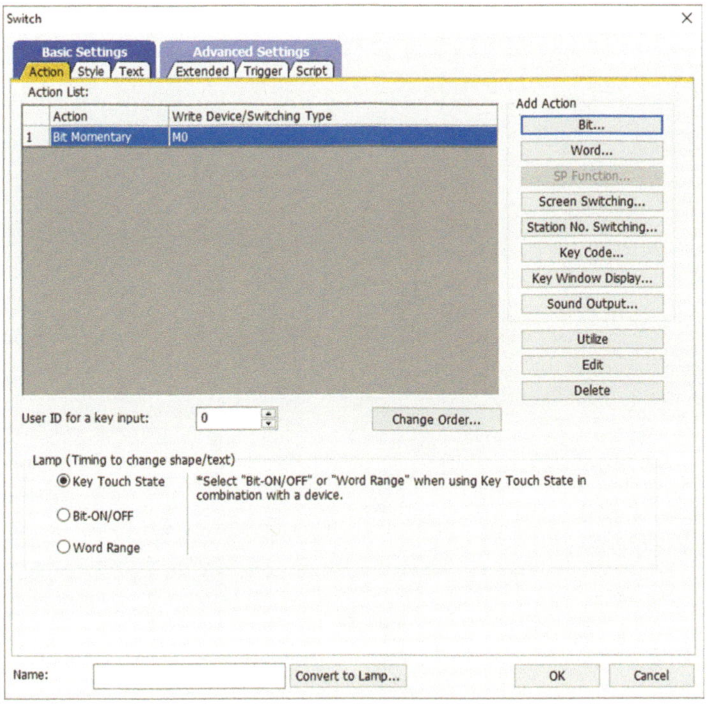


7 스위치에 작성한 주소가 적용된 모습이다.

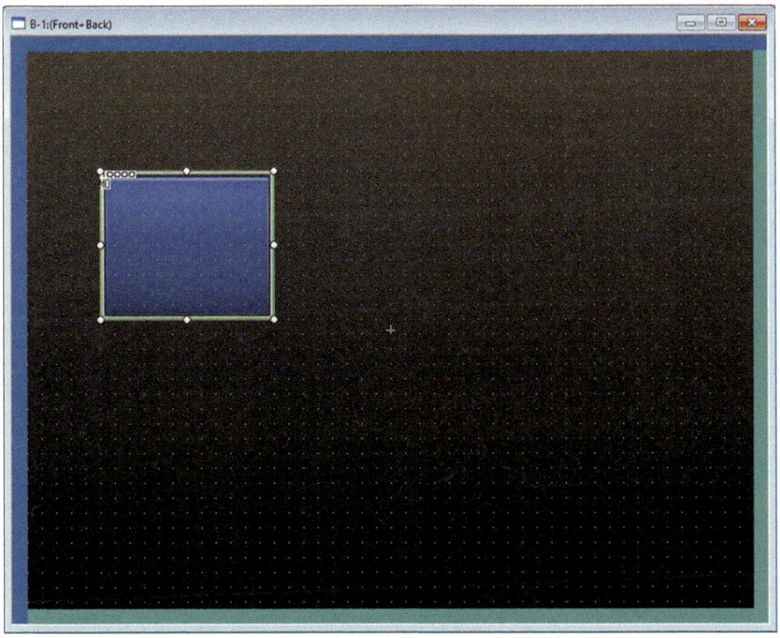

8 Bit Lamp를 클릭하고 화면에 드래그 하여 램프를 추가한다.

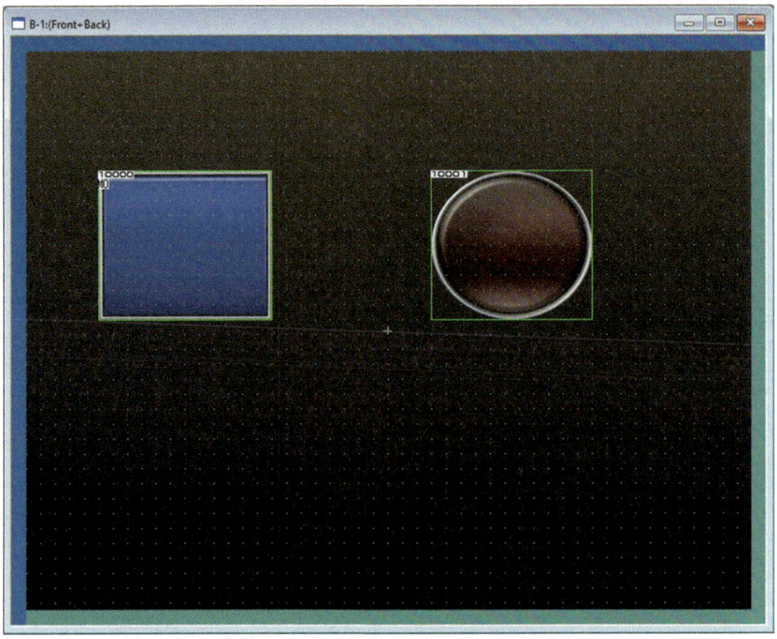


9 추가된 램프를 더블클릭하고 주소를 지정한다.

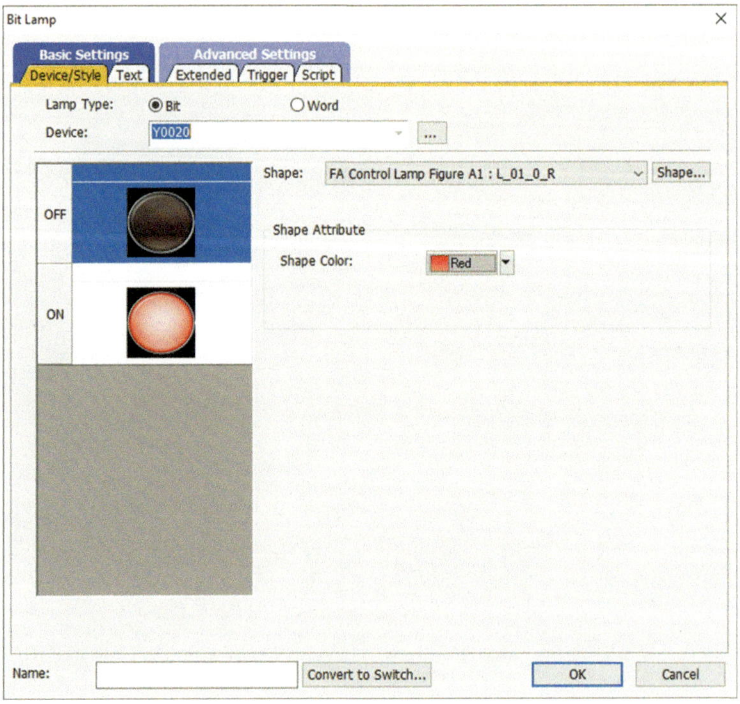

10 램프에 작성한 주소가 적용된 모습이다.

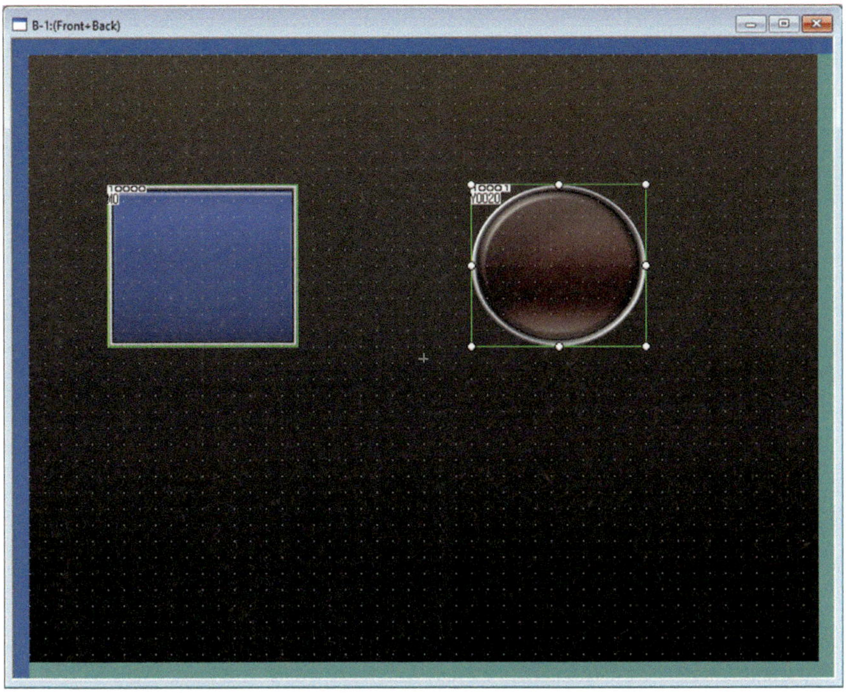


11 작화한 화면을 전송하기 위해 Communication 탭에서 Write to GOT를 클릭한다.

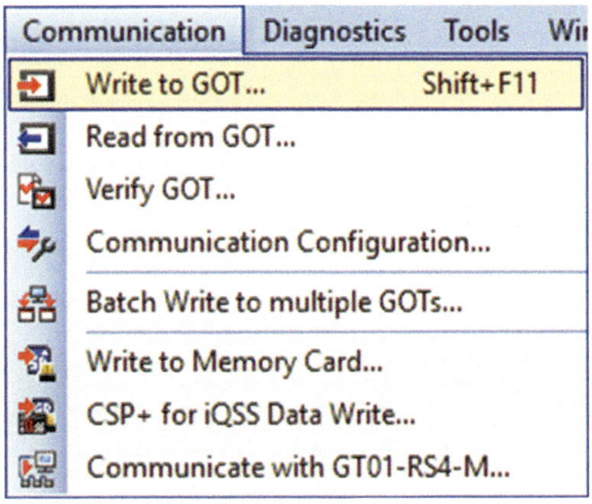

12 'OK'를 클릭한다.

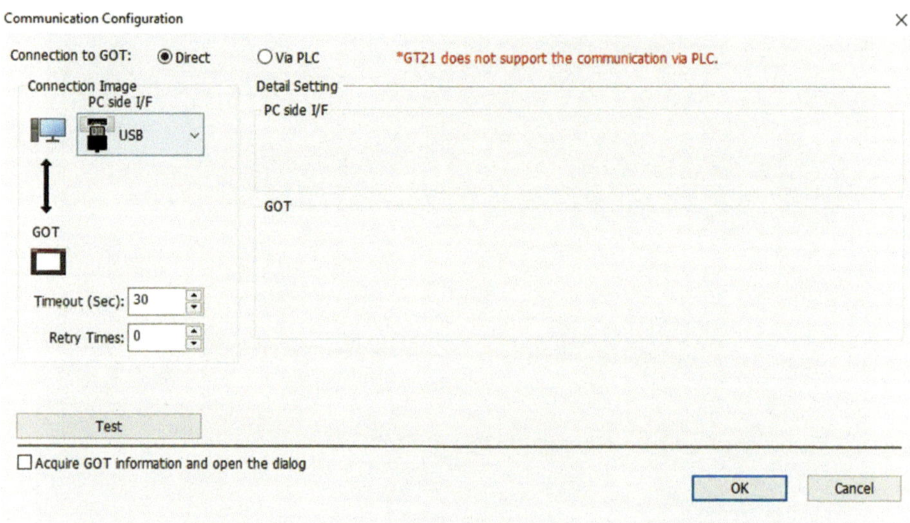


13 GOT Write를 클릭한다.

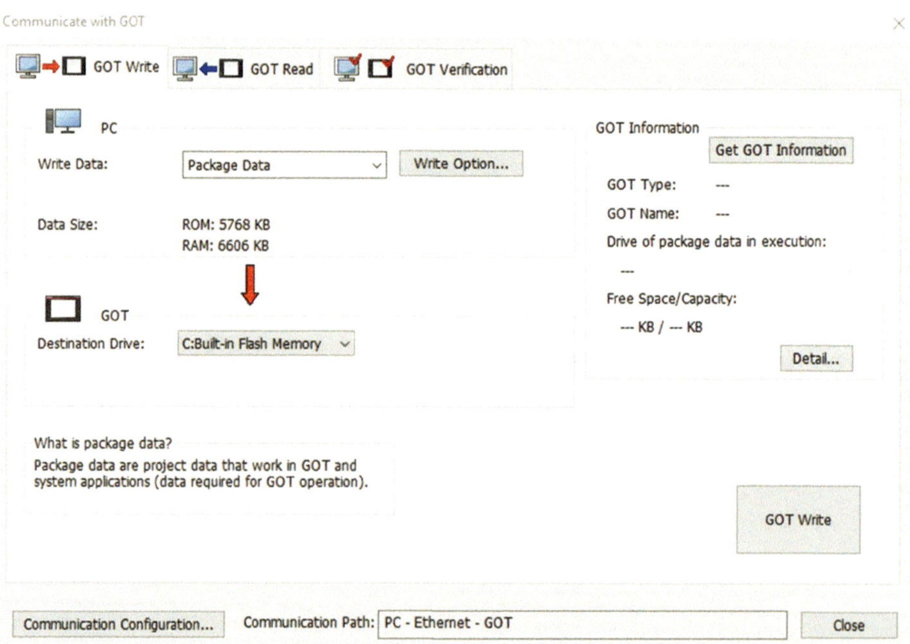

14 'Yes'를 클릭한다.

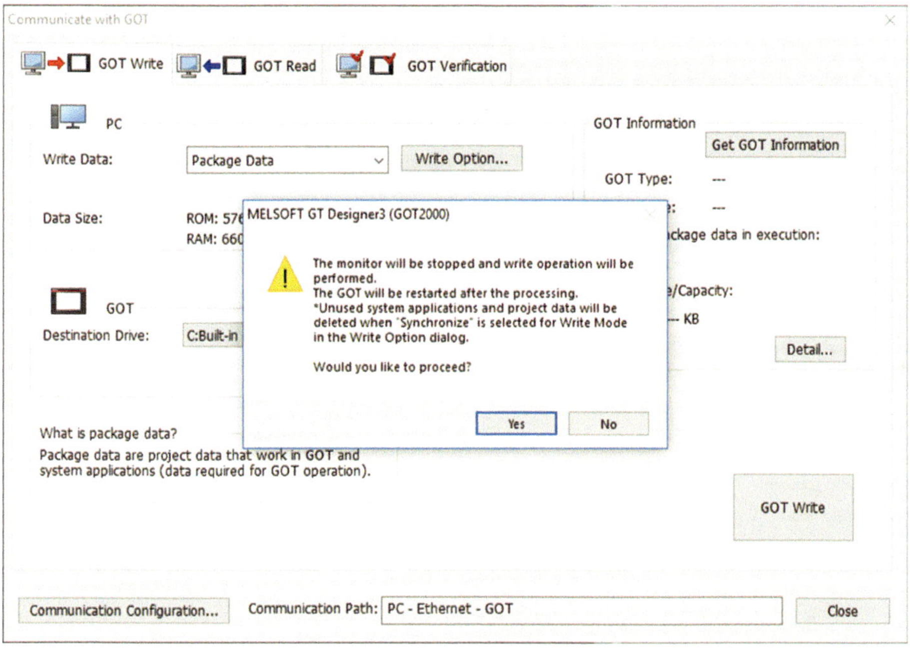


15 GOT로 전송되고 있는 화면이다.

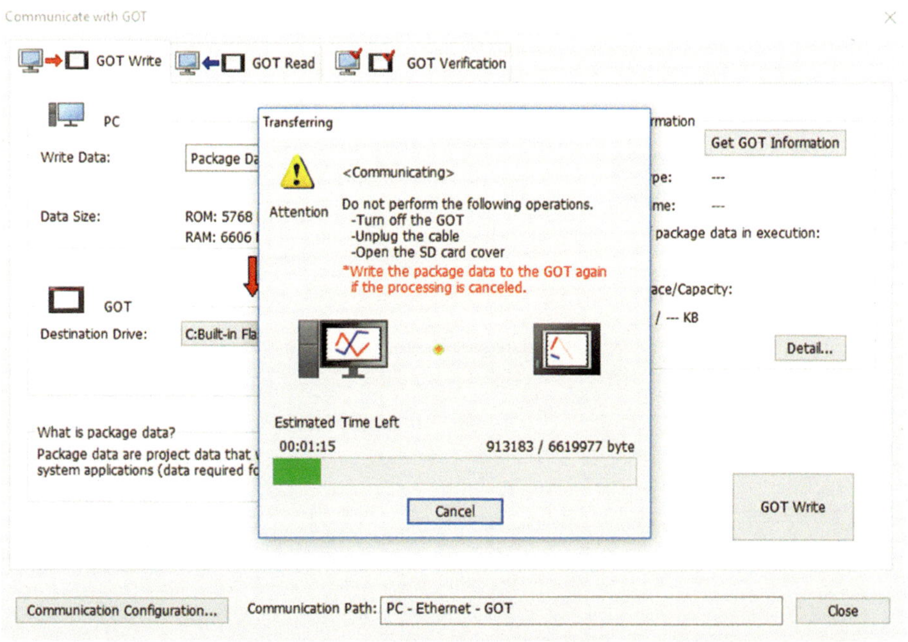


4 생산자동화 장비소개

16 전송이 완료되었다. 'OK'를 클릭하고 'Close'를 클릭한다.

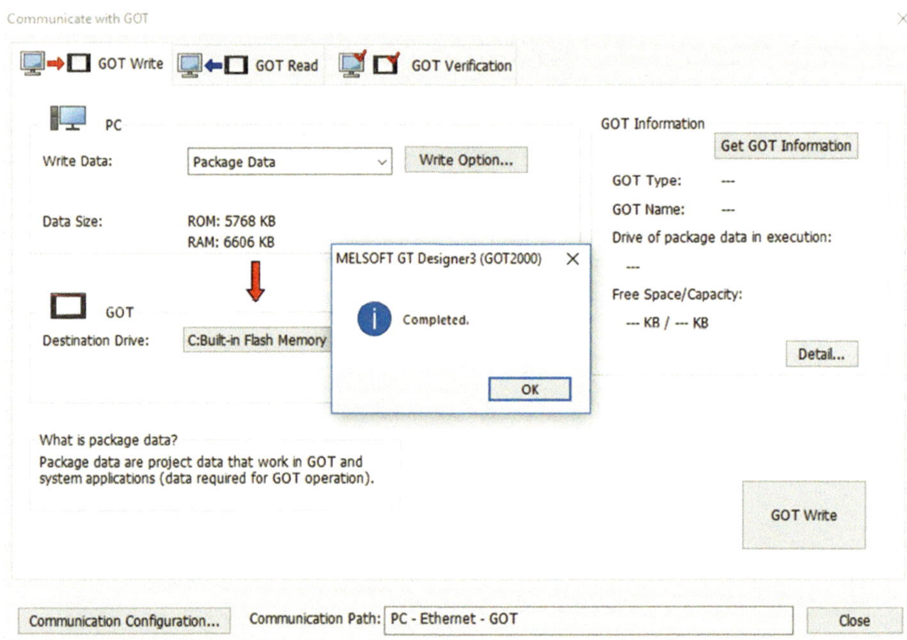


17 GX Works2에서 테스트용 프로그램을 작성하고 PLC에 쓰기를 한다.
스위치는 M0, 램프는 Y20으로 작성한다.(GOT와 동일한 주소 설정)

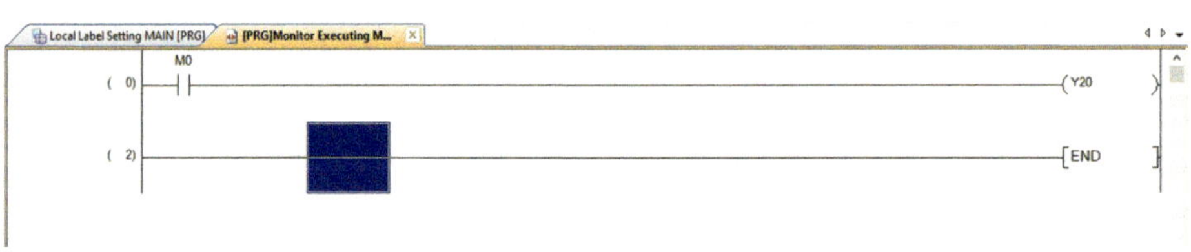

⑱ 터치에서 스위치를 조작하여 PLC와 통신이 정상적으로 이루어 지는지 확인한다.

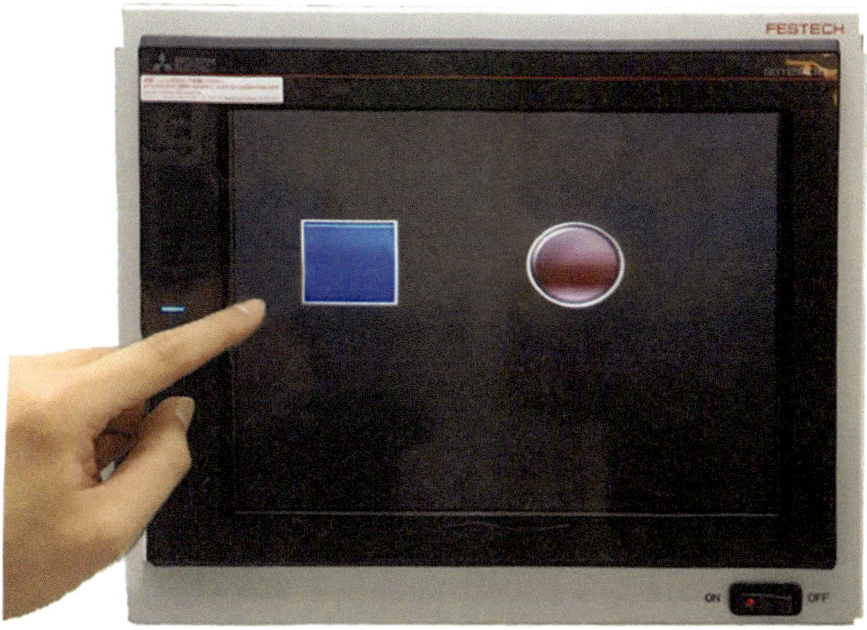


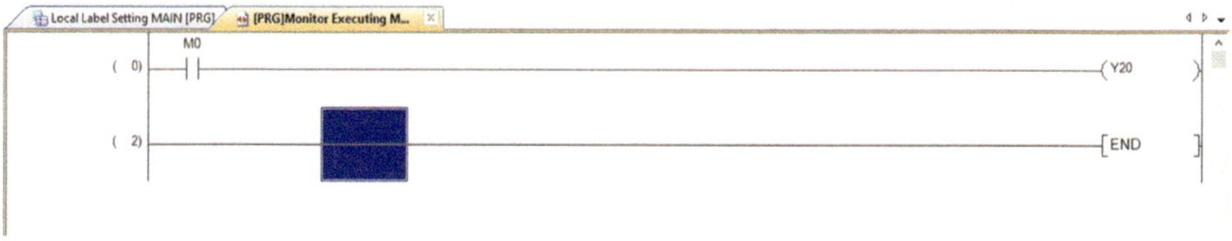

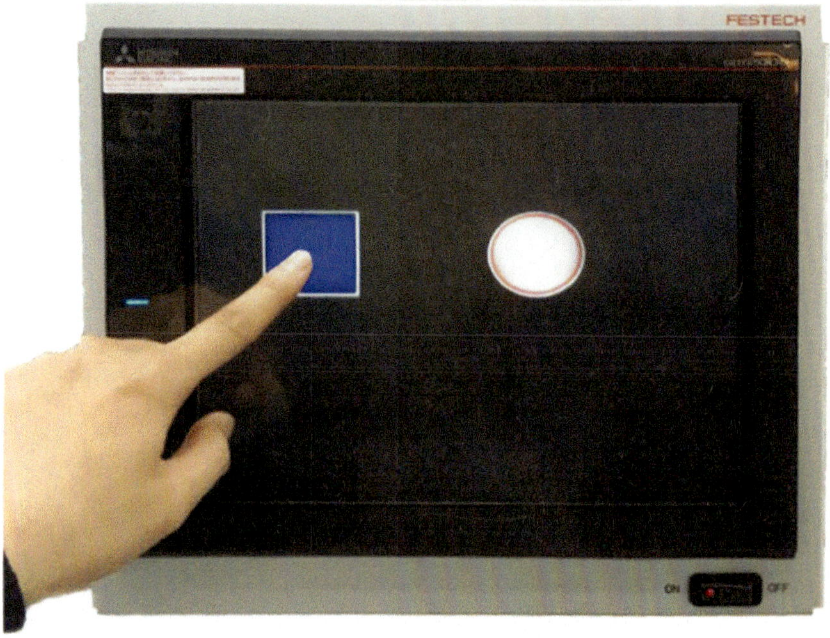
FESTECH
ON
OFF

Local Label Setting MAIN [PRG]
[PRG]Monitor Executing M...
M0
( 0)
Y20
( 2)
END

CHAPTER

5

# Servo Parameter 설정

## 5.1 Inteligent Function Module 추가

① GX Works2의 Navigation 탭에서 Inteligent Function Module을 마우스 우클릭하여 New Module을 클릭한다.

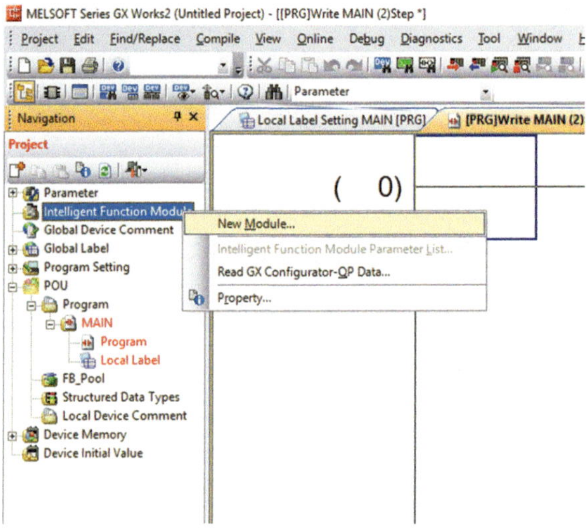


② Module type에서 Simple Motion Module을 선택한다.

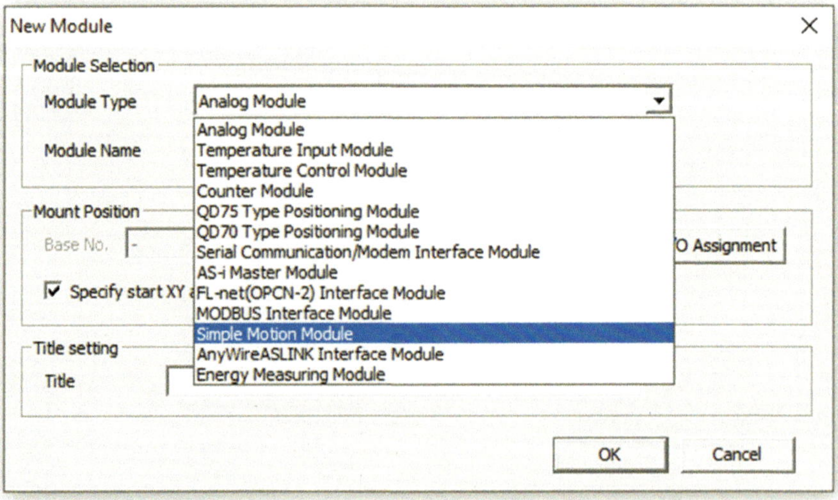

Module name에서 위치결정 카드의 타입을 선택한다.(QD77MS2)
Mount Position 창에서 Mounted slot No, 및 선두 Address를 작성하고 OK를 클릭한다.

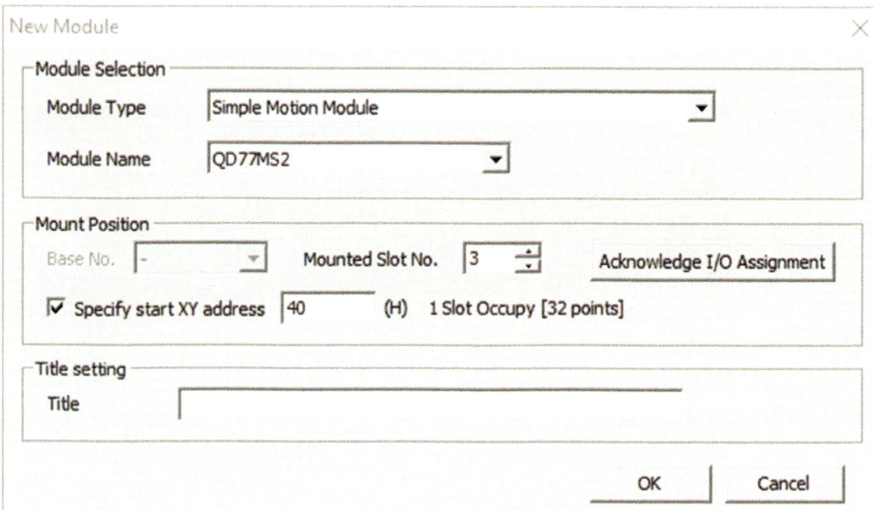


Project 탭에 Inteligent Function Module이 추가된 모습이다.
Simple Motion Module setting을 더블클릭한다.

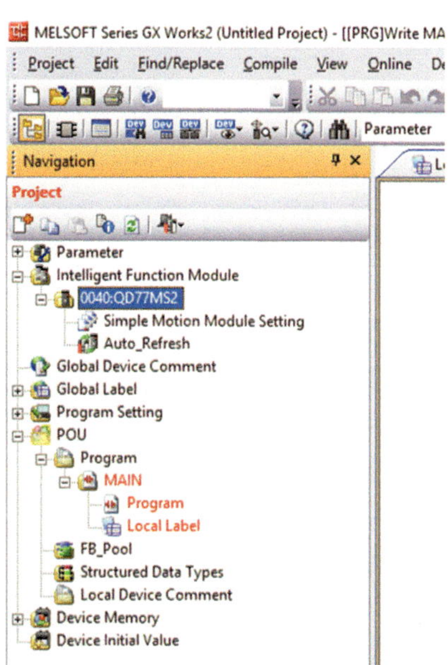

## 5.2 Simple Motion Module setting tool 설정

1 파라미터를 설정하는 프로그램 창이 나타난다.

2 Project 탭에서 New를 클릭한다.

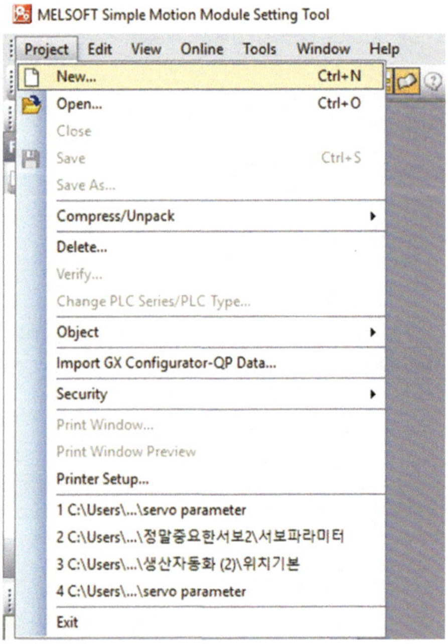

③ 위치결정카드 모듈을 선택하고 선두 Address를 작성하고 OK를 클릭한다.

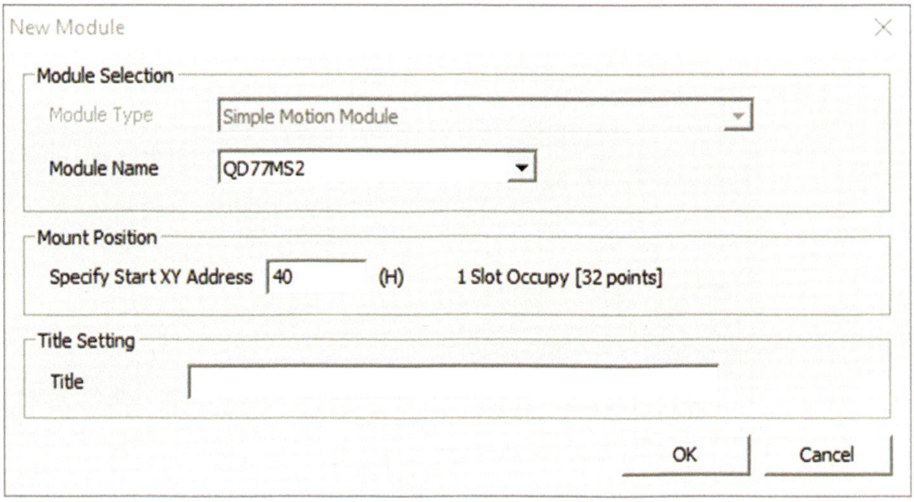


④ Inteligent Function Module이 추가되었다. 아래의 탭에서 필요한 설정을 한다.

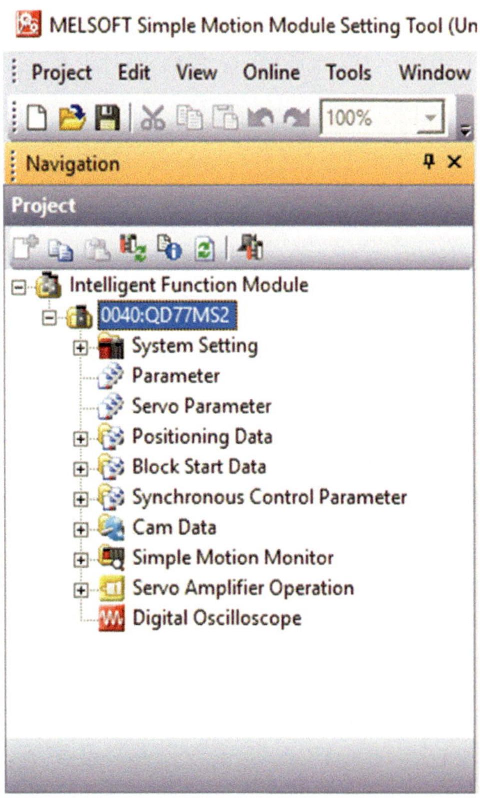

5 System setting 탭에서 System configuration을 더블클릭하면 아래와 같은 화면이 표시된다.

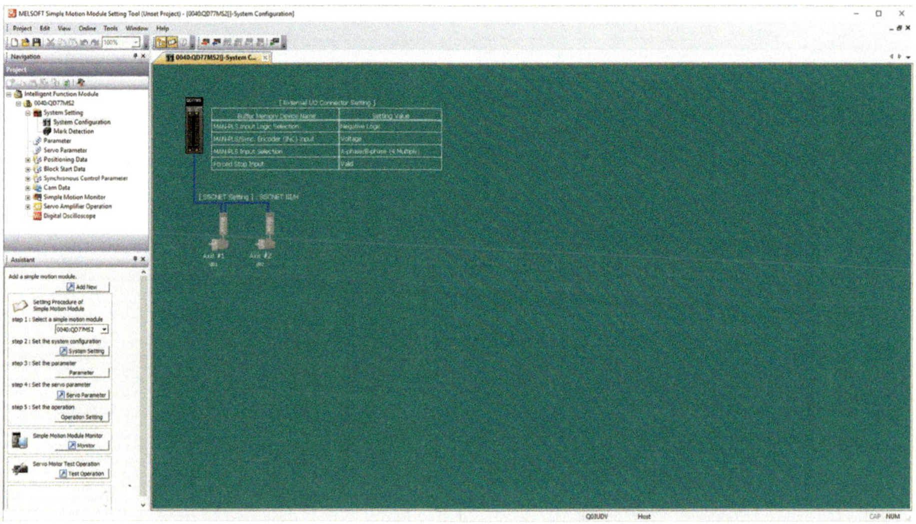

6 Axis #1 d01을 더블클릭하면 아래와 같이 Servo amp type을 선택하는 화면이 나타난다. MR-J4-B 를 선택하고 OK를 클릭한다.

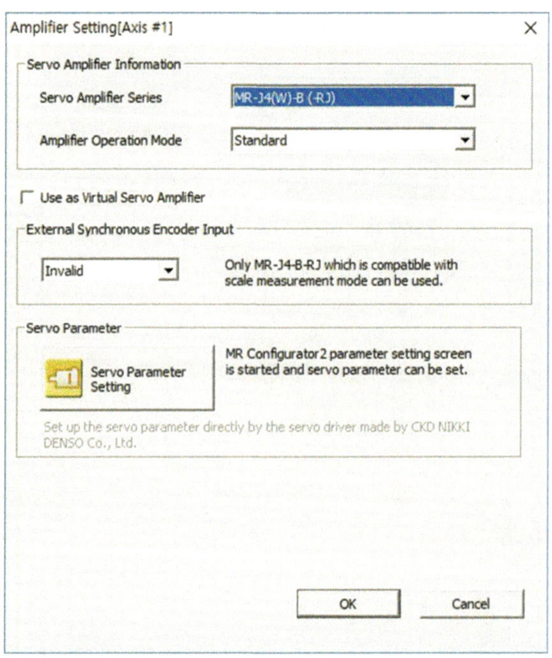

7 아래와 같이 Axis #1에 Servo amp 타입이 설정된다.

8 Parameter를 더블클릭하면 아래의 화면이 나타난다. 기본설정은 모두 파란색 글씨로 나타난다.

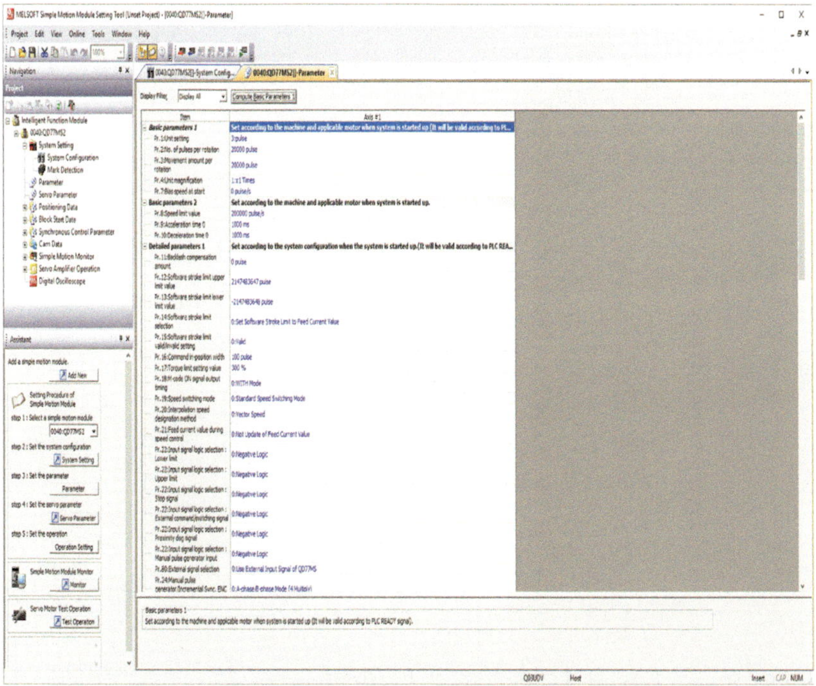

9 Parameter 창에서 다음과 같이 설정한다.

1) Basic parameters 1에서 Pr.1 : Unit setting을 클릭하면 우측에 …이 생성된다. …을 클릭하면 아래와 같은 화면이 나타난다. 볼스크류의 Lead를 설정한다. 실습장비의 볼스크류 Lead는 2mm이다. Compute Basic Parameters1을 클릭한다.

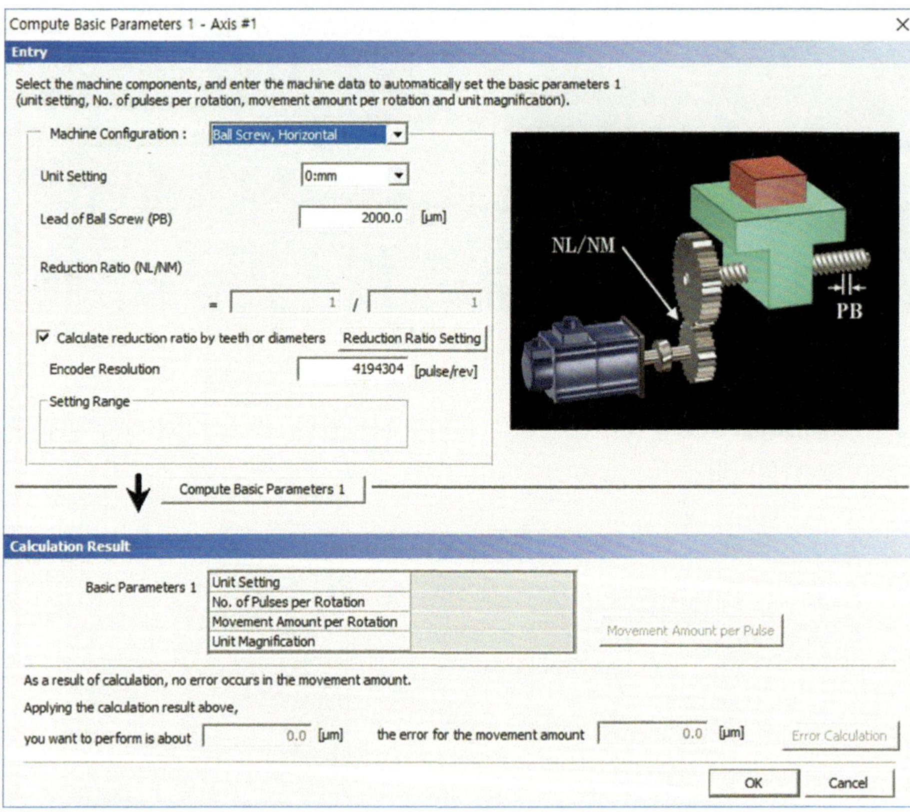

2) Compute Basic Parameters1을 클릭하면 Calculation Result가 계산되어 화면에 나타난다.

OK를 클릭한다.

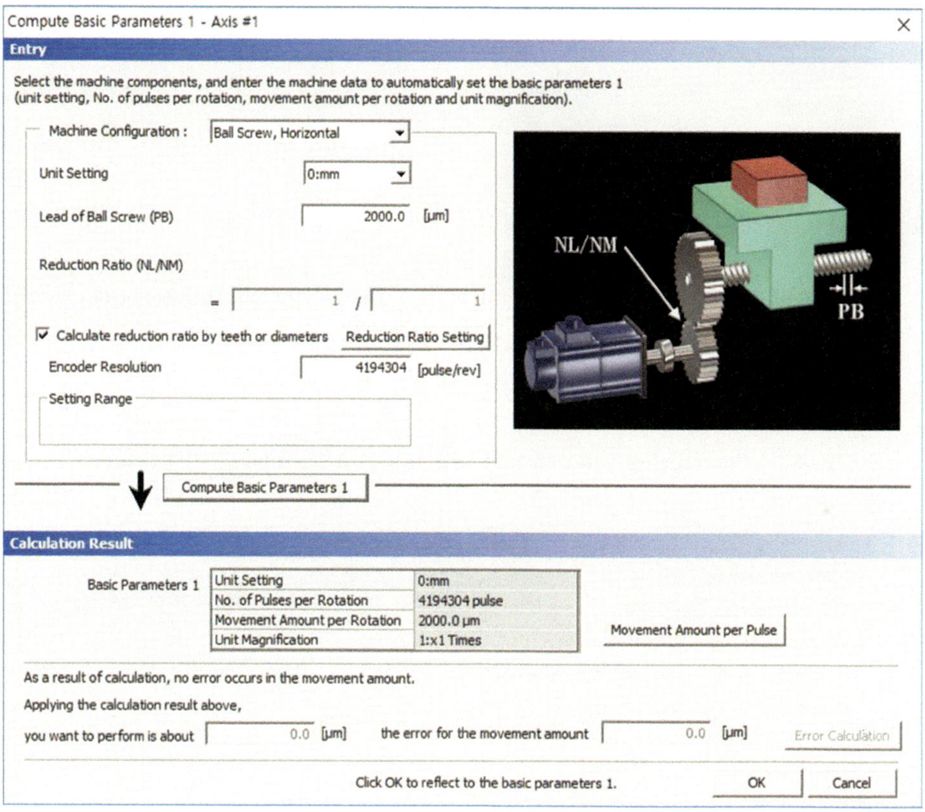


3) Basic parameters1이 다음과 같이 변경된다.

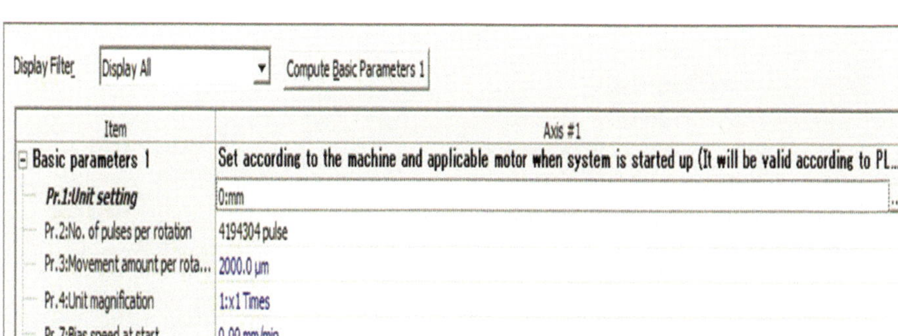

4) Basic parameter2에서 속도제한과 가속시간, 감속시간을 설정한다. 속도제한의 기본설정은 2000 mm/min, 가속시간과 감속시간은 1000 ms 이다.

| Basic parameters 2 | Set according to the machine and applicable motor when system is started up. |
|---|---|
| Pr.8:Speed limit value | 3000.00 mm/min |
| Pr.9:Acceleration time 0 | 200 ms |
| Pr.10:Deceleration time 0 | 200 ms |

5) Detailed parameter1을 설정힌다.

Pr.80 : External signal selection을 1.Use External Input signal of servo Amplifier를 선택한다. 실습장비는 상한 리미트, 하한리미트, 원점신호 등이 서보앰프의 신호와 연결되어있다.

Pr.82 : Forced stop valid/invalid selection을 1. Invalid를 선택한다.

| Detailed parameters 1 | Set according to the system configuration when the system is started up.(It will be valid according to PLC R... |
|---|---|
| Pr.11:Backlash compensation a... | 0.0 μm |
| Pr.12:Software stroke limit uppe... | 214748364.7 μm |
| Pr.13:Software stroke limit lowe... | -214748364.8 μm |
| Pr.14:Software stroke limit selec... | 0:Set Software Stroke Limit to Feed Current Value |
| Pr.15:Software stroke limit valid... | 0:Valid |
| Pr.16:Command in-position width | 10.0 μm |
| Pr.17:Torque limit setting value | 300 % |
| Pr.18:M-code ON signal output t... | 0:WITH Mode |
| Pr.19:Speed switching mode | 0:Standard Speed Switching Mode |
| Pr.20:Interpolation speed desig... | 0:Vector Speed |
| Pr.21:Feed current value during... | 0:Not Update of Feed Current Value |
| Pr.22:Input signal logic selection... | 0:Negative Logic |
| Pr.22:Input signal logic selection... | 0:Negative Logic |
| Pr.22:Input signal logic selection... | 0:Negative Logic |
| Pr.22:Input signal logic selection... | 0:Negative Logic |
| Pr.22:Input signal logic selection... | 0:Negative Logic |
| Pr.22:Input signal logic selection... | 0:Negative Logic |
| Pr.80:External signal selection | 1:Use External Input Signal of Servo Amplifier |
| Pr.24:Manual pulse generator/I... | 0:A-phase/B-phase Mode (4 Multiply) |
| Pr.81:Speed-position function s... | 0:Speed-position Switching Control (INC Mode) |
| Pr.82:Forced stop valid/invalid s... | 1:Invalid |

6) Detailed parameter2를 설정한다. Pr. 31 : JOG speed limit value를 설정한다. 기본값은 200 mm/min으로 설정되어 있다. 실습장비는 2000 mm/min으로 설정하였다. 속도제한을 바꿔가며 조그운전을 하여 적당한 속도값을 찾아 작성한다.

| Detailed parameters 2 | Set according to the system configuration when the system is started up(Set as required). |
|---|---|
| Pr.25:Acceleration time 1 | 1000 ms |
| Pr.26:Acceleration time 2 | 1000 ms |
| Pr.27:Acceleration time 3 | 1000 ms |
| Pr.28:Deceleration time 1 | 1000 ms |
| Pr.29:Deceleration time 2 | 1000 ms |
| Pr.30:Deceleration time 3 | 1000 ms |
| Pr.31:JOG speed limit value | 2000.00 mm/min |
| Pr.32:JOG operation acceleration time selection | 0:1000 |
| Pr.33:JOG operation deceleration time selection | 0:1000 |
| Pr.34:Acceleration/deceleration process selection | 0:Trapezoidal Acceleration/Deceleration Process |
| Pr.35:S-curve ratio | 100 % |
| Pr.36:Rapid stop deceleration time | 1000 ms |
| Pr.37:Stop group 1 rapid stop selection | 0:Normal Deceleration Stop |
| Pr.38:Stop group 2 rapid stop selection | 0:Normal Deceleration Stop |
| Pr.39:Stop group 3 rapid stop selection | 0:Normal Deceleration Stop |
| Pr.40:Positioning complete signal output time | 300 ms |
| Pr.41:Allowable circular interpolation error width | 10.0 µm |
| Pr.42:External command function selection | 0:External Positioning Start |
| Pr.83:Speed control 10x multiplier setting for d... | 0:Invalid |
| Pr.84:Restart permissible value range when se... | 0 pulse |
| Pr.89:Manual pulse generator/Incremental Syn... | 1:Voltage Output/Open Collector Type |
| Pr.90:Operation setting for SPD-TRQ Cont. mo... | 0:Command Torque |
| Pr.90:Operation setting for SPD-TRQ Cont. mo... | 0:Command Speed |
| Pr.90:Operation setting for SPD-TRQ Cont. mo... | 0:Switching Conditions Valid at Mode Switching |

7) HPR Basic parameters를 설정한다. 원점복귀에 관한 파라미터이다.

Pr.46 : 원점복귀 속도

Pr.47 : Creep속도(근접도그 On을 검출하고 Creep속도까지 감속, 이후 크리프속도로 이동)

Pr.48 : HPR retry를 설정한다.(원점복귀중 상한, 하한 리미트 검출시에 원점복귀를 다시 실행한다.)

| HPR basic parameters | Set the values required for carrying out HPR control (Valid when the PLC READY signals 0 |
|---|---|
| Pr.43:HPR method | 0:Proximity Dog Method |
| Pr.44:HPR direction | 0:Forward Direction (Address Increase Direction) |
| Pr.45:HP address | 0.0 µm |
| Pr.46:HPR speed | 1000.00 mm/min |
| Pr.47:Creep speed | 50.00 mm/min |
| Pr.48:HPR retry | 1:Retry HPR with Limit Switch |

10 Servo parameter를 클릭하고 다음과 같이 설정한다.

Basic    Selected Items Write    Axis Writing

| No. | Abbr. | Name | Unit | Setting range | Axis1 |
|---|---|---|---|---|---|
| PA01 | **STY | Operation mode | | 0000-1260 | 1000 |
| PA02 | **REG | Regenerative option | | 0000-7FFF | 0000 |
| PA03 | *ABS | Absolute position detection system | | 0000-0001 | 0000 |
| PA04 | *AOP1 | Function selection A-1 | | 0000-2130 | 2100 |
| PA05 | *FBP | For manufacturer setting | | 10000-10000 | 10000 |
| PA06 | *CMX | For manufacturer setting | | 1-1 | 1 |
| PA07 | *CDV | For manufacturer setting | | 1-1 | 1 |
| PA08 | ATU | Auto tuning mode | | 0000-0004 | 0001 |
| PA09 | RSP | Auto tuning response | | 1-40 | 16 |
| PA10 | INP | In-position range | pulse | 0-65535 | 1600 |
| PA11 | TLP | For manufacturer setting | | 0.0-1000.0 | 1000.0 |
| PA12 | TLN | For manufacturer setting | | 0.0-1000.0 | 1000.0 |
| PA13 | AOP2 | For manufacturer setting | | 0000-0000 | 0000 |
| PA14 | *POL | Rotation direction selection | | 0-1 | 1 |
| PA15 | *ENR | Encoder output pulse | pulse/rev | 1-65535 | 4000 |
| PA16 | *ENR2 | Encoder output pulse 2 | | 1-65535 | 1 |
| PA17 | **MSR | For manufacturer setting | | 0000-FFFF | 0000 |
| PA18 | **MTY | For manufacturer setting | | 0000-FFFF | 0000 |
| PA19 | *BLK | Parameter block | | 0000-FFFF | 00AB |
| PA20 | *TDS | Tough drive setting | | 0000-1110 | 0000 |
| PA21 | *AOP3 | Function selection A-3 | | 0000-0001 | 0001 |
| PA22 | **PCS | Position control structure selection | | 0000-2020 | 0000 |
| PA23 | DRAT | Drive recorder arbitrary alarm trigger setting | | 0000-FFFF | 0000 |
| PA24 | AOP4 | Function selection A-4 | | 0000-0002 | 0000 |
| PA25 | OTHOV | One-touch tuning - Overshoot permissible level | % | 0-100 | 0 |
| PA26 | *AOP5 | Function selection A-5 | | 0000-00A1 | 0000 |
| PA27 | *HTL | For manufacturer setting | | 0000-0014 | 0000 |
| PA28 | **AOP6 | For manufacturer setting | | 0000-0000 | 0000 |
| PA29 | | For manufacturer setting | | 0000-0000 | 0000 |
| PA30 | | For manufacturer setting | | 0000-0000 | 0000 |
| PA31 | | For manufacturer setting | | 0000-0000 | 0000 |
| PA32 | | For manufacturer setting | | 0000-0000 | 0000 |

PA04는 강제정지 입력 및 강제정지 감속기능에 관한 부분이다.

| 설정자릿수 | 설명 | 초기값 |
|---|---|---|
| ___x | 메이커 설정용 | 0h |
| __x_ | 메이커 설정용 | 0h |
| _x__ | 서보 강제정지 선택<br>0 : 유효(강제정지 입력 EM2 또는 EM1을 사용합니다.)<br>1 : 무효(강제정지 입력 EM2 또는 EM1을 사용하지 않습니다.)<br>상세한 내용에 대해서는 표 5.1을 참조해 주십시오. | 0h |
| x___ | 강제정지 감속 기능 선택<br>0 : 강제정지 감속 기능 무효(EM1을 사용합니다.)<br>2 : 강제정지 감속 기능 유효(EM2를 사용합니다.)<br>상세한 내용에 대해서는 표 5.1을 참조해 주십시오 | 2h |

**표 5-1** 감속방법

| 설정값 | EM2/EM1의 선택 | 감속방법 | |
|---|---|---|---|
| | | EM2 또는 EM1이 OFF | 컨트롤러 긴급정지가 유효/알람이 발생 |
| 00__ | EM1 | 강제정지 감속을 실시하지 않고 MBR(전자 브레이크 인터록)이 OFF가 됩니다. | 강제정지 감속을 실시하지 않고 MBR(전자 브레이크 인터록)이 OFF가 됩니다. |
| 20__ | EM2 | 강제정지 감속 후에 MBR(전자브레이크 인터록)이 OFF가 됩니다. | 강제정지 감속 후에 MBR(전자브레이크 인터록)이 OFF가 됩니다. |
| 01__ | EM2/EM1을 사용하지 않습니다. | | 강제정지 감속을 실시하자 않고 MBR(전자브레이크 인터록)이 OFF가 됩니다. |
| 21__ | EM2/EM1을 사용하지 않습니다. | | 강제정지 감속 후에 MBR(전자브레이크 인터록)이 OFF가 됩니다. |

PA14는 모터의 회전방향과 관련된 내용이다.

회전방향 선택/이동방향 선택
지령 입력 펄스 회전방향 또는 이동방향으로 선택합니다.
마스터 슬레이브 운전 기능으로의 설정에 대해서는 17.2절을 참조해주십시오.

| 설정값 | 서보모터 회전방향/리니어 서보모터 이동방향 | |
|---|---|---|
| | 위치결정 어드레스 증가 | 위치결정 어드레스 감소 |
| 0 | CCW 또는 정방향 | CW 또는 부방향 |
| 1 | CW 또는 부방향 | CCW 또는 정방향 |

서보모터의 회전방향은 다음과 같습니다.

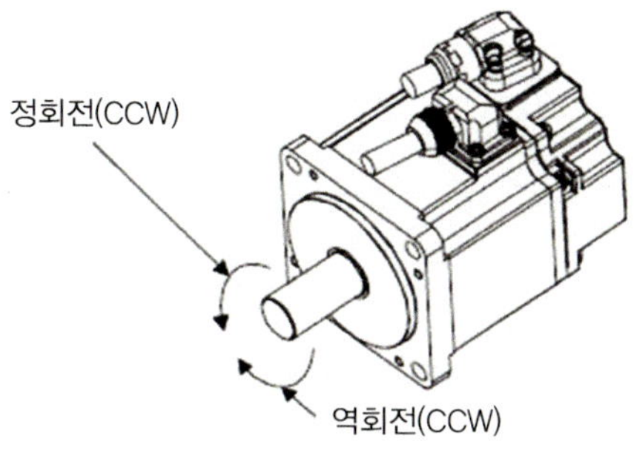


5

Servo Parameter 설정

11 Axis #1 Position data를 더블클릭하고 Test of simple motion module을 클릭한다.

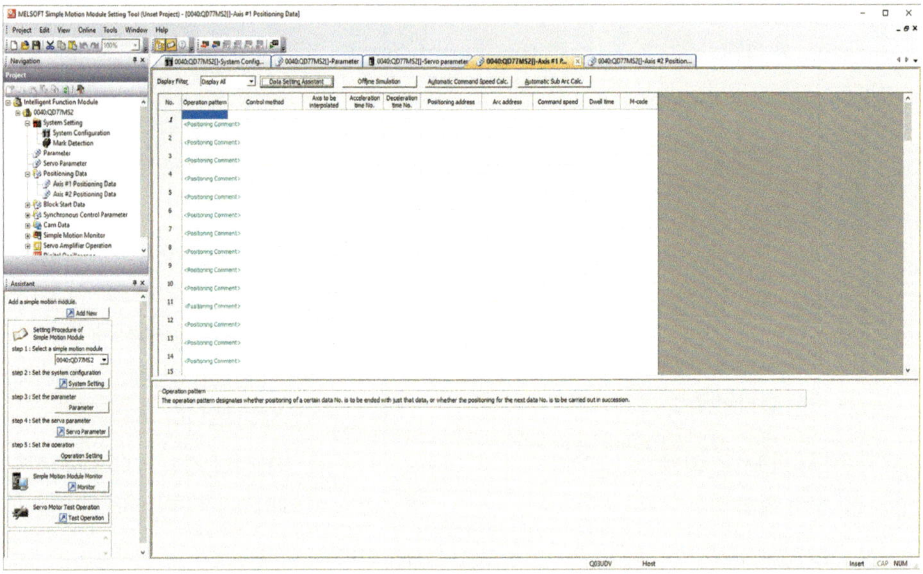

12 Test of simple motion module을 클릭하면 아래의 화면이 나타난다.

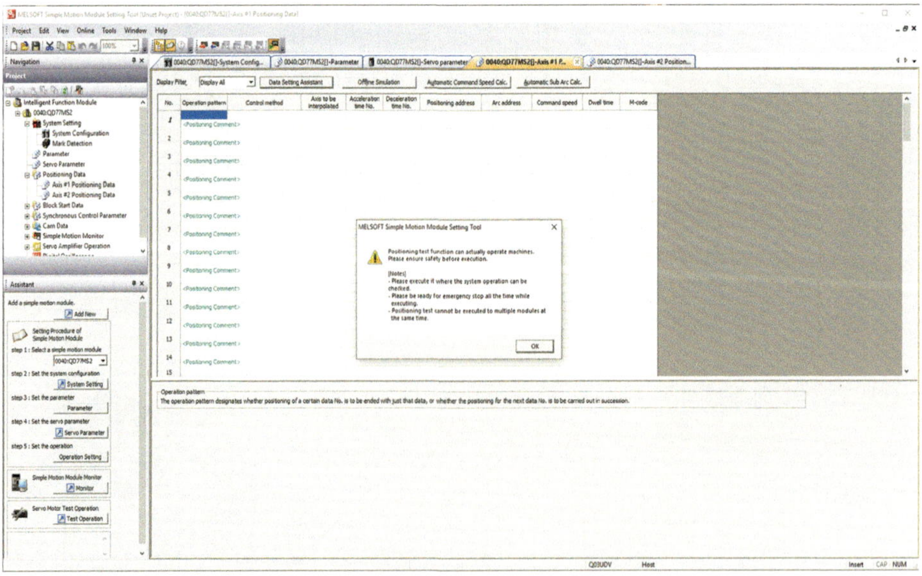

⑬ Module selection에서 Module type을 확인하고 OK를 클릭한다.

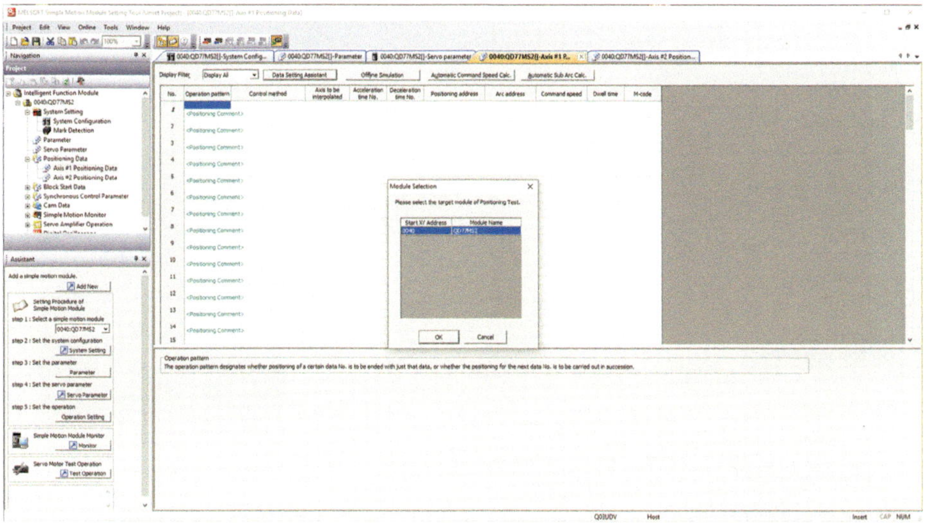

⑭ 아래와 같은 화면이 나타난다. OK를 클릭한다.

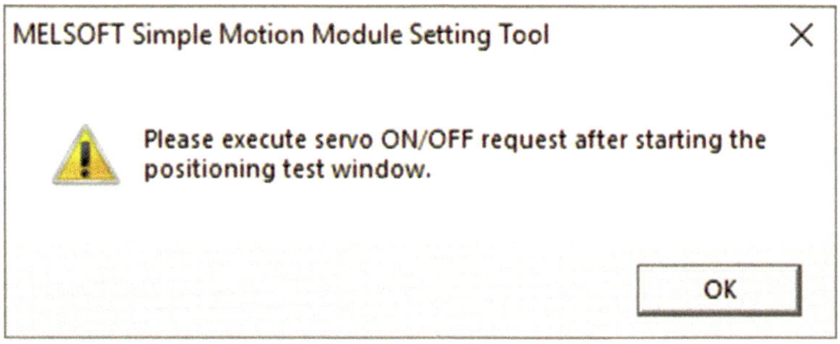

15 아래와 같은 화면이 표시된다.

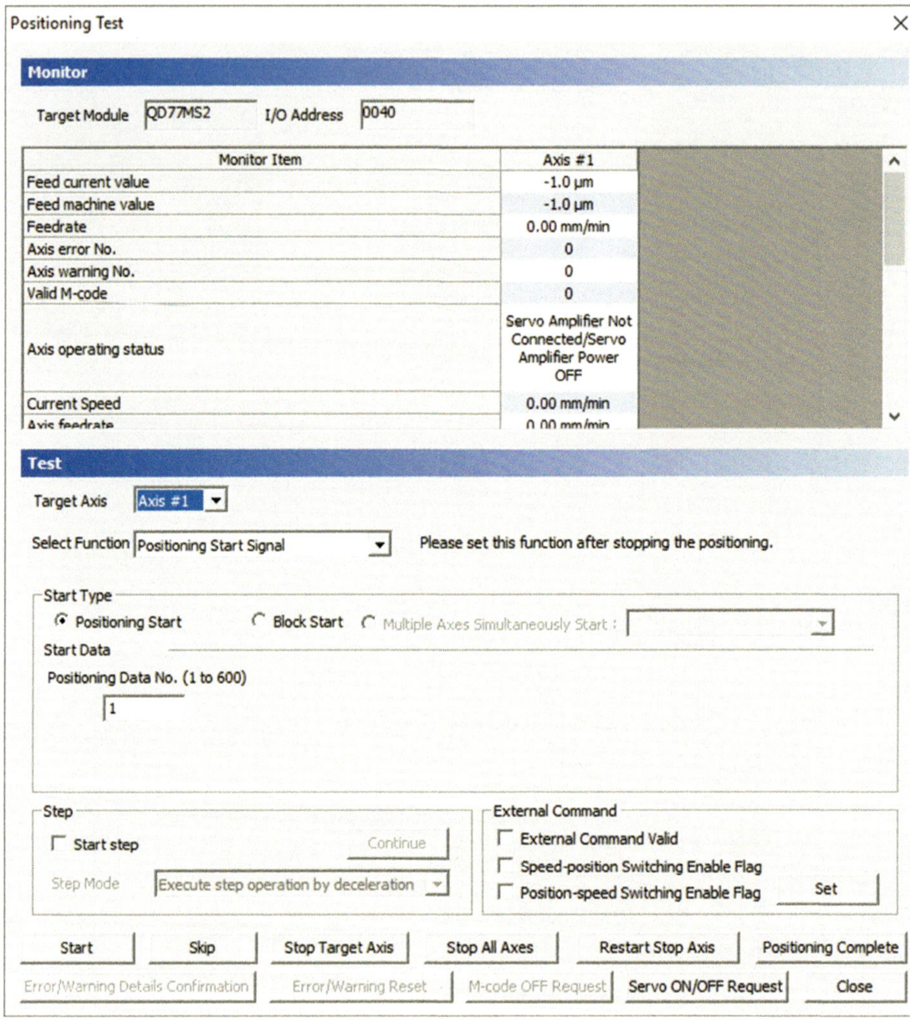

16 Selection Function에서 Jog/Manual Pulse Generator/HPR을 선택한다.

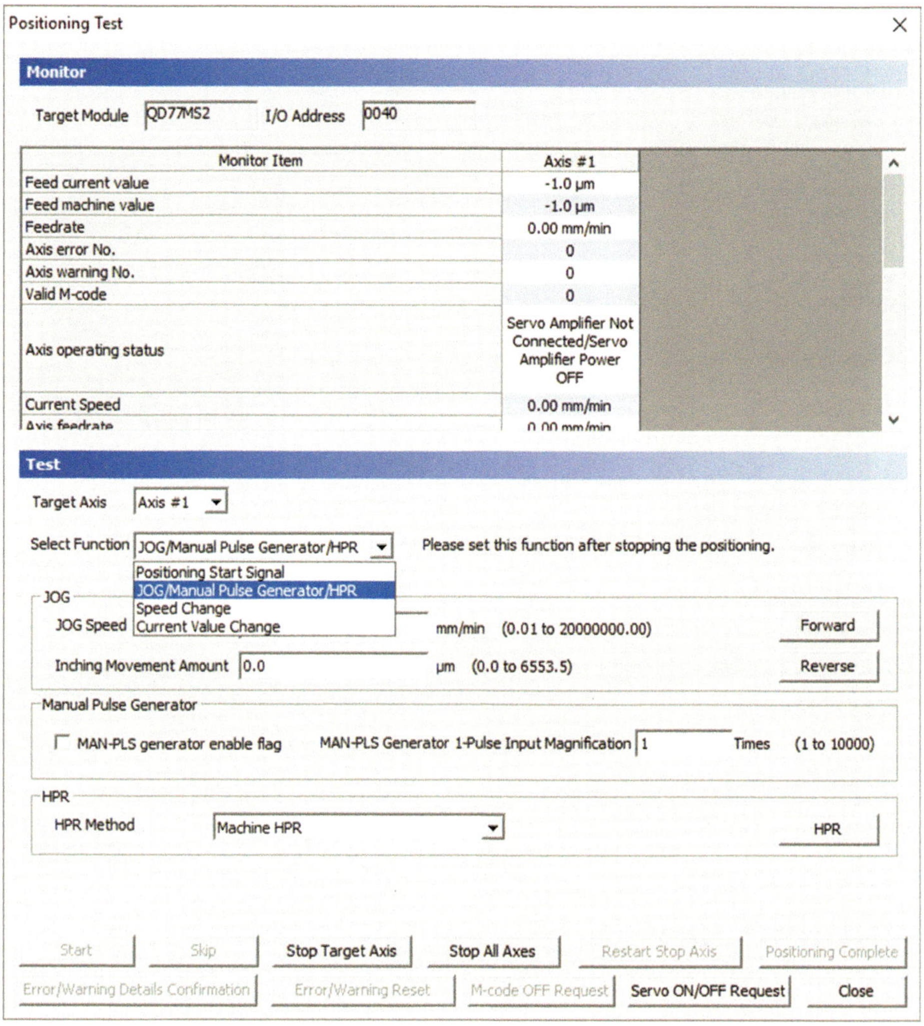

17 JOG Speed를 설정한다.

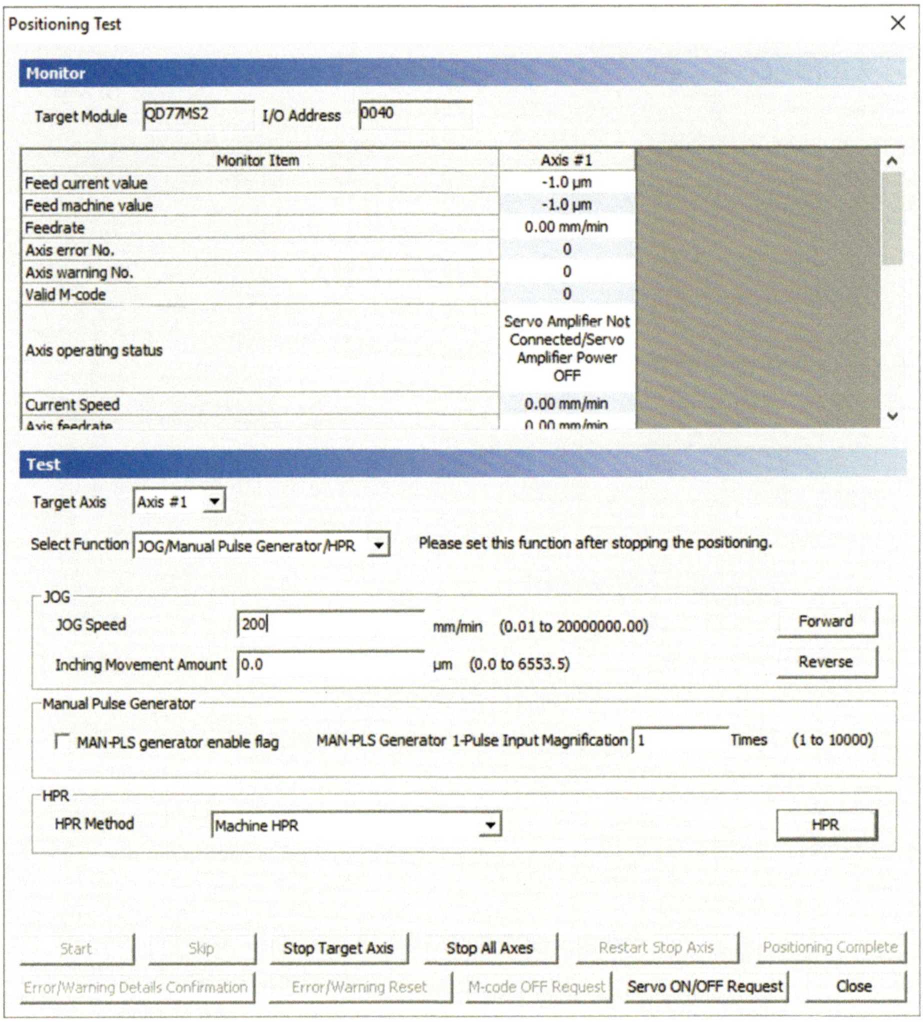

18 PLC Ready 신호와 Servo ON 신호를 작성하고 PLC에 전송한다.

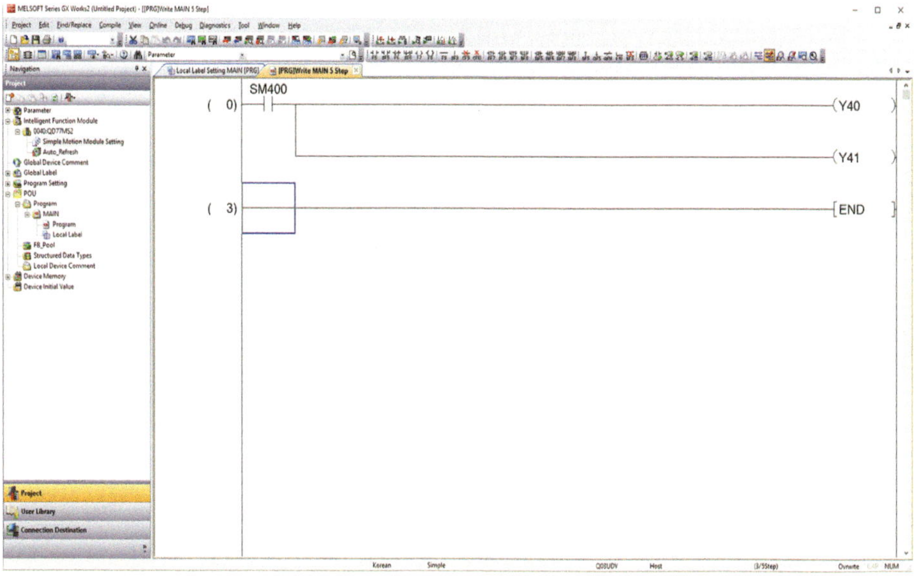

19 JOG Speed를 설정하고 HPR(원점복귀)를 클릭한다.

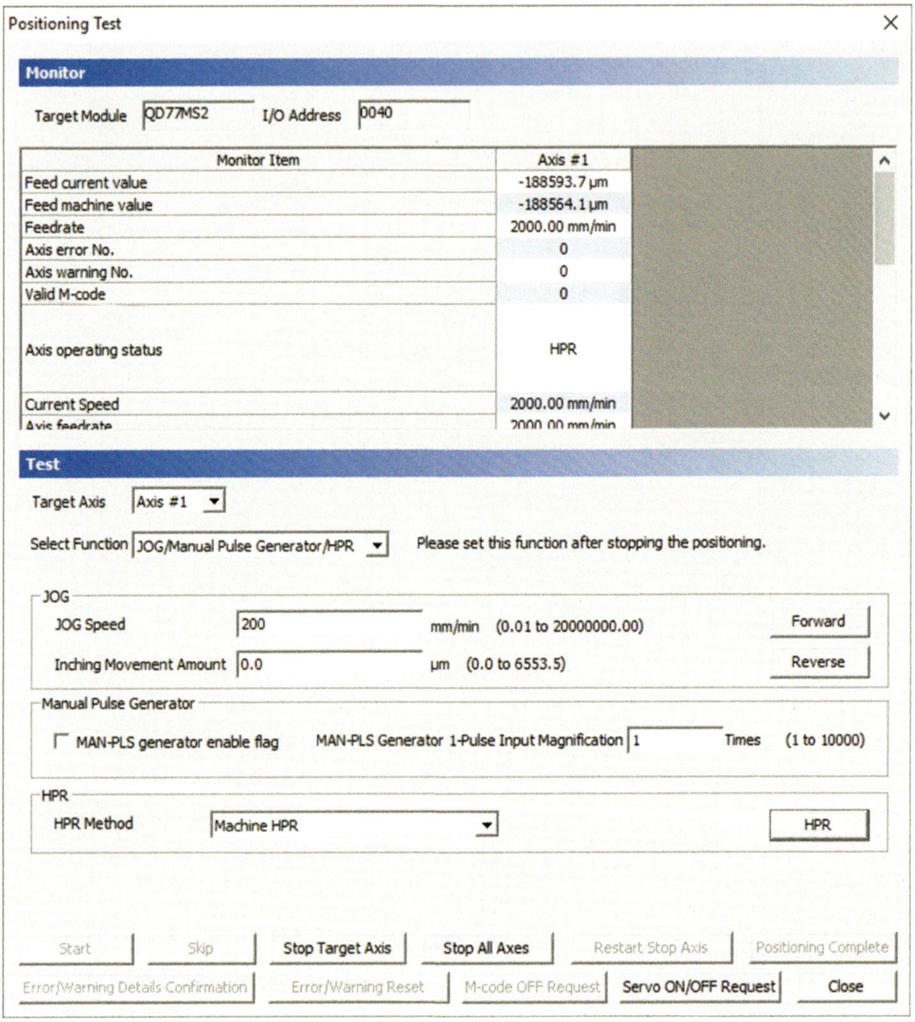

20 원점복귀가 완료된 모습이다.

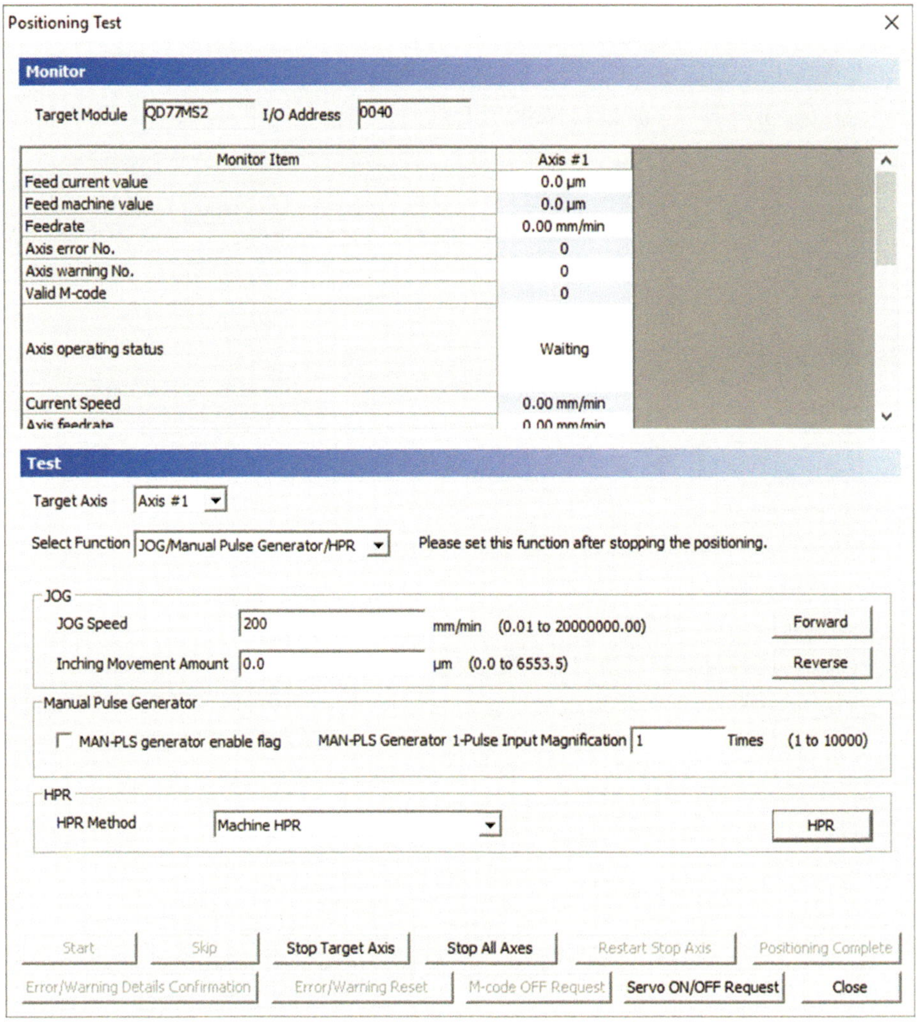

21 원점복귀 이후 Forward/Reverse를 클릭하여 원하는 Position을 확인한다.

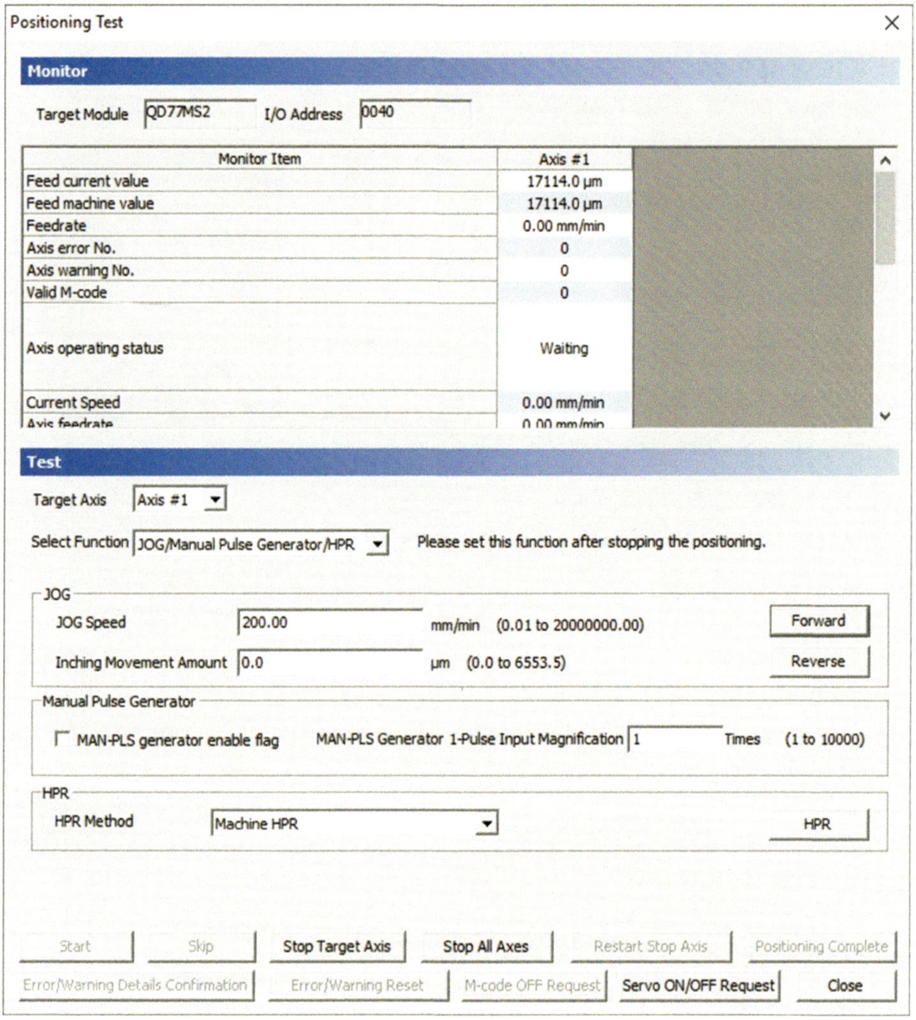

22 원하는 Position을 위치값에 작성하고 PLC에 다운로드를 한다.

Operation pattern을 END로 설정한다.

Control method를 ABS Linear1으로 선택한다.

Command speed를 설정한다. Command speed를 설정하지 않으면 모터가 동작하지 않는다.

M-Code는 사용하지 않았으므로 0을 선택한다. M-Code를 사용하게 되면 각각의 번호를 작성한다.

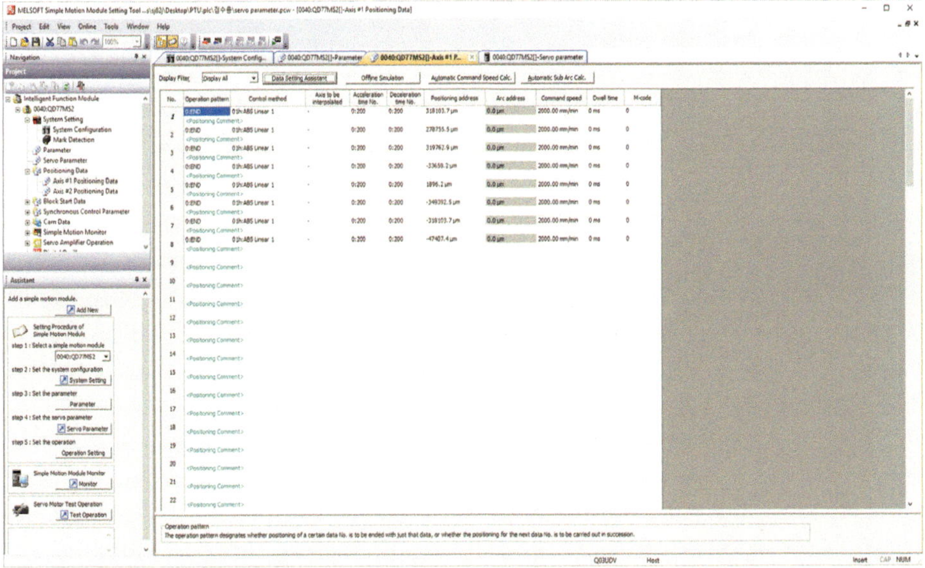

프로그램을 작성하여 서보모터를 동작시킨다.

CHAPTER

# 6

# 실습

## [실습관련 참고사항]

현재 PLC의 구성이 CPU-입력 모듈(QX81, X0~X1F)-출력 모듈(QY81P, Y20~Y3F)-심플 모션 모듈(QD77MS2, X/Y40~5F)-Ethernet 모듈(QJ71E71-100, X/Y60~7F)으로 되어 있습니다. 아래의 표는 선두 입출력 번호가 0일 때의 입출력 신호로, 현재 PLC 구성에서 QD77MS2의 선두 입출력 번호는 40입니다.

<table>
<tr><th colspan="3">신호방향 : QD77MS2 → PLC CPU</th><th colspan="3">신호방향 : PLC CPU → QD77MS2</th></tr>
<tr><th>디바이스 No.</th><th colspan="2">신호 명칭</th><th>디바이스 No.</th><th colspan="2">신호 명칭</th></tr>
<tr><td>X0</td><td colspan="2">QD77 준비완료</td><td>Y0</td><td colspan="2">PLC Ready</td></tr>
<tr><td>X1</td><td colspan="2">동기용 플래그</td><td>Y1</td><td colspan="2">전체축 서보 ON</td></tr>
<tr><td>X2</td><td colspan="2" rowspan="2">사용금지</td><td>Y2</td><td colspan="2" rowspan="2">사용금지</td></tr>
<tr><td>X3</td><td>Y3</td></tr>
<tr><td>X4</td><td>축1</td><td rowspan="2">M 코드 ON</td><td>Y4</td><td>축1</td><td rowspan="2">축 정지</td></tr>
<tr><td>X5</td><td>축2</td><td>Y5</td><td>축2</td></tr>
<tr><td>X6</td><td colspan="2" rowspan="2">사용금지</td><td>Y6</td><td colspan="2" rowspan="2">사용금지</td></tr>
<tr><td>X7</td><td>Y7</td></tr>
<tr><td>X8</td><td>축1</td><td rowspan="2">에러검출</td><td>Y8</td><td rowspan="2">축1</td><td>정전 JOG 기동</td></tr>
<tr><td>X9</td><td>축2</td><td>Y9</td><td>역전 JOG 기동</td></tr>
<tr><td>XA</td><td colspan="2" rowspan="2">사용금지</td><td>YA</td><td rowspan="2">축2</td><td>정전 JOG 기동</td></tr>
<tr><td>XB</td><td>YB</td><td>역전 JOG 기동</td></tr>
<tr><td>XC</td><td>축1</td><td rowspan="2">BUSY</td><td>YC</td><td colspan="2" rowspan="4">사용금지</td></tr>
<tr><td>XD</td><td>축2</td><td>YD</td></tr>
<tr><td>XE</td><td colspan="2" rowspan="2">사용금지</td><td>YE</td></tr>
<tr><td>XF</td><td>YF</td></tr>
<tr><td>X10</td><td>축1</td><td rowspan="2">기동완료</td><td>Y10</td><td>축1</td><td rowspan="2">위치결정 기동</td></tr>
<tr><td>X11</td><td>축2</td><td>Y11</td><td>축2</td></tr>
<tr><td>X12</td><td colspan="2" rowspan="2">사용금지</td><td>Y12</td><td colspan="2" rowspan="2">사용금지</td></tr>
<tr><td>X13</td><td>Y13</td></tr>
<tr><td>X14</td><td>축1</td><td rowspan="2">위치결정완료</td><td>Y14</td><td>축1</td><td rowspan="2">실행금지 플래그</td></tr>
<tr><td>X15</td><td>축2</td><td>Y15</td><td>축2</td></tr>
<tr><td>X16</td><td colspan="2" rowspan="10">사용금지</td><td>Y16</td><td colspan="2" rowspan="10">사용금지</td></tr>
<tr><td>X17</td><td>Y17</td></tr>
<tr><td>X18</td><td>Y18</td></tr>
<tr><td>X19</td><td>Y19</td></tr>
<tr><td>X1A</td><td>Y1A</td></tr>
<tr><td>X1B</td><td>Y1B</td></tr>
<tr><td>X1C</td><td>Y1C</td></tr>
<tr><td>X1D</td><td>Y1D</td></tr>
<tr><td>X1E</td><td>Y1E</td></tr>
<tr><td>X1F</td><td>Y1F</td></tr>
</table>

# 실습 1 PLC와 HMI의 통신 연결설정하기

## 1 실습목표

PLC와 HMI의 통신을 설정할 수 있다.

## 2 제어조건

– 스위치1을 누르면 램프1이 점등하고 스위치1을 놓으면 램프1은 소등한다.

– 스위치와 램프는 터치스크린에 작화하여 표현한다.

## 3 실습 장비 및 재료

– 과정평가형 생산자동화 장비, 터치스크린

## 4 입출력 어드레스 할당

| 입력 | | 출력 | |
|---|---|---|---|
| 디바이스명 (Address) | 변수 | 디바이스명 (Address) | 변수 |
| | 스위치1 | | 램프1 |

## 5 샘플 프로그램

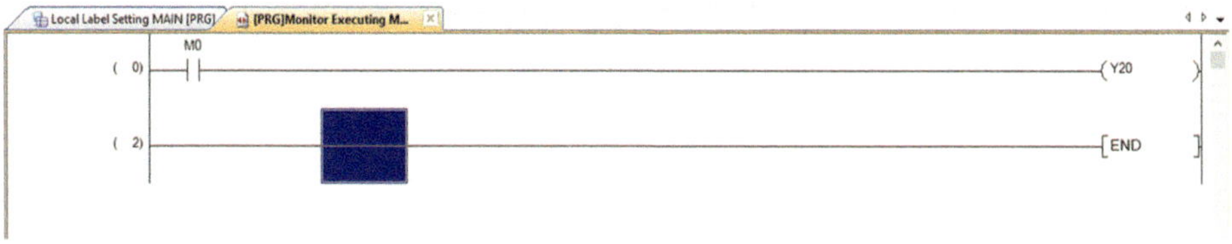

## 6 터치스크린 작화 샘플

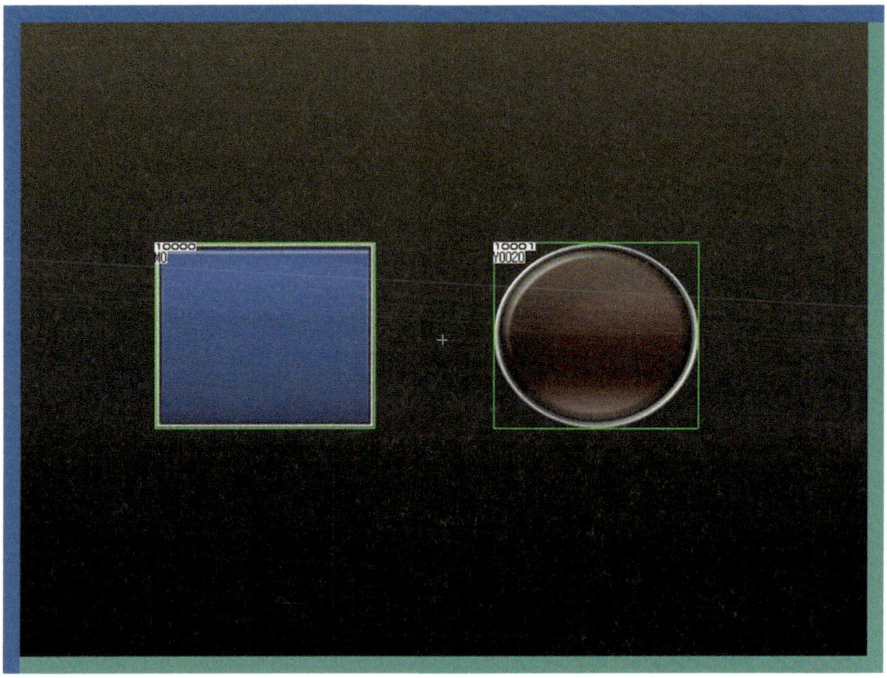

# 실습 2 QD77MS2 Parameter, Servo Parameter 설정하기

## 1 실습목표

QD77MS2(심플모션유닛)과 MR-J4-10B(서보앰프)를 설정할 수 있다.

## 2 제어조건

- 파라미터를 설정하여 심플모션모듈을 테스트한다.
- 심플모션모듈 테스트로 원점복귀, 조그운전을 하여 서보모터가 구동되는 것을 확인한다.

## 3 실습 장비 및 재료

- 과정평가형 생산자동화 장비

* Chapter5. Servo parameter(118p) 참고

- 서보 파라미터를 설정하지 못하거나 잘못 설정하면 동작이 되지 않는다. Chapter5를 참고하여 이해하고 설정할 수 있도록 한다.

# 실습 3 원점복귀 및 조그운전(프로그래밍 + HMI작화)

## 1 실습목표

- PLC프로그램을 작성하여 서보모터를 구동할 수 있다.
- 전용명령 및 버퍼메모리의 기능을 이해하고 활용할 수 있다.(매뉴얼 참고)

## 2 제어조건

- 원점복귀 버튼을 누르면 서보모터는 원점복귀를 실행한다.
- 조그운전 CW버튼을 누르면 서보모터는 정회전 한다.
- 조그운전 CCW버튼을 누르면 서보모터는 역회전 한다.
- 모든 스위치(버튼)은 터치스크린을 이용하여 동작한다.

## 3 실습장비 및 재료

- 과정평가형 생산자동화 장비, 터치스크린

## 4 입출력 어드레스 할당

| 입력 | | 출력 | |
|---|---|---|---|
| 디바이스명 (Address) | 변수 | 디바이스명 (Address) | 변수 |
| M1 | 원점복귀 스위치 | Y40 | PLC Ready |
| M2 | CW 스위치 | Y41 | Servo ON |
| M3 | CCW 스위치 | Y48 | CW Jog 기동 |
| | | Y49 | CCW Jog 기동 |

## 5 샘플 프로그램

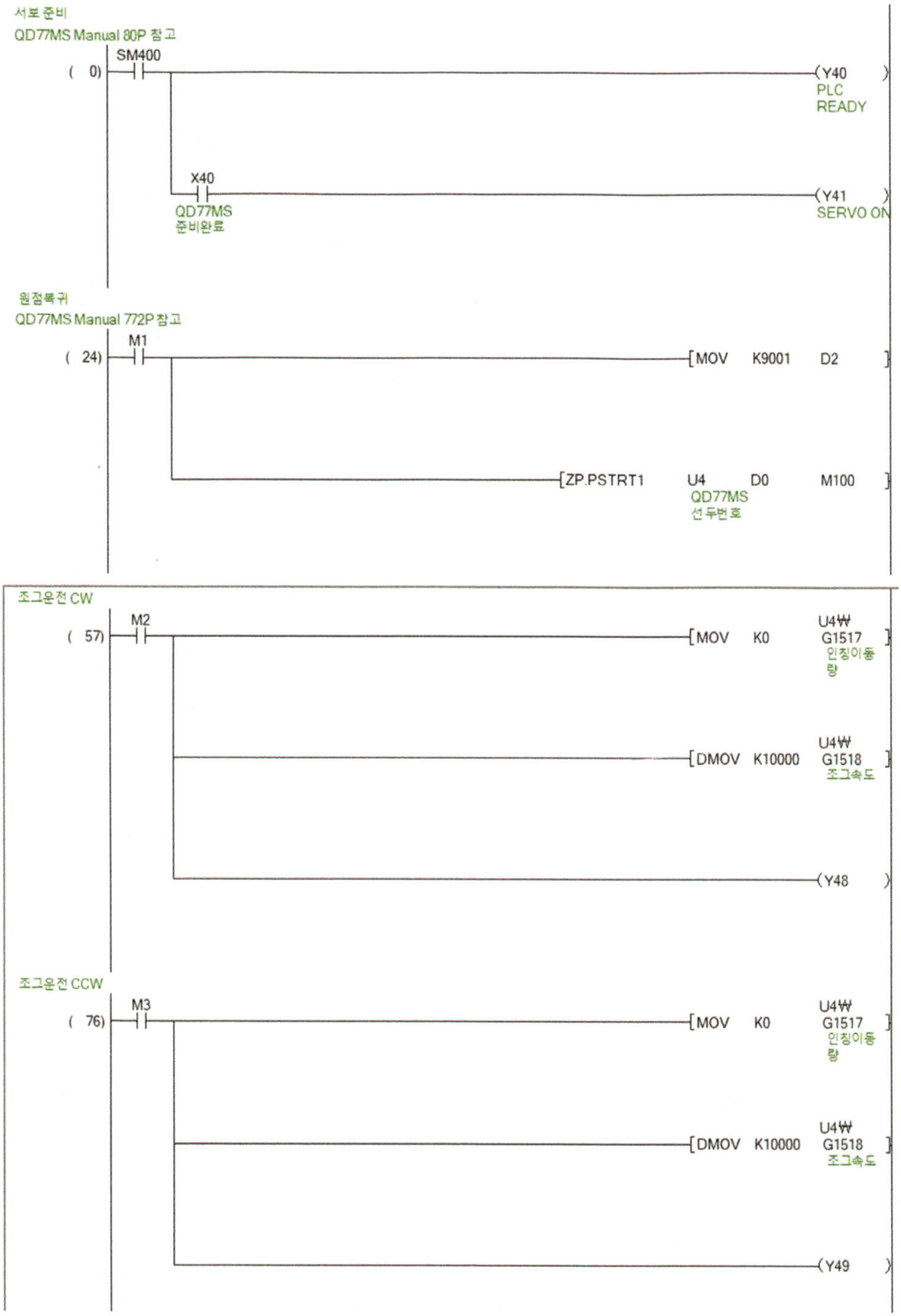
서보 준비
QD77MS Manual 80P 참고
( 0)
SM400
Y40
PLC
READY
X40
QD77MS
준비완료
Y41
SERVO ON
원점복귀
QD77MS Manual 772P 참고
( 24)
M1
MOV K9001 D2
ZP.PSTRT1 U4 D0 M100
QD77MS
선두번호
조그운전 CW
( 57)
M2
MOV K0 U4₩G1517
인칭이동량
DMOV K10000 U4₩G1518
조그속도
Y48
조그운전 CCW
( 76)
M3
MOV K0 U4₩G1517
인칭이동량
DMOV K10000 U4₩G1518
조그속도
Y49

6 실습

## 6 터치스크린 작화 샘플

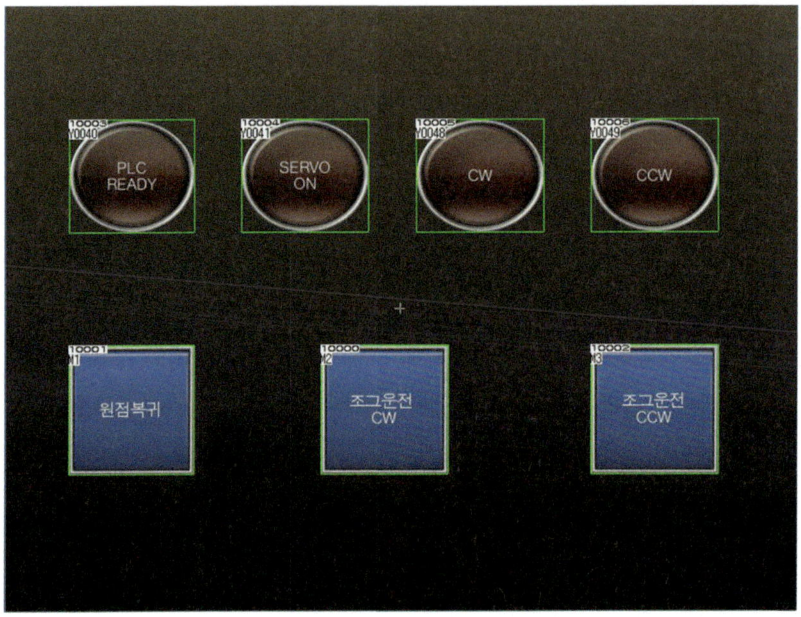
Y0040
PLC READY
Y0041
SERVO ON
Y0048
CW
Y0049
CCW
원점복귀
조그운전 CW
조그운전 CCW

# 실습 4 티칭운전(버퍼메모리 이용)

## 1 실습목표

- PLC프로그램을 작성하여 서보모터를 구동할 수 있다.

## 2 제어조건

- 터치스크린에 서보모터의 현재위치값을 표시한다.
- 조그운전으로 정회전 또는 역회전 중에 저장버튼을 누르면 해당 위치를 저장한다.
- 해당 위치이동버튼을 클릭하여 각 위치로 이동한다.

## 3 실습장비 및 재료

- 과정평가형 생산자동화 장비, 터치스크린

## 4 입출력 어드레스 할당

| 입력 | | 출력 | |
|---|---|---|---|
| 디바이스명 (Address) | 변수 | 디바이스명 (Address) | 변수 |
| M1 | 원점복귀 스위치 | Y40 | PLC Ready |
| M2 | CW 스위치 | Y41 | Servo ON |
| M3 | CCW 스위치 | Y48 | CW Jog 기동 |
| M12 | 1번위치 저장버튼 | Y49 | CCW Jog 기동 |
| M13 | 2번위치 저장버튼 | | |
| M14 | 3번위치 저장버튼 | | |
| M15 | 1번위치 이동버튼 | | |
| M16 | 2번위치 이동버튼 | | |
| M17 | 3번위치 이동버튼 | | |

* 주의

MELSOFT Simple Motion Module Setting Tool의 Positioning data에 Operation pattern, Control method, Command speed를 반드시 작성할 것.

티칭운전시에 Command speed가 작성이 안되면 모터가 구동되지 않는다. Tool에 입력하거나 프로그램에서 운전속도를 반드시 지정하여야 한다. 샘플프로그램은 Tool에서 속도를 지정하였다.

## 5 샘플 프로그램

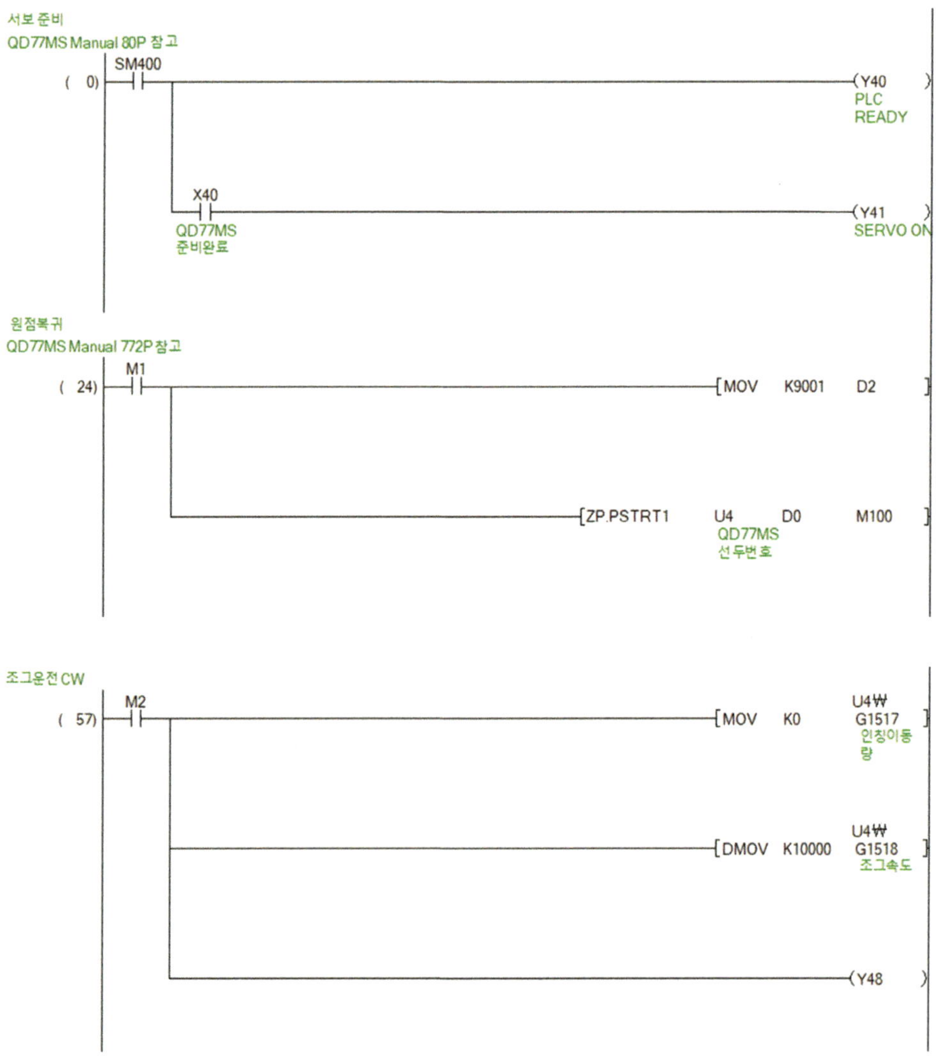

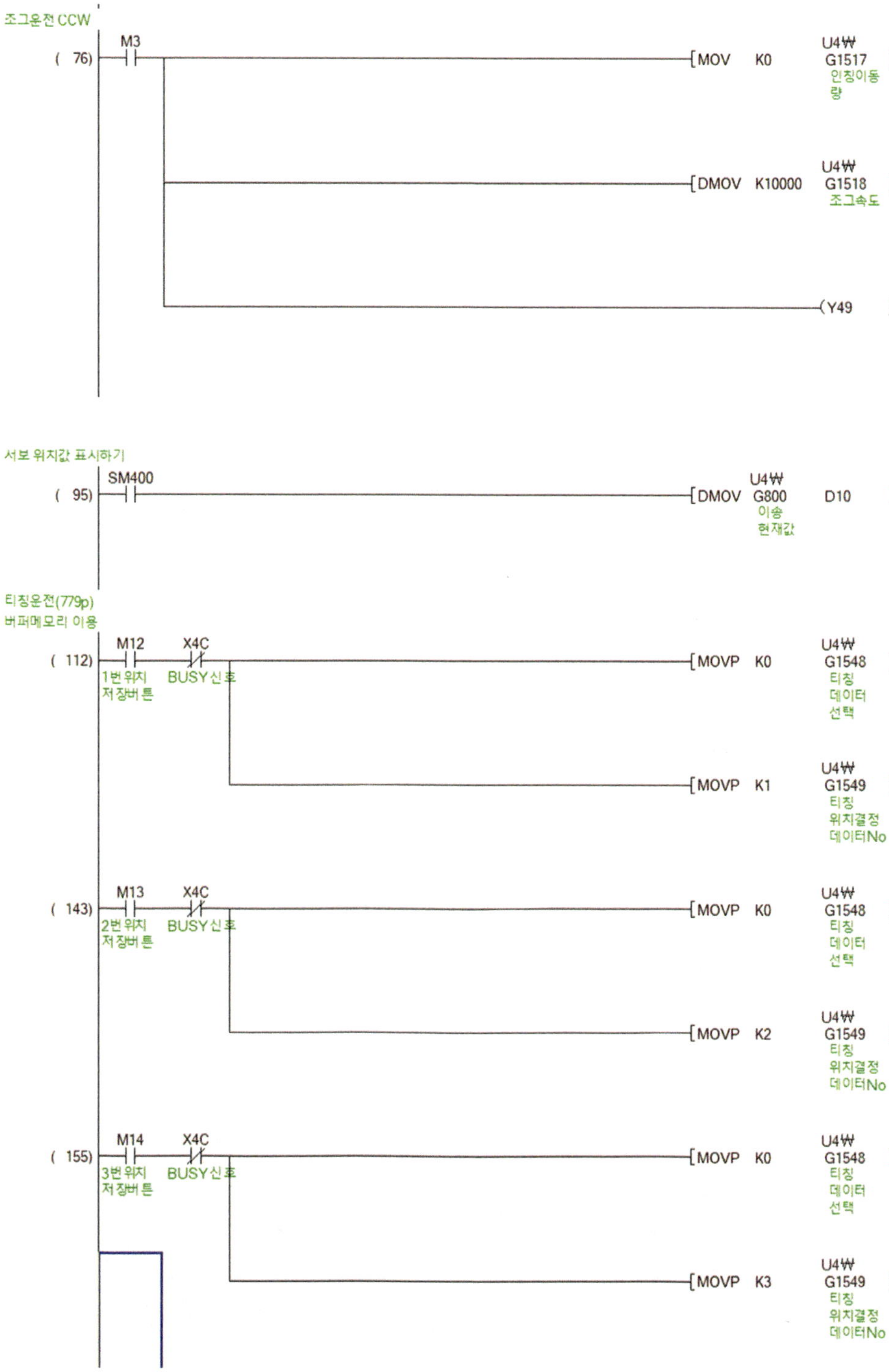
조그운전 CCW
( 76)
M3
MOV K0 U4₩ G1517 인칭이동량
DMOV K10000 U4₩ G1518 조그속도
Y49
서보 위치값 표시하기
( 95)
SM400
DMOV U4₩ G800 이송 현재값 D10
티칭운전(779p)
버퍼메모리 이용
( 112)
M12 1번위치 저장버튼
X4C BUSY신호
MOVP K0 U4₩ G1548 티칭 데이터 선택
MOVP K1 U4₩ G1549 티칭 위치결정 데이터No
( 143)
M13 2번위치 저장버튼
X4C BUSY신호
MOVP K0 U4₩ G1548 티칭 데이터 선택
MOVP K2 U4₩ G1549 티칭 위치결정 데이터No
( 155)
M14 3번위치 저장버튼
X4C BUSY신호
MOVP K0 U4₩ G1548 티칭 데이터 선택
MOVP K3 U4₩ G1549 티칭 위치결정 데이터No

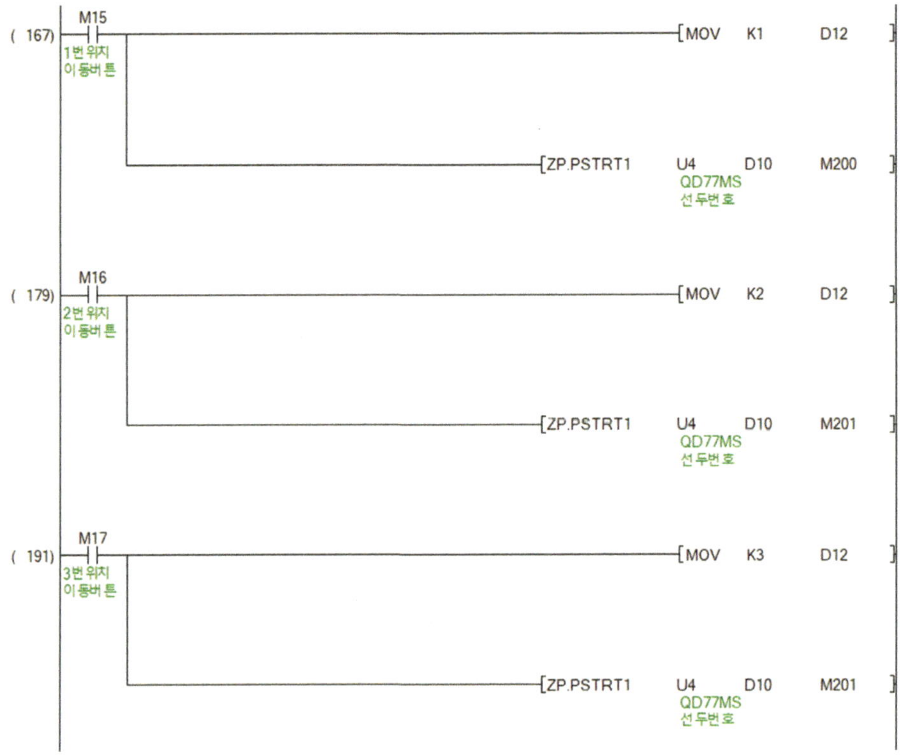
( 167)
M15
1번 위치
이동버튼
[MOV K1 D12 ]
[ZP.PSTRT1 U4 D10 M200 ]
QD77MS
선두번호
( 179)
M16
2번 위치
이동버튼
[MOV K2 D12 ]
[ZP.PSTRT1 U4 D10 M201 ]
QD77MS
선두번호
( 191)
M17
3번 위치
이동버튼
[MOV K3 D12 ]
[ZP.PSTRT1 U4 D10 M201 ]
QD77MS
선두번호

## 6 터치스크린 작화 샘플

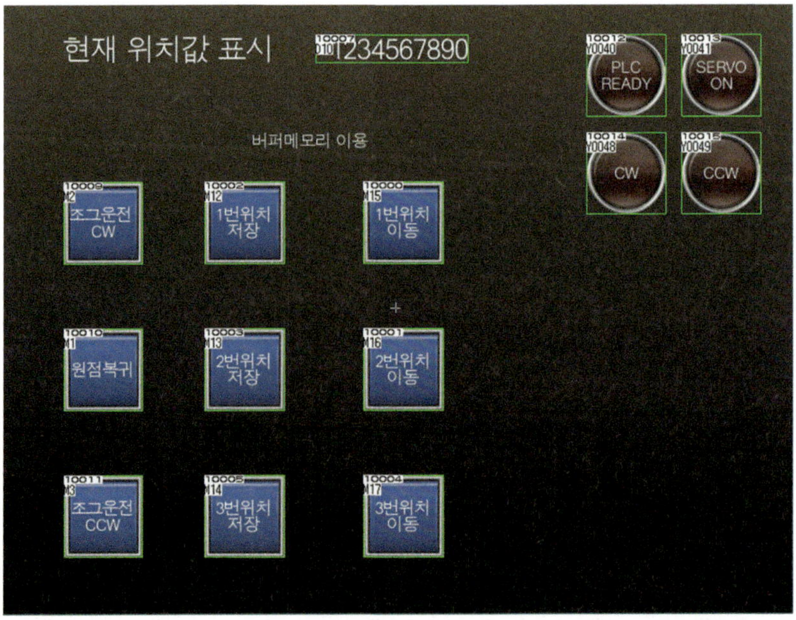
현재 위치값 표시
1234567890
PLC
READY
SERVO
ON
CW
CCW
버퍼메모리 이용
조그운전
CW
1번위치
저장
1번위치
이동
원점복귀
2번위치
저장
2번위치
이동
조그운전
CCW
3번위치
저장
3번위치
이동

# 실습 5 티칭운전(전용명령 이용)

## 1 실습목표

- PLC프로그램을 작성하여 서보모터를 구동할 수 있다.

## 2 제어조건

- 터치스크린에 서보모터의 현재위치값을 표시한다.
- 조그운전으로 정회전 또는 역회전 중에 저장버튼을 누르면 해당 위치를 저장한다.
- 해당 위치이동버튼을 클릭하여 각 위치로 이동한다.

## 3 실습장비 및 재료

- 과정평가형 생산자동화 장비, 터치스크린

## 4 입출력 어드레스 할당

| 입력 | | 출력 | |
|---|---|---|---|
| 디바이스명 (Address) | 변수 | 디바이스명 (Address) | 변수 |
| M1 | 원점복귀 스위치 | Y40 | PLC Ready |
| M2 | CW 스위치 | Y41 | Servo ON |
| M3 | CCW 스위치 | Y48 | CW Jog 기동 |
| M20 | 4번위치 저장버튼 | Y49 | CCW Jog 기동 |
| M21 | 5번위치 저장버튼 | | |
| M22 | 6번위치 저장버튼 | | |
| M23 | 4번위치 이동버튼 | | |
| M24 | 5번위치 이동버튼 | | |
| M25 | 6번위치 이동버튼 | | |

* 주의

MELSOFT Simple Motion Module Setting Tool의 Positioning data에 Operation pattern, Control method, Command speed를 반드시 작성할 것.
티칭운전시에 Command speed가 작성이 안되면 모터가 구동되지 않는다. Tool에 입력하거나 프로그램에서 운전속도를 반드시 지정하여야 한다. 샘플프로그램은 Tool에서 속도를 지정하였다.

## 5 샘플 프로그램

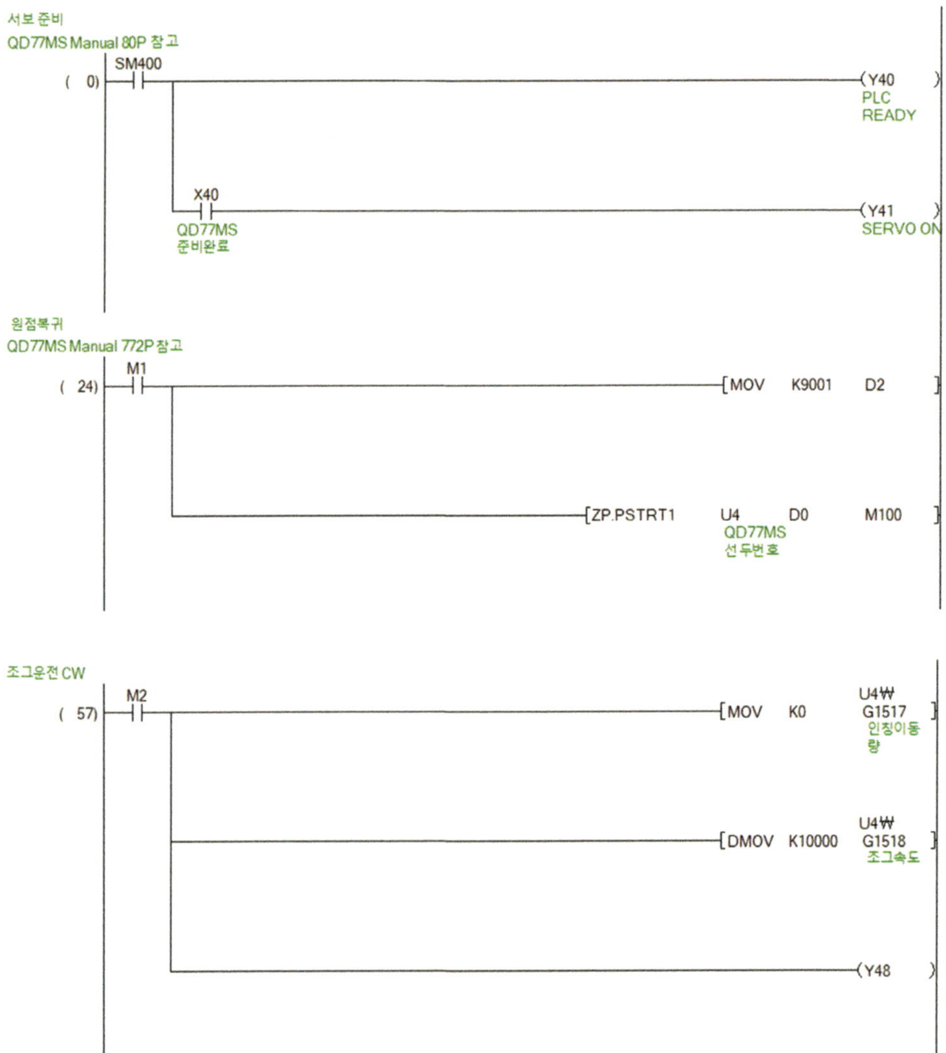

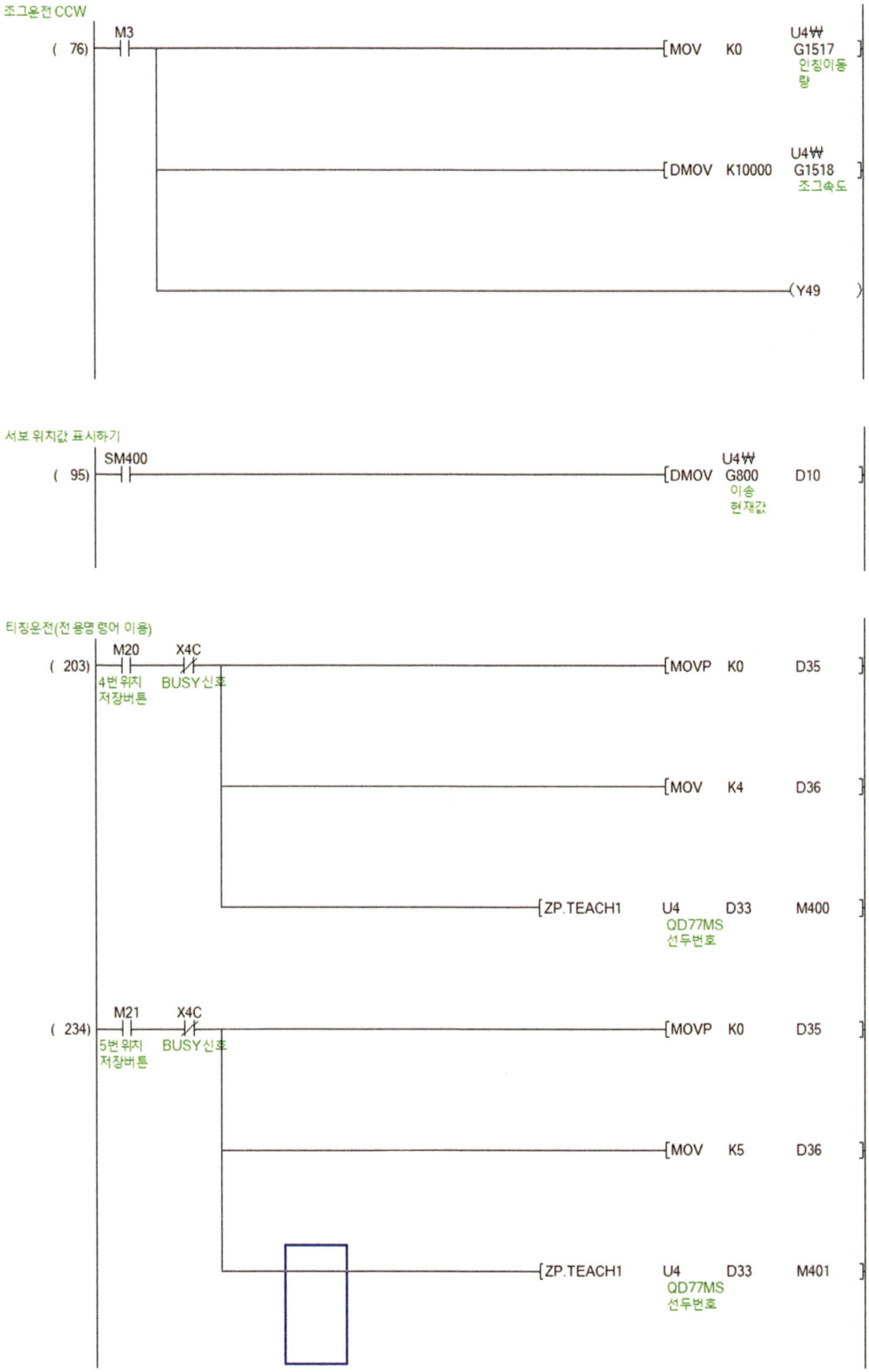
조그운전 CCW
( 76)
M3
[MOV K0 U4₩G1517 인칭이동량]
[DMOV K10000 U4₩G1518 조그속도]
(Y49)
서보 위치값 표시하기
( 95)
SM400
[DMOV U4₩G800 이송 현재값 D10]
티칭운전(전용명령어 이용)
( 203)
M20 4번위치 저장버튼
X4C BUSY신호
[MOVP K0 D35]
[MOV K4 D36]
[ZP.TEACH1 U4 QD77MS 선두번호 D33 M400]
( 234)
M21 5번위치 저장버튼
X4C BUSY신호
[MOVP K0 D35]
[MOV K5 D36]
[ZP.TEACH1 U4 QD77MS 선두번호 D33 M401]

6

실습

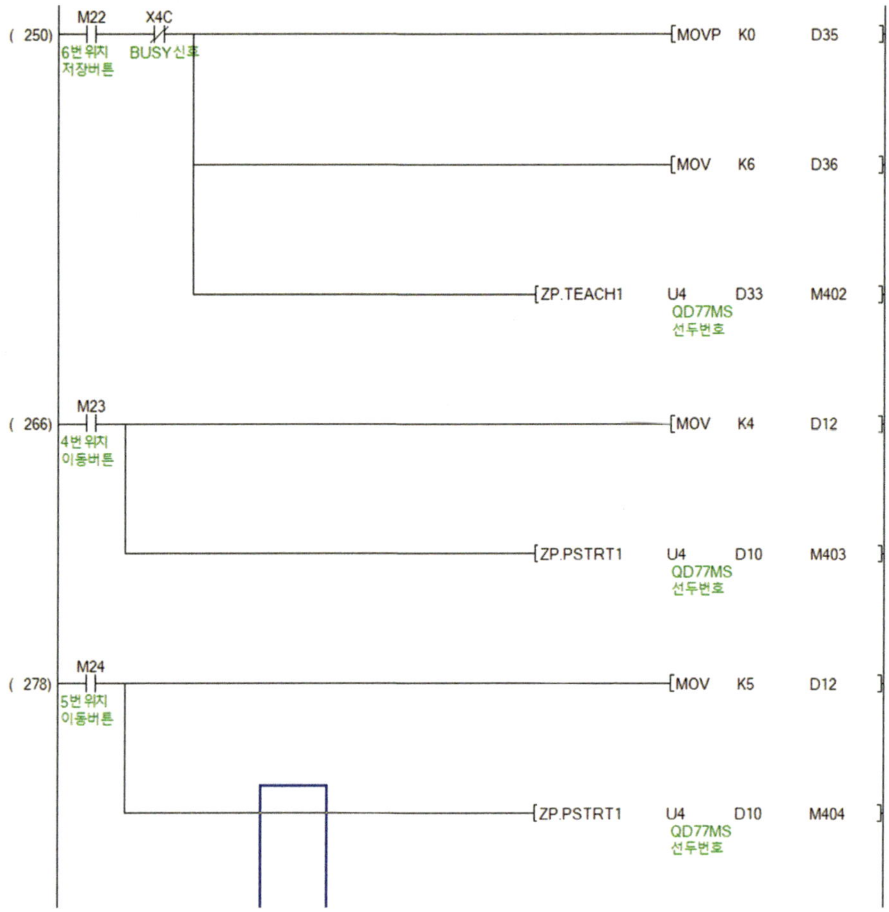
( 250)
M22
6번 위치
저장버튼
X4C
BUSY신호
[MOVP K0 D35]
[MOV K6 D36]
[ZP.TEACH1 U4 D33 M402]
QD77MS
선두번호
( 266)
M23
4번 위치
이동버튼
[MOV K4 D12]
[ZP.PSTRT1 U4 D10 M403]
QD77MS
선두번호
( 278)
M24
5번 위치
이동버튼
[MOV K5 D12]
[ZP.PSTRT1 U4 D10 M404]
QD77MS
선두번호

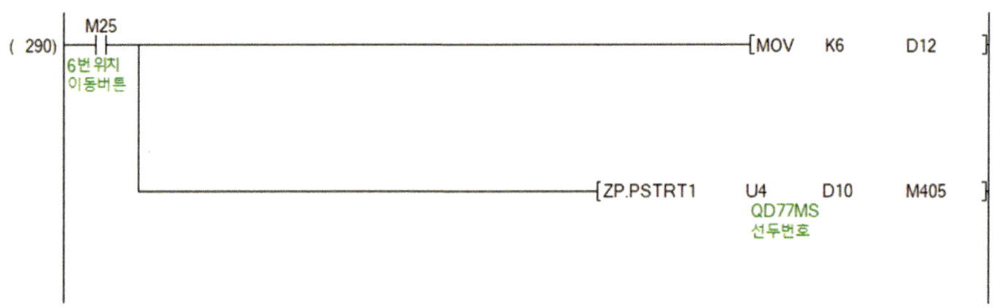
( 290)
M25
6번 위치
이동버튼
[MOV K6 D12]
[ZP.PSTRT1 U4 D10 M405]
QD77MS
선두번호

## 6 터치스크린 작화 샘플

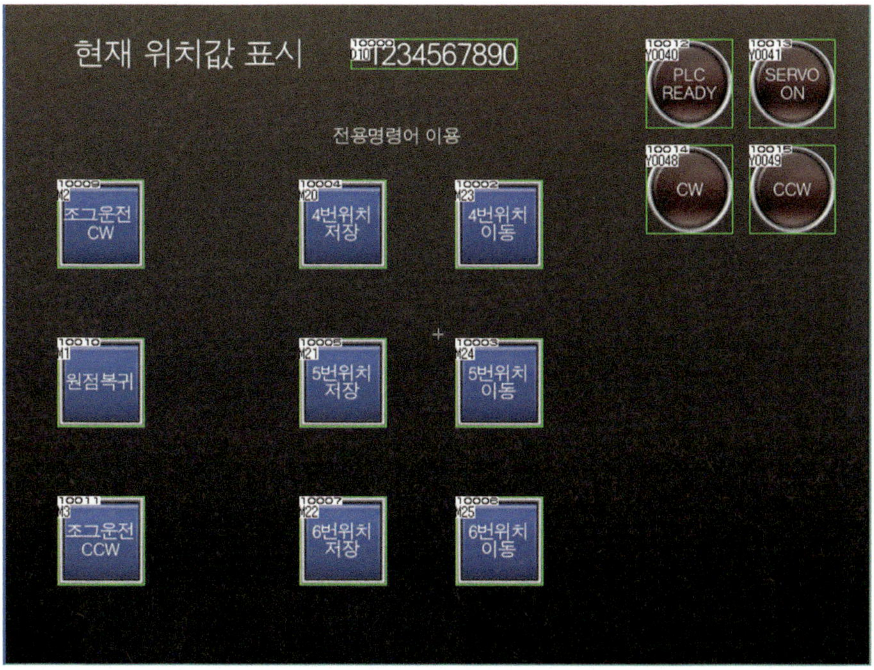
현재 위치값 표시
1234567890
PLC READY
SERVO ON
CW
CCW
전용명령어 이용
조그운전 CW
4번위치 저장
4번위치 이동
원점복귀
5번위치 저장
5번위치 이동
조그운전 CCW
6번위치 저장
6번위치 이동

# 실습 6 서보정지 이후 재기동 하기

## 1 실습목표

– PLC 프로그램을 작성하여 서보모터를 구동할 수 있다.

## 2 제어조건

– 티칭운전을 통해 해당 위치로 이동시에 서보정지 스위치를 누르면 서보모터는 정지한다.
– 재기동 스위치를 누르면 서보모터는 다시 기동한다.
– 현재위치값을 터치스크린에 표시하여 해당 위치에 도달하는 것을 확인한다.

## 3 실습장비 및 재료

– 과정평가형 생산자동화 장비, 터치스크린

## 4 입출력 어드레스 할당

| 입력 | | 출력 | |
|---|---|---|---|
| 디바이스명 (Address) | 변수 | 디바이스명 (Address) | 변수 |
| M1 | 원점복귀 스위치 | Y40 | PLC Ready |
| M2 | CW 스위치 | Y41 | Servo ON |
| M3 | CCW 스위치 | Y48 | CW Jog 기동 |
| M12 | 1번위치 저장스위치 | Y49 | CCW Jog 기동 |
| M13 | 2번위치 저장스위치 | | |
| M14 | 3번위치 저장스위치 | | |
| M15 | 1번위치 이동스위치 | | |
| M16 | 2번위치 이동스위치 | | |
| M17 | 3번위치 이동스위치 | | |
| M26 | 서보정지 스위치 | | |
| M27 | 재기동 스위치 | | |

## 5 샘플 프로그램

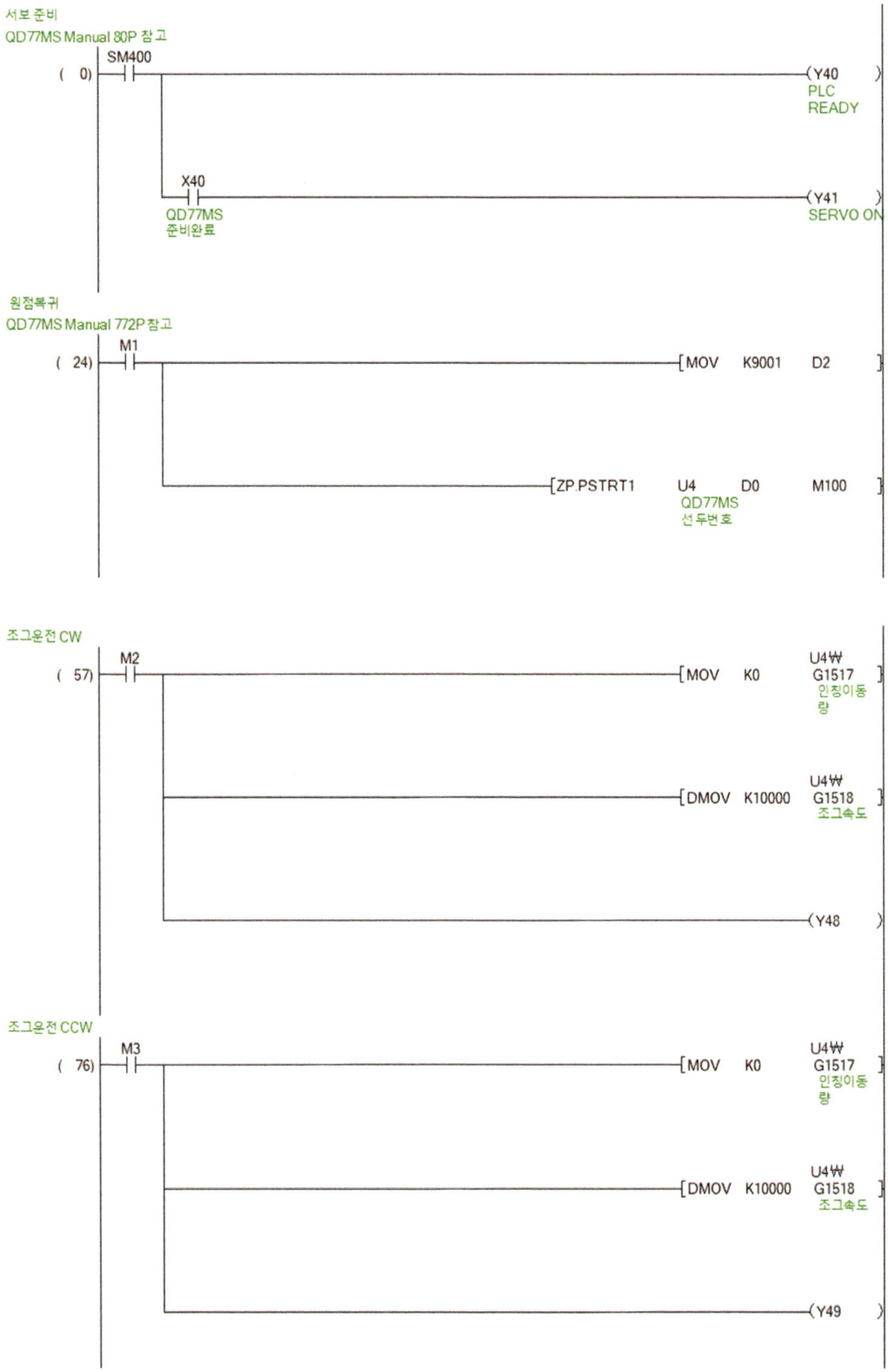

서보 준비
QD77MS Manual 80P 참고
( 0)
SM400
Y40
PLC READY
X40
QD77MS 준비완료
Y41
SERVO ON
원점복귀
QD77MS Manual 772P 참고
( 24)
M1
MOV K9001 D2
ZP.PSTRT1 U4 D0 M100
QD77MS 선두번호
조그운전 CW
( 57)
M2
MOV K0 U4\G1517
인칭이동량
DMOV K10000 U4\G1518
조그속도
Y48
조그운전 CCW
( 76)
M3
MOV K0 U4\G1517
인칭이동량
DMOV K10000 U4\G1518
조그속도
Y49


6
실습

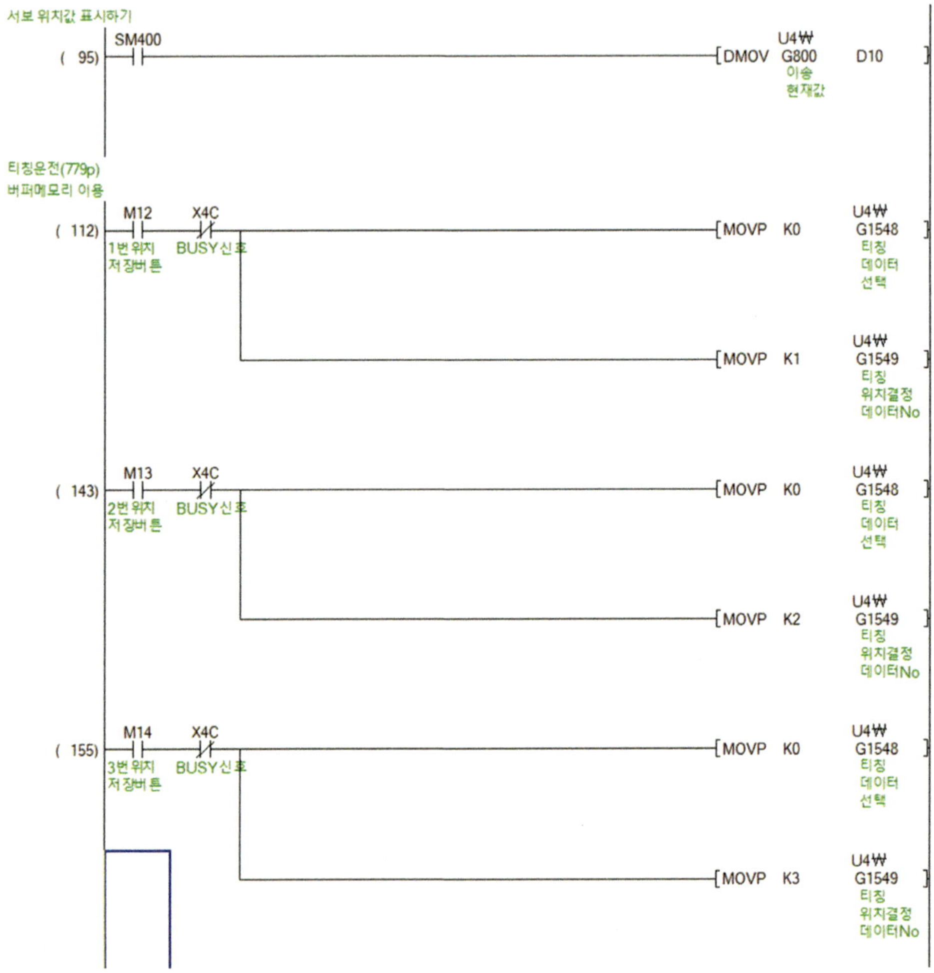
서보 위치값 표시하기
SM400
( 95)
DMOV U4₩ G800 D10
이송 현재값
티칭운전(779p)
버퍼메모리 이용
M12 X4C
( 112)
1번 위치 저장버튼
BUSY신호
MOVP K0 U4₩ G1548
티칭 데이터 선택
MOVP K1 U4₩ G1549
티칭 위치결정 데이터No
M13 X4C
( 143)
2번 위치 저장버튼
BUSY신호
MOVP K0 U4₩ G1548
티칭 데이터 선택
MOVP K2 U4₩ G1549
티칭 위치결정 데이터No
M14 X4C
( 155)
3번 위치 저장버튼
BUSY신호
MOVP K0 U4₩ G1548
티칭 데이터 선택
MOVP K3 U4₩ G1549
티칭 위치결정 데이터No

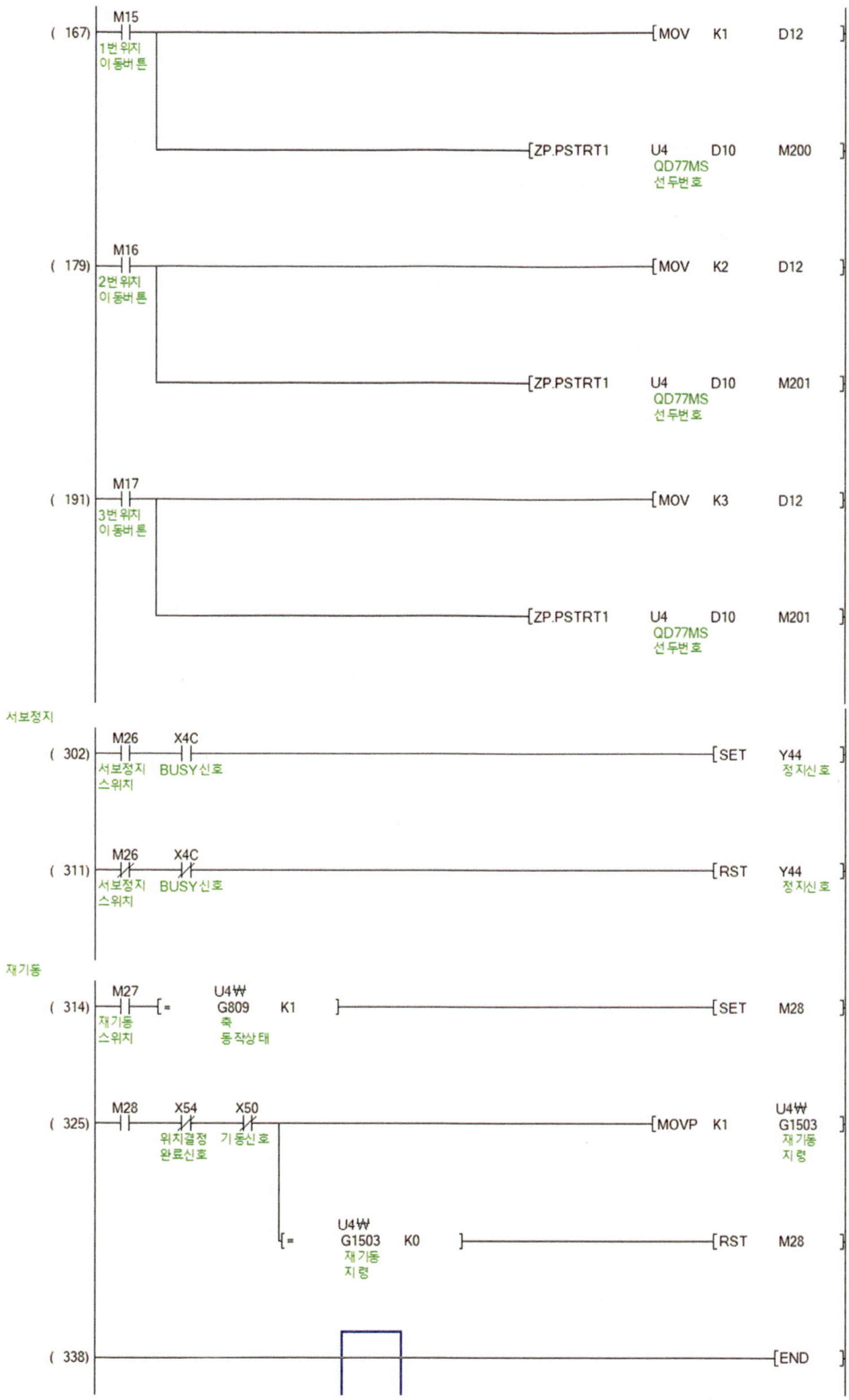
( 167) M15 1번위치 이동버튼 [MOV K1 D12]
[ZP.PSTRT1 U4 D10 M200] QD77MS 선두번호
( 179) M16 2번위치 이동버튼 [MOV K2 D12]
[ZP.PSTRT1 U4 D10 M201] QD77MS 선두번호
( 191) M17 3번위치 이동버튼 [MOV K3 D12]
[ZP.PSTRT1 U4 D10 M201] QD77MS 선두번호
서보정지
( 302) M26 서보정지 스위치 X4C BUSY신호 [SET Y44] 정지신호
( 311) M26 서보정지 스위치 X4C BUSY신호 [RST Y44] 정지신호
재기동
( 314) M27 재기동 스위치 [= U4₩ G809 축 동작상태 K1] [SET M28]
( 325) M28 X54 위치결정 완료신호 X50 기동신호 [MOVP K1 U4₩ G1503] 재기동 지령
[= U4₩ G1503 재기동 지령 K0] [RST M28]
( 338) [END]

6

실습

## 6 터치스크린 작화 샘플

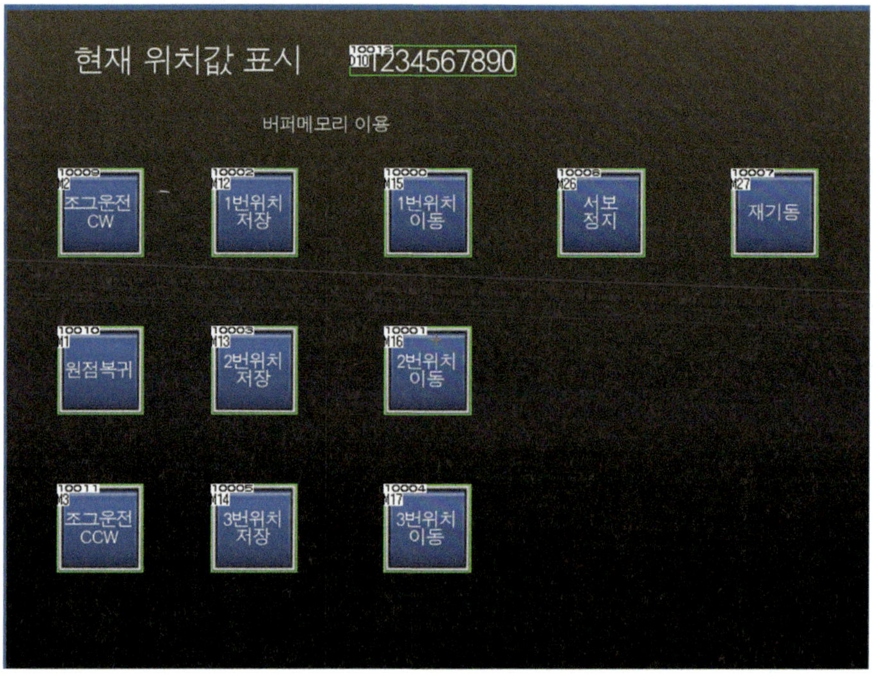
현재 위치값 표시
1234567890
버퍼메모리 이용
조그운전 CW
1번위치 저장
1번위치 이동
서보 정지
재기동
원점복귀
2번위치 저장
2번위치 이동
조그운전 CCW
3번위치 저장
3번위치 이동

## 실습 7 저속, 중속 설정하기(이송속도, 위치값 표시)

### 1 실습목표

– PLC 프로그램을 작성하여 서보모터를 구동할 수 있다.

### 2 제어조건

– 저속운전을 선택하고 조그운전을 하면 운전속도는 500 mm/min으로 모터가 구동된다.
– 중속운전을 선택하고 조그운전을 하면 운전속도는 1000 mm/min으로 모터가 구동된다.
– 터치크스린에 이송현재값과 이송속도를 표시한다.

### 3 실습장비 및 재료

– 과정평가형 생산자동화 장비, 터치스크린

### 4 입출력 어드레스 할당

| 입력 | | 출력 | |
|---|---|---|---|
| 디바이스명 (Address) | 변수 | 디바이스명 (Address) | 변수 |
| M1 | 원점복귀 스위치 | Y40 | PLC Ready |
| M2 | CW 스위치 | Y41 | Servo ON |
| M3 | CCW 스위치 | Y48 | CW Jog 기동 |
| M30 | 저속운전 스위치 | Y49 | CCW Jog 기동 |
| M31 | 중속운전 스위치 | | |

# 5 샘플 프로그램

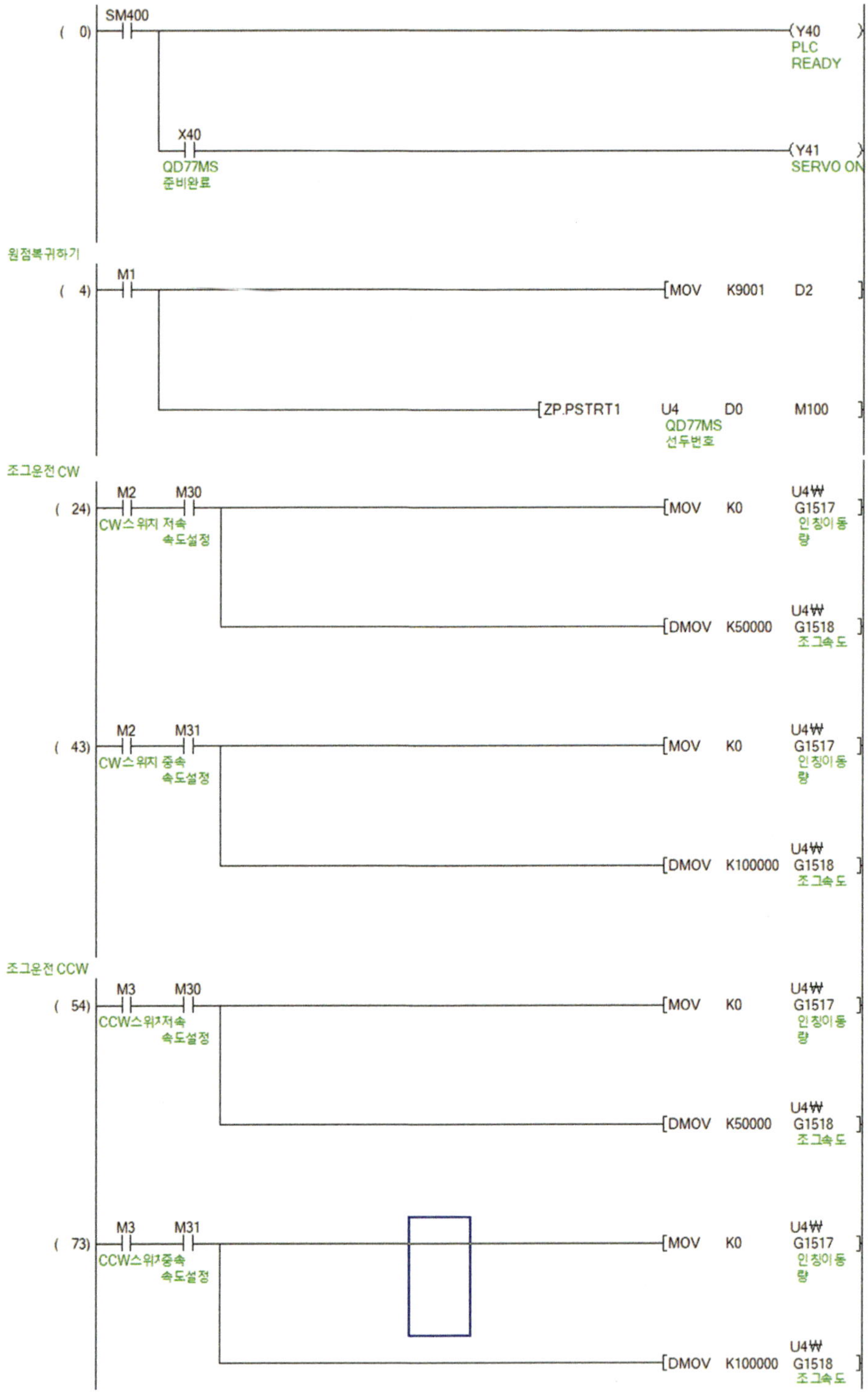
SM400
( 0)
Y40
PLC
READY
X40
QD77MS
준비완료
Y41
SERVO ON
원점복귀하기
M1
( 4)
MOV K9001 D2
ZP.PSTRT1 U4 D0 M100
QD77MS
선두번호
조그운전 CW
M2 M30
( 24)
CW스위치 저속
속도설정
MOV K0 U4₩ G1517
인칭이동량
DMOV K50000 U4₩ G1518
조그속도
M2 M31
( 43)
CW스위치 중속
속도설정
MOV K0 U4₩ G1517
인칭이동량
DMOV K100000 U4₩ G1518
조그속도
조그운전 CCW
M3 M30
( 54)
CCW스위치저속
속도설정
MOV K0 U4₩ G1517
인칭이동량
DMOV K50000 U4₩ G1518
조그속도
M3 M31
( 73)
CCW스위치중속
속도설정
MOV K0 U4₩ G1517
인칭이동량
DMOV K100000 U4₩ G1518
조그속도

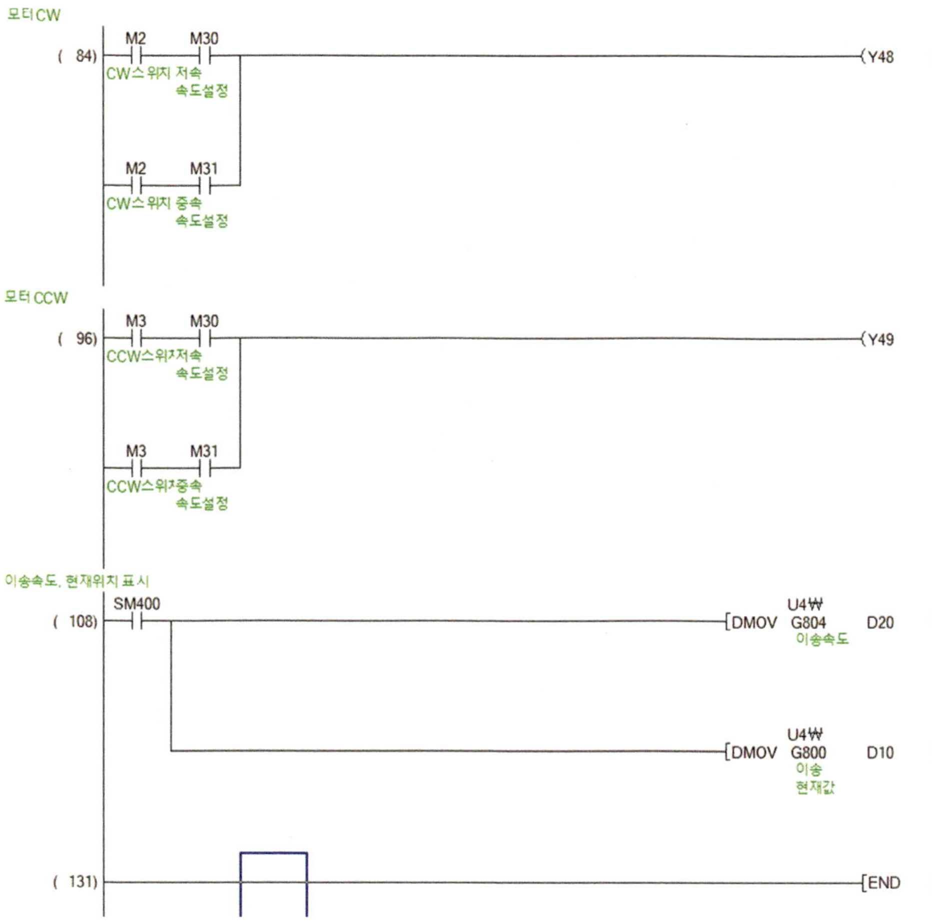
모터CW
( 84)
M2
M30
Y48
CW스위치 저속
속도설정
M2
M31
CW스위치 중속
속도설정
모터CCW
( 96)
M3
M30
Y49
CCW스위치저속
속도설정
M3
M31
CCW스위치중속
속도설정
이송속도, 현재위치 표시
( 108)
SM400
DMOV U4\G804 D20
이송속도
DMOV U4\G800 D10
이송
현재값
( 131)
END

# 6 터치스크린 작화 샘플

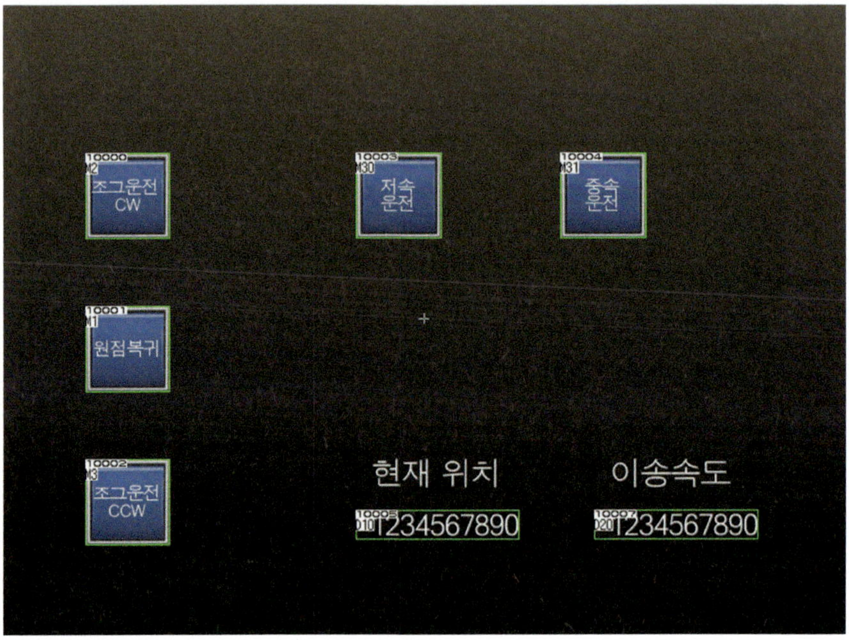
조그운전
CW
저속
운전
중속
운전
원점복귀
조그운전
CCW
현재 위치
이송속도
1234567890
1234567890

# 실습 8 창고에 물품 적재 및 반출

## 1 실습목표

- PLC 프로그램을 작성하여 서보모터를 구동할 수 있다.

## 2 제어조건

- 원점복귀 스위치를 누르면 서보모터는 원점복귀 동작을 한다.
- 조그운전을 이용하여 흡착위치, 3층 접근위치, 3층 적재위치를 설정하고 Positioning Data에 저장한다.
- 적재 스위치를 누르면 물품을 지정한 위치에 적재를 한다.
- 반출 스위치를 누르면 적재된 물품을 반출한다.
- 반출 동작중에는 컨베이어 벨트를 구동한다.
- 서보모터 동작중 서보정지 스위치를 누르면 서보모터는 정지한다.
- 재기동 스위치를 누르면 서보모터는 다시 구동한다.
- 터치스크린에 이송현재값, 이송속도를 표시한다.

## 3 실습장비 및 재료

- 과정평가형 생산자동화 장비, 터치스크린

## 4 입출력 어드레스 할당

| 입력 | | 출력 | |
|---|---|---|---|
| 디바이스명 (Address) | 변수 | 디바이스명 (Address) | 변수 |
| M1 | 원점복귀 스위치 | Y40 | PLC Ready |
| M2 | CW 스위치 | Y41 | Servo ON |
| M3 | CCW 스위치 | Y48 | CW Jog 기동 |
| M10 | 서보정지 스위치 | Y49 | CCW Jog 기동 |

| M11 | 재기동 스위치 | Y28 | 흡착실린더 전진 |
|---|---|---|---|
| M19 | 적재 스위치 | Y29 | 흡착실린더 후진 |
| M20 | 반출 스위치 | Y2A | 흡착컵(진공) |
| X0D | 흡착실린더 후진센서 | Y2E | 컨베이어 모터 |
| X0E | 흡착실린더 전진센서 | | |
| X0F | 흡착센서 | | |

## 5 샘플 프로그램

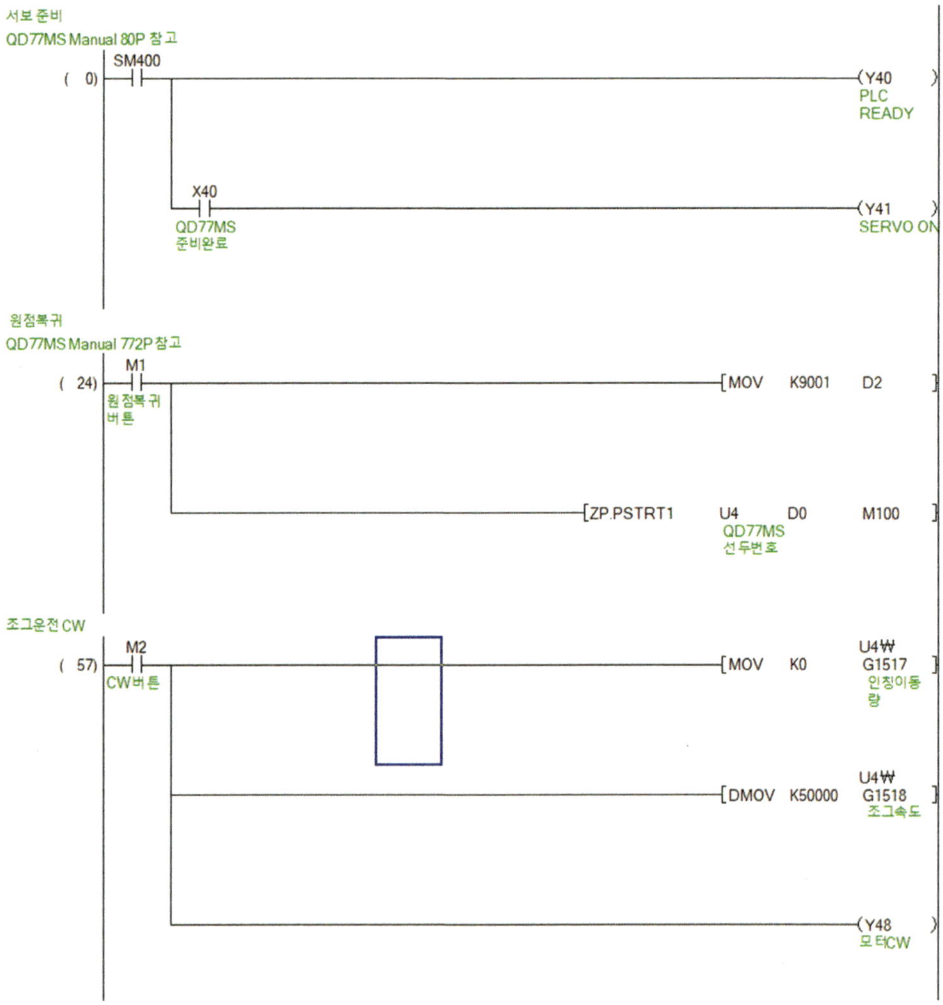

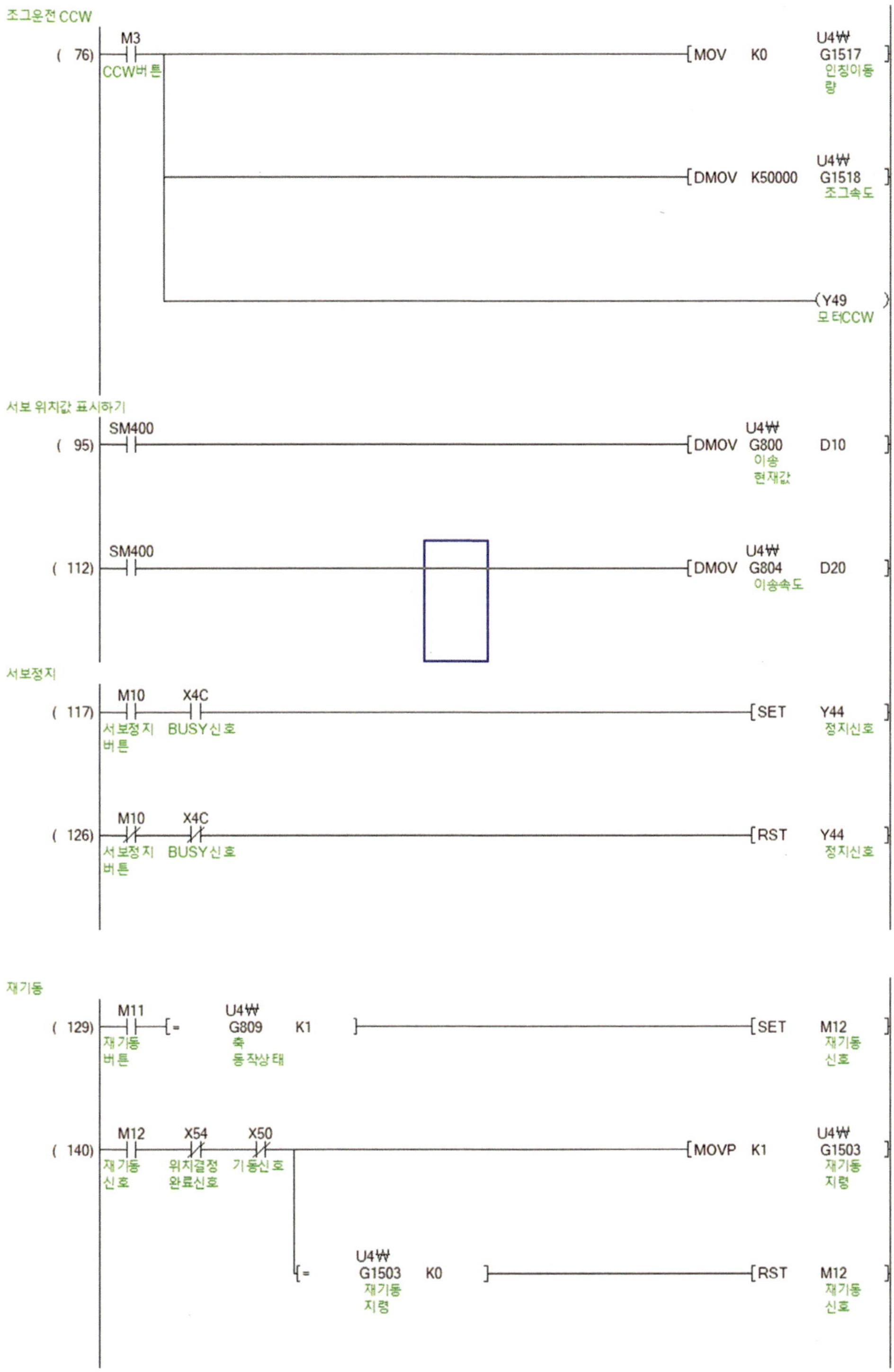
조그운전 CCW
( 76)
M3
CCW버튼
MOV K0
U4₩ G1517
인칭이동량
DMOV K50000
U4₩ G1518
조그속도
Y49
모터CCW
서보 위치값 표시하기
( 95)
SM400
DMOV
U4₩ G800
이송 현재값
D10
( 112)
SM400
DMOV
U4₩ G804
이송속도
D20
서보정지
( 117)
M10
서보정지 버튼
X4C
BUSY신호
SET Y44
정지신호
( 126)
M10
서보정지 버튼
X4C
BUSY신호
RST Y44
정지신호
재기동
( 129)
M11
재기동 버튼
=
U4₩ G809
축 동작상태
K1
SET M12
재기동 신호
( 140)
M12
재기동 신호
X54
위치결정 완료신호
X50
기동신호
MOVP K1
U4₩ G1503
재기동 지령
=
U4₩ G1503
재기동 지령
K0
RST M12
재기동 신호

6 실습

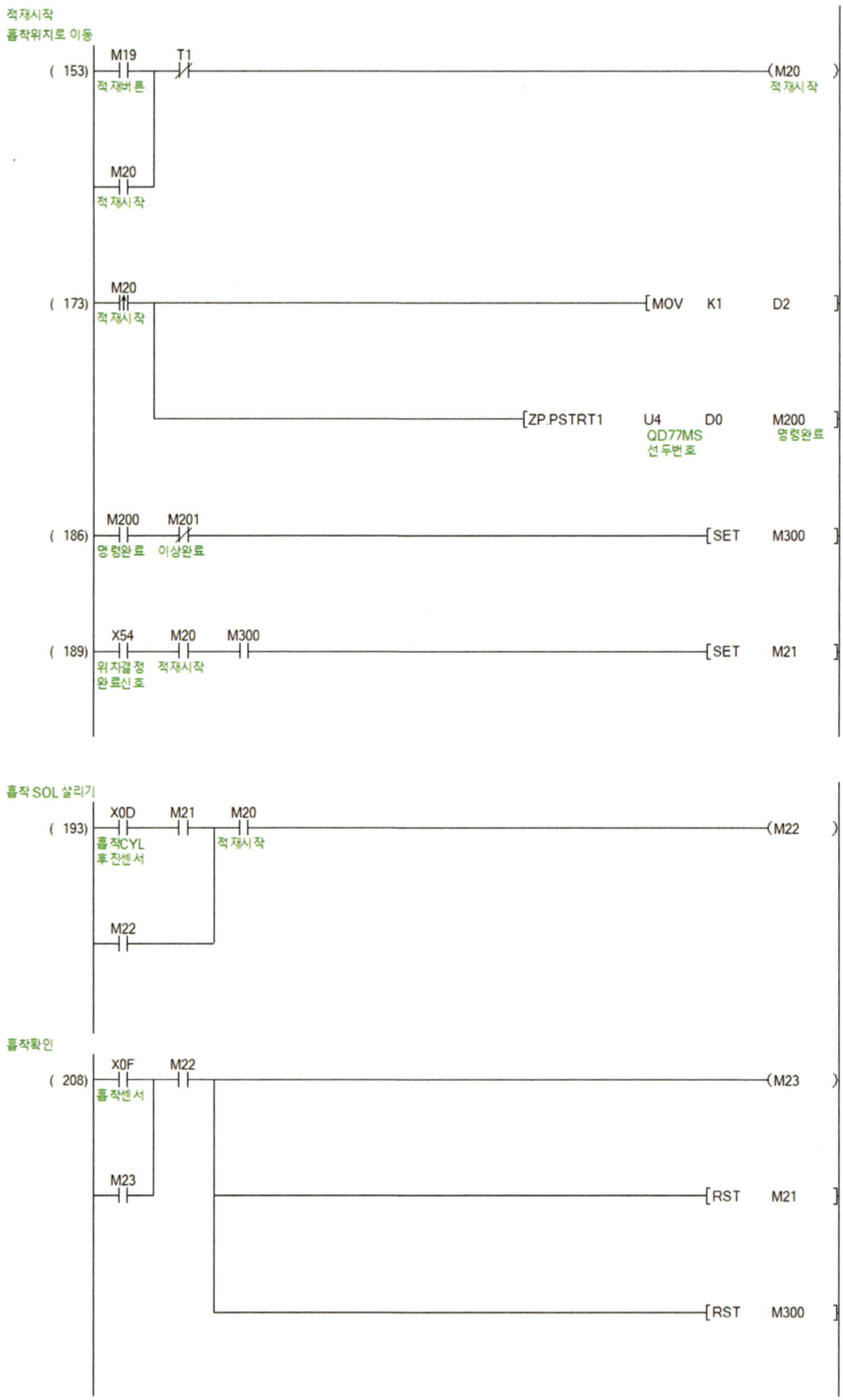
적재시작
흡착위치로 이동
( 153)
M19
적재버튼
T1
M20
적재시작
M20
적재시작
( 173)
M20
적재시작
MOV K1 D2
ZP.PSTRT1 U4 D0 M200
QD77MS
선두번호
명령완료
( 186)
M200
명령완료
M201
이상완료
SET M300
( 189)
X54
위치결정
완료신호
M20
적재시작
M300
SET M21
흡착 SOL 살리기
( 193)
X0D
흡착CYL
후진센서
M21
M20
적재시작
M22
M22
흡착확인
( 208)
X0F
흡착센서
M22
M23
M23
RST M21
RST M300

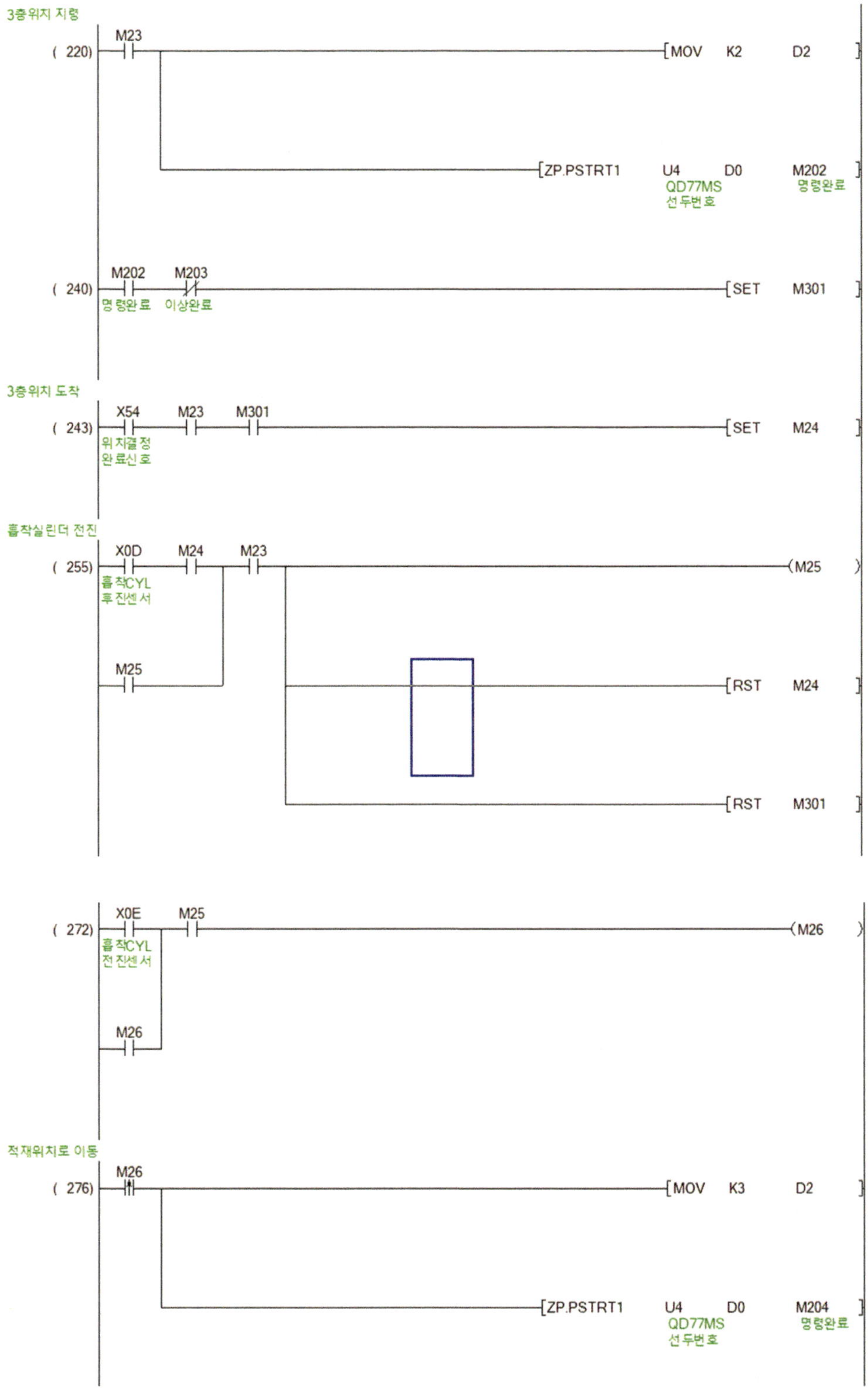

3층위치 지령
( 220)
M23
MOV K2 D2
ZP.PSTRT1 U4 D0 M202
QD77MS
선두번호
명령완료
( 240)
M202 M203
명령완료 이상완료
SET M301
3층위치 도착
( 243)
X54 M23 M301
위치결정
완료신호
SET M24
흡착실린더 전진
( 255)
X0D M24 M23
흡착CYL
후진센서
M25
M25
RST M24
RST M301
( 272)
X0E M25
흡착CYL
전진센서
M26
M26
적재위치로 이동
( 276)
M26
MOV K3 D2
ZP.PSTRT1 U4 D0 M204
QD77MS
선두번호
명령완료


6

실습

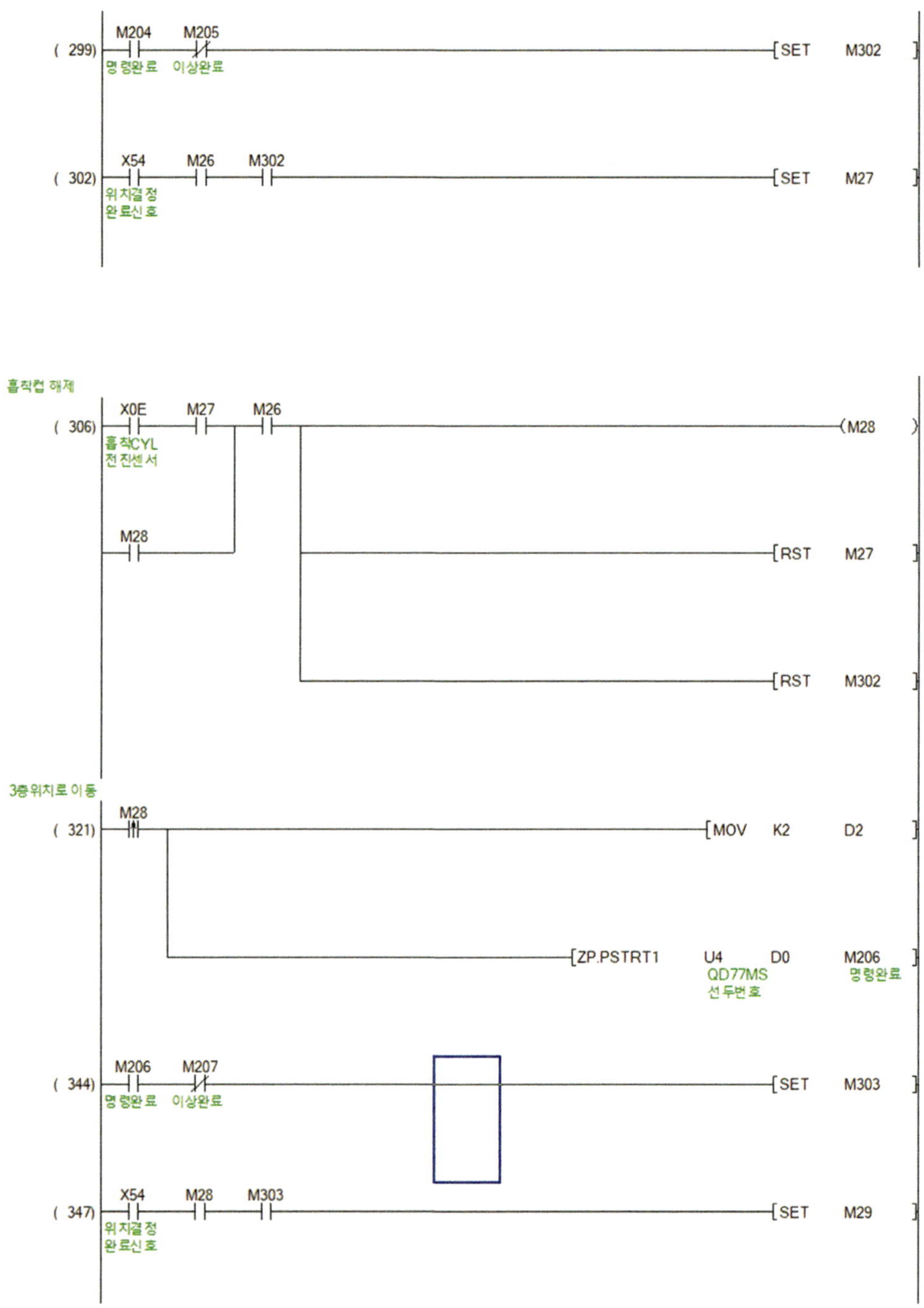
( 299)
M204
명령완료
M205
이상완료
SET M302
( 302)
X54
위치결정
완료신호
M26
M302
SET M27
흡착컵 해제
( 306)
X0E
흡착CYL
전진센서
M27
M26
M28
M28
RST M27
RST M302
3층위치로 이동
( 321)
M28
MOV K2 D2
ZP.PSTRT1 U4 D0 M206
QD77MS
선두번호
명령완료
( 344)
M206
명령완료
M207
이상완료
SET M303
( 347)
X54
위치결정
완료신호
M28
M303
SET M29

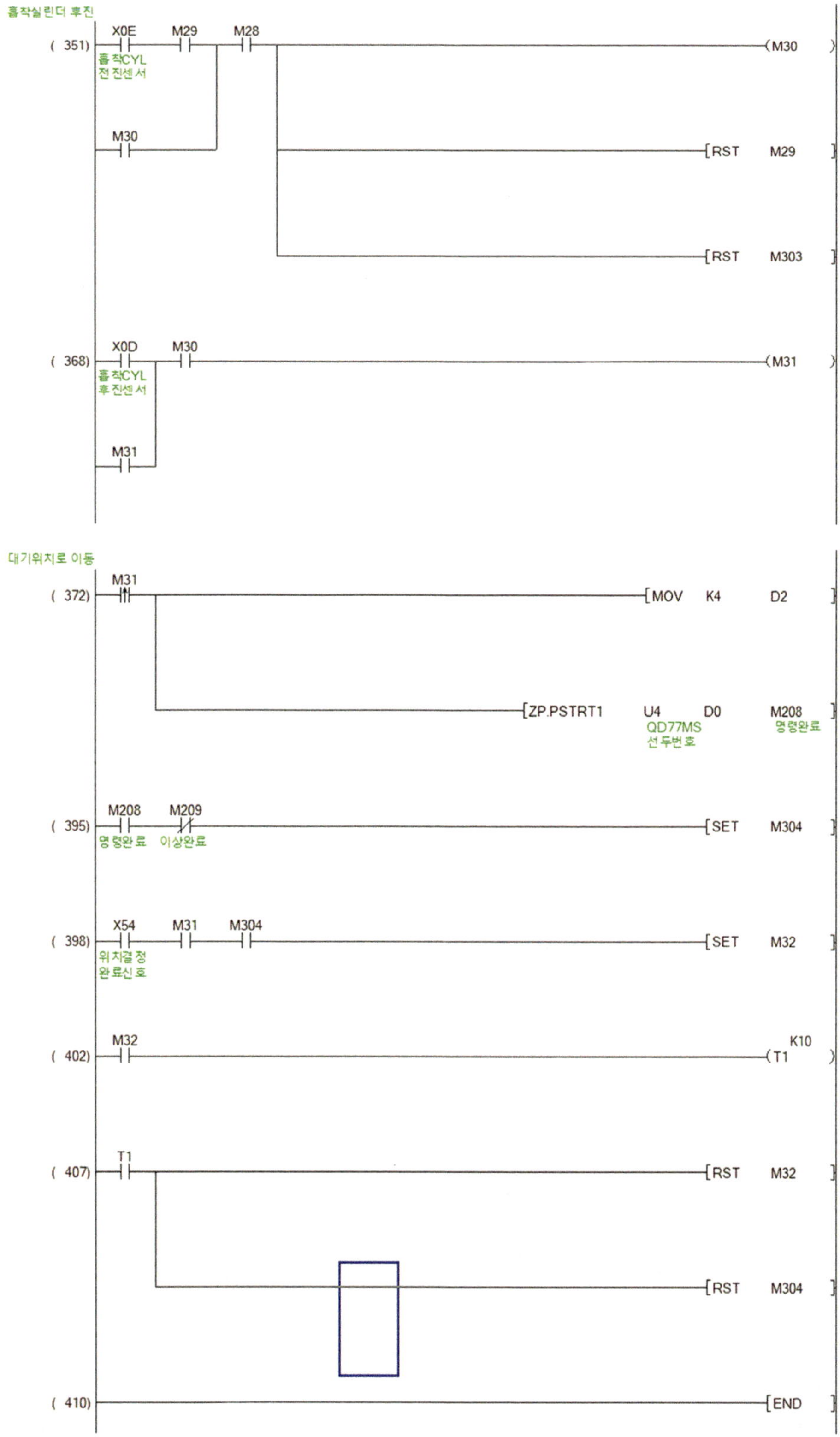
흡착실린더 후진
( 351) X0E M29 M28
흡착CYL 전진센서
M30
(M30 )
[RST M29 ]
[RST M303 ]
( 368) X0D M30
흡착CYL 후진센서
M31
(M31 )
대기위치로 이동
( 372) M31
[MOV K4 D2 ]
[ZP.PSTRT1 U4 D0 M208 ]
QD77MS 선두번호
명령완료
( 395) M208 M209
명령완료 이상완료
[SET M304 ]
( 398) X54 M31 M304
위치결정 완료신호
[SET M32 ]
( 402) M32
K10
(T1 )
( 407) T1
[RST M32 ]
[RST M304 ]
( 410)
[END ]

6

실습

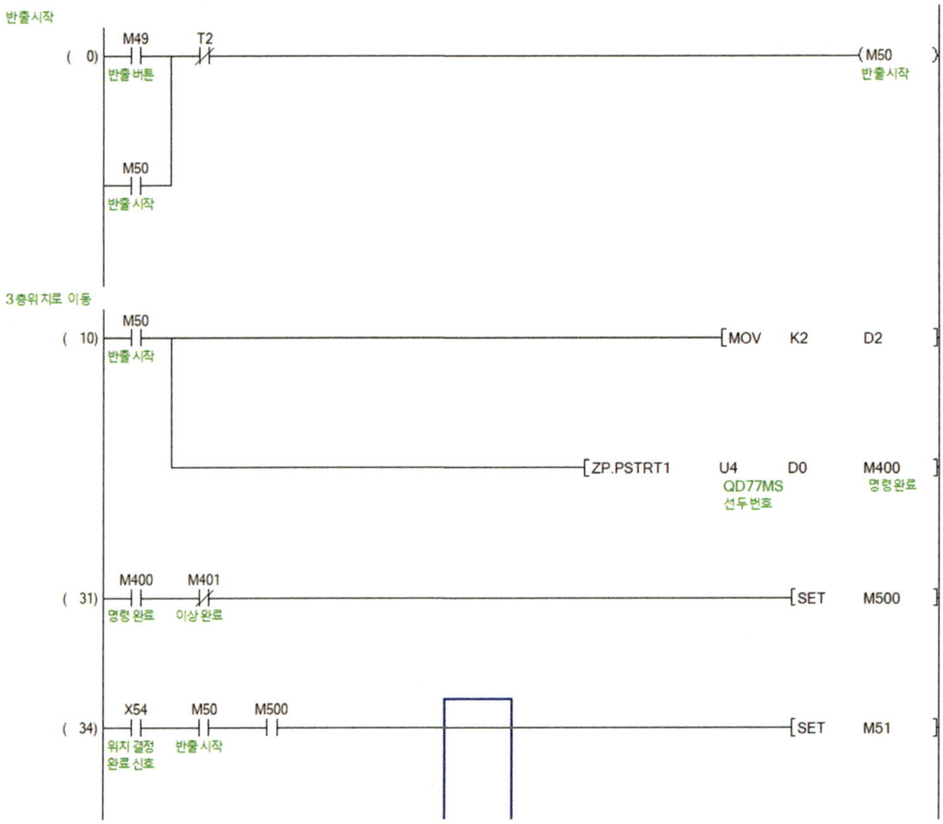
반출시작
( 0)
M49
반출 버튼
T2
M50
반출시작
M50
반출 시작
3층위치로 이동
( 10)
M50
반출 시작
MOV K2 D2
ZP.PSTRT1 U4 D0 M400
QD77MS
선두번호
명령완료
( 31)
M400
명령 완료
M401
이상 완료
SET M500
( 34)
X54
위치 결정
완료 신호
M50
반출 시작
M500
SET M51

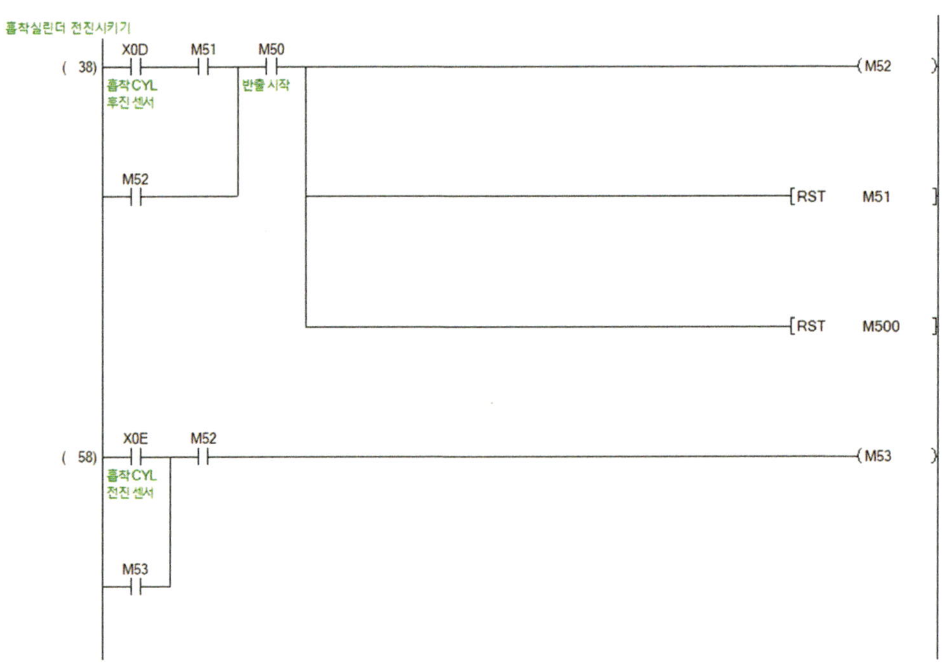
흡착실린더 전진시키기
( 38)
X0D
흡착CYL
후진 센서
M51
M50
반출 시작
M52
M52
RST M51
RST M500
( 58)
X0E
흡착CYL
전진 센서
M52
M53
M53

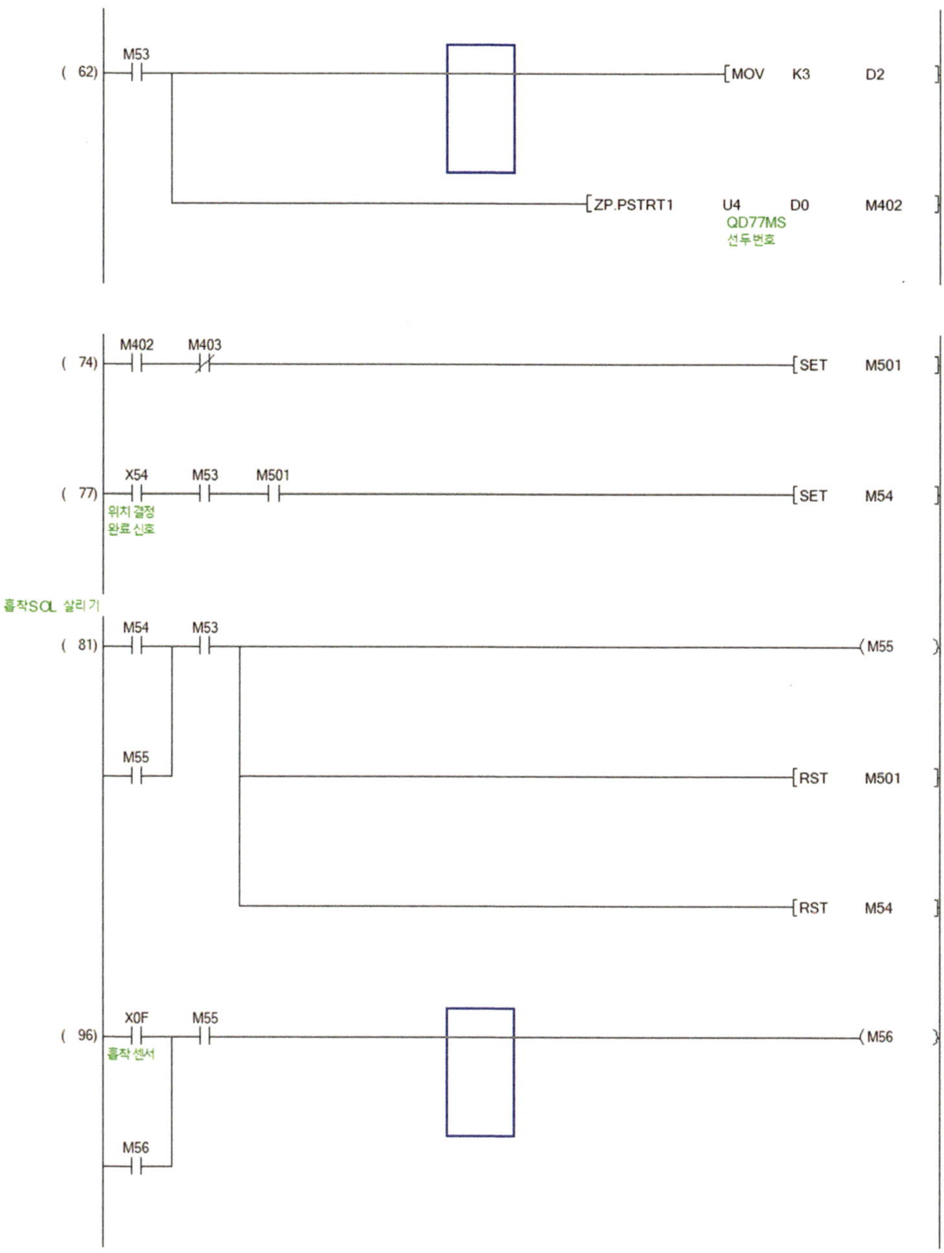
( 62)
M53
MOV K3 D2
ZP.PSTRT1 U4 D0 M402
QD77MS
선두번호
( 74)
M402 M403
SET M501
( 77)
X54 M53 M501
SET M54
위치 결정
완료 신호
흡착SOL 살리기
( 81)
M54 M53
M55
M55
RST M501
RST M54
( 96)
X0F M55
M56
흡착 센서
M56

6

실습

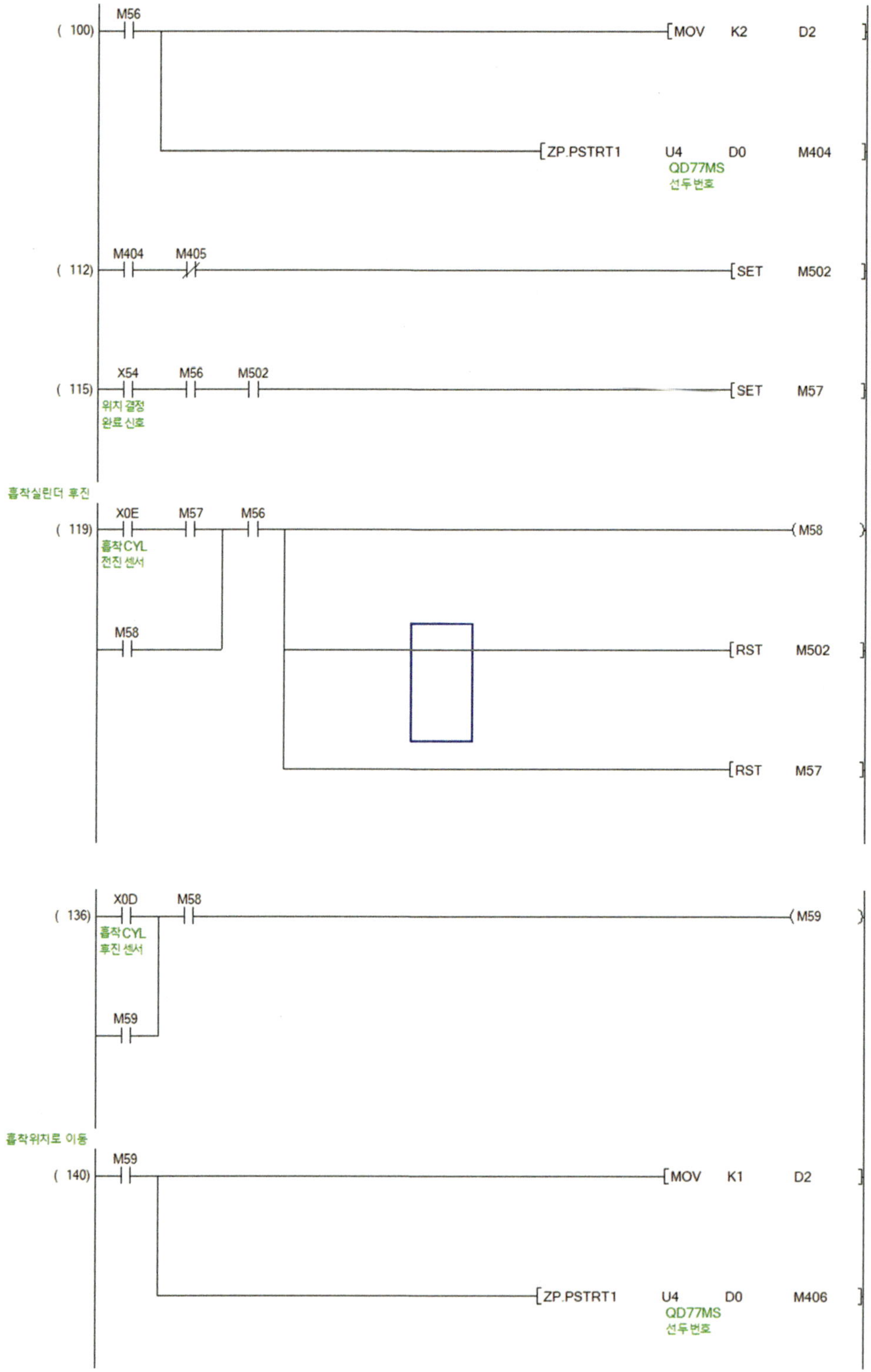
( 100)
M56
MOV K2 D2
ZP.PSTRT1 U4 D0 M404
QD77MS
선두번호
( 112)
M404
M405
SET M502
( 115)
X54
위치 결정
완료 신호
M56
M502
SET M57
흡착실린더 후진
( 119)
X0E
흡착CYL
전진 센서
M57
M56
M58
M58
RST M502
RST M57
( 136)
X0D
흡착CYL
후진 센서
M58
M59
M59
흡착위치로 이동
( 140)
M59
MOV K1 D2
ZP.PSTRT1 U4 D0 M406
QD77MS
선두번호

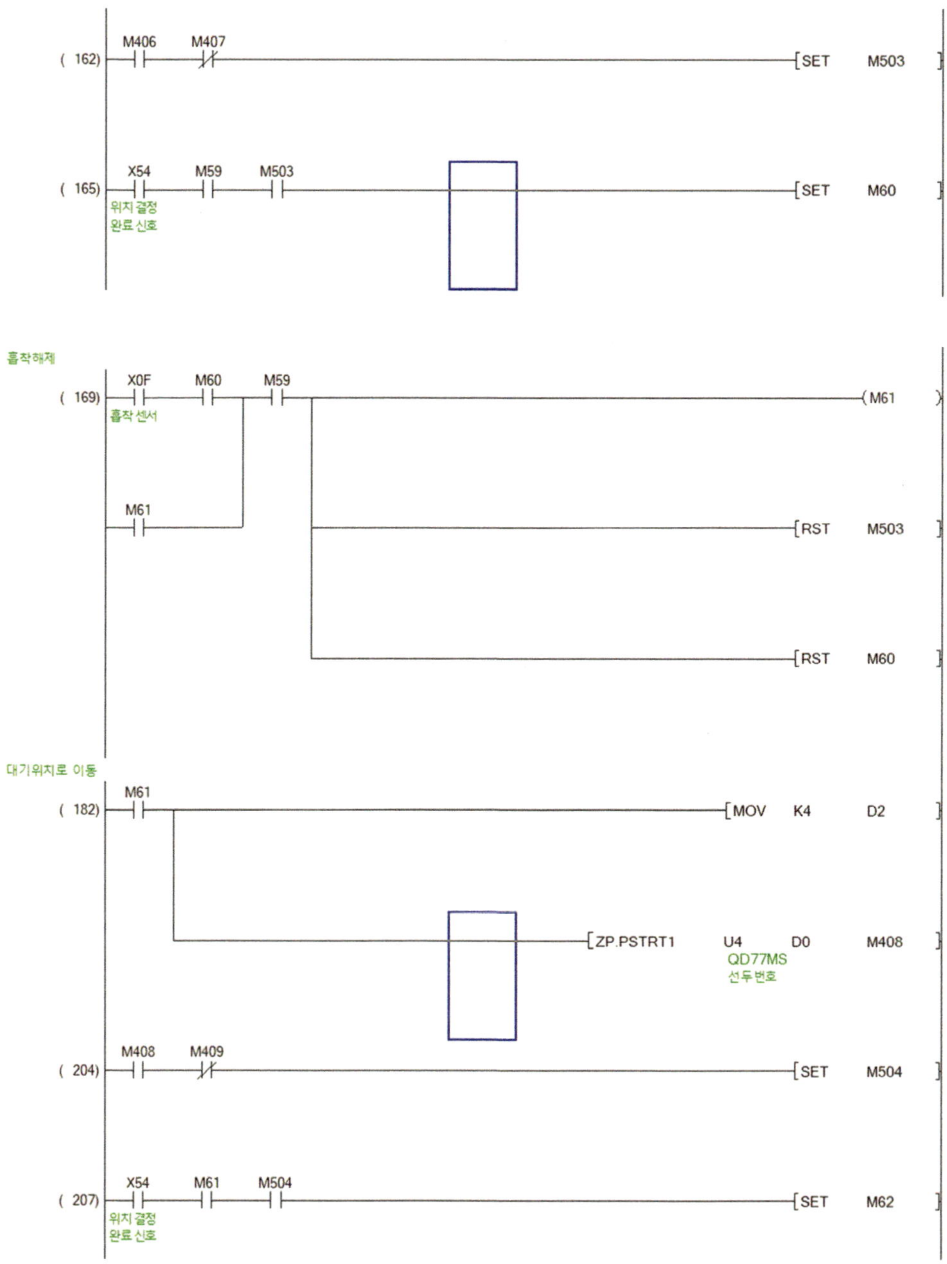
( 162) M406 M407 [SET M503]
( 165) X54 M59 M503 [SET M60]
위치 결정 완료 신호
흡착해제
( 169) X0F M60 M59 (M61)
흡착 센서
M61
[RST M503]
[RST M60]
대기위치로 이동
( 182) M61 [MOV K4 D2]
[ZP.PSTRT1 U4 D0 M408]
QD77MS 선두 번호
( 204) M408 M409 [SET M504]
( 207) X54 M61 M504 [SET M62]
위치 결정 완료 신호

6

실습

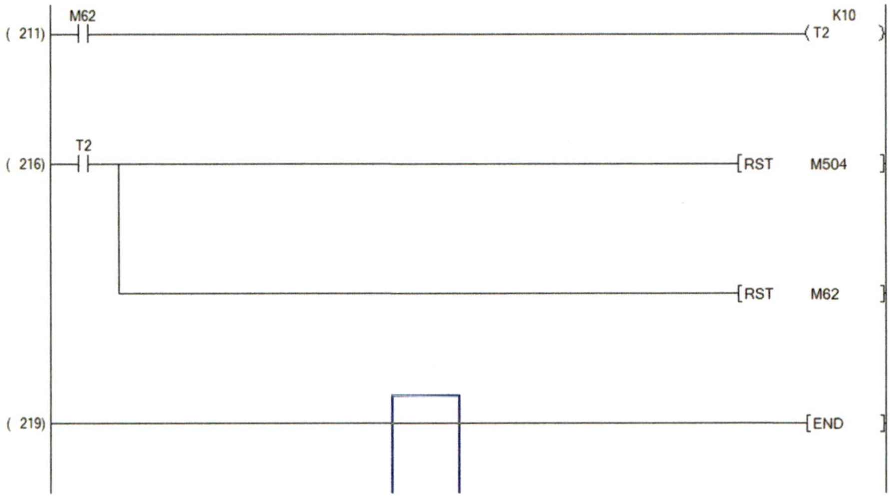
( 211)
M62
K10
T2
( 216)
T2
RST M504
RST M62
( 219)
END

출력부

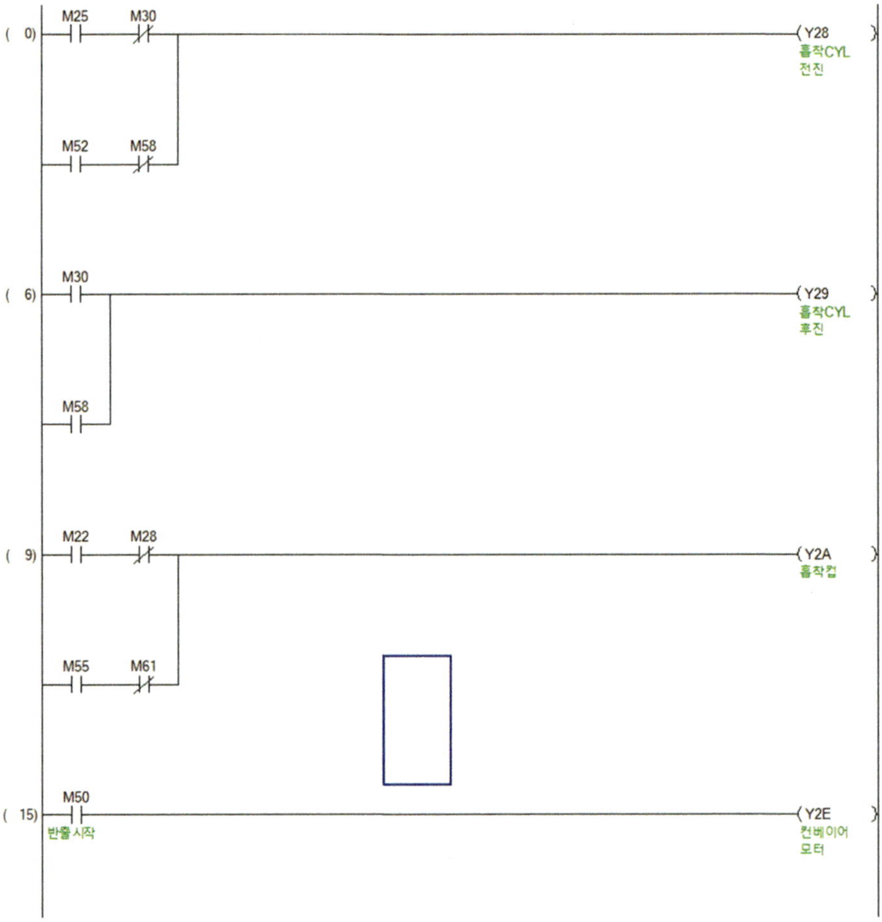
( 0)
M25
M30
Y28
흡착CYL
전진
M52
M58
( 6)
M30
Y29
흡착CYL
후진
M58
( 9)
M22
M28
Y2A
흡착컵
M55
M61
( 15)
M50
반출 시작
Y2E
컨베이어
모터

### [참고] M-Code 사용관련

M코드를 사용해서 프로그램을 작성할 경우, Simple motion module의 파라미터 18번 M-code ON signal output timing을 1:AFTER Mode로 설정합니다.

| Pr.18:M-code ON signal output timing | 1:AFTER Mode |
|---|---|

WITH 모드와 AFTER 모드의 차이는 아래와 같습니다.

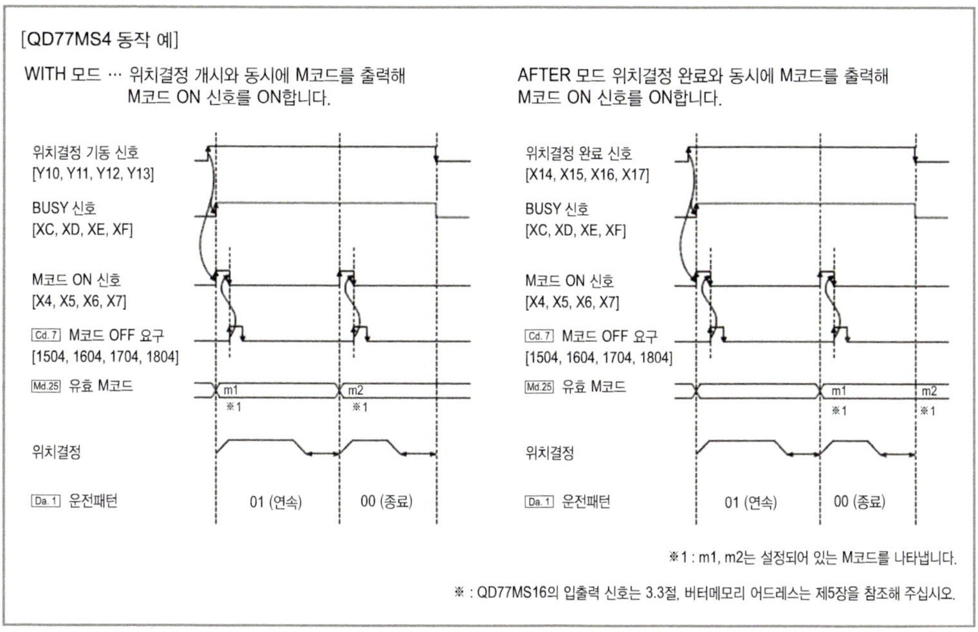


Positioning Data에서 우측의 M-code에 값을 입력합니다.

| No. | Operation pattern | Control method | Axis to be interpolated | Acceleration time No. | Deceleration time No. | Positioning address | Arc address | Command speed | Dwell time | M-code |
|---|---|---|---|---|---|---|---|---|---|---|
| 1 | 1:CONT<br><Positioning Comment> | 01h:ABS Linear 1 | - | 0:1000 | 0:1000 | 45000.0 μm | 0.0 μm | 500.00 mm/min | 0 ms | 1 |
| 2 | 1:CONT<br><Positioning Comment> | 01h:ABS Linear 1 | - | 0:1000 | 0:1000 | 55000.0 μm | 0.0 μm | 500.00 mm/min | 0 ms | 2 |
| 3 | 1:CONT<br><Positioning Comment> | 01h:ABS Linear 1 | - | 0:1000 | 0:1000 | 50000.0 μm | 0.0 μm | 500.00 mm/min | 0 ms | 3 |
| 4 | 0:END<br><Positioning Comment> | 01h:ABS Linear 1 | - | 0:1000 | 0:1000 | 50000.0 μm | 0.0 μm | 1.00 mm/min | 0 ms | 0 |

아래와 같은 샘플 프로그램을 작성합니다.
(다음 페이지의 설명을 참고합니다)

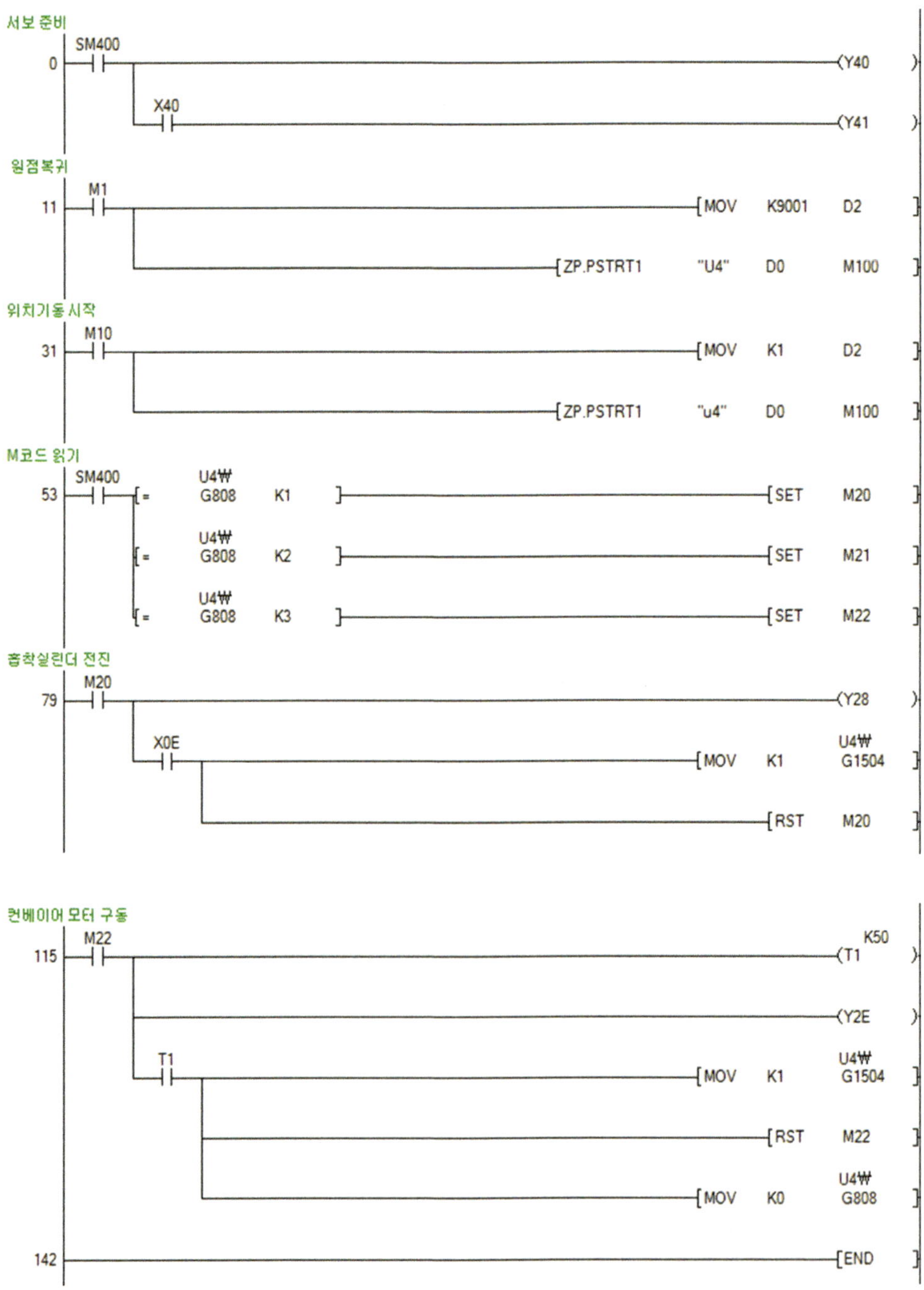

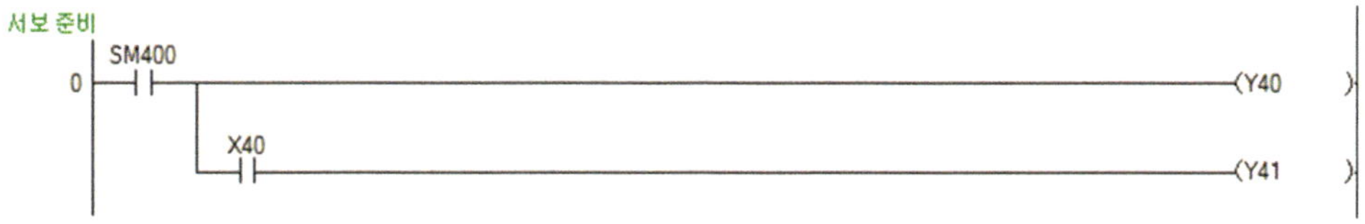


Y40(PLC Ready): PLC의 CPU가 정상적인 것을 QD77MS에 알리는 신호. PLC Ready 신호가 ON 되면 QD77 준비 완료 신호(X40)이 ON 됩니다.

X40(QD77 준비완료): PLC Ready 신호가 ON이 될 때 파라미터의 설정 범위 체크를 실행하고, 이상이 없는 경우 본 신호를 ON 합니다.

Y41(서보 ON): QD77MS에 접속되어 있는 서보앰프의 서보를 ON/OFF 합니다.

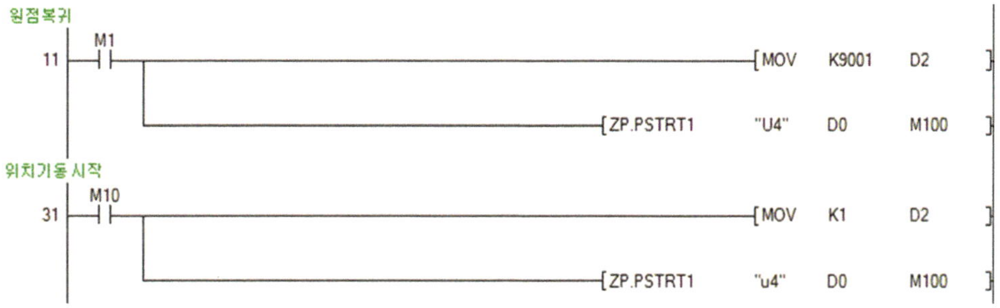


ZP.PSTRT1 명령을 이용하여 위치결정 제어를 실행합니다.

U4는 선두어드레스가 40인 것을 의미합니다. 버퍼 메모리의 808번지에는 M코드 번호가 저장됩니다.

<table>
<tr><th colspan="2" rowspan="2">모니터 항목</th><th rowspan="2">모니터값</th><th rowspan="2">저장내용</th><th colspan="2">버퍼메모리 어드레스</th></tr>
<tr><th>QD77MS2<br>QD77MS4</th><th>QD77MS16</th></tr>
<tr><td>Md. 25</td><td>유효 M코드</td><td>→</td><td>위치결정 데이터에 설정된 M 코드 번호( Da. 10 M코드)가 저장됩니다.</td><td>808+100n</td><td>2408+100n</td></tr>
</table>

Positioning Data에서 데이터를 입력하고, M-code를 입력합니다.

| No. | Operation pattern | Control method | Axis to be interpolated | Acceleration time No. | Deceleration time No. | Positioning address | Arc address | Command speed | Dwell time | M-code |
|---|---|---|---|---|---|---|---|---|---|---|
| 1 | 1:CONT<br><Positioning Comment> | 01h:ABS Linear 1 | - | 0:1000 | 0:1000 | 45000.0 μm | 0.0 μm | 500.00 mm/min | 0 ms | 1 |
| 2 | 1:CONT<br><Positioning Comment> | 01h:ABS Linear 1 | - | 0:1000 | 0:1000 | 55000.0 μm | 0.0 μm | 500.00 mm/min | 0 ms | 2 |
| 3 | 1:CONT<br><Positioning Comment> | 01h:ABS Linear 1 | - | 0:1000 | 0:1000 | 50000.0 μm | 0.0 μm | 500.00 mm/min | 0 ms | 3 |
| 4 | 0:END<br><Positioning Comment> | 01h:ABS Linear 1 | - | 0:1000 | 0:1000 | 50000.0 μm | 0.0 μm | 1.00 mm/min | 0 ms | 0 |

* Positioning Data의 설정 내용은 QD77MS(위치결정) 매뉴얼 197페이지를 참고하시기 바랍니다.

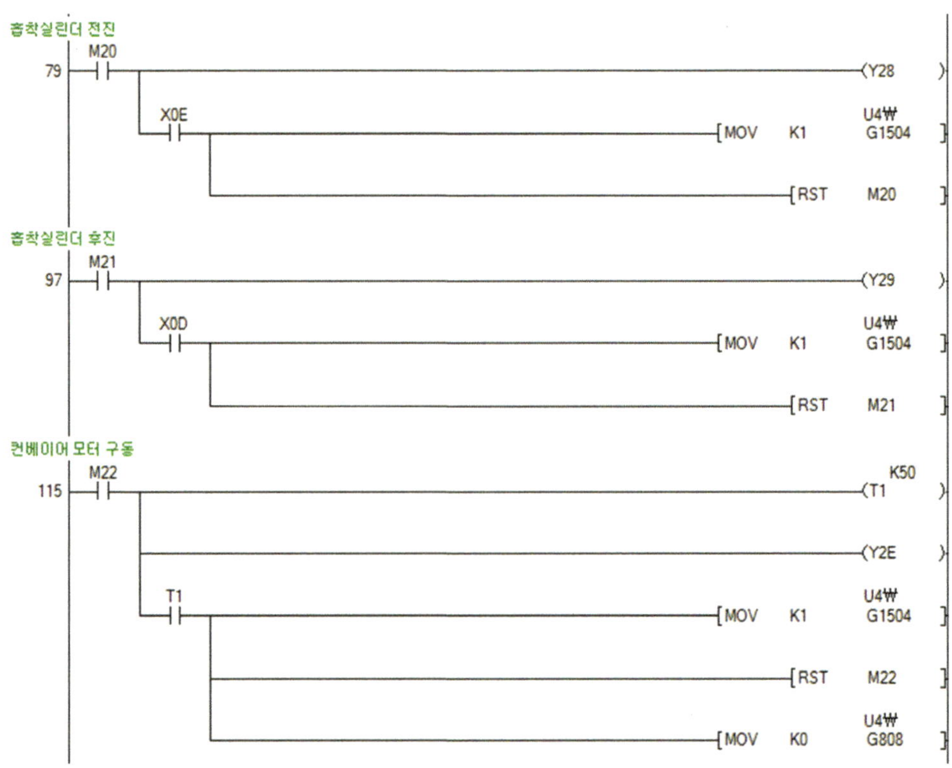

# 부록

## System Configuration 시스템 구성

# FX3U

제어규모 : 16~256점(기본 유니트 : 16/32/48/64/80/128점)
(CC-Link, AnyWire의 리모트 I/O 구성 시 384점)

**제3세대 초소형 PLC.**
**스피드, 용량, 성능, 기능을 가지고 있는 새로운 고성능 기기.**
**업계 최고 수준의 고속 처리, 위치결정 등**
**내장 기능 대폭 강화.**

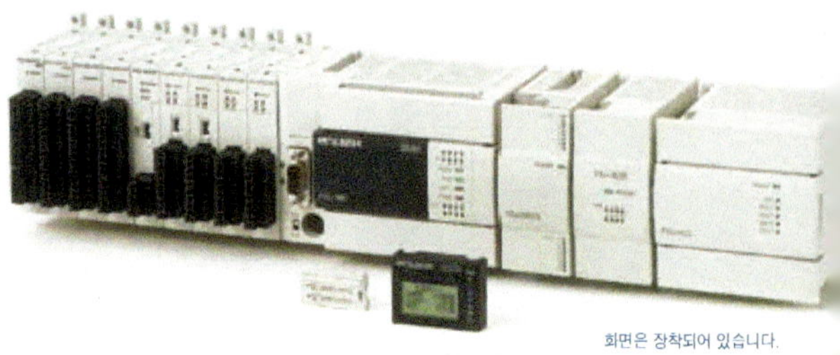

회면은 장착되어 있습니다.

### ■ 기능 확장 보드

| 통신용 | |
|---|---|
| FX3U-232-BD | RS-232C 통신용 |
| FX3U-485-BD | RS-485통신용 |
| FX3U-422-BD | RS-422 주변기기 통신용 |
| FX3U-USB-BD | USB 통신용 |
| **8점 아날로그 볼륨용** | |
| FX3U-8AV-BD ※1 | 8점 아날로그 볼륨용 |
| **특수 어댑터 접속용** | |
| FX3U-CNV-BD | 특수 어댑터 접속용 |

특수 어댑터(고속 입출력 특수 어댑터는 제외)의 접속에는
기능 확장 보드가 필요합니다.
조합 방법의 자세한 내용은 제품 매뉴얼을 참조하십시오.

※5

### ■ 특수 어댑터

| 아날로그 특수 어댑터 | |
|---|---|
| FX3U-4AD-ADP | 입력용 |
| FX3U-4DA-ADP | 출력용 |
| FX3U-3A-ADP ※2 | 입출력용 |
| FX3U-4AD-TC-ADP | 열전대 입력용 |
| FX3U-4AD-PT-ADP | Pt100 입력용 |
| FX3U-4AD-PTW-ADP | Pt100 입력용 |
| **통신 특수 어댑터** | |
| FX3U-ENET-ADP ※3 | Ethernet 통신용 |
| FX3U-232ADP-MB ※4 | RS-232C (MODBUS) 통신용 |
| FX3U-485ADP-MB ※4 | RS-485 (MODBUS) 통신용 |
| **CF카드 특수 어댑터** | |
| FX3U-CF-ADP ※2 | 데이터 수집용 |
| **고속 입출력 특수 어댑터** | |
| FX3U-4HSX-ADP | 고속 입력용 |
| FX3U-2HSY-ADP | 고속 출력용 |

### ■ FX3U 기본 유니트

| 모델 | | | |
|---|---|---|---|
| FX3U-16MR/ES | AC | D | R |
| FX3U-16MT/ES | AC | D | T1 |
| FX3U-16MT/ESS | AC | D | T2 |
| FX3U-16MR/DS | DC | D | R |
| FX3U-16MT/DS | DC | D | T1 |
| FX3U-16MT/DSS | DC | D | T2 |

입력 : 8점/출력 : 8점

| 모델 | | | |
|---|---|---|---|
| FX3U-32MR/ES | AC | D | R |
| FX3U-32MS/ES | AC | D | S |
| FX3U-32MT/ES | AC | D | T1 |
| FX3U-32MT/ESS | AC | D | T2 |
| FX3U-32MR/DS | DC | D | R |
| FX3U-32MT/DS | DC | D | T1 |
| FX3U-32MT/DSS | DC | D | T2 |

입력 : 16점/출력 : 16점

| 모델 | | | |
|---|---|---|---|
| FX3U-48MR/ES | AC | D | R |
| FX3U-48MT/ES | AC | D | T1 |
| FX3U-48MT/ESS | AC | D | T2 |
| FX3U-48MR/DS | DC | D | R |
| FX3U-48MT/DS | DC | D | T1 |
| FX3U-48MT/DSS | DC | D | T2 |

입력 : 24점/출력 : 24점

| 모델 | | | |
|---|---|---|---|
| FX3U-64MR/ES | AC | D | R |
| FX3U-64MS/ES | AC | D | S |
| FX3U-64MT/ES | AC | D | T1 |
| FX3U-64MT/ESS | AC | D | T2 |
| FX3U-64MR/DS | DC | D | R |
| FX3U-64MT/DS | DC | D | T1 |
| FX3U-64MT/DSS | DC | D | T2 |

입력 : 32점/출력 : 32점

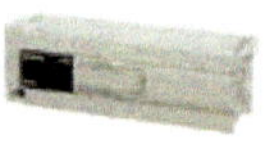

| 모델 | | | |
|---|---|---|---|
| FX3U-80MR/ES | AC | D | R |
| FX3U-80MT/ES | AC | D | T1 |
| FX3U-80MT/ESS | AC | D | T2 |
| FX3U-80MR/DS | DC | D | R |
| FX3U-80MT/DS | DC | D | T1 |
| FX3U-80MT/DSS | DC | D | T2 |

입력 : 40점/출력 : 40점

| 모델 | | | |
|---|---|---|---|
| FX3U-128MR/ES | AC | D | R |
| FX3U-128MT/ES | AC | D | T1 |
| FX3U-128MT/ESS | AC | D | T2 |

입력 : 64점/출력 : 64점

| 모델 | | | |
|---|---|---|---|
| FX3U-32MR/UA1 | AC | A | R |

입력 : 16점/출력 : 16점

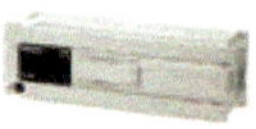

| 모델 | | | |
|---|---|---|---|
| FX3U-64MR/UA1 | AC | A | R |

입력 : 32점/출력 : 32점

AC AC전원　DC DC전원
A AC입력　D DC입력(싱크/소스)
R 릴레이 출력　T1 트랜지스터 출력(싱크)　T2 트랜지스터 출력(소스)　S 트랜지스터 출력

※1 : 기본 유니트 Ver. 2.70 이상에서 대응
※2 : 기본 유니트 Ver. 2.61 이상에서 대응
※3 : 기본 유니트 Ver. 3.10 이상에서 대응, 어댑터 왼쪽에 1대만 장착 가능
※4 : MODBUS 통신은 기본 유니트 Ver. 2.40 이상에서 대응
※5 : 고속 입출력 특수 어댑터의 후단에 특수 어댑터를 접속하는 경우에는 기능 확장 보드가 필요합니다.
※6 : 기본 유니트 Ver. 2.21 이상에서 대응
※7 : 기본 유니트 Ver. 3.00 이상에서 대응
※8 : 기본 유니트 AC 전원 타입만 접속 가능

## 개략 사양

| 항목 | | 개략 사양 |
|---|---|---|
| 전원 · 입출력 | 전원 사양 | AC 전원 타입 : AC100 ~ 240V 50/60Hz DC 전원 타입 : DC24V |
| | 소비 전력 | AC 전원 타입 : 30W(16M), 35W(32M), 40W(48M), 45W(64M), 50W(80M), 65W(128M)<br>DC 전원 타입 : 25W(16M), 30W(32M), 35W(48M), 40W(64M), 45W(80M) |
| | 돌입 전류 | AC 전원 타입 : 최대 30A 5ms 이하/AC100V, 최대 45A 5ms 이하 /AC200V<br>DC 전원 타입 : 최대 35A 5ms 이하/DC24V |
| | 24V 서비스 전원 | AC 전원 DC 입력 타입 : 400mA 이하(16M, 32M) 600mA 이하(48M, 64M, 80M, 128M) |
| | 입력 사양 | DC 입력 타입 : DC24V, 5 ~7mA(무전압 접점 또는 싱크 입력 시 : NPN 오픈 컬렉터 트랜지스터, 소스 입력 시 : PNP 오픈 컬렉터 트랜지스터)<br>AC 입력 타입 : AC100 ~ 120V AC 전압 입력 |
| | 출력 사양 | 릴레이 출력 타입 : 2A/1점, 8A/4점 코먼, 8A/8점 코먼 AC250V(CE, UL/cUL 규격 대응 시는 240V) DC30V 이하<br>트라이액 출력 타입 : 0.3A/1점, 0.8A/4점 코먼 AC85 ~ 242V<br>트랜지스터 출력 타입 : 0.5A/1점, 0.8A/4점, 1.6A/ 8점 코먼 DC5 ~ 30V |
| | 입출력 증설 | FX2N 시리즈용 증설 기기 접속 가능 |
| 내장 통신 포트 | | RS-422 |

사진은 대표 모델입니다. 외형 치수 • 외관은 각 증설 기기마다 다릅니다.
: 2015년 12월말 생산 종료 예정 기종

## ■ 증설 기기(일본용)

**입력 증설 블록**
- FX2N-8EX
- FX2N-8EX-UA1/UL
- FX2N-16EX
- FX2N-16EX-C
- FX2N-16EXL-C

**입출력 증설 블록**
- FX2N-8ER

**출력 증설 블록**
- FX2N-8EYR
- FX2N-8EYT
- FX2N-8EYT-H
- FX2N-8EYR-S-ES/UL
- FX2N-16EYR
- FX2N-16EYT
- FX2N-16EYT-C
- FX2N-16EYS

**입출력 증설 유니트**
- FX2N-32ER
- FX2N-32ES
- FX2N-32ET
- FX2N-48ER
- FX2N-48ET
- FX2N-48ER-UA1/UL
- FX2N-48ER-D
- FX2N-48ET-D

**특수 증설 블록 / 유니트**

●아날로그 A/D변환
- FX2N-2AD
- FX2N-4AD
- FX2N-8AD
- FX3U-4AD

●아날로그 D/A변환
- FX2N-2DA
- FX2N-4DA
- FX3U-4DA

●AD/DA 혼합
- FX0N-3A
- FX2N-5A

●온도 센서 입력
- FX2N-4AD-TC
- FX2N-4AD-PT

●온도 조절
- FX2N-2LC
- FX3U-4LC

●위치결정 제어
- FX2N-1HC
- FX3U-2HC
- FX2N-1PG
- FX3U-1PG
- FX2N-10PG
- FX3U-20SSC-H
- FX2N-1RM-SET
- FX2N-10GM
- FX2N-20GM

●통신/네트워크
- FX2N-232IF
- FX3U-16CCL-M
- FX3U-64CCL
- FX2N-32CCL
- FX2N-64CL-M
- FX3U-128ASL-M
- FX3U-128BTY-M
- FX3U-ENET-L *6

**증설 전원 유니트**
- FX3U-1PSU-5V *8

## ■ 증설 기기(해외용)

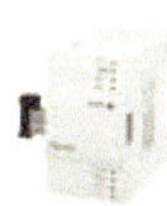

**입력 증설 블록**
- FX2N-8EX-ES/UL
- FX2N-8EX-UA1/UL
- FX2N-16EX-ES/UL

**입출력 증설 블록**
- FX2N-8ER-ES/UL

**출력 증설 블록**
- FX2N-8EYR-ES/UL
- FX2N-8EYT-ESS/UL
- FX2N-8EYR-S-ES/UL
- FX2N-16EYR-ES/UL
- FX2N-16EYT-ESS/UL
- FX2N-16EYS

**입출력 증설 유니트**
- FX2N-32ER-ES/UL
- FX2N-32ET-ESS/UL
- FX2N-48ER-ES/UL
- FX2N-48ET-ESS/UL
- FX2N-48ER-DS
- FX2N-48ET-DSS
- FX2N-48ER-UA1/UL

**특수 증설 블록 / 유니트**

●아날로그 A/D변환
- FX2N-2AD
- FX2N-4AD
- FX2N-8AD
- FX3U-4AD

●아날로그 D/A변환
- FX2N-2DA
- FX2N-4DA
- FX3U-4DA

●AD/DA 혼합
- FX0N-3A
- FX2N-5A

●온도 센서 입력
- FX2N-4AD-TC
- FX2N-4AD-PT

●온도 조절
- FX2N-2LC
- FX3U-4LC

●위치결정 제어
- FX2N-1HC
- FX3U-2HC
- FX2N-1PG-E
- FX3U-1PG
- FX2N-10PG
- FX3U-20SSC-H
- FX2N-1RM-E-SET
- FX2N-10GM
- FX2N-20GM

●통신/네트워크
- FX2N-232IF
- FX3U-16CCL-M
- FX3U-64CCL
- FX2N-32CCL
- FX2N-64CL-M
- FX3U-128ASL-M(일본용)
- FX3U-ENET-L *6

**증설 전원 유니트**
- FX3U -1PSU-5V *8

## ■ 옵션

**디스플레이 모듈**
- FX3U-7DM

**디스플레이 모듈 홀더**
- FX3U-7DM-HLD

**메모리 카세트**
- FX3U-FLROM-16
- FX3U-FLROM-64
- FX3U-FLROM-64L
- FX3U-FLROM-1M *7

**보조용품**
- FX3U-32BL
- 배터리(기본 유니트에 장착)

**증설 연장 케이블**
- FX0N-30EC (30cm)
- FX0N-65EC (65cm)

**커넥터 변환 어댑터**
- FX2N-CNV-BC

## ■ 주변기기

**표시기**
- GOT1000, GOT2000

**핸디 프로그래밍 패널**
- FX-30P

**PC 접속용 변환기**
- FX-USB-AW USB용
- FX-232AWC-H RS-232C용

**프로그래밍 소프트웨어**
- GX Works2

부록

# System Configuration 시스템 구성

## FX3UC

제어규모 : 16~256점(기본 유니트 : 16/32/64/96점)
(C-Link, AnyWire의 리모트 I/O구성시 384점)

**콤팩트 사이즈의 제 3 세대 초소형 PLC.**
**커넥터 입출력 형식으로 배선 절감.**
**업계 최고 수준의 고속 처리 및 위치결정 등**
**내장 기능 대폭 강화.**

### ■ 특수 어댑터

| 아날로그 특수 어댑터 | |
|---|---|
| FX3U-4AD-ADP | 입력용 |
| FX3U-4DA-ADP | 출력용 |
| FX3U-3A-ADP ※1 | 입출력용 |
| FX3U-4AD-TC-ADP | 열전대 입력용 |
| FX3U-4AD-PT-ADP | Pt100 입력용 |
| FX3U-4AD-PTW-ADP | Pt100 입력용 |

| 통신 특수 어댑터 | |
|---|---|
| FX3U-ENET-ADP ※2 | Ethernet 통신용 |
| FX3U-232ADP-MB ※8 | RS-232C (MODBUS) 통신용 |
| FX3U-485ADP-MB ※8 | Rs-485 (MODBUS) 통신용 |

| CF카드 특수 어댑터 | |
|---|---|
| FX3U-CF-ADP ※1 | 데이터 수집용 |

특수 어댑터는 오른쪽에 기재한 기본 유니트에 직접 장착할 수 있습니다.
기능 확장 보드는 필요 없습니다.

### ■ FX3UC 기본 유니트(일본용)

| | | |
|---|---|---|
| FX3UC-16MR/D-T | DC D1 R | 입력 : 8점/출력 : 8점 |
| FX3UC-64MT/D | DC D1 T1 | 입력 : 32점/출력 : 32점 |
| FX3UC-16MT/D | DC D1 T1 | 입력 : 8점/출력 : 8점 |
| FX3UC-96MT/D | DC D1 T1 | 입력 : 48점/출력 : 48점 |
| FX3UC-32MT/D | DC D1 T1 | 입력 : 16점/출력 : 16점 |

### ■ FX3UC 기본 유니트(해외용)

| | | |
|---|---|---|
| FX3UC-16MR/DS-T | DC D2 R | 입력 : 8점/출력 : 8점 |
| FX3UC-64MT/DSS | DC D2 T2 | 입력 : 32점/출력 : 32점 |
| FX3UC-16MT/DSS | DC D2 T2 | 입력 : 8점/출력 : 8점 |
| FX3UC-96MT/DSS | DC D2 T2 | 입력 : 48점/출력 : 48점 |
| FX3UC-32MT/DSS | DC D2 T2 | 입력 : 16점/출력 : 16점 |

DC DC전원
D1 DC입력(싱크)　D2 DC입력(싱크/소스)
R 릴레이 출력　T1 트랜지스터 출력(싱크)　T2 트랜지스터 출력(소스)

### ■ 주변기기

**표시기**
GOT1000, GOT2000

**핸디 프로그래밍 패널**
FX-30P

**PC 접속용 변환기**
FX-USB-AW　USB용
FX-232AWC-H　RS-232C용

**프로그래밍 소프트웨어**
GX Works2

### ■ 옵션

**메모리 카세트**
FX3U-FLROM-64
FX3U-FLROM-16
FX3U-FLROM-64L
FX3U-FLROM-1M ※3

**증설 연장 케이블**
FX0N-30EC (30cm)
FX0N-65EC (65cm)

**커넥터 변환 어댑터**
FX2N-CNV-BC

**시뮬레이션 입력 스위치**
●기본 유니트(싱크 입력)나
FX2NC-□□EX의 입력용
FX2C-16SW-C
●FX-16E-TB형 터미널 블록용
FX2C-16SW-TB

**보조용품**
●배터리
FX3U-32BL (기본 유니트에 장착)
●기본 유니트용 전원 케이블
FX2NC-100MPCB(1m) (기본 유니트에 부속)
●증설 입력 블록용 입력 전원 케이블
FX2NC-100BPCB(1m) (기본 유니트에 부속※4)
●증설 입력 블록용 입력 전원 이동 케이블
FX2NC-10BPCB1(0.1m) (증설 블록에 부속※4)

※1 : 기본 유니트 Ver.2.61 이상에서 대응
※2 : 기본 유니트 Ver.3.10 이상에서 대응, 어댑터 왼쪽에 1대만 장착 가능
※3 : 기본 유니트 Ver.3.00 이상에서 대응
※4 : 해외 적합 제품 등 사용하지 않는 기기에는 부속되어 있지 않습니다.
※5 : 기본 유니트 Ver.2.21 이상에서 대응
※6 : FX2NC-64ET측 40핀, 터미널 블록측 20핀×2
※7 : 0.5mm²용 "-SA" 타입도 있습니다.
※8 : MODBUS통신은 기본 유니트 Ver. 2.40 이상에서 대응

## 개략 사양

| 항목 | | 개략 사양 |
|---|---|---|
| 전원 · 입출력 | 전원 사양 | DC24V |
| | 소비 전력 ※1 | 6W(16점 타입), 8W(32점 타입), 11W(64점 타입), 14W(96점 타입) |
| | 돌입 전류 | 최대 30A 0.5ms 이하 /DC24V |
| | 입력 사양 | DC24V, 5 ~ 7mA(무전압 접점 또는 오픈 컬렉터 트랜지스터 ※2) |
| | 출력 사양 | 릴레이 출력 타입 : 2A/1점, 4A/1 코먼 AC250V(CE, UL/cUL 규격 대응 시는 240V), DC30V 이하<br>트랜지스터 출력 타입 : 0.1A/1점(Y000 ~ Y003은 0.3A/1점) DC5 ~ 30V |
| | 입출력 증설 | FX2NC, FX2N ※3 시리즈용 증설 블록 접속 가능 |
| 내장 통신 포트 | | RS-422 |

※1 : 이 소비 전력에 입출력용 증설 블록, 특수 증설 유니트/ 블록의 소비 전력은 포함되어 있지 않습니다.
입출력용 증설 블록의 소비 전력(전류)에 대해서는 FX3UC 사용자 매뉴얼 [하드웨어편]을 참조하십시오.
특수 증설 유니트/ 블록의 소비 전력에 대해서는 각각의 매뉴얼을 참조하십시오.

※2 : FX3UC- □□ MT/D 타입은 NPN 오픈 컬렉터 트랜지스터 입력, FX3UC- □□ MT/DSS 타입은 NPN 또는 PNP 오픈 컬렉터 트랜지스터 입력.

※3 : 커넥터 변환 어댑터 또는 증설 전원 유니트 필요.

사진은 대표 모델입니다. 외형 치수 • 외관은 각 증설 기기마다 다릅니다.
(음영) : 2015년 12월말 생산 종료 예정 기종

## ■ 증설 기기(일본용)

**입력 증설 블록**
FX2NC-16EX
FX2NC-16EX-T
FX2NC-32EX

**출력 증설 블록**
FX2NC-16EYT
FX2NC-16EYR-T
FX2NC-32EYT

**입출력 증설 블록**
FX2NC-64ET

**특수 증설 블록**
FX3UC-4AD
FX2NC-4AD
FX2NC-4DA
FX2NC-1HC

**증설 전원 유니트**
FX3UC-1PS-5V

또는

**커넥터 변환 어댑터**
FX2NC-CNV-IF

**입력 증설 블록**
FX2N-8EX
FX2N-8EX-UA1/UL
FX2N-16EX
FX2N-16EX-C
FX2N-16EXL-C

**입출력 증설 블록**
FX2N-8ER

**출력 증설 블록**
FX2N-8EYR
FX2N-8EYT
FX2N-8EYT-H
FX2N-8EYR-S-ES/UL
FX2N-16EYR
FX2N-16EYT
FX2N-16EYT-C
FX2N-16EYS

**특수 증설 블록 / 유니트**

●아날로그 A/D변환
FX2N-2AD
FX2N-4AD
FX2N-8AD
FX3U-4AD

●아날로그 D/A변환
FX2N-2DA
FX2N-4DA
FX3U-4DA

●AD/DA 혼합
FX0N-3A
FX2N-5A

●온도 센서 입력
FX2N-4AD-TC
FX2N-4AD-PT

●온도 조절
FX2N-2LC
FX3U-4LC

●위치결정 제어
FX2N-1HC
FX3U-2HC
FX2N-1PG
FX3U-1PG
FX2N-10PG
FX3U-20SSC-H
FX2N-1RM-SET
FX2N-10GM
FX2N-20GM

●통신/네트워크
FX2N-232IF
FX3U-16CCL-M
FX3U-64CCL
FX2N-32CCL
FX2N-64CL-M
FX3U-128ASL-M
FX3U-128BTY-M
FX3U-ENET-L ※5

**입출력용 터미널 블록**

| | |
|---|---|
| FX-16E-TB | FX-16EYT-TB |
| FX-16EYR-TB | FX-16EX-A1-TB |
| FX-16EYS-TB | FX-32E-TB |

## ■ 증설 기기(해외용)

**입력 증설 블록**
FX2NC-16EX-DS
FX2NC-16EX-T-DS
FX2NC-32EX-DS

**출력 증설 블록**
FX2NC-16EYT-DSS
FX2NC-16EYR-T-DS
FX2NC-32EYT-DSS

**특수 증설 블록**
FX3UC-4AD
FX2NC-4AD
FX2NC-4DA
FX2NC-1HC

**증설 전원 유니트**
FX3UC-1PS-5V

또는

**커넥터 변환 어댑터**
FX2NC-CNV-IF

**입력 증설 블록**
FX2N-8EX-ES/UL
FX2N-8EX-UA1/UL
FX2N-16EX-ES/UL

**입출력 증설 블록**
FX2N-8ER-ES/UL

**출력 증설 블록**
FX2N-8EYR-ES/UL
FX2N-8EYT-ESS/UL
FX2N-8EYR-S-ES/UL
FX2N-16EYR-ES/UL
FX2N-16EYT-ESS/UL

**특수 증설 블록 / 유니트**

●아날로그 A/D변환
FX2N-2AD
FX2N-4AD
FX2N-8AD
FX3U-4AD

●아날로그 D/A변환
FX2N-2DA
FX2N-4DA
FX3U-4DA

●AD/DA 혼합
FX0N-3A
FX2N-5A

●온도 센서 입력
FX2N-4AD-TC
FX2N-4AD-PT

●온도 조절
FX2N-2LC
FX3U-4LC

●위치결정 제어
FX2N-1HC
FX3U-2HC
FX2N-1PG-E
FX3U-1PG
FX2N-10PG
FX3U-20SSC-H
FX2N-1RM-E-SET
FX2N-10GM
FX2N-20GM

●통신/네트워크
FX2N-232IF
FX3U-16CCL-M
FX3U-64CCL
FX2N-32CCL
FX2N-64CL-M
FX3U-128ASL-M(일본용)
FX3U-ENET-L ※5

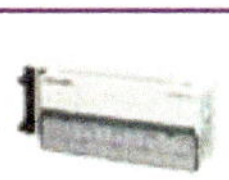

**입출력용 터미널 블록**

| | |
|---|---|
| FX-16E-TB/UL | FX-16EYT-ES-TB/UL |
| FX-16EYR-ES-TB/UL | FX-16EYT-ESS-TB/UL |
| FX-16EYS-ES-TB/UL | FX-32E-TB/UL |

**입출력 케이블**

●범용 입출력 케이블
FX-16E-500CAB-S (5m 20핀)

●터미널 블록용
FX-16E-□CAB (양단 20핀)
FX-32E-□CAB ※6
□ : 150(1.5m) / 300(3m) / 500(5m)

●터미널 블록용
FX-16E-□CAB-R (20핀)
□ : 150(1.5m) / 300(3m) / 500(5m)

●A6TBXY36형 커넥터 단자대 변환 유니트용
FX-A32E-□CAB (1.5m)
□ : 150(1.5m) / 300(3m) / 500(5m)

**입출력 케이블 자작용 커넥터**

●플랫 케이블용 커넥터
FX2C-I/O-CON (0.1mm² 20핀용)
FX-I/O-CON2 (0.1mm² 40핀용)

●날개선용 커넥터
FX2C-I/O-CON-S (0.3mm² 20핀용) ※7
FX-I/O-CON2-S (0.3mm² 40핀용) ※7

부록

# System Configuration 시스템 구성

FX3UC

CC-Link/LT

제어규모 : 32~256(기본 유니트 : 32점)
(CC-Link, AnyWire의 리모트 I/O 구성 시 384점) ※1

**콤팩트 사이즈의 제 3 세대 초소형 PLC.**
**커넥터 입출력 형식으로 배선 절감을 위한**
**CC-Link/LT 마스터 기능 내장.**
**업계 최고 수준의 고속 처리 및 위치결정 등**
**내장 기능 대폭 강화.**

화면은 장착되어 있습니다.
※1 : Ver2.20 이상에서 대응

## ■ 특수 어댑터

| 아날로그 특수 어댑터 | |
|---|---|
| FX3U-4AD-ADP ※1 | 입력용 |
| FX3U-4DA-ADP ※1 | 출력용 |
| FX3U-3A-ADP ※2 | 입출력용 |
| FX3U-4AD-PT-ADP ※3 | Pt100 입력용 |
| FX3U-4AD-PTW-ADP ※3 | Pt100 입력용 |
| FX3U-4AD-TC-ADP ※3 | 열전대 입력용 |
| **통신 특수 어댑터** | |
| FX3U-ENET-ADP ※4 | Ethernet통신용 |
| FX3U-232ADP-MB ※5 | RS-232C (MODBUS) 통신용 |
| FX3U-485ADP-MB ※5 | RS-485 (MODBUS) 통신용 |
| **CF카드 특수 어댑터** | |
| FX3U-CF-ADP ※2 | 데이터 수집용 |

## ■ 기능 확장 보드

| 통신용 | |
|---|---|
| FX3U-232-BD | RS-232C 통신용 |
| FX3U-485-BD | RS-485 통신용 |
| FX3U-422-BD | RS-422 주변기기 통신용 |
| FX3U-USB-BD | USB 통신용 |
| **8점 아날로그 볼륨용** | |
| FX3U-8AV-BD ※6 | 8점 아날로그 볼륨용 |
| **특수 어댑터 접속용** | |
| FX3U-CNV-BD | 특수 어댑터 접속용 |

특수 어댑터의 접속에는 기능 확장 보드가 필요합니다.
조합 방법의 자세한 내용은 제품 매뉴얼을 참조하십시오.

## ■ FX3UC-32MT-LT(-2) 기본 유니트

FX3UC-32MT-LT
DC D T
입력 : 16점/출력 : 16점

FX3UC-32MT-LT-2
DC D T
입력 : 16점/출력 : 16점

DC DC전원
D DC입력(싱크)
T 트랜지스터 출력(싱크)

## ■ CC-Link/LT

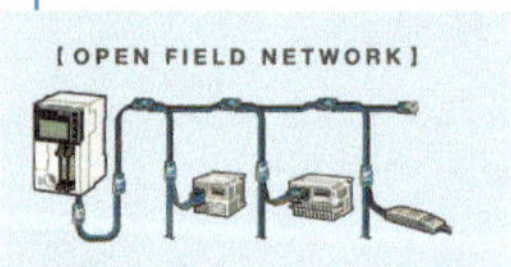


기본 유니트는
CC-Link/LT의 설정 방법이 다릅니다.
FX3UC-32MT-LT : 내장 DIP 스위치로 설정
FX3UC-32MT-LT-2 : GX Works2에서 설정

## ■ 주변기기

| 표시기 | 핸디 프로그래밍 패널 | PC 접속용 변환기 | 프로그래밍 소프트웨어 |
|---|---|---|---|
| GOT1000, GOT2000 | FX-30P | FX-USB-AW USB용<br>FX-232AWC-H RS-232C용 | GX Works2 |

## ■ 옵션

| 메모리 카세트 | 증설 연장 케이블 | 커넥터 변환 어댑터 |
|---|---|---|
| FX3U-FLROM-64<br>FX3U-FLROM-16 ※7<br>FX3U-FLROM-64L ※7<br>FX3U-FLROM-1M ※8 | FX0N-30EC (30cm)<br>FX0N-65EC (65cm) | FX2N-CNV-BC |

**시뮬레이션 입력 스위치**
- 기본 유니트나 FX2NC-□□EX의 입력용
  FX2C-16SW-C
- FX-16E-TB형 터미널 블록용
  FX2C-16SW-TB

**보조용품**
- 배터리
  FX3U-32BL (기본 유니트에 장착)
- 기본 유니트용 전원 케이블
  FX2NC-100MPCB(1m) (기본 유니트에 부속)
- 증설 입력 블록용 입력 전원 케이블
  FX2NC-100BPCB(1m) (기본 유니트에 부속)
- 증설 입력 블록용 입력 전원 이동 케이블
  FX2NC-10BPCB1(0.1m) (증설 블록에 부속)

## 개략 사양

| 항목 | | 개략 사양 |
|---|---|---|
| 전원 · 입출력 | 전원 사양 | DC24V |
| | 소비 전력 ※2 | FX3UC-32MT-LT : 7W, FX3UC-32MT-LT-2 : 9W |
| | 돌입 전류 | 최대 30A 0.5ms 이하 /DC24V |
| | 24V 서비스 전원 | 없음. 다만, CC-Link/LT 네트워크용에 DC24V 350mA 내장 |
| | 입력 사양 | DC24V, 5 ~ 7mA(무전압 접점 또는 NPN 오픈 컬렉터 트랜지스터) |
| | 출력 사양 | 트랜지스터 출력 : 0.1A/1점(Y000 ~ Y003은 0.3A/1점) DC5 ~ 30V |
| | 입출력 증설 | FX2NC, FX2N ※3시리즈용 증설 블록 접속 가능 |
| 내장 통신 포트 | | RS-422, CC-Link/LT 마스터 각 1ch |

※2 : 이 소비 전력에 입출력용 증설 블록, 특수 증설 유니트/ 블록의 소비 전력은 포함되어 있지 않습니다.
입출력용 증설 블록의 소비 전력(전류)에 대해서는 FX3UC 사용자 매뉴얼 [하드웨어편]을 참조하십시오.
특수 증설 유니트/ 블록의 소비 전력에 대해서는 각각의 매뉴얼을 참조하십시오.

※3 : 변환 어댑터 또는 증설 전원 유니트 필요.

## ■ 증설기기

사진은 대표 모델입니다. 외형 치수 • 외관은 각 증설 기기마다 다릅니다.
(음영 표시) : 2015년 12월말 생산 종료 예정 기종

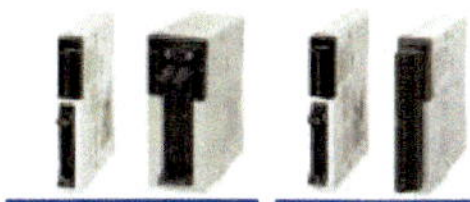

**입력 증설 블록**
FX2NC-16EX
FX2NC-16EX-T
FX2NC-32EX

**출력 증설 블록**
FX2NC-16EYT
FX2NC-16EYR-T
FX2NC-32EYT

**입출력 증설 블록**
FX2NC-64ET

**특수 증설 블록**
FX3UC-4AD ※3
FX2NC-4AD
FX2NC-4DA
FX2NC-1HC

**증설 전원 유니트**
FX3UC-1PS-5V

또는

**커넥터 변환 어댑터**
FX2NC-CNV-IF

**입력 증설 블록**
FX2N-8EX
FX2N-8EX-UA1/UL
FX2N-16EX
FX2N-16EX-C
FX2N-16EXL-C

**입출력 증설 블록**
FX2N-8ER

**출력 증설 블록**
FX2N-8EYR
FX2N-8EYT
FX2N-8EYT-H
FX2N-8EYR-S-ES/UL
FX2N-16EYR
FX2N-16EYT
FX2N-16EYT-C
FX2N-16EYS

**특수 증설 블록 / 유니트**

●아날로그 A/D변환
FX2N-2AD
FX2N-4AD
FX2N-8AD
FX3U-4AD ※3

●아날로그 D/A변환
FX2N-2DA
FX2N-4DA
FX3U-4DA ※3

●AD/DA 혼합
FX0N-3A
FX2N-5A

●온도 센서 입력
FX2N-4AD-TC
FX2N-4AD-PT

●온도 조절
FX2N-2LC
FX3U-4LC ※7

●위치결정 제어
FX2N-1HC
FX3U-2HC ※7
FX2N-1PG
FX3U-1PG ※7
FX2N-10PG
FX3U-20SSC-H ※7
FX2N-1RM-SET
FX2N-10GM
FX2N-20GM

●통신/네트워크
FX2N-232IF
FX3U-16CCL-M ※7
FX3U-64CCL ※7
FX2N-32CCL
FX2N-64CL-M
FX3U-128ASL-M ※7 (일본용)
FX3U-128BTY-M ※7 (일본용)
FX3U-ENET-L ※9

**입출력용 터미널 블록**

| | |
|---|---|
| FX-16E-TB | FX-16EYT-TB |
| FX-16EYR-TB | FX-16EX-A1-TB |
| FX-16EYS-TB | FX-32E-TB |

**입출력 케이블**

●범용 입출력 케이블
FX-16E-500CAB-S (5m 20핀)

●터미널 블록용
FX-16E-□CAB (양단 20핀)
FX-32E-□CAB ※10
□ : 150(1.5m) / 300(3m) / 500(5m)

●터미널 블록용
FX-16E-□CAB-R (20핀)
□ : 150(1.5m) / 300(3m) / 500(5m)

●A6TBXY36형 커넥터 단자대 변환 유니트용
FX-A32E-□CAB (1.5m)
□ : 150(1.5m) / 300(3m) / 500(5m)

**입출력 케이블 자작용 커넥터**

●플랫 케이블용 커넥터
FX2C-I/O-CON (0.1mm² 20핀용)
FX-I/O-CON2 (0.1mm² 40핀용)

●낱개선용 커넥터
FX2C-I/O-CON-S (0.3mm² 20핀용) ※11
FX-I/O-CON2-S (0.3mm² 40핀용) ※11

※1 : 기본 유니트 Ver.1.20 이상에서 대응
※2 : 기본 유니트 Ver.2.61 이상에서 대응
※3 : 기본 유니트 Ver.1.30 이상에서 대응
※4 : 기본 유니트 Ver.3.10 이상에서 대응, 어댑터 왼쪽에 1대만 장착 가능
※5 : MODBUS통신은 기본 유니트 Ver. 2.40 이상에서 대응
※6 : 기본 유니트 Ver.2.70 이상에서 대응
※7 : 기본 유니트 Ver.2.20 이상에서 대응
※8 : 기본 유니트 Ver.3.00 이상에서 대응
※9 : 기본 유니트 Ver.2.21 이상에서 대응
※10 : FX2NC-64ET측 40핀, 터미널 블록측 20핀×2
※11 : 0.5mm²용 "-SA" 타입도 있습니다.

## Selection Guide 선정 가이드

**점수 선택** 입출력 30점 전후 또는 입출력 31~256점 ▶23페이지로 / 입출력 257~384점 ▶24페이지로

▼

조건 선택 ▶ 기능 선택 ▶ 체크 ▶ 기종 결정 (세로방향에 ○, ◎이 표시된 기종이 적합합니다)

| 조건 제어 내용 | 필요한 기능 ※2 | 필요 기능 체크 | 입출력 단자대 타입 | | | | 입출력 커넥터 타입 | |
|---|---|---|---|---|---|---|---|---|
| | | | 증설 불가능 ※1 | 증설 가능 | | | 증설 가능 | |
| | | | FX1S 8페이지 | FX3S 10페이지 | FX3G 12페이지 | FX3U 16페이지 | FX3GC 14페이지 | FX3UC 18페이지 |
| 전원 | AC전원 | □ | ○ | ○ | ◎ | ◎ | - | - |
| | DC전원 | □ | ○ | ○ | ◎ | ◎ | ◎ | ◎ |
| 본체 출력 형식 | 릴레이 | □ | ○ | ○ | ◎ | ◎ | - | ◎ |
| | 트랜지스터 | □ | ○ | ○ | ◎ | ◎ | ◎ | ◎ |
| | 트라이액 | □ | - | - | - | ◎ | - | - |
| 시퀀스 제어 레벨 | 표준 속도 연산 | □ | ○ | ○ | ○ | ◎ | ○ | ◎ |
| | 고속연산, 데이터 처리 | □ | ※ | ※ | ○ | ○ | ○ | ○ |
| 아날로그 입력/출력 | 1~2ch | □ | ○ | ○ | ○ | ◎ | ○ | ◎ |
| | 3ch 이상 | □ | - | ○ | ○ | ◎ | ○ | ◎ |
| 온도 센서 입력/온도 조절 | | □ | - | ○ | ○ | ◎ | ○ | ◎ |
| 네트워크·통신·데이터 수집 | CC-Link/LT [마스터] | □ | - | - | ○ | ◎ | ○ | ※1 |
| | CC-Link [마스터/인텔리전트/리모트] | □ | - | - | ○ | ◎ | ○ | ◎ |
| | AnyWire [마스터] | □ | - | - | ○ | ◎ | ○ | ◎ |
| | Ethernet | □ | - | ○ | ○ | ○ | ○ | ○ |
| | MODBUS | □ | - | ○ | ○ | ○ | ○ | ○ |
| | 간이 PLC간 링크/병렬 링크 | □ | ○ | ○ | ○ | ◎ | ○ | ◎ |
| | 계산기 링크 [RS-232C/RS-485] | □ | ○ | ○ | ○ | ◎ | ○ | ◎ |
| | 무수순:1ch [RS-232C/RS-485] | □ | ○ | ○ | ○ | ◎ | ○ | ◎ |
| | 무수순:다 ch [RS-232C] | □ | - | - | ※ | ○ | ※ | ○ |
| | 무수순:다 ch [RS-485] | □ | - | - | ※ | ○ | ※ | ○ |
| | 데이터 수집 (CF카드) | □ | - | - | - | ○ | - | ○ |
| | 주변기기 포트 증설: RS-422 | □ | ○ | ○ | ◎ | ◎ | - | ○※3 |
| | 주변기기 포트 증설: RS-232C | □ | ○ | ○ | ◎ | ◎ | ◎ | ◎ |
| | 주변기기 포트 증설: USB | □ | - | ◎ 내장 | ◎ 내장 | ○ | ◎ 내장 | ○※3 |
| 인버터 제어 | RS-485 통신 | □ | - | ○ | ○ | ○ | ○ | ○ |
| 위치결정 | 1~2축 내장 간이 위치 결정 | □ | ○ | ○ | ○ | ○ | ○ | ○ |
| | 3축 내장 간이 위치 결정 | □ | - | - | ○※4 | ○ | - | ○ |
| | 4축 고속 출력 어댑터 증설 | □ | - | - | - | ○ | - | - |
| | 위치결정 블록/유니트 증설 | □ | - | - | - | ◎ | - | ◎ |
| 고속 카운터 | 기본 유니트 내장 기능 | □ | ○ | ○ | ○ | ◎ | ○ | ◎ |
| | 고속 카운터 블록 증설 | □ | - | - | - | ◎ | - | ◎ |

※1 : 기능 확장 보드에 의한 작은 점수의 증설은 가능.
※2 : 본체 내장 기능 이외의 기능 사용 시는 옵션 기기의 증설이 필요합니다.
또한, 증설 기기의 접속 기종 및 조합에는 각 기종별 규칙이나 제약이 있습니다.
조합 가능 여부에 관한 자세한 내용은 이후에 설명하는 기종 선정이나 제품 매뉴얼에서 확인하십시오.
※3 : 기능 확장 보드 FX3UC-□□MT/D, FX3UC-□□MT/DSS에는 장착할 수 없습니다.
※4 : 40점/60점 타입 기본 유니트만 대응.

○ : 요구 기능을 가진 시리즈
◎ : 보다 고기능 또는 확장성을 가진 시리즈
※ : 제어 사양에 따라 적합한 시리즈
※1 : FX3UC-32MT-LT(-2)는 마스터 기능 내장
■ : 2015년 12월말 생산 종료 예정 기종

| 점수 선택 | 입출력 31~256점 까지 | 또는 | 입출력 30점까지 ▶22페이지로 | 입출력 257~384점 ▶24페이지로 |
|---|---|---|---|---|

조건 선택 ▶ 기능 선택 ▶ 체크 ▶ 기종 결정 ( 세로방향에 ○, ◎이 표시된 기종이 적합합니다 )

| 조건 제어 내용 | 필요한 기능 ※2 | | 필요 기능 체크 | 입출력 단자대 타입 / 증설 불가능 ※1 | 입출력 단자대 타입 / 증설 불가능 ※1 | 입출력 단자대 타입 / 증설 가능 | 입출력 단자대 타입 / 증설 가능 | 입출력 커넥터 타입 / 증설 가능 | 입출력 커넥터 타입 / 증설 가능 |
|---|---|---|---|---|---|---|---|---|---|
| | | | | FX1S 8페이지 | FX3S 10페이지 | FX3G 12페이지 | FX3U 16페이지 | FX3GC 14페이지 | FX3UC 18페이지 |
| 전원 | AC전원 | | □ | - | - | ◎ | ◎ | - | - |
| | DC전원 | | □ | - | - | ◎ | ◎ | ◎ | ◎ |
| 본체 출력 형식 | 릴레이 | | □ | - | - | ◎ | ◎ | - | ◎ |
| | 트랜지스터 | | □ | - | - | ◎ | ◎ | ◎ | ◎ |
| | 트라이액 | | □ | - | - | - | ◎ | - | - |
| 시퀀스 제어 레벨 | 표준 속도 연산 | | □ | - | - | ○ | ◎ | ○ | ◎ |
| | 고속연산, 데이터 처리 | | □ | - | - | ○ | ○ | ○ | ○ |
| 아날로그 입력/출력 | 1~2ch | | □ | - | - | ○ | ◎ | ○ | ◎ |
| | 3ch 이상 | | □ | - | - | ○ | ◎ | ○ | ◎ |
| 온도 센서 입력/온도 조절 | | | □ | - | - | ○ | ◎ | ○ | ◎ |
| 네트워크·통신·데이터 수집 | CC-Link/LT [마스터] | | □ | - | - | ○ | ◎ | ○ | ※1 |
| | CC-Link [마스터/인텔리전트/리모트] | | □ | - | - | ○ | ◎ | ○ | ◎ |
| | AnyWire [마스터] | | □ | - | - | ○ | ◎ | ○ | ◎ |
| | Ethernet | | □ | - | - | ○ | ○ | ○ | ○ |
| | MODBUS | | □ | - | - | ○ | ○ | ○ | ○ |
| | 간이 PLC간 링크/병렬 링크 | | □ | - | - | ○ | ◎ | ○ | ◎ |
| | 계산기 링크 [RS-232C/RS-485] | | □ | - | - | ○ | ◎ | ○ | ◎ |
| | 무수순:1ch [RS-232C/RS-485] | | □ | - | - | ○ | ◎ | ○ | ◎ |
| | 무수순:다 ch [RS-232C] | | □ | - | - | ※ | ○ | ※ | ○ |
| | 무수순:다 ch [RS-485] | | □ | - | - | ※ | ○ | ※ | ○ |
| | 데이터 수집 (CF카드) | | □ | - | - | - | ○ | - | ○ |
| | 주변기기 포트 증설 | RS-422 | □ | - | - | ◎ | ◎ | - | ○※3 |
| | | RS-232C | □ | - | - | ◎ | ◎ | ◎ | ◎ |
| | | USB | □ | - | - | ◎ 내장 | ○ | ◎ 내장 | ○※3 |
| 인버터 제어 | RS-485 통신 | | □ | - | - | ○ | ○ | ○ | ○ |
| 위치결정 | 1~2축 내장 간이 위치 결정 | | □ | - | - | ○ | ○ | ○ | ○ |
| | 3축 내장 간이 위치 결정 | | □ | - | - | ○※4 | ○ | - | ○ |
| | 4축 고속 출력 어댑터 증설 | | □ | - | - | - | ○ | - | - |
| | 위치결정 블록/유니트 증설 | | □ | - | - | - | ◎ | - | ◎ |
| 고속 카운터 | 기본 유니트 내장 기능 | | □ | - | - | ○ | ◎ | ○ | ◎ |
| | 고속 카운터 블록 증설 | | □ | - | - | - | ◎ | - | ◎ |

※1 : 기능 확장 보드에 의한 작은 점수의 증설은 가능.
※2 : 본체 내장 기능 이외의 기능 사용 시는 옵션 기기의 증설이 필요합니다.
또한, 증설 기기의 접속 기종 및 조합에는 각 기종별 규칙이나 제약이 있습니다.
조합 가능 여부에 관한 자세한 내용은 이후에 설명하는 기종 선정이나 제품 매뉴얼에서 확인하십시오.
※3 : 기능 확장 보드 FX3UC-□□MT/D, FX3UC-□□MT/DSS에는 장착할 수 없습니다.
※4 : 40점/60점 타입 기본 유니트만 대응.

○ : 요구 기능을 가진 시리즈
◎ : 보다 고기능 또는 확장성을 가진 시리즈
※ : 제어 사양에 따라 적합한 시리즈
※1 : FX3UC-32MT-LT(-2)는 마스터 기능 내장
■ : 2015년 12월말 생산 종료 예정 기종

## Selection Guide 선정 가이드

☒数を選ぶ 입출력 257~384점 까지 또는 입출력 30점까지 ▶22페이지로 입출력 31~256점 ▶23페이지로

조건 선택 ▶ 기능 선택 ▶ 체크 ▶ 기종 결정 (세로방향에 ○, ◎이 표시된 기종이 적합합니다)

| 조건 제어 내용 | 필요한 기능 ※2 | 필요 기능 체크 | 입출력 단자대 타입 | | | | 입출력 커넥터 타입 | |
|---|---|---|---|---|---|---|---|---|
| | | | 증설 불가능 ※1 | | 증설 가능 | | 증설 가능 | |
| | | | FX1S 8페이지 | FX3S 10페이지 | FX3G 12페이지 | FX3U 16페이지 | FX3GC 14페이지 | FX3UC 18페이지 |
| 전원 | AC전원 | □ | - | - | - | ○ | - | - |
| | DC전원 | □ | - | - | - | ○ | - | ○ |
| 본체 출력 형식 | 릴레이 | □ | - | - | - | ○ | - | ○ |
| | 트랜지스터 | □ | - | - | - | ○ | - | ○ |
| | 트라이액 | □ | - | - | - | ○ | - | - |
| 시퀀스 제어 레벨 | 표준 속도 연산 | □ | - | - | - | ○ | - | ○ |
| | 고속연산, 데이터 처리 | □ | - | - | - | ○ | - | ○ |
| 아날로그 입력/출력 | 1~2ch | □ | - | - | - | ○ | - | ○ |
| | 3ch 이상 | □ | - | - | - | ○ | - | ○ |
| 온도 센서 입력/온도 조절 | | □ | - | - | - | ○ | - | ○ |
| 네트워크·통신·데이터 수집 | CC-Link/LT [마스터] | □ | - | - | - | ○ | - | ※1 |
| | CC-Link [마스터/인텔리전트/리모트] | □ | - | - | - | ○ | - | ○ |
| | AnyWire [마스터] | □ | - | - | - | ○ | - | ○ |
| | Ethernet | □ | - | - | - | ○ | - | ○ |
| | MODBUS | □ | - | - | - | ○ | - | ○ |
| | 간이 PLC간 링크/병렬 링크 | □ | - | - | - | ○ | - | ○ |
| | 계산기 링크 [RS-232C/RS-485] | □ | - | - | - | ○ | - | ○ |
| | 무수순:1ch [RS-232C/RS-485] | □ | - | - | - | ○ | - | ○ |
| | 무수순:다 ch [RS-232C] | □ | - | - | - | ○ | - | ○ |
| | 무수순:다 ch [RS-485] | □ | - | - | - | ○ | - | ○ |
| | 데이터 수집 (CF카드) | □ | - | - | - | ○ | - | ○ |
| | 주변기기 포트 증설 RS-422 | □ | - | - | - | ○ | - | ○※3 |
| | 주변기기 포트 증설 RS-232C | □ | - | - | - | ○ | - | ○ |
| | 주변기기 포트 증설 USB | □ | - | - | - | ○ | - | ○※3 |
| 인버터 제어 | RS-485 통신 | □ | - | - | - | ○ | - | ○ |
| 위치결정 | 1~2축 내장 간이 위치 결정 | □ | - | - | - | ○ | - | ○ |
| | 3축 내장 간이 위치 결정 | □ | - | - | - | ○ | - | ○ |
| | 4축 고속 출력 어댑터 증설 | □ | - | - | - | ○ | - | - |
| | 위치결정 블록/유니트 증설 | □ | - | - | - | ○ | - | ○ |
| 고속 카운터 | 기본 유니트 내장 기능 | □ | - | - | - | ○ | - | ○ |
| | 고속 카운터 블록 증설 | □ | - | - | - | ○ | - | ○ |

※1: 기능 확장 보드에 의한 작은 점수의 증설은 가능.
※2: 본체 내장 기능 이외의 기능 사용 시는 옵션 기기의 증설이 필요합니다.
또한, 증설 기기의 접속 기종 및 조합에는 각 기종별 규칙이나 제약이 있습니다.
조합 가능 여부에 관한 자세한 내용은 이후에 설명하는 기종 선정이나 제품 매뉴얼에서 확인하십시오.
※3: 기능 확장 보드 FX3UC-□□MT/D, FX3UC-□□MT/DSS에는 장착할 수 없습니다.

○ : 요구 기능을 가진 시리즈
※1 : FX3UC-32MT-LT(-2)는 마스터 기능 내장
■ : 2015년 12월말 생산 종료 예정 기종

# Specifications 성능 사양

## ■FX1S, FX3S시리즈 성능 사양

| 항 목 | | FX1S【2015년 12월말 생산 종료 예정 기종】 | FX3S |
|---|---|---|---|
| 연산 제어 방식 | | Stored program 반복 연산 방식, 인터럽트 명령 있음 | |
| 입출력 제어 방식 | | 일괄 처리 방식(END 명령 실행 시), 입출력 리프레시 명령, 펄스 캐치 기능 내장 | |
| 프로그램 언어 | | 릴레이 심볼 방식 + 스텝 래더 방식(SFC 표현 가능) | |
| 프로그램 메모리 | 프로그램 용량 | 2,000스텝<br>(코멘트, 파일 레지스터 포함 2,000스텝) | 4,000스텝<br>(코멘트, 파일 레지스터 포함 16,000스텝) |
| | 내장 메모리 용량·형식 | 2,000스텝 EEPROM내장<br>(메모리 백업 불필요), 패스워드 보호 기능 내장<br>쓰기 허용 횟수 : 2만회 | 16,000스텝 EEPROM내장<br>키워드 보호 기능(고객 키워드 기능 내장)<br>쓰기 허용 횟수 : 2만회 |
| | 메모리 카세트(옵션) | EEPROM 8,000스텝<br>(다만, 2,000스텝만 사용 가능) | EEPROM 32,000스텝<br>(다만, 16,000스텝만 사용 가능) |
| | RUN 중 쓰기 기능 | 내장 (PLC RUN 중에 프로그램 변경 가능, 다만 SFC 프로그램이나 리스트 프로그램 등 제외) | |
| 리얼타임 클록 | 시계 기능 ※1 | 내장 1980 ~ 2079 년(윤년 보정 있음), 서기 2자리/4자리 전환 가능, 월차 ±45초/25℃ | |
| 명령의 종류 | 시퀀스, 스텝 래더 | 시퀀스 명령 : 27개, 스텝 래더 명령 : 2개 | 시퀀스 명령 : 29개, 스텝 래더 명령 : 2개 |
| | 응용 명령 | 85종 | 116종 |
| 연산 처리 속도 | 기본 명령 | 0.55~0.7μs/명령 | 0.21μs/명령 |
| | 응용 명령 | 3.7~수 100μs/명령 | 0.5μs~수 100μs/명령 |
| 입출력 점수 | 증설 혼재 시 입력 점수 | X000~X017 16점(증설 불가능) | |
| | 증설 혼재 시 출력 점수 | Y000~Y015 14점(증설 불가능) | |
| 입력 릴레이, 출력 릴레이 | | 입력 사양 및 출력 사양에 따름 | |
| 보조 릴레이 | 일반용 | M0~M383 384점 | |
| | EEPROM Keep | M384~M511 128점 ※2 | |
| | 일반용 | – | M512~M1535 1,024점 |
| | 특수용 | M8000~M8255 256점 | M8000~M8511 512점 |
| 상태 | 초기화 상태용<br>(EEPROM Keep) | S0~S9 10점 ※2 | |
| | EEPROM Keep | S10~S127 118점 ※2 | |
| | 일반용 | – | S128~S255 128점 |
| 타이머(ON 지연) | 100ms | T0~T62 63점(0.1~3276.7초) | |
| | 10ms | M8028을 ON하면 T32~T62를<br>10ms타이머로 변경 가능(0.01~327.67초) | |
| | 1ms | T63 1점(0.001~32.767초) | T63~T127 65점(0.001~32.767초) |
| | 1ms 적산형 | – | T128~T131 4점(0.001~32.767초) |
| | 100ms 적산형 | – | T132~T137 6점(0.1~3276.7초) |
| 아날로그 볼륨 | FX3S-30M□/E□-2AD 이외 | VR1 : D8030 , VR2 : D8031 2점(0~255) | |
| 아날로그 입력 | FX3S-30M□/E□-2AD만 | – | ch1 : D8270, ch2 : D8271 2점(DC0-10V) |
| 카운터 | 16비트 업 | C0~C15 16점(0~32,767카운트) ※2 | |
| | 16비트 업<br>EEPROM Keep | C16~C31 16점(0~32,767카운트) ※2 | |
| | 32비트 업/다운 | – | C200~C234 35점<br>(-2,147,483,648~+2,147,483,647카운트) |
| 고속 카운터<br>EEPROM Keep | 1상 1계수 입력 쌍방향(32비트) | C235~C245 | C235~C255※2중에서 6점<br>-2,147,483,648~+2,147,483,647카운트<br>1상 : 60kHz×2점, 10kHz×4점<br>2상 : 30kHz×1점, 5kHz×1점 |
| | 1상 2계수 입력 쌍방향(32비트) | C246~C250 | |
| | 2상 2계수 입력 쌍방향(32비트) | C251~C255 | |
| 데이터 레지스터<br>(페어 사용으로 32비트) | 16비트 일반용 | D0~D127 128점 | |
| | 16비트 EEPROM Keep | D128~D255 128점※2 | |
| | 16비트 일반용 | – | D256~D2999 2,744점 |
| | 파일 레지스터<br>EEPROM Keep | D1000~D2499 최대 1,500점<br>(파라미터에서 D1000부터 500점 단위로<br>파일 레지스터로<br>프로그램 영역(EEPROM)에 설정 가능)※2<br>EEPROM으로의 쓰기 횟수는 1만회 이하 | D1000~D2999 최대 2,000점<br>(파라미터에서 D1000부터 500점점 단위로<br>파일 레지스터로<br>프로그램 영역(EEPROM)에 설정 가능)※2<br>EEPROM으로의 쓰기 횟수는 1만회 이하 |
| | 16비트 특수용 | D8000~D8255 256점 | D8000~D8511 512점 |
| | 16비트 인덱스 | V0~V7, Z0~Z7 16점 | |
| 포인터 | JUMP, CALL 분기용 | P0~P63 64점 | P0~P255 256점 |
| | 입력 인터럽트용 | I0□□~I5□□ 6점 | |
| | 타이머 인터럽트용 | – | I6□□~I8□□ 3점 |
| Nesting | 마스터 컨트롤용 | N0~N7 8점 | |
| 정수 | 10진수(K) | 16비트 : -32,768~+32,767 32비트 : -2,147,483,648~+2,147,483,647 | |
| | 16진수(H) | 16비트 : 0~FFFF 32비트 : 0~FFFFFFFF | |
| | 실수(E) | – | ※3 |

※1 : 전원 공급 시간 30 분에 최대 충전이 되어, 10 일간 현재값을 유지합니다.(주위 온도 : 25℃)

※2 : Keep 영역 및 비Keep 영역은 고정입니다(파라미터에서 변경 불가능). 확실히 Keep하기 위해서는 PLC의 전원 공급 시간이 연속 5분 이상 필요합니다.

※3 : 32비트 $-1.0\times2^{128}$~$-1.0\times2^{-126}$, 0, $1.0\times2^{-126}$~$1.0\times2^{128}$ 소수점 표현과 지수 표현이 가능.

# Specifications 성능 사양

## ■FX3G/FX3GC시리즈 성능 사양

<table>
<tr><th colspan="2">항목</th><th colspan="2">FX3G</th><th colspan="2">FX3GC</th></tr>
<tr><td colspan="2">연산 제어 방식</td><td colspan="4">Stored program 반복 연산 방식, 인터럽트 기능 내장</td></tr>
<tr><td colspan="2">입출력 제어 방식</td><td colspan="4">일괄 처리 방식(END 명령 실행 시), 입출력 리프레시 명령, 펄스 캐치 기능 내장</td></tr>
<tr><td colspan="2">프로그램 언어</td><td colspan="4">릴레이 심볼 방식+스텝 래더 방식(SFC 표현 가능)</td></tr>
<tr><td rowspan="4">프로그램 메모리</td><td>프로그램 용량</td><td colspan="4">32,000스텝(코멘트, 파일 레지스터 포함 32,000스텝)</td></tr>
<tr><td>내장 메모리 용량·형식</td><td colspan="4">32,000스텝 EEPROM, 키워드 보호 기능(고객 키워드 기능 내장)</td></tr>
<tr><td>메모리 카세트(옵션)</td><td colspan="2">EEPROM 32,000스텝[로더 기능 내장]<br>쓰기 허용 횟수 : 1 만회</td><td colspan="2">—</td></tr>
<tr><td>RUN 중 쓰기 기능</td><td colspan="4">내장(PLC RUN 중에 프로그램 변경 가능, 다만 SFC 프로그램이나 리스트 프로그램 등 제외)</td></tr>
<tr><td>리얼타임 클록</td><td>시계 기능 ※1</td><td colspan="4">내장 1980 ~ 2079 년(윤년 보정 있음), 서기 2자리/4자리, 월차±45초/25℃<br>시계 데이터는 내장 콘덴서로 10 일간 유지(옵션 배터리는 10 일간을 초과하여 유지 가능)</td></tr>
<tr><td rowspan="2">명령의 종류</td><td>시퀀스, 스텝 래더</td><td colspan="4">시퀀스 명령 29개 스텝 래더 명령 2개</td></tr>
<tr><td>응용 명령</td><td colspan="2">123종</td><td colspan="2">121종</td></tr>
<tr><td rowspan="2">연산 처리 속도</td><td>기본 명령</td><td colspan="4">0.21μs/ 명령(표준 모드 시), 0.42μs/ 명령(확장 모드 시) ※3</td></tr>
<tr><td>응용 명령</td><td colspan="4">0.5μs ~ 수 100μs/ 명령(표준 모드 시), 1.2μs ~ 수 100μs/ 명령(확장 모드 시) ※3</td></tr>
<tr><td rowspan="4">입출력 점수</td><td>①증설 혼재 시 입력 점수</td><td>X000~X177 128점 이하</td><td rowspan="2">합계 : 128점 이하</td><td>X000~X177 128점 이하</td><td rowspan="2">합계 : 128점 이하</td></tr>
<tr><td>②증설 혼재 시 출력 점수</td><td>Y000~Y177 128점 이하</td><td>Y000~Y177 128점 이하</td></tr>
<tr><td>③리모트 I/O 점수(CC-Link)</td><td colspan="4">128점 이하(CC-Link, AnyWire의 합계 점수)</td></tr>
<tr><td>상기 ①~③의 합계 점수</td><td colspan="4">256점 이하</td></tr>
<tr><td rowspan="2">입출력 릴레이</td><td>입력 릴레이</td><td colspan="4">X000 ~ X177 128점 디바이스 번호는 8진 번호 입출력 합계는 128점</td></tr>
<tr><td>출력 릴레이</td><td colspan="4">Y000 ~ Y177 128점 디바이스 번호는 8진 번호 입출력 합계는 128점</td></tr>
<tr><td rowspan="4">보조 릴레이</td><td>일반용</td><td colspan="4">M0~M383 384점</td></tr>
<tr><td>초기화 상태용(EEPROM Keep)</td><td colspan="4">M384~M1535 1,152점</td></tr>
<tr><td>일반용 ※2</td><td colspan="4">M1536~M7679 6,144점</td></tr>
<tr><td>특수용</td><td colspan="4">M8000~M8511 512점</td></tr>
<tr><td rowspan="3">상태</td><td>초기화 상태용(EEPROM Keep)</td><td colspan="4">S0~S9 10점</td></tr>
<tr><td>Keep용(EEPROM Keep)</td><td colspan="4">S10~S999 990점</td></tr>
<tr><td>일반용 ※2</td><td colspan="4">S1000~S4095 3,096점</td></tr>
<tr><td rowspan="6">타이머(ON 지연)</td><td>100ms</td><td colspan="4">T0~T191 192점 0.1~3276.7초</td></tr>
<tr><td>100ms [서브, 인터럽트 루틴용]</td><td colspan="4">T192~T199 8점 0.1~3276.7초</td></tr>
<tr><td>10ms</td><td colspan="4">T200~T245 46점 0.01~327.67초</td></tr>
<tr><td>1ms 적산형(EEPROM Keep)</td><td colspan="4">T246~T249 4점 0.001~32.767초</td></tr>
<tr><td>100ms (EEPROM Keep)</td><td colspan="4">T250~T255 6점 0.1~3276.7초</td></tr>
<tr><td>1ms</td><td colspan="4">T256~T319 64점 0.001~32.767초</td></tr>
<tr><td colspan="2">아날로그 볼륨</td><td colspan="2">VR1 : D8030, VR2 : D8031 2점(0~255)</td><td colspan="2">—</td></tr>
<tr><td rowspan="4">카운터</td><td>일반용 업(16비트)</td><td colspan="4">C0~C15 16점 0~32,767카운트</td></tr>
<tr><td>Keep용 업(16비트 EEPROM)</td><td colspan="4">C16~C199 184점 0~32,767카운트</td></tr>
<tr><td>일반용 쌍방향(32비트)</td><td colspan="4">C200~C219 20점 −2,147,483,648~+2,147,483,647카운트</td></tr>
<tr><td>Keep용 쌍방향(32비트 EEPROM)</td><td colspan="4">C220~C234 15점 −2,147,483,648~+2,147,483,647카운트</td></tr>
<tr><td rowspan="3">고속 카운터</td><td>1상 1계수 입력 쌍방향(32비트)</td><td>C235~C245</td><td colspan="3" rowspan="3">C235~C255중에서 6점 −2,147,483,648~+2,147,483,647카운트<br>1상 : 60kHz×4점, 10kHz×2점<br>2상 : 30kHz×2점, 5kHz×1점</td></tr>
<tr><td>1상 2계수 입력 쌍방향(32비트)</td><td>C246~C250</td></tr>
<tr><td>2상 2계수 입력 쌍방향(32비트)</td><td>C251~C255</td></tr>
<tr><td rowspan="6">데이터 레지스터<br>(페어 사용으로 32비트)</td><td>일반용(16비트)</td><td colspan="4">D0~D127 128점</td></tr>
<tr><td>Keep용(16비트 EEPROM)</td><td colspan="4">D128~D1099 972점</td></tr>
<tr><td>일반용(16비트) ※2</td><td colspan="4">D1100~D7999 6,900점</td></tr>
<tr><td>파일 레지스터(EEPROM 내)</td><td colspan="4">D1000~D7999 7,000점<br>(파라미터에서 D1000 이후 500점 단위로 파일 레지스터 <EEPROM> 설정 가능) ※5</td></tr>
<tr><td>특수용(16비트)</td><td colspan="4">D8000~D8511 512점</td></tr>
<tr><td>인덱스용(16비트)</td><td colspan="4">V0~V7, Z0~Z7 16점</td></tr>
<tr><td colspan="2">확장 레지스터(16비트) ※2</td><td colspan="4">R0~R23999 24,000점</td></tr>
<tr><td colspan="2">확장 파일 레지스터(16비트)</td><td colspan="2">ER0~ER23999 24,000점<br>(EEPROM 내, 메모리 카세트 사용 시는<br>메모리 카세트 내 EEPROM) ※5</td><td colspan="2">ER0~ER23999 24,000점<br>(본체 내장 EEPROM 내에 저장) ※6</td></tr>
<tr><td rowspan="3">포인터</td><td>JUMP, CALL 분기용</td><td colspan="4">P0~P2047 2,048점 CJ명령, CALL 명령용</td></tr>
<tr><td>입력 인터럽트용</td><td colspan="4">I0□□~I5□□ 6점</td></tr>
<tr><td>타이머 인터럽트</td><td colspan="4">I6□□~I8□□ 3점</td></tr>
<tr><td>Nesting</td><td>마스터 컨트롤용</td><td colspan="4">N0~N7 8점 MC명령용</td></tr>
<tr><td rowspan="5">정수</td><td rowspan="2">10진수(K)</td><td colspan="4">16비트 −32,768~+32,767</td></tr>
<tr><td colspan="4">32비트 −2,147,483,648~+2,147,483,647</td></tr>
<tr><td rowspan="2">16진수(H)</td><td colspan="4">16비트 0~FFFF</td></tr>
<tr><td colspan="4">32비트 0~FFFFFFFF</td></tr>
<tr><td>실수(E)※4</td><td colspan="4">32비트 $-1.0\times2^{128}$~$-1.0\times2^{-126}$, 0, $1.0\times2^{-126}$~$1.0\times2^{128}$ 소수점 표현과 지수 표현 가능</td></tr>
</table>

※1 : 전원 공급 시간 30분에 최대 충전이 되어, 10일간 현재값을 유지합니다. [주위 온도 25℃]
※2 : 옵션의 배터리 탑재 시는 파라미터 설정에 의해 배터리 백업 영역으로 변경 가능.
※3 : 파라미터 설정에서 프로그램 용량을 16,001스텝 이상으로 설정한 경우 확장 모드가 됩니다.
※4 : 기본 유니트 Ver.1. 10 이상에서 대응.
※5 : 내장 메모리에 대한 쓰기 허용 횟수는 2만회 이하, 메모리 카세트(FX3G만)는 1 만회 이하입니다.
※6 : 내장 메모리에 대한 쓰기 허용 횟수는 2만회 이하.

## ■FX3U/FX3UC시리즈 성능 사양

| 項目 | | FX3U | | FX3UC | |
|---|---|---|---|---|---|
| 연산 제어 방식 | | Stored program 반복 연산 방식(전용 LSI), 인터럽트 기능 내장 | | | |
| 입출력 제어 방식 | | 일괄 처리 방식(END 명령 실행 시), 입출력 리프레시 명령, 펄스 캐치 기능 내장 | | | |
| 프로그램 언어 | | 릴레이 심볼 방식+스텝 래더 방식(SFC 표현 가능) | | | |
| 프로그램 메모리 | 프로그램 용량 | 64,000스텝(코멘트, 파일 레지스터 포함 64,000스텝) | | | |
| | 내장 메모리 용량·형식 | 64,000스텝 RAM(내장 리튬 배터리로 백업), 패스워드 보호 기능 내장, 소스 정보 저장 가능 ※5 | | | |
| | 메모리 카세트(옵션) | 플래시 메모리 64,000스텝[로더 기능 내장(FX3UC는 Ver.2.20 ~)/ 로더 기능 없음]<br>플래시 메모리 16,000스텝(FX3UC는 Ver.2.20 ~) 쓰기 허용 횟수 : 1 만회, 소스 정보 저장 가능 ※5 | | | |
| | RUN 중 쓰기 기능 | 내장(PLC RUN 중에 프로그램 변경 가능, 다만 SFC 프로그램이나 리스트 프로그램 등 제외) | | | |
| CC-Link/LT 마스터 기능 | | – | | ※6 | |
| 디스플레이 모듈<br>(기종에 따라 장착 가능 여부 있음※1) | 표시 디바이스 | STN 모노크롬 액정, 백라이트부(녹색) | | | |
| | 표시 문자 | 반각 16문자× 4행, 전각 8문자× 4행, 일본어(JIS 제1 수준, 제2 수준), 영숫자 | | | |
| | 기능 | 모니터/ 테스트, 사용자 등록 모니터, 에러 체크, 상태 표시, 임의의 메시지 표시 | | | |
| 리얼타임 클록 | 시계 기능 | 내장 1980 ~ 2079 년(윤년 보정 있음), 서기 2자리/4자리, 월차±45초/25℃ | | | |
| 명령의 종류 | 시퀀스, 스텝 래더 | 시퀀스 명령 29개 스텝 래더 명령 2개 | | | |
| | 응용 명령 | 219종 | | | |
| 연산 처리 속도 | 기본 명령 | 0.065μs/명령 | | | |
| | 응용 명령 | 0.642μs~수 100μs/명령 | | | |
| 입출력 점수 | ①증설 혼재 시 입력 점수 | X000~X367 248점 이하 | 합계 : 256점 이하 | X000~X367 248점 이하※7 | 합계 : 256점 이하 |
| | ②증설 혼재 시 출력 점수 | Y000~Y367 248점 이하 | | Y000~Y367 248점 이하※7 | |
| | ③리모트 I/O 점수(CC-Link) | 256점 이하(CC-Link, AnyWire의 합계 점수) | | | |
| | 상기 ①~③의 합계 점수 | 384점 이하※8 | | | |
| 입출력 릴레이 | 입력 릴레이 | X000 ~ X367 248점 디바이스 번호는 8진 번호 입출력 합계는 256점 | | | |
| | 출력 릴레이 | Y000 ~ Y367 248점 디바이스 번호는 8진 번호 입출력 합계는 256점 | | | |
| 보조 릴레이 | 일반용 ※2 | M0~M499 500점 | | | |
| | Keep용 ※3 | M500~M1023 524점 | | | |
| | Keep용 ※4 | M1024~M7679 6,656점 | | | |
| | 특수용 | M8000~M8511 512점 | | | |
| 상태 | 초기화 상태 ※2 | S0~S9 10점 | | | |
| | 일반용 ※2 | S10~S499 490점 | | | |
| | Keep용 ※3 | S500~S899 400점 | | | |
| | 어넌시에이터용 ※3 | S900~S999 100점 | | | |
| | Keep용 ※4 | S1000~S4095 3,096점 | | | |
| 타이머(ON 지연) | 100ms | T0~T191 192점 0.1~3276.7초 | | | |
| | 100ms[서브, 인터럽트 루틴용] | T192~T199 8점 0.1~3276.7초 | | | |
| | 10ms | T200~T245 46점 0.01~327.67초 | | | |
| | 1ms 적산형 | T246~T249 4점 0.001~32.767초 | | | |
| | 100ms 적산형 | T250~T255 6점 0.1~3276.7초 | | | |
| | 1ms | T256~T511 256점 0.001~32.767초 | | | |
| 카운터 | 일반용 업(16비트)※2 | C0~C99 100점 0~32,767카운트 | | | |
| | Keep용 업(16비트)※3 | C100~C199 100점 0~32,767카운트 | | | |
| | 일반용 쌍방향(32비트)※2 | C200~C219 20점 −2,147,483,648~+2,147,483,647카운트 | | | |
| | Keep용 쌍방향(32비트)※3 | C220~C234 15점 −2,147,483,648~+2,147,483,647카운트 | | | |
| 고속 카운터 | 1상 1계수 입력 쌍방향(32비트) | C235~C245 | C235~C255중에서 8점 ※3 −2,147,483,648~+2,147,483,647카운트<br>·하드웨어 카운터 1상 : 100kHz×6점, 10kHz×2점<br>2상 : 50kHz(1체배), 50kHz(4체배)<br>·소프트웨어 카운터 1상 : 40kHz<br>2상 : 40kHz(1체배), 10kHz(4체배)<br>·고속 입력 어댑터, 1상 : 200kHz, 2상 : 100kHz(FX3U시리즈만) | | |
| | 1상 2계수 입력 쌍방향(32비트) | C246~C250 | | | |
| | 2상 2계수 입력 쌍방향(32비트) | C251~C255 | | | |
| 데이터 레지스터<br>(페어 사용으로 32비트) | 일반용(16비트)※2 | D0~D199 200점 | | | |
| | Keep용(16비트)※3 | D200~D511 312점 | | | |
| | Keep용(16비트)※4 | D512~D7999 7,488점(파라미터에서 D1000 이후 500점 단위로 파일 레지스터 설정 가능) ※9 | | | |
| | 특수용(16비트) | D8000~D8511 512점 | | | |
| | 인덱스용(16비트) | V0~V7, Z0~Z7 16점 | | | |
| 확장 레지스터(16비트) | | R0~R32767 32,768점 배터리로 정전 유지 | | | |
| 확장 파일 레지스터(16비트) | | ER0~ER32767 32,768점 메모리 카세트 장착 시만 사용 가능 ※9 | | | |
| 포인터 | JUMP, CALL 분기용 | P0~P4095 4,096점 CJ명령, CALL명령용 | | | |
| | 입력 인터럽트, 입력 지연 인터럽트 | I0□□~I5□□ 6점 | | | |
| | 타이머 인터럽트 | I6□□~I8□□ 3점 | | | |
| | 카운터 인터럽트 | I010~I060 6점 HSCS명령용 | | | |
| Nesting | 마스터 컨트롤용 | N0~N7 8점 MC명령용 | | | |
| 정수 | 10진수(K) | 16비트 −32,768~+32,767 | | | |
| | | 32비트 −2,147,483,648~+2,147,483,647 | | | |
| | 16진수(H) | 16비트 0~FFFF | | | |
| | | 32비트 0~FFFFFFFF | | | |
| | 실수(E) | 32비트 $-1.0\times2^{128}\sim-1.0\times2^{-126}$, 0, $1.0\times2^{-126}\sim1.0\times2^{128}$ 소수점 표현과 지수 표현 가능 | | | |
| | 문자열(" ") | 文문자열 " "로 둘러쌓인 문자로 지정. 명령상의 상수에서는 반각 32문자까지 사용 가능 | | | |

※1 : FX3U는 옵션. FX3UC-32MT-LT(-2)는 기본 내장. FX3UC의 다른 기종은 장착 불가능.
※2 : 비배터리 백업 영역. 파라미터 설정에 의해 배터리 백업 영역으로 변경 가능.
※3 : 배터리 백업 영역. 파라미터 설정에 의해 비배터리 백업 영역으로 변경 가능.
※4 : 배터리 백업 고정 영역. 영역 특성 변경 불가능.
※5 : Ver.3.00 이상에서 대응. 자세한 사항은 매뉴얼을 참조하십시오.
※6 : FX3UC-32MT-LT(-2)는 마스터 기능 내장, 제어 점수는 256점 이하.
※7 : FX3UC-32MT-LT(-2)는 240점 이하.
※8 : FX3UC-32MT-LT는 Ver.2.20 이상에서 대응. 다른 기종은 첫 발매품부터 대응.
※9 : 메모리 카세트에 대한 쓰기 허용 횟수는 1 만회 이하입니다.

# Find the FX series.

원하는 FX 시리즈를 찾을 수 있습니다.

## Functions

내장 기능이나 증설 옵션

FX 시리즈는 콤팩트한 본체에 각종 기능을 내장하여
편리성을 추구하였습니다.
또한, 다양한 옵션에 의해 고객의 다양한 요구에
대응하고 있습니다.
그 다양한 기능의 일부를 버추얼 공장에서 소개합니다.

### Analog Control Temperature Control

아날로그 제어
온도 조절

**간편하게 용도에 맞는 아날로그 제어**

FX 시리즈의 전기종에 아날로그 기기 증설 가능.
기능 확장 보드, 특수 어댑터를 프로그램을
작성하지 않고 접속 가능.

### Inverter Control

인버터 제어

**아날로그나 통신 제어로 간편하게 컨트롤**

아날로그 출력으로 간편하게 모터 컨트롤.
미쓰비시 인버터를 RS-485 통신으로 쉽게
여러 대 제어 가능.

### High-Speed Control

고속 제어

**6 ~ 8채널의 고속 카운터 탑재**

FX 시리즈의 전기종에 고속 카운터 표준 탑재.
간단한 프로그램으로 고속 제어 실현.

### AC Servo Control SSCNET Ⅲ Control

AC 서보 제어
SSCNET Ⅲ 제어

**2 ~ 3축의 위치결정을 트랜지스터 출력 타입에 탑재**

기본 유니트만으로 위치결정 제어 가능.
FX3U(C)는 SSCNETⅢ에 대응하는 특수 블록
접속 가능.

### Communication

범용 통신 제어

**간단한 시리얼 통신 간단한 데이터 링크**

기기 간의 데이터 링크를 간편하게 실현.
바코드 리더나 프린터 등 외부 기기와 쉽게
접속 가능.

### Open Field Network

오픈 필드 네트워크

**고속 통신으로 다양한 기기와 적은 배선으로 링크**

CC-Link로 다양한 FA 기기 컨트롤 가능.
FX3G(C)/FX3U(C) 시리즈는 CC-Link로 제어 점수
확대 가능.

### Ethernet

Ethernet

Ethernet으로 다양한 기기와
데이터 통신

FX3 시리즈는 Ethernet 접속용 증설 기기를 사용하여 원격지에 대한 모니터 및 유지보수 실현

### MODBUS

MODBUS 통신

MODBUS의 다양한 기기와
접속 가능

FX3 시리즈는 MODBUS 통신에 대응하는 특수 어댑터에 의해 마스터 또는 슬레이브국으로 MODBUS의 다양한 기기에 접속 가능

### Sensor Solution

센서 솔루션

AnyWire의 센서 시스템이
FX3 시리즈에 접속 가능

FX$_{3G(C)}$ /FX$_{3U(C)}$는 AnyWire의 마스터 블록을 접속하면, 제어 점수 확장 및 다양한 센서와 접속 가능

### Data Logging

데이터 수집

CSV 형식으로 쉽게
읽기/쓰기

FX$_{3U(C)}$는 CF 카드 어댑터로 간편하게 데이터 수집. 간편하게 대용량의 데이터를 CF 카드에 수집 가능.

### Display Module GOT

디스플레이 모듈
표시기

간편한 설정으로
장치의 조작성 향상

디스플레이 모듈에 의해 장치의 조작성 향상. GOT에서 디버그와 간단한 조작 가능.

# Analog Control

아날로그 제어

FX 시리즈는
아날로그 입출력을 증설하면
베이식 모델에서도
아날로그 제어가 가능합니다.

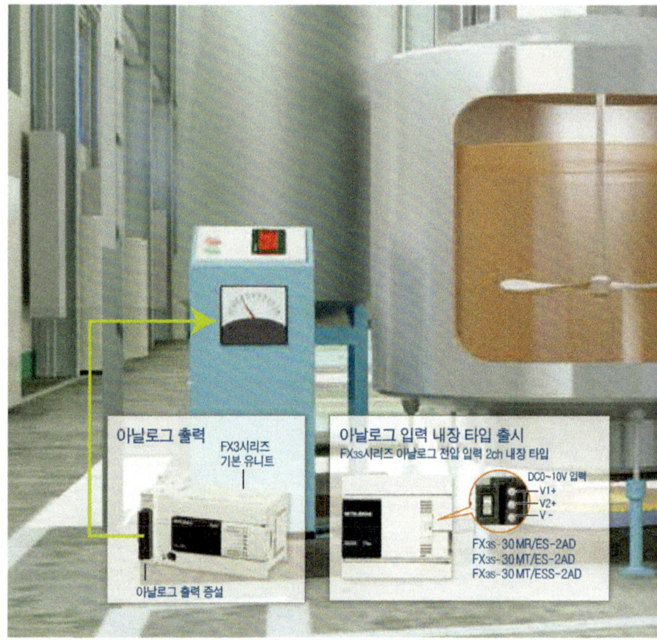


### 원포인트

FX3U(C)는 스켈링 명령을
이용하여 입출력 특성을
변경할 수 있습니다.

SCL (포인트별 좌표 데이터)
SCL2 (X/Y별 좌표 데이터)

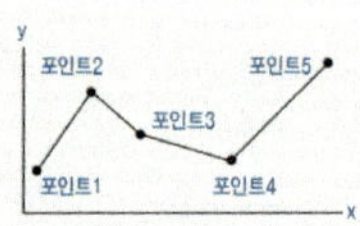


## 아날로그 입력

### 아날로그 입력 2ch

FX3S, FX3G용 기능 확장 보드
FX3G-2AD-BD

2점 입력 타입
- DC0~10V 입력시 분해능 2.5mV
- DC4~20mA 입력시 분해능 8μA

### 아날로그 입력 4ch

FX3시리즈용 어댑터
FX3U-4AD-ADP

4점 입력 타입
- DC0~10V 입력시 분해능 2.5mV
- DC4~20mA 입력시 분해능 10μA

### 아날로그 입력 4ch

FX3U/FX3UC용 특수 블록
FX3U-4AD

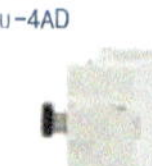

4점 입력 타입
- DC-10~10V 입력시 분해능 0.32mV
- DC-20~20mA 입력시
- DC4~20mA 입력시 분해능 1.25μA

## 아날로그 출력

### 아날로그 출력 1ch

FX3S, FX3G용 기능 확장 보드
FX3G-1DA-BD

1점 출력 타입
- DC0~10V 출력시 분해능 2.5mV
- DC4~20mA 출력시 분해능 8μA

### 아날로그 출력 4ch

FX3시리즈용 어댑터
FX3U-4DA-ADP

4점 출력 타입
- DC0~10V 출력시 분해능 2.5mV
- DC4~20mA 출력시 분해능 4μA

### 아날로그 출력 4ch

FX3U/FX3UC용 특수 블록
FX3U-4DA

4점 출력 타입
- DC-10~10V 출력시 분해능 0.32mV
- DC0~20mA 출력시
- DC4~20mA 출력시 분해능 0.63μA

상기 이외의 점수 타입, 입출력 혼합 타입 외에 FX3UC시리즈 전용 기기가 있습니다.

## 기종 일람

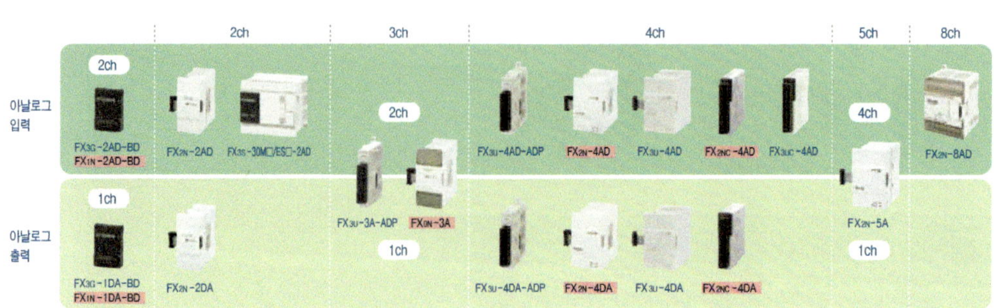


: 2015년 12월말 생산 종료 예정 기종

# Temperature Control

온도 조절

온도 센서 입력이나
온도 조절용 특수 증설 기기를
준비하고 있으며,
PID 제어도 가능합니다.

### 원포인트

FX3 시리즈는 내장된
PID 명령으로 온도 제어가
가능합니다.
온도 조절 블록은 PID 제어가
내장되어 있으며,
ON/OFF 출력도 가능합니다.

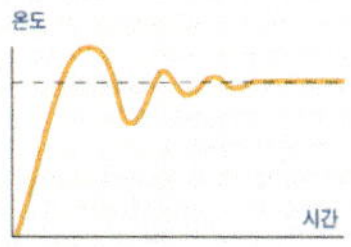


## 백금 측온 저항체

### Pt100형 온도 센서 입력 4ch

FX3시리즈용 어댑터
FX 3U -4AD-PT-ADP
FX 3U -4AD-PTW-ADP

4점 입력 타입
FX 3U -4AD-PT-ADP
· -50~250℃
분해능 0.1℃
FX 3U -4AD-PTW-ADP
· -100~600℃
분해능 0.2~0.3℃

### Pt100형 온도 센서 입력 4ch

FX3U/FX3UC용
특수 블록
FX2N-4AD-PT

4점 입력 타입
· -100~600℃ 입력시
분해능 0.2~0.3℃

## 온도 조절 블록

### 온도 조절 4ch

FX3U/FX3UC용
특수 블록
FX 3U -4LC

4점 제어 타입
최대 예
· Pt형 -200~650℃
· K형 -200~1300℃
PID, 캐스케이드 제어가
내장되어 있으며,
4ch 출력으로 온도 조절 가능.

## 열전대

### 열전대형 온도 센서 입력 4ch

FX3시리즈용 어댑터
FX 3U -4AD-TC-ADP

4점 입력 타입
· K형 -100~1000℃
분해능 0.4℃
· J형 -100~600℃
분해능 0.3℃

### 열전대형 온도 센서 입력 4ch

FX3U/FX3UC용
특수 블록
FX2N-4AD-TC

4점 입력 타입
· K형 -100~1200℃
분해능 0.4℃
· J형 -100~600℃
분해능 0.3℃

### 열전대형 온도 센서 입력 8ch

FX3U/FX3UC용
특수 블록
FX2N-8AD

8점 입력 타입
최대 예
· K형 -100~1200℃
분해능 0.1℃
· J형 -100~600℃
분해능 0.1℃

## 기종 일람

| 온도 센서 입력 | 4ch | | 8ch |
|---|---|---|---|
| 백금 측온 저항체용 |  FX3U-4AD-PT-ADP<br>FX3U-4AD-PTW-ADP |  FX2N-4AD-PT | |
| 열전대용 |  FX3U-4AD-TC-ADP |  FX2N-4AD-TC |  FX2N-8AD |

| 온도 조절 블록 | 2ch | 4ch |
|---|---|---|
| |  FX2N-2LC |  FX3U-4LC |
| | · 2ch 의 온도 입력<br>· 2ch 의 트랜지스터 출력<br>· PID제어<br>· 2위치제어<br>· PI제어 | · 4ch 의 온도 입력<br>· 4ch 의 트랜지스터 출력<br>· PID제어<br>· 2위치제어<br>· 가열 냉각 PID제어<br>· 캐스케이드제어 |

: 2015년 12월말 생산 종료 예정 기종

# Inverter Control

인버터 제어

인버터에 대해 간편한
아날로그 제어에서
고도의 통신 제어까지 용도에
맞추어 사용할 수 있습니다.

### 원포인트

FX3 시리즈는
미쓰비시 인버터 프로토콜이
내장되어 있습니다.
RS-485 접속하여
인버터 통신 명령으로
쉽게 제어할 수 있습니다.

**인버터 통신 명령**

| | |
|---|---|
| IVRD | 파라미터 읽기 |
| IVWR | 파라미터 쓰기 |
| IVDR | 운전 지령 |
| IVCK | 운전 모니터 |
| IVMC | 복수 커맨드 |

## 아날로그 제어

### 아날로그 1대 제어

FX3S, FX3G 시리즈+기능 확장 보드

### 아날로그 4대 제어

FX3시리즈+어댑터

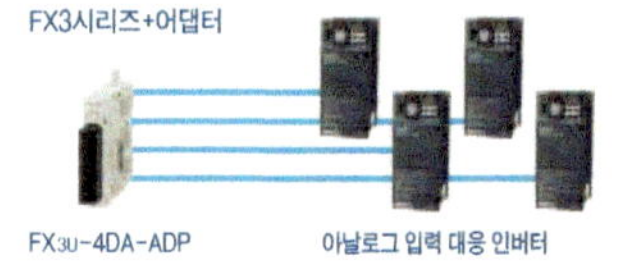


## CC-Link 제어

### CC-Link통신 1200m 8대 제어

FX3G/FX3GC, FX3U/FX3UC 시리즈+특수 블록

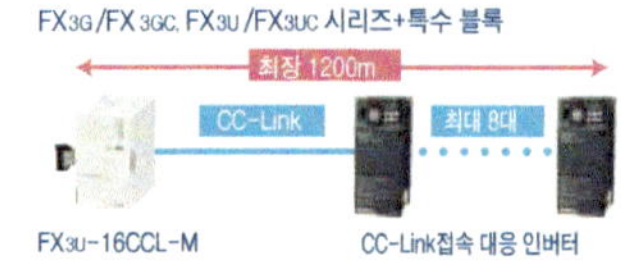


## 통신 제어

### RS-485통신 50m 8대 제어

FX3S, FX3G, FX3U시리즈+기능 확장 보드

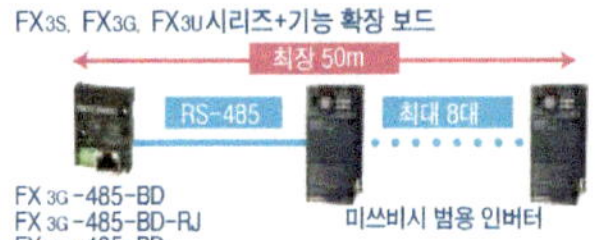


### RS-485통신 500m 8대 제어

FX3시리즈+통신 어댑터

### RS-485통신 500m 31대 제어

FX3시리즈+GOT1000 멀티 채널 기능

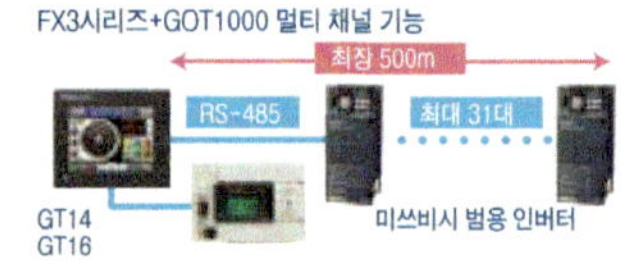


## 기종 일람

### 아날로그 출력으로 인버터 제어

FX3S, FX3G*1시리즈에서는 아날로그 출력 보드를 사용하여 인버터를 간편하게 제어할 수 있습니다.

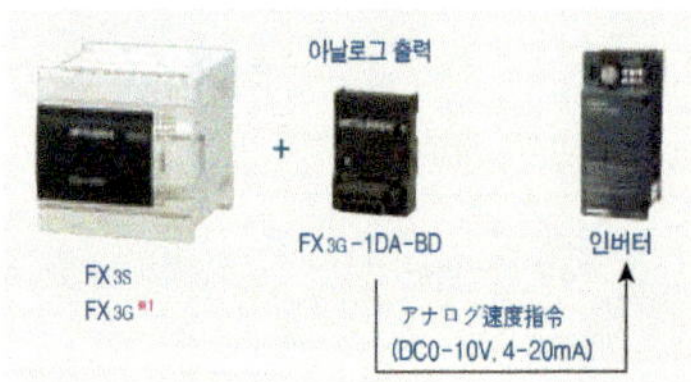


※1 : 기본 유니트 Ver.1.10 이상에서 대응

### RS-485 통신으로 미쓰비시 범용 인버터*2를 고기능 제어

인버터 통신 기능을 사용하면, 전용 명령으로 인버터의 모니터·설정 또는 파라미터의 참조나 변경이 가능하며, 최대 8대까지 개별적으로 제어할 수 있습니다.

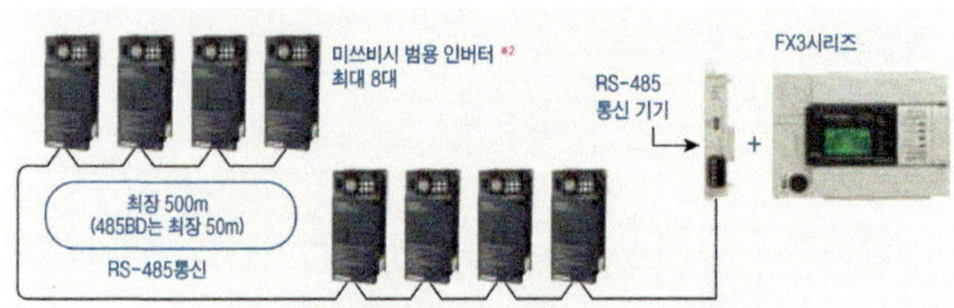


※2 : 접속 기능 기종 FX3시리즈 : D700/F700/A700/E700/V500/F500/A500/E500/S500

# High-Speed Control

고속 제어

FX 시리즈에는 전기종에
고속 카운터가 내장되어 있어
간단한 프로그램만으로
고속 제어를 실현할 수 있습니다.

### 원포인트

기본 유니트의 입력에 채터링 방지 필터를 내장하고 있으며, 일부를 디지털 필터로 하여 1ms 단위로 감도를 조정할 수 있습니다. 고속 카운터 사용 시는 자동으로 최소값이 됩니다.(0으로는 되지 않습니다)

0~15ms(FX3S)
0~15ms(FX3G(C))
0~60ms(FX3U(C))
↓ MOV
D8020
특수 레지스터

## 기본 유니트 내장 고속 카운터

### 오픈 컬렉터 1 상 입력 6ch

### 오픈 컬렉터 1 상 입력 8ch

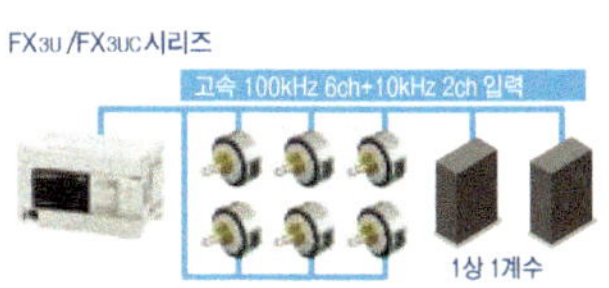


## 차동 라인 입력

### 차동 라인 1상 입력 8ch

### 차동 라인 2상 입력 2ch

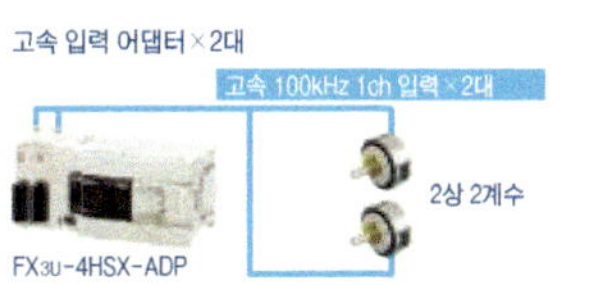


## 입력 선택 가능 타입

### 오픈 컬렉터 or 차동 라인 입력 1ch

### 오픈 컬렉터 or 차동 라인 입력 2ch

내상 고속 카운터는 사용 조건에 따라 총합 주파수의 제한을 받습니다. 선정에 대해서는 해당 매뉴얼을 참조하십시오.

## FX3U/FX3UC 카운터 모드 일람

| 모드 | | 동작 상세 |
|---|---|---|
| 1상 입력 | H/W 업다운 | 외부 입력 OFF / ON<br>UP/DOWN ON / OFF<br>현재값 업 / 다운<br>A상 입력의 OFF/ON에 따라 업/다운이 결정됩니다. |
| | S/W 업다운 | 디바이스값 K0 / K1<br>UP/DOWN ON / OFF<br>현재값 업 / 다운<br>디바이스값 K0/K1에 따라 업/다운이 결정됩니다. |
| 1상 2입력 | | UP ON / OFF — A상 입력 OFF→ON 시 +1<br>DOWN ON / OFF — B상 입력 OFF→ON 시 −1<br>1 2 3 3 3 2 1 0 |

| 모드 | | 동작 상세 |
|---|---|---|
| 2상 입력 | 1체배 | A상 입력 / B상 입력<br>+1 +1: A상 입력 ON에서 B상 입력 OFF→ON 변화 시 1 카운트업<br>−1 −1: A상 입력 ON에서 B상 입력 OFF→ON 변화 시 1 카운트다운 |
| | 2체배 (증설 블록만) | A상 입력 / B상 입력<br>+1 +1: A상 ON(OFF)에서 B상 OFF→ON(ON→OFF)시 1 카운트업<br>−1 −1: A상 ON(OFF)에서 B상 ON→OFF(OFF→ON)시 1 카운트다운 |
| | 4체배 | A상 입력 / B상 입력<br>+1 +1 +1 +1: 업 카운트<br>−1 −1 −1 −1: 다운 카운트 |

부록

# AC Servo Control

AC서보 제어

코스트 퍼포먼스가 뛰어난 내장 위치결정 기능이나 증설에 의해 제어 축수를 추가할 수 있습니다.

**GX Works2에서 테이블 설정**

**원포인트**

FX3G(C), FX3U(C)시리즈는 일괄 설정 위치결정(DTBL)으로 쉽게 테이블 운전을 할 수 있습니다.

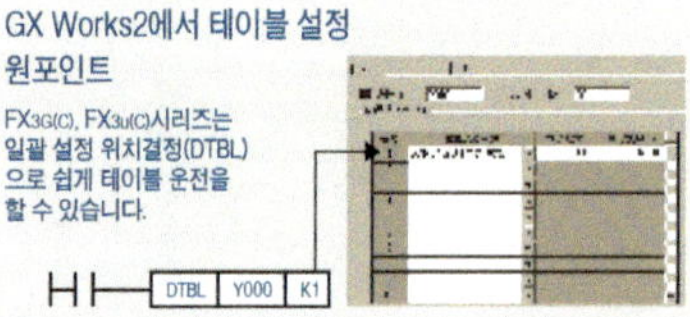


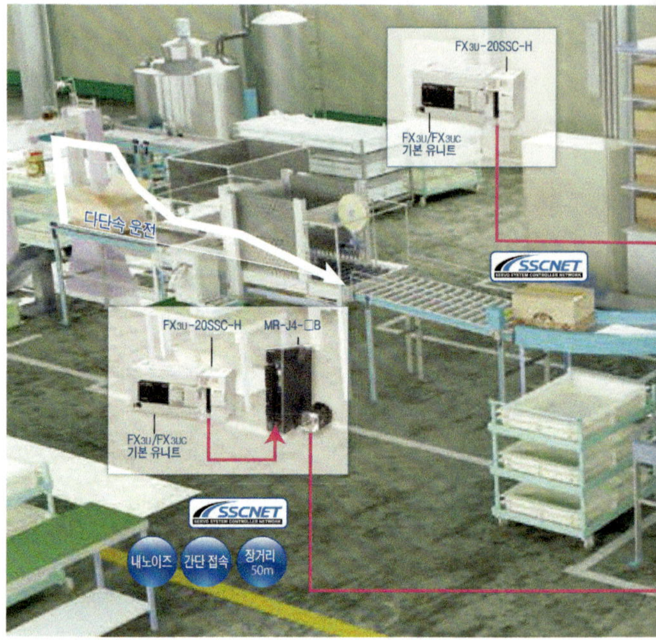


## 내장 위치결정

### 트랜지스터 출력 타입 기본 유니트 2축

FX3S, FX3G 시리즈 14점/24점
FX3GC 시리즈

### 트랜지스터 출력 타입 기본 유니트 3축

FX3G시리즈 40점/60점
FX3U /FX3UC

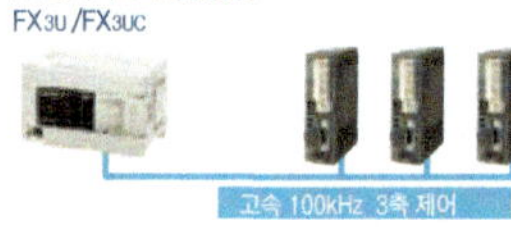


### 차동 라인 드라이버 출력 4축

FX3U시리즈+고속 출력 어댑터×2대

## 펄스 출력 블록

### 트랜지스터 출력 1축

FX3U /FX3UC 용
특수 블록
FX3U-1PG

7개의 운전 모드를 탑재하여 오픈 컬렉터 출력에서 최고 200kHz의 펄스열을 출력할 수 있습니다.

### 차동 라인 드라이버 출력 1축

FX3U /FX3UC 용
특수 블록
FX2N-10PG

차동 라인 출력에서 최고 1MHz의 고속 펄스 출력으로 고속 · 고정밀의 위치결정을 실현합니다

### 권장 AC 서보

**오픈 컬렉터 or 차동 라인 입력**

컴팩트한 보디에 고기능 탑재

FX 시리즈에 권장

원터치 서보 MR-JN

## 기종 일람

### 위치결정 기능 내장 PLC

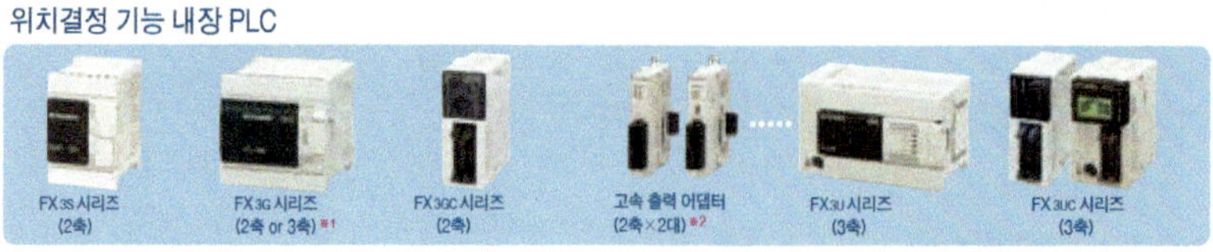


*1: FX3G14/24점 타입은 2축, 40/60점 타입은 3축까지의 내장 위치결정에 대응.
*2: 고속 출력 어댑터를 접속한 경우, PLC 본체의 동일 출력 번호는 사용할 수 없습니다

### 펄스 출력 블록

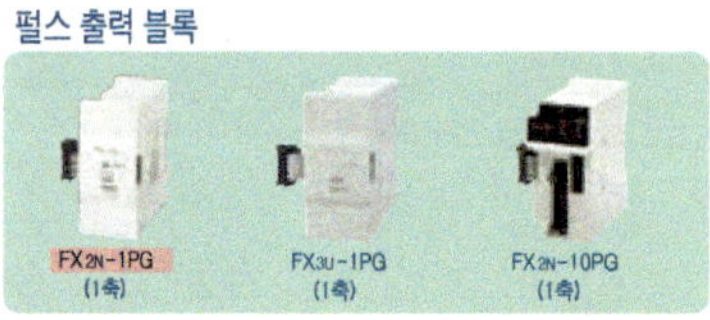


### 위치결정 블록

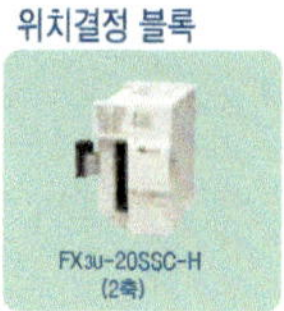


### 위치결정 유니트

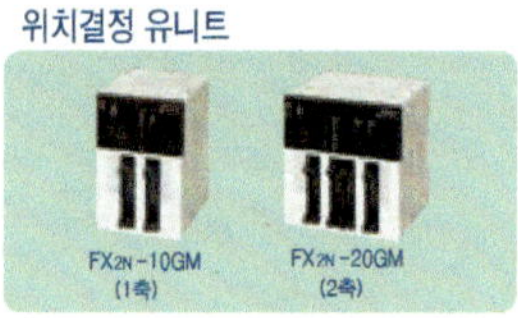


### 캠 스위치

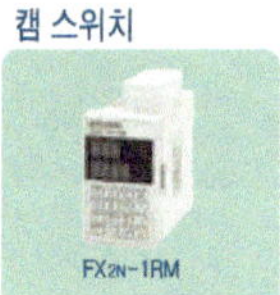


: 2015년 12월말 생산 종료 예정 기종

# SSCNET Ⅲ Control

SSCNET Ⅲ제어

고속 · 고정밀도의 성배선이나 고신뢰의 SSCNET Ⅲ으로 위치결정 제어를 실현할 수 있습니다.

**원포인트**

SSCNET Ⅲ 접속은 광 케이블로을 사용하므로, 배선 절감이 가능합니다.

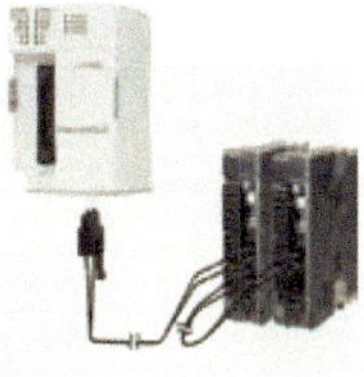

## SSCNET Ⅲ

### SSCNET Ⅲ접속 2축

SSCNET Ⅲ접속 위치결정 블록 FX 3U -20SSC-H

SSCNET Ⅲ의 동기성 높은 고속 시리얼 통신에 의해 2축 직선 보간 · 2축 원호 보간 실현.

### 전용 소프트웨어

FX Configurator-FP

### 전용 AC 서보

장치의 통합 시스템 효율 향상
장치에 최적의 서보 조정 가능

SSCNET Ⅲ전용

SSCNET Ⅲ대응 AC 서보
MR-J4-□B*

*: FX3U-20SSC-H는 MR-J3호환 모드로 접속합니다.

## SSCNET Ⅲ의 장점

### 배선 절감으로 고속 통신

SSCNET Ⅲ 전용 광 케이블에 의해 배선 작업 시간 절감이 가능하며, 최고 50Mbps의 고속 통신으로 노이즈에도 강하고 50m별 분산 배치가 가능합니다.

### 개발 작업 시간 절감

전용 소프트웨어의 테이블 운전으로 개발 작업 시간을 크게 절감할 수 있습니다.

### 고도의 보간 운전

동기성 높은 고속 시리얼 통신에 의해 2축 직선 보간 · 2축 원호 보간을 실현합니다

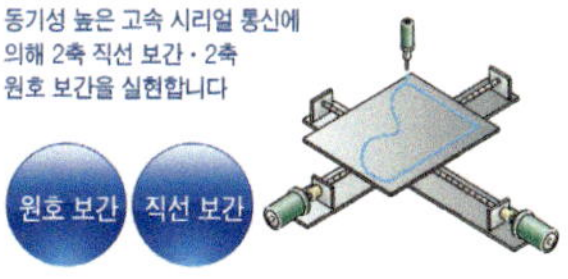


### 동시 스타트 기능

X축-Y축의 동시 스타트 성능이 향상되었습니다.
2축간의 동시 스타트가 필요한 반송 장치나 개별 장치의 동시 스타트 제어에 적합합니다.

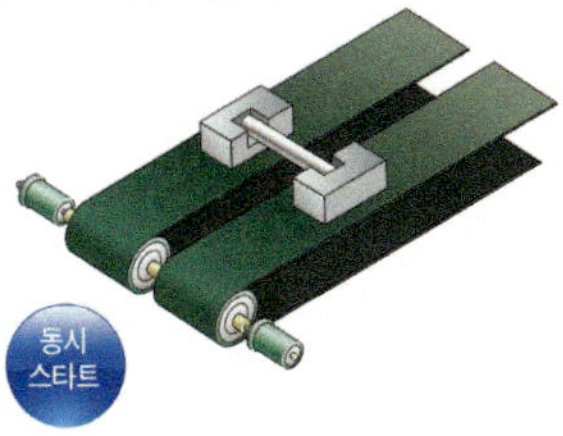


### 세밀한 인칭을 가능으로 하는 1PLS 지령 기능

정회전/ 역회전 JOG 지령의 ON 시간을 지정하기만 하면 현재 어드레스에서 ±1 상당(사용자 단위)의 지령을 내립니다.

JOG 판정 시간 500ms 시의 예

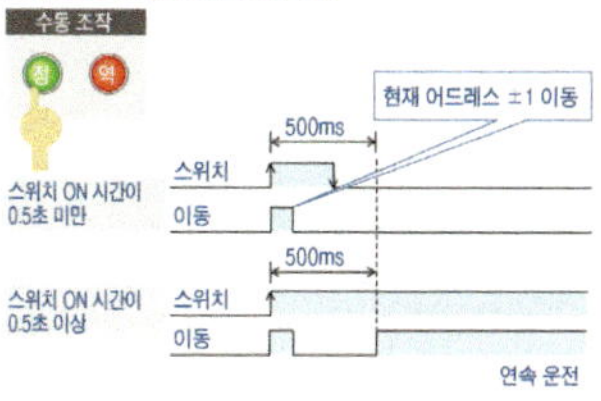


### 위치결정 중의 속도 변경이나 목표 위치 변경 가능

**운전 속도 변경 기능**
임의의 타이밍에 지정된 속도로 변경.

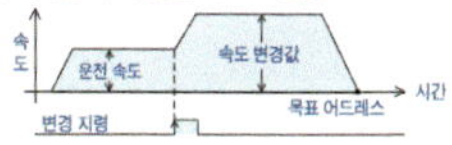


**오버라이드 기능**
임의의 타이밍에 지정된 비율로 변경.

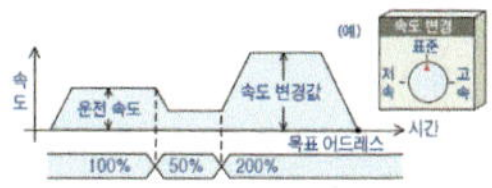


**목표 위치 변경 기능**
제어 중에 목표 어드레스를 새로운 어드레스로 변경.

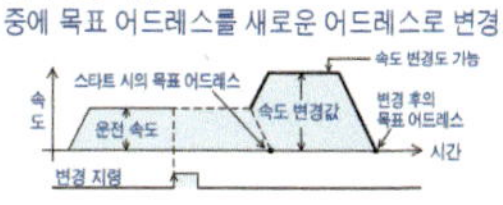

# Communication

범용 통신 제어

기능 확장 보드나 특수 어댑터를 증설하면, 데이터 링크나 외부 시리얼 통신 기기와의 접속이 가능합니다.

### 원포인트

FX 시리즈 간을 접속하면 분산 제어 시스템을 구축할 수 있습니다.

## 프로그래밍용

### 내장 RS-422 통신 프로그래밍 포트

구기종에서의 호환성이 높은 RS-422 프로그래밍 포트가 내장되어 있습니다.

### USB 통신

FX3U

FX3G/FX3GC는 USB 포트를 표준 내장하고 있습니다. FX3U/FX3UC-32MT-LT(-2)에는 기능 확장 보드의 증설이 가능합니다.

### 통신 포트 복수 사용

FX3G는 최대 4ch의 통신 포트

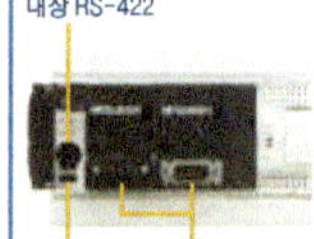


FX3G-40/60점 타입 / FX3GC는 옵션 증설로 최대 4ch를 사용할 수 있습니다. FX3U/FX3UC는 옵션 증설로 최대 3ch를 사용할 수 있습니다.

## 시리얼 통신용

### RS-232C통신

FX3U-232-BD
FX3G-232-BD
FX3U-232ADP-MB

범용성 높고 다양한 기기와 접속할 수 있는 통신 방법입니다.

- 무수순 통신
- 계산기 링크
- 프로그래밍 통신
- 리모트 유지보수

### RS-422 주변기기 통신

FX3U-422-BD
FX3G-422-BD

PC와 GOT 등 동시에 여러 대를 접속하는 경우에 편리한 통신 기기입니다.

- 프로그래밍 통신
- GOT와의 접속

### RS-485통신

FX3U-485-BD
FX3G-485-BD
FX3G-485-BD-RJ
FX3U-485ADP-MB

장거리, 여러 대를 접속하는 경우에 편리한 통신 방법입니다.

- 무수순 통신
- 계산기 링크
- 병렬 링크
- 간이 PLC 간 링크
- 인버터 통신

## FX 시리즈의 통신 기능

### 무수순 통신(RS, RS2 명령)

통신 대상 · · · 프린터, 바코드 리더 등

RS-232C 또는 RS-485(422) 통신 인터페이스 보유 기기(PC나 바코드 리더 등)와 무수순으로 시리얼 통신을 실행할 수 있습니다.

### 병렬 링크

통신 대상 · · · 동일 시리즈 PLC 간

PLC 2대 간에서 비트 디바이스(M)와 워드 디바이스(D)를 자동으로 갱신합니다.

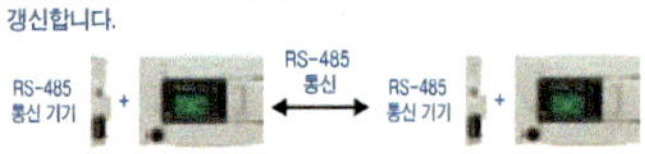


### 간이 PLC 간 링크

통신 대상 · · · FX 시리즈 PLC

FX PLC를 복수로 접속하여 각 PLC 간에 자동으로 데이터 교신을 하는 네트워크입니다.

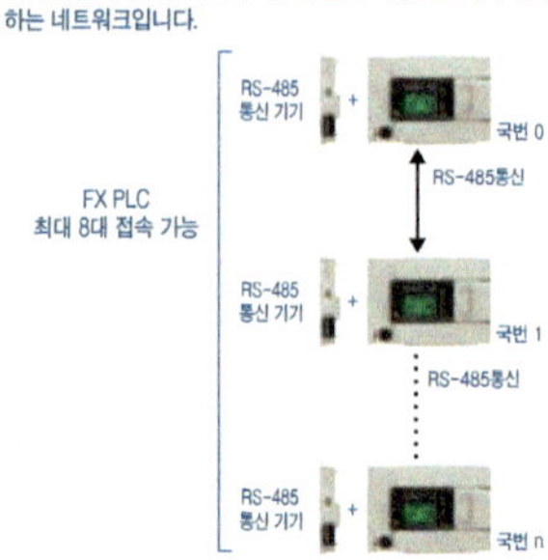


### 계산기 링크(전용 프로토콜)

통신 대상 · · · PC

●계산기와 PLC의 1 : N 통신

PC 등의 계산기 1대에 대하여 최대 16대의 FX, A, Q 시리즈 PLC와 데이터 링크를 실행할 수 있습니다.

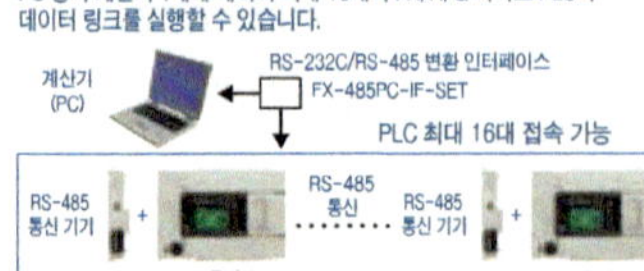


●RS-232C 기기와 PLC와의 1 : 1 통신

PC 등의 계산기 1대에 대하여 RS-232C 인터페이스를 탑재한 FX PLC 1대와 데이터 링크를 실행할 수 있습니다.

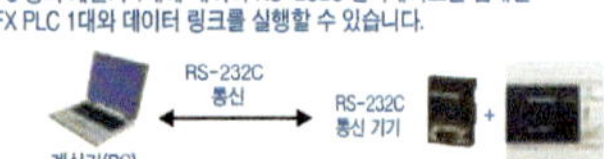

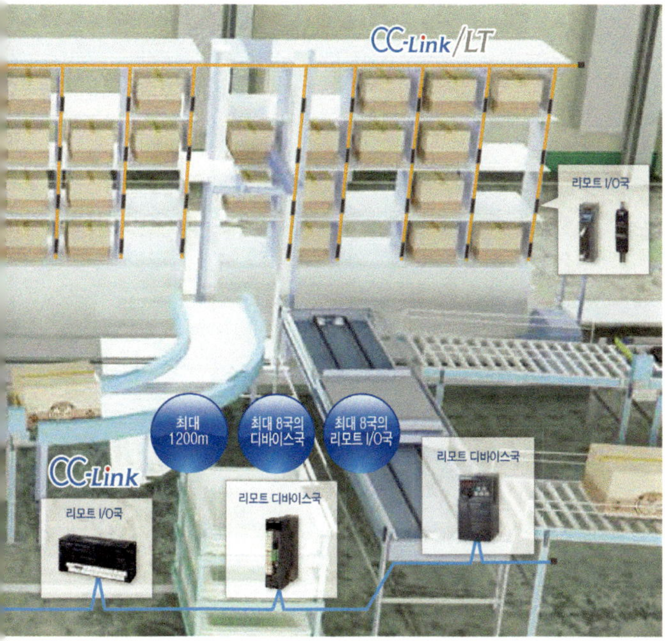


# Open Field Network

오픈 필드 네트워크

CC-Link

오픈 필드 네트워크로
다양한 FA 기기를 고속, 장거리로
접속할 수 있습니다.

**원포인트**

CC-Link V2

CC-Link V2 대응 마스터 블록으로
CC-Link Ver.2.00 모드의
필드 네트워크 시스템을 저렴한 비용으로
구축할 수 있습니다.

## CC-Link

### CC-Link 마스트국

FX3U-16CCL-M

CC-Link V2 대응 마스터 블록으로 리모트 I/O국, 리모트 디바이스국, 인텔리전트 디바이스국을 접속할 수 있습니다.

### CC-Link 인텔리전트 디바이스국

FX3U-64CCL

CC-Link V2 대응 인터페이스 블록, 인텔리전트 디바이스국으로 확장 사이클릭을 설정하거나, 대응 PLC에서 마스터국에서의 기본 유니트 액세스 기능으로 프로그래밍의 전송이나 모니터를 실행할 수 있습니다.

## CC-Link/LT

### 마스트국 기능 내장 PLC

FX3UC-32MT-LT(-2)

FX3UC-32MT-LT(-2)는 CC-Link/LT의 마스터 기능이 내장되어 있고 배선 절감 구조로 배선 비용을 절감할 수 있습니다.

### 타국 액세스 기능

#### 타국 액세스 기능

GX Works2를 마스터국의 FX3 시리즈 기본 유니트에 접속하면, 인텔리전트 디바이스국에 접속된 FX3 시리즈에 대한 프로그램 쓰기, 디바이스 모니터, 유지보수 등이 가능합니다.

#### 네트워크 파라미터 설정

GX Works2의 파라미터상에서 CC-Link 설정 또는 리모트 디바이스국 초기 설정, 네트워크 상태 진단 등을 쉽게 실행할 수 있습니다.

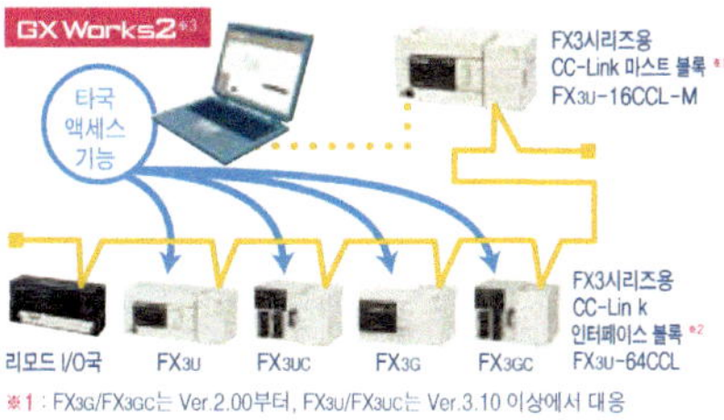


*1 : FX3G/FX3GC는 Ver.2.00부터, FX3U/FX3UC는 Ver.3.10 이상에서 대응
*2 : FX3G/FX3GC는 첫 발매품부터, FX3U/FX3UC는 Ver.2.20 이상에서 대응
*3 : FX3G/FX3GC는 Ver.1.86Q부터, FX33U/FX3UC는 Ver.1.73B 이상에서 대응

### 마스트국

FX2N-64CL-M

CC-Link/LT의 배선 절감 I/O 제어를 이용할 수 있습니다.

## 제어 점수 확장

FX3G(C)/FX3U(C) 시리즈는 CC-Link에 접속하여 I/O 제어 점수를 확장할 수 있습니다.

- FX3G/FX3GC 128점→256점
- FX3U/FX3UC 256점→384점

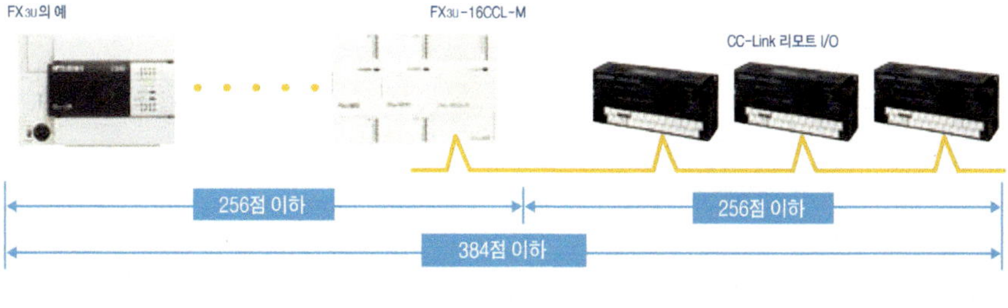


부록

# Ethernet

Ethernet 통신

FX3 시리즈를 Ethernet으로 LAN(로컬 영역 · 네트워크)에 접속하여 리모트 유지보수 및 모니터링을 실행할 수 있습니다.

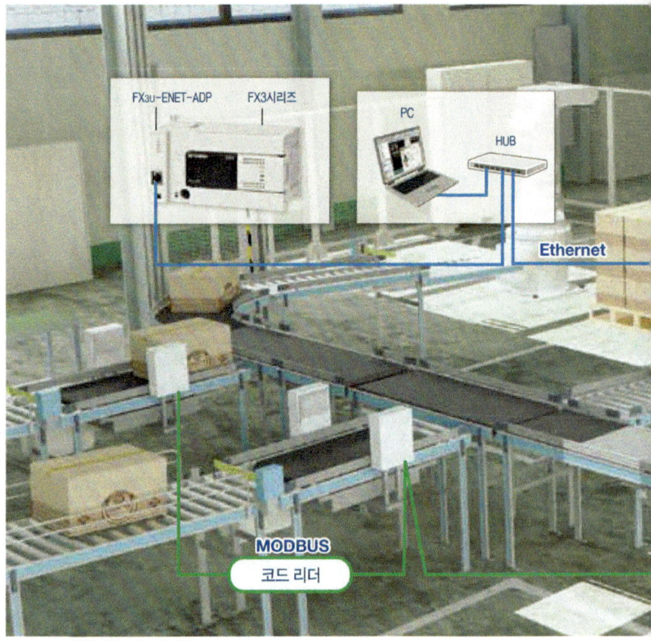


## 원포인트

FX3 시리즈용 Ethernet 통신용 특수 어댑터를 사용하여 FX3 시리즈 PLC를 저렴한 비용으로 Ethernet 접속할 수 있습니다.

FX3U-ENET-ADP

## Ethernet

### MC 프로토콜 통신 (ENET-L) (ENET-ADP)

PC에서 PLC의 디바이스 데이터에 대한 읽기/쓰기가 가능합니다.

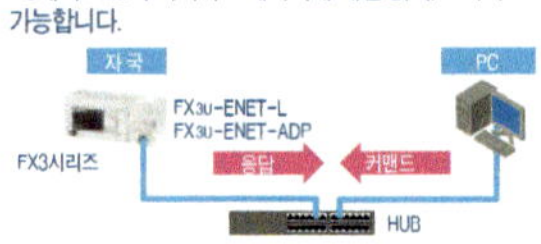


### 파라미터 설정 (ENET-ADP)

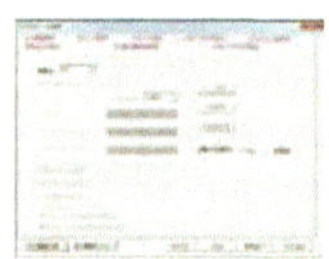

각종 파라미터를 GX Works2의 설정 화면에서 쉽게 설정할 수 있습니다.

※ FX3U-ENET-ADP만 대응. FX3U-ENET-L은 미쓰비시전기 FA 사이트에서 설정 툴을 다운로드하십시오.

### 데이터 모니터링 (ENET-ADP)

PC의 브라우저에서 기본 유니트의 디바이스값이나 Ethernet 어댑터의 정보를 모니터할 수 있습니다.

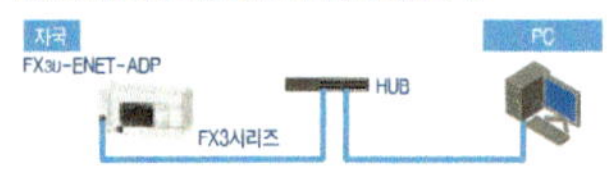


### 리모트 유지보수 (ENET-L) (ENET-ADP)

GX Works2를 VPN* 경유로 접속하여 프로그램을 읽기/ 쓰기 할 수 있습니다.

※ : VPN(Virtual Private Network):통신 내용을 암호화하여 네트워크 간을 접속하는 서비스

### 고정 버퍼 통신 (ENET-L)

버퍼메모리(고정 버퍼)로 PLC나 다른 기기와 통신이 가능합니다.

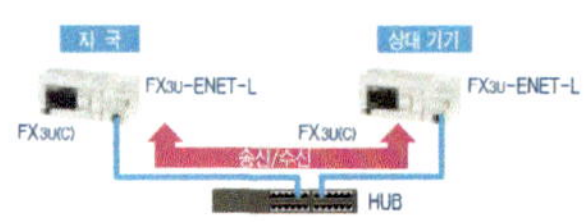


### 전자 메일 송신 (ENET-L)

PLC에서 메일 서버(SMTP)를 이용하여 전자 메일을 송신할 수 있습니다.

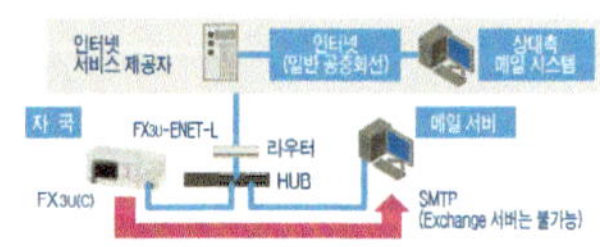


(ENET-L) FX3U-ENET-L 대응 (ENET-ADP) FX3U-ENET-ADP 대응

## 시스템 구성 예

### LAN (근거리 통신망)

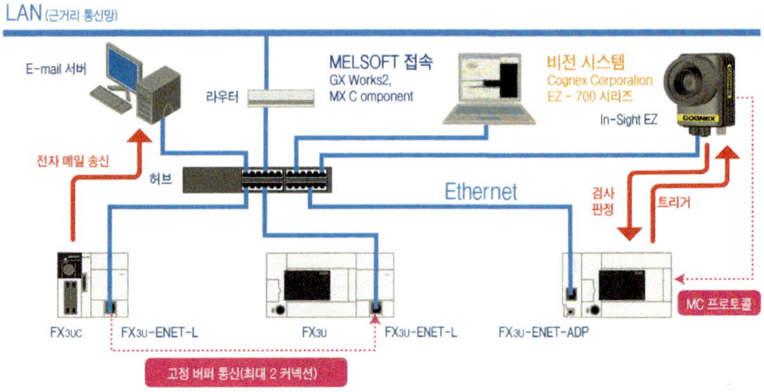


### 기본 유니트 대응표

| | FX3U-ENET-L | FX3U-ENET-ADP |
|---|---|---|
| FX3S | – | ○ |
| FX3G | – | ○※2 |
| FX3GC | – | ○※2 |
| FX3U | ○※1 | ○※3 |
| FX3UC | ○※1 | ○※3 |

※1 : 기본 유니트 Ver 2.21 이상
※2 : 기본 유니트 Ver 2.00 이상
※3 : 기본 유니트 Ver 3.10 이상

# MODBUS

MODBUS 통신

FX PLC를 마스터 또는 슬레이브국으로 MODBUS 통신( 접속할 수 있습니다.

**원포인트**

FX3 시리즈용 MODBUS 대응 통신용 특수 어댑터를 제공하고 있습니다. 전용 명령과 펑션 코드로 쉽게 프로그램할 수 있습니다.

## RS-232C 타입

### RS-232C MODBUS 통신

FX3U-232ADP-MB ※1

RS-232C용 특수 어댑터로 접속 기기와 1 대 1로, 최장 15m까지 접속할 수 있습니다.

## RS-485 타입

### RS-485 MODBUS 통신

FX3U-485ADP-MB ※1

RS-485용 특수 어댑터로 마스터의 경우 최대 32국을 최장 500m까지 접속할 수 있습니다.

※1 : MODBUS 통신을 사용하는 경우에는
FX3S PLC는 첫 발매품부터
FX3G PLC Ver.1.30 이상
FX3GC PLC Ver.1.40 이상
FX3U(C) PLC Ver.2.40 이상
1ch만 접속 가능

## 시스템 구성 예

### RS-485 MODBUS 통신 시스템 구성 예

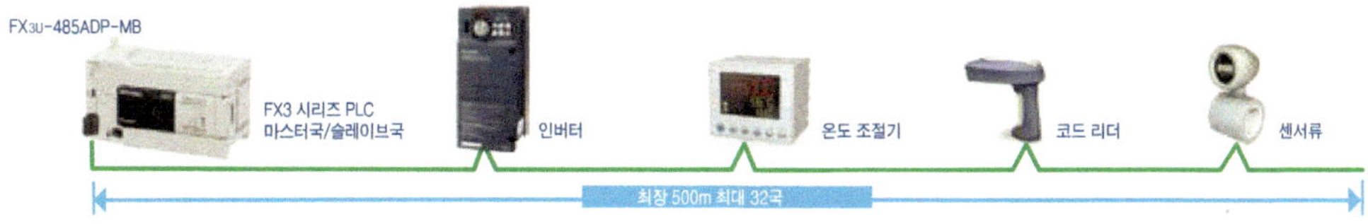


### 프로그램

- 마스터국으로 사용하는 경우에는 MODBUS 응용 명령 [ADPRW]※2 으로 데이터의 읽기/쓰기에 대응합니다.
- 슬레이브국으로 사용하는 경우에는 통신 설정 프로그램에 의해서만 자동 응답을 실행합니다. 또한, MODBUS 어드레스의 할당은 고정 어드레스 또는 시퀀스 프로그램에 의한 할당(FX3U(C) 시리즈만)이 가능합니다.

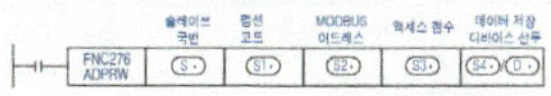


※2 : GX Works2 Ver.1.20W 이상

### 펑션 코드 일람

| 펑션 코드 | 서브 펑션 코드 | 상세 |
|---|---|---|
| 0x01 | | 코일 읽기(복수 점 가능) |
| 0x02 | | 입력 읽기(복수 점 가능) |
| 0x03 | | 유지 레지스터 읽기(복수 점 가능) |
| 0x04 | | 입력 레지스터 읽기(복수 점 가능) |
| 0x05 | | 코일 쓰기(1점만) |
| 0x06 | | 유지 레지스터 쓰기(1점만) |
| 0x07※3 | | 이상 상태 읽기(1바이트만) |
| 0x08 진단※3 | 0x00 | 요구 데이터 회신(루프 백 테스트) |
| | 0x01 | 통신 재기동 |
| | 0x02 | 진단용 레지스터 회신(1워드만) |
| | 0x03 | ASCII 모드 수신 종료 코드 변경 |
| | 0x04 | Listen only mode로 이행 |
| | 0x0A | 카운터·진단용 레지스터 클리어 |
| | 0x0B | 버스 메시지 카운터 회신 |
| | 0x0C | 버스 통신 에러 카운터 회신 |
| | 0x0D | 예외 에러 카운터 회신 |

| 펑션 코드 | 서브 펑션 코드 | 상세 |
|---|---|---|
| 0x08 진단※3 | 0x0E | 자국 메시지 수신 카운터 회신 |
| | 0x0F | 무응답 카운터 회신 |
| | 0x10 | NAK 응답 카운터 회신 |
| | 0x11 | Busy 응답 카운터 회신 |
| | 0x12 | 캐릭터 오버 런 에러 카운터 회신 |
| 0x0B※3 | | 통신 이벤트 카운터 수집 |
| 0x0C※3 | | 통신 이벤트 로그 수집 |
| 0x0F | | 복수 점 코일 쓰기 |
| 0x10 | | 복수 점 유지 레지스터 쓰기 |
| 0x11※3 | | 슬레이브 ID 보고 |
| 0x16※3 | | 유지 레지스터의 AND/OR 마스크 쓰기(1점만) |
| 0x17※3 | | 유지 레지스터 복수 점 읽기와 복수 점 쓰기 |

※3 : FX3U(C) PLC만 대응

# Sensor Solution

센서 솔루션

Anywire Co.의
다양한 센서 터미널을
접속할 수 있습니다.

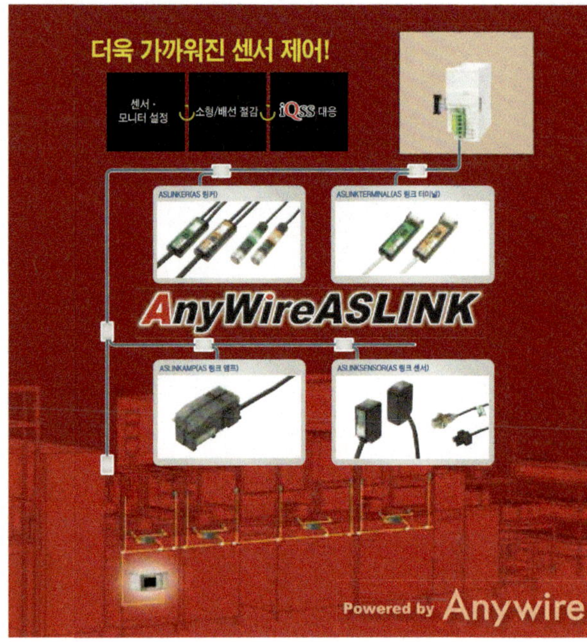


**원포인트**

FX3U-128ASL-M은 AnyWireASLINK의 마스터로 접속할 수 있습니다.
FX3U-128BTY-M은 AnyWire Bitty 시리즈의 마스터로 접속할 수 있습니다.
FX3G(C)/FX3U(C)의 리모트 I/O로 다양한 센서 등을 접속할 수 있습니다.

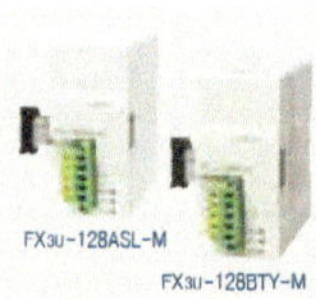


## AnyWireASLINK(Anywire Co.)

### 입출력 2점까지 I/O에

ASLINKER

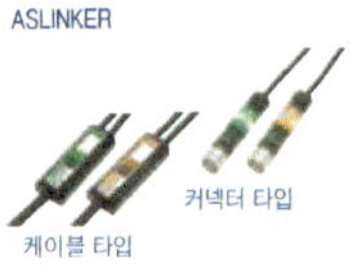


### 범용 센서 헤드 접속

ASLINKAMP

### 센서 직접 연결

ASLINKSENSOR

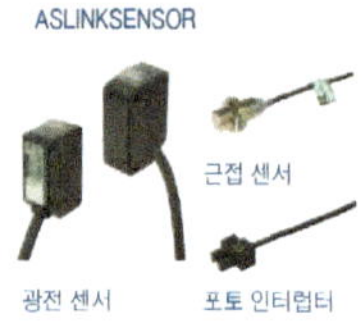


### 입출력 8점까지의 I/O에

ASLINKTERMINAL

## AnyWire Bitty 시리즈(Anywire Co.)

### 피킹 터미널

파이프 선반 부착형

직접 설치형

### 소형 피킹 터미널

파이프 선반 부착형

## 시스템 구성 예(AnyWireASLINK)

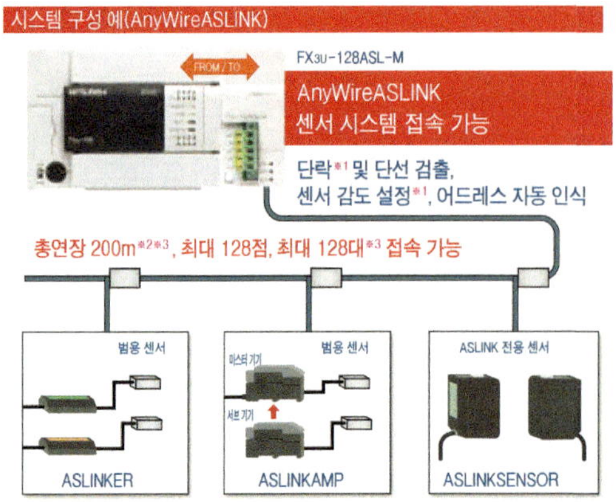


## 시스템 구성 예(피킹 터미널)

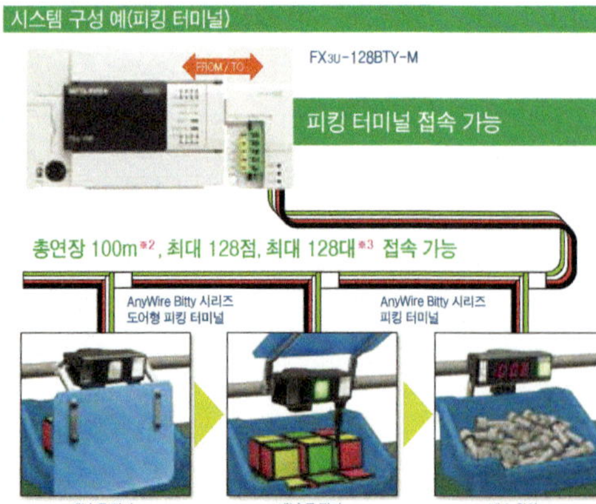


*1 : ASLINKAMP, ASLINKSENSOR로 대응 가능
*2 : 지선 길이를 포함한 총연장 거리
*3 : 각 슬레이브 유니트의 소비 전류에 따라 변동

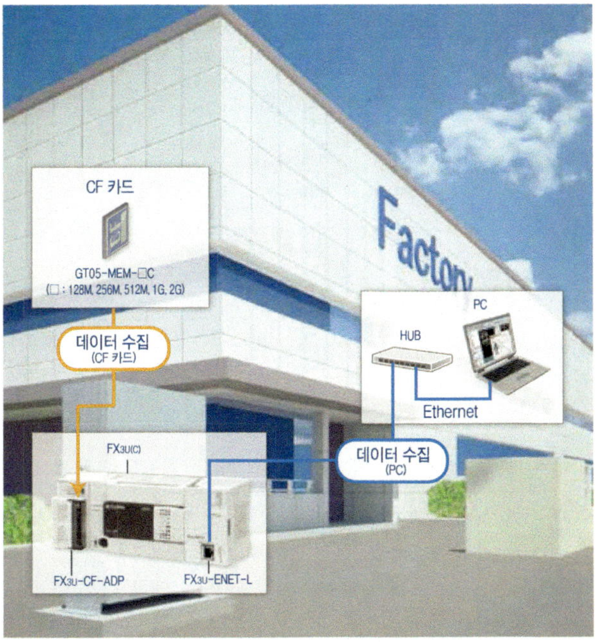


# Data Logging

데이터 수집

CF 카드에 CSV 형식의 데이터를 다양한 방법으로 저장할 수 있습니다.

**원포인트**

FX3U-CF-ADP는 PLC 운전 중이라도 CF 카드를 탈착할 수 있습니다.

## 데이터 레지스터값의 데이터 수집

### 기본 유니트에서 데이터 수집

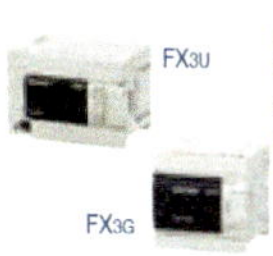


FX3G/FX3GC는 24,000점, FX3U/FX3UC는 32,768점의 확장 레지스터를 내장하여 데이터 수집이 가능합니다

### 메모리 카세트에 대한 데이터 수집

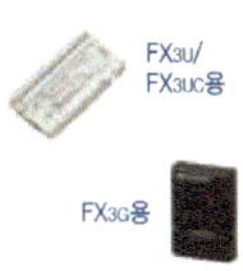


지우고 싶지 않은 데이터는 옵션의 메모리 카세트를 증설하면, FX3G에서는 24,000점, FX3U/FX3UC에서는 32,768점의 확장 파일 레지스터에 데이터를 수집할 수 있습니다.

### PC에서의 데이터 수집

항시 접속되어 있는 PC에서는 MX Component와 MX Sheet를 사용하면 쉽게 데이터를 수집할 수 있습니다.

## CSV 형식으로 데이터 수집

### CF 카드에 대한 데이터 수집

FX3U-CF-ADP

FX3U/FX3UC에 CF 카드 특수 어댑터를 접속하면, 쉽게 CSV 형식의 데이터를 수집할 수 있습니다.

### CSV형식으로 데이터 수집

CF 카드에 CSV 형식으로 저장하여 스프레드시트 소프트웨어에서 읽을 수 있으므로 그래프화 · 해석도 가능합니다.

### 데이터 수집 애널라이저 MELQIC IU1시리즈

간이 데이터 수집 프로그램이 인스톨된 상태로, 아날로그 입력을 본체 유니트에 내장하여 기기를 접속하는 즉시 데이터 수집 가능

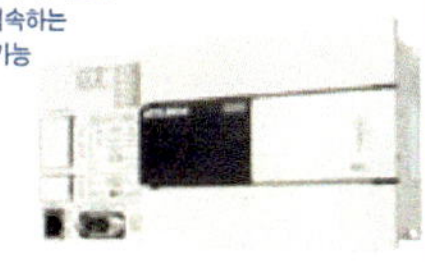

### 지정 행수만큼의 데이터 저장

지정 횟수나 트리거로 수집

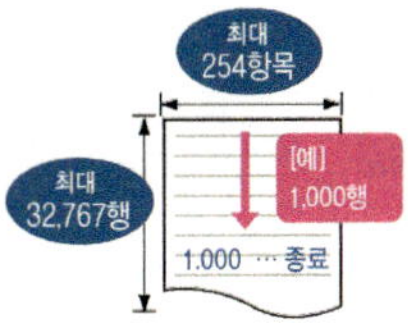


### 지정 행수만큼의 데이터를 연속해서 저장

에러 발생 전후의 데이터 수집에 편리

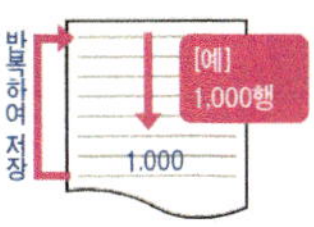


### 파일 FIFO(선입선출)

파일의 자동 작성과 기존 파일의 자동 삭제
CF 카드 부족 시 또는 파일수 초과 시는 구파일 삭제

# Display Module

디스플레이 모듈

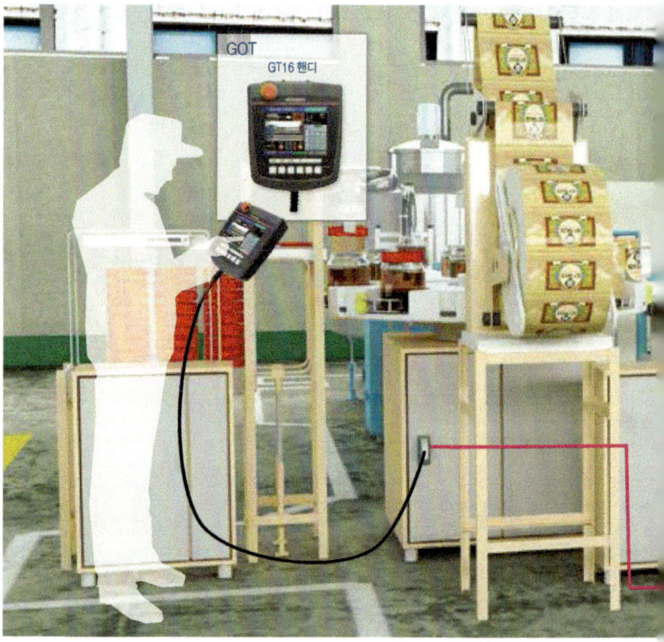

디스플레이 모듈을 장착하여
간편하게 표시 · 설정 · 테스트를
할 수 있습니다.

**원포인트**

FX3UC-32MT-LT(-2)형 기본 유니트에는
디스플레이 모듈이 표준 탑재되어 있습니다.
제어반 내에서의 모니터나 에러 표시가
기본 유니트만으로 가능합니다.

화면은 장착되어 있습니다.

## 디스플레이 모듈

### FX3S용 디스플레이 모듈

PLC에 직접 설치할 수 있어 배선이 불필요하고,
깨끗하고 보기 쉬운 화면으로 기능 확장 보드와 함께 사용할 수 있으므로 조작성이 더욱 향상됩니다.

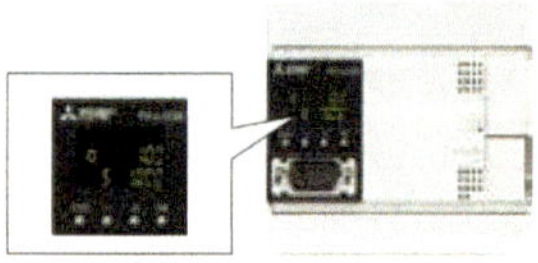

### FX3G용 디스플레이 모듈

PLC에 직접 장착할 수 있어 배선이 불필요하며,
버튼 조작만으로 사용할 수 있는 "작업자 기능"과 PLC로 제어하는 "컨트롤러 기능"을 탑재하였습니다.

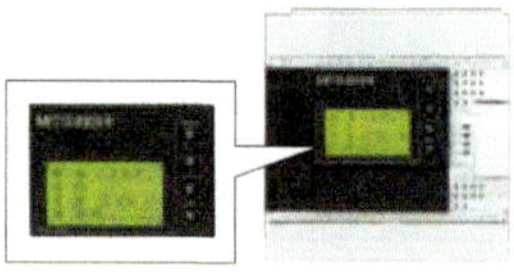

### FX3U용 디스플레이 모듈

PLC에 직접 장착할 수 있어 배선이 불필요하며, 일본어 (한자 · ひらがな · カタカナ)와 영문 표시가 가능합니다.
또한, 제어반 문 등에 장착하는 홀더도 준비되어 있습니다.

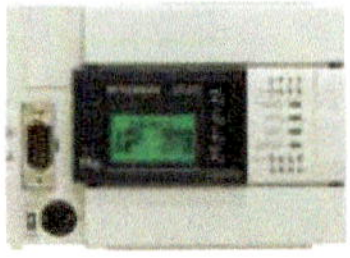

FX3U-7DM-HLD

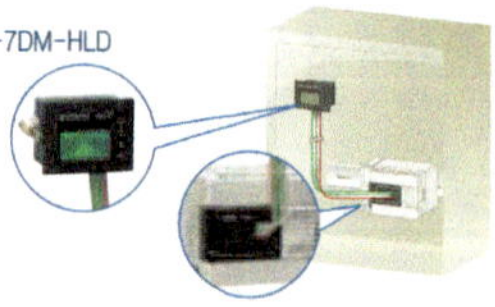

## 기종 일람

| FX1S용 디스플레이 모듈 | FX3S용 디스플레이 모듈 | FX3G용 디스플레이 모듈 | FX3U용 디스플레이 모듈 |
|---|---|---|---|
| 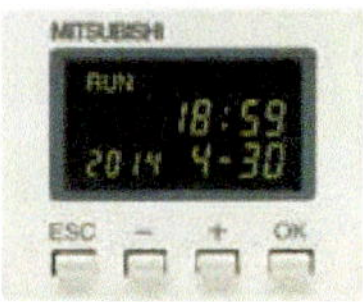 |  | 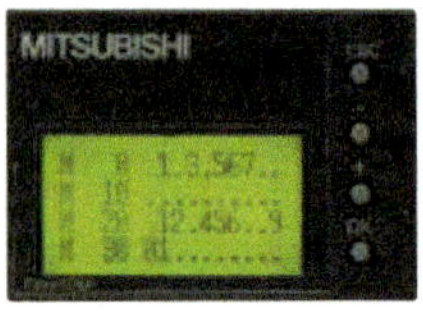 | 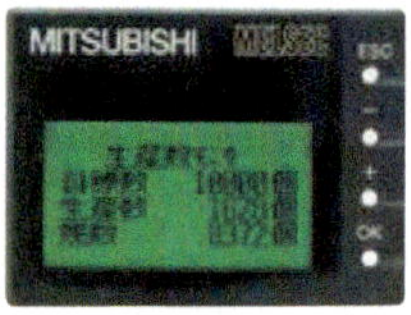 |
| FX1S-5DM | FX3S-5DM | FX3G-5DM | FX3U-7DM |



: 2015년 12월말 생산 종료 예정 기종

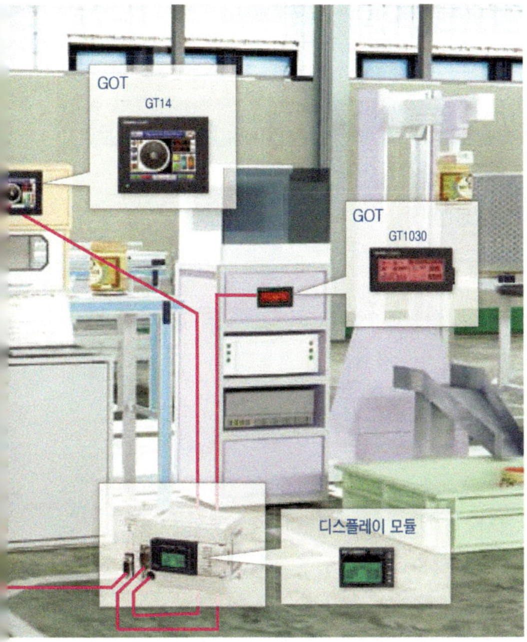


# GOT

표시기

GOT의 용도에 대응하는 다양한 라인 업으로
장치의 조작성이 향상됩니다.
FA 트랜스페어런트 기능에 의한 효율적인
디버그도 가능합니다.

GRAPHIC OPERATION TERMINAL
GOT1000

화면은 장착되어 있습니다.

## GT10 model

※ : 2016년 10월말 생산 종료 예정 기종

### GT1020※/GT1030

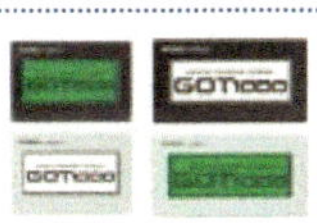

- 초소형 3.7/4.5인치형 GOT
- 소형 본체에 GOT1000 시리즈 기능 응축!
- 상태를 단번에 파악 3색 LED 백라이트

### GT104□※/GT105□

- 4.7인치형, 5.7인치형 GOT
- 높은 코스트 퍼포먼스로 필요한 기능을 탑재!

## GT14 model

### GT1455/GT1450

- 5.7인치형 GOT
- 컬러 65,536색 표시/흑백 16단계 조절 표시
- Ethernet 접속 기종도 선택할 수 있는 5.7인치형 새 표준!

## GT16 model

### GT16□□

- 5.7 ~ 15인치형 GOT
- Ethernet 등 다양한 통신/기능을 올인원

## Handy GOT

### GT14 핸디 GOT

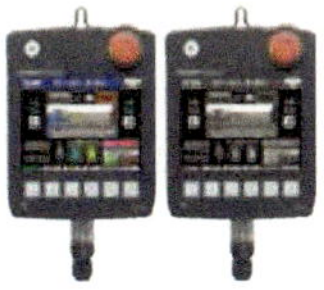

- 5.7인치형 핸디 GOT
- 컬러 65,536색 표시/흑백 16단계조절 표시
- Ethernet 내장
- 핸디 타입의 새 표준!

### GT16 핸디 GOT

- 6.5인치형 핸디 GOT
- 컬러 65,536색 표시
- GT16의 고기능을 핸디 사이즈로 응축한 핸디 GOT!

## FX 시리즈와 GOT1000 시리즈의 친화성

- GX Works2에서 GOT 경유로 FX의 회로 편집 가능.
- GT10(4.7인치형 이상), GT14, GT16은 GOT 화면에서 FX의 리스트 편집 가능. GT16은 회로 모니터 가능.
- GT14, GT16은 시퀀스 프로그램의 백업 복구나 데이터 로깅 가능.
- GT10, GT14는 동일 기종을 2대까지 복수 접속 가능.
- GT1020-L□L(W), GT1030-H□L(W) DC5V 타입은 FX 시리즈 전용으로 전원 배선 불필요.
- $FX_{3G}$(40/60점), $FX_{3GC}$, $FX_{3U}$, $FX_{3UC}$ 시리즈에는 3계통의 접속이 가능하여 115.2Kbps의 고속 통신에 대응.
- 시리얼 멀티 드롭 접속 유니트에서 최장 500m, 최대 16대까지 접속 가능.
- GT14(Ethernet 탑재 타입)와 GT16은 $FX_{3U}$-ENET-L과 Ethernet으로 접속 가능.

## Programming 프로그래밍

### 프로그래밍, 시뮬레이션 소프트웨어

GX Works2에서 FX 시리즈도 쾌적 프로그래밍

**프로그래밍을 쉽게, 모든 조작을 쾌적하게.**

[설계 효율을 향상하고 싶다.] [디버그 시간을 절감하고 싶다.]

[Down time을 단축하고 싶다.] [중요한 데이터를 지키고 싶다.]

MELSOFT

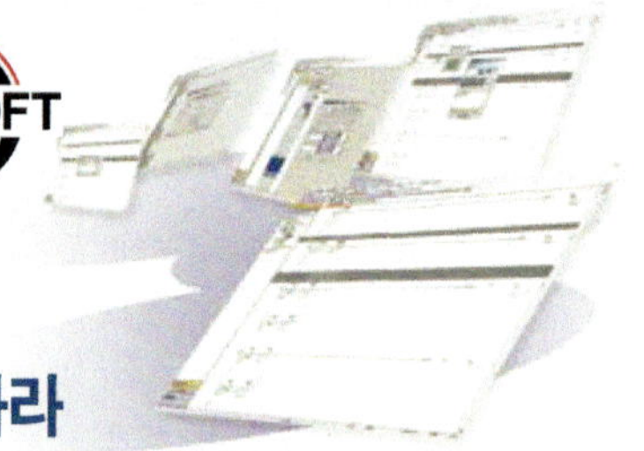

# GX Works2는 고객의 개발 스타일에 따라 2종류의 프로젝트 타입으로 프로그램이 가능합니다.

- 프로그램은 익숙해진 래더를 사용하고 싶지만, 복잡한 계산식도 쉽게 프로그램 하고 싶다.
- 더욱 사용하기 쉬운 GX Developer를 갖고 싶다.
- GX Developer의 기존 프로그램을 유용하고 싶다.

**[심플 프로젝트] 가 최적입니다.**

GX Developer

읽기

GX Works2

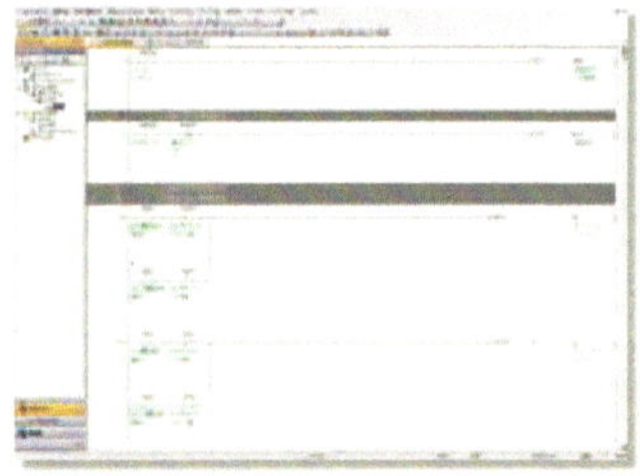

- 프로그램의 라이브러리화나 구조화를 본격적으로 추진하고 싶다.
- C언어와 같은 구조화 프로그래밍을 실현하고 싶다.
- C프로그램을 부품화하여 반복해서 이용하고 싶다.

**[구조화 프로젝트] 가 최적입니다.**

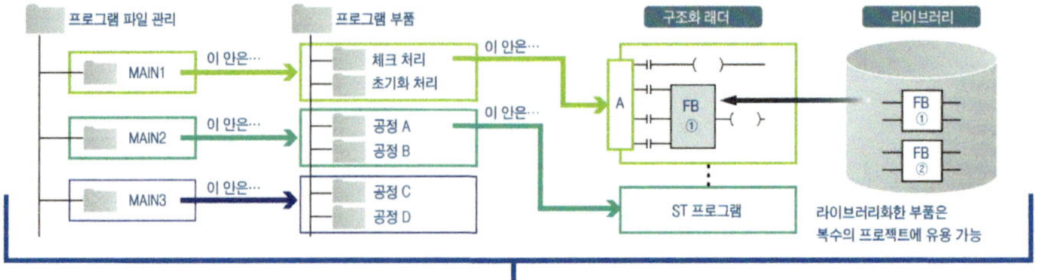


프로그램을 계층화·부품화

# GX Works2에서의 프로그램 결합, 펑션 블록에 의한 프로그램 작성 등으로 고객의 설계 효율 향상을 도모합니다.

### 프로그램의 결합

하나의 심플 프로젝트 안에 이전에 작성한 프로그램을 인용하거나 복수로 작성한 프로그램을 결합함으로써 공사기간을 단축할 수 있습니다.

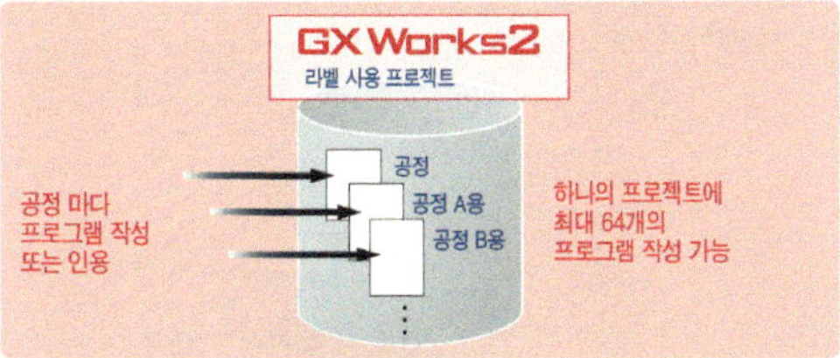


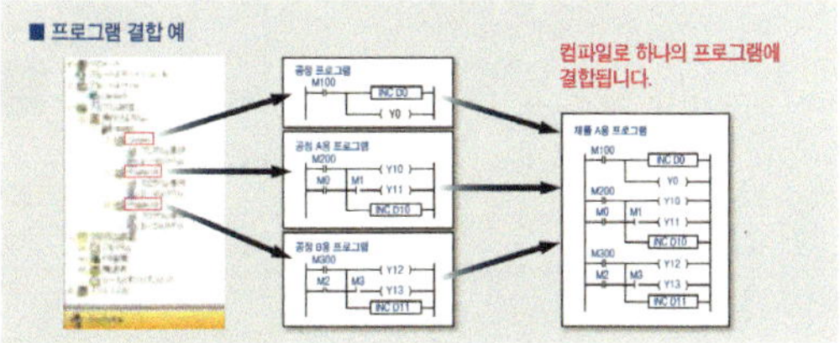


### 펑션 블록에 의한 프로그램 작성

펑션 블록은 시퀀스 프로그램 내에서 반복해서 사용하는 회로를 블록의 부품으로 하여 프로그램을 작성하면, 프로그램 개발 효율 및 품질의 향상을 도모할 수 있습니다.

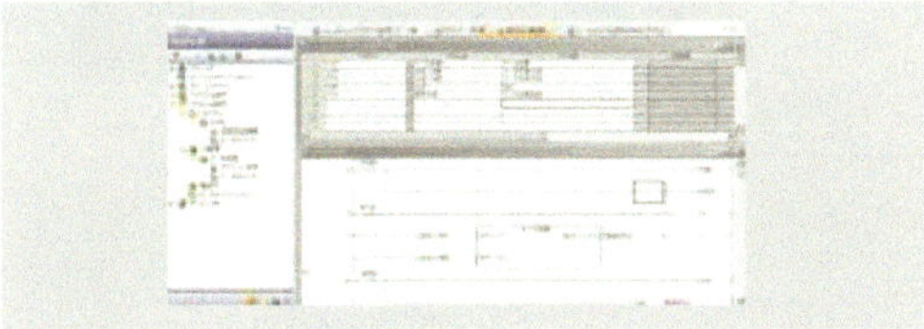

### 인 라인 ST(텍스트 형식에 의한 기술) 프로그램 작성

래더 프로그램 내에서 텍스트 형식의 ST(스트럭처드 텍스트) 언어를 이용하여 수식 연산·문자열 연산을 쉽게 기술할 수 있습니다.

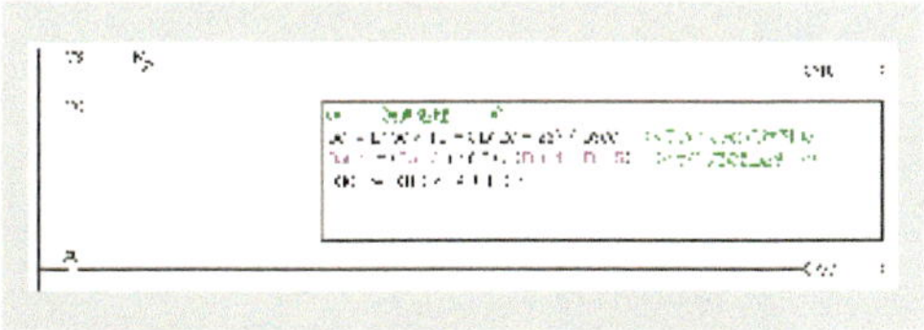

### 소스 정보의 PLC에 대한 쓰기

FX3U FX3UC

FX3U/FX3UC Ver.3.00 이후에서는 GX Works2의 [라벨 사용 프로젝트] [구조화 프로젝트]에서 작성한 프로그램을 PLC에 소스 정보별로 쓰면 다른 GX Works2에서도 소스 정보의 복원이 가능합니다.

**라벨 사용** 같은 명칭(라벨)으로 공유화하는 프로그래밍 방법

**소스 정보** 프로그램에 필요한 구조체나 라벨 등의 프로그램 구성이 저장되어 있는 정보

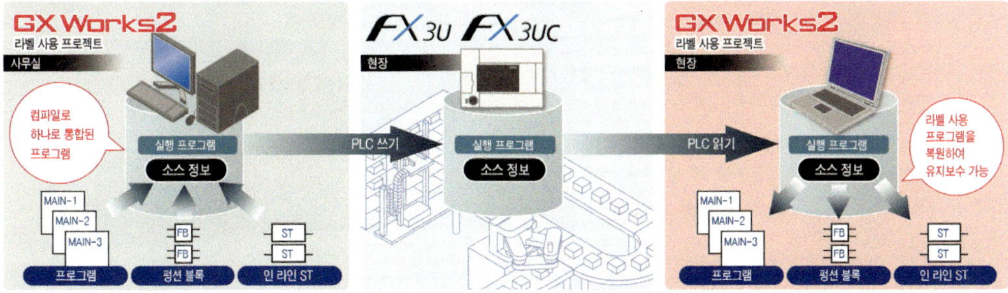


FX3U/FX3UC의 Ver.3.00은 2011년 5월 이후 생산된 제품. GX Works2는 Ver.1.56J 이후에 대응.

### 사이트 라이센스에 대응

동일 법인·동일 사무실이라면, 최대 200명까지 인스톨할 수 있습니다.

| 품명 | 형명 | 라이센스 개수 |
|---|---|---|
| GX Works2 표준 라이센스 제품 | SW1DNC-GXW2-J | 1사용자 |
| GX Works2 사이트 라이센스 제품 | SW1DNC-GXW2-JC | 200사용자 |

프로그래밍을 쉽게. 모든 조작을 쾌적하게.

GX Works2

GX Works2에 관한 자세한 내용은 왼쪽의 카탈로그를 참조하십시오. (L(NA) 08160)

## Programming 프로그래밍

MELSOFT iQ Works

### 더욱 사용하기 쉽고 더욱 간편하게!

계층을 초월한 통합 엔지니어링 환경에 의한 토털 비용 절감!

MELSOFT iQ Works는
Navigator, GX Works2, GT Works3, MT Works2 세트품입니다.

| 품명 | 형명 | 라이센스 개수 |
|---|---|---|
| iQ Works 표준 라이센스 제품 | SW2DND-IQWK-J (DVD-ROM) | 1사용자 |
| iQ Works 사이트 라이센스 제품 | SW2DND-IQWK-JC (DVD-ROM) | 200사용자 |

MELSOFT iQ Works
- MELSOFT Navigator
  - GX Works2
  - GT Works3
  - MT Works2

### 고속 통신이 가능한 내장 프로그래밍 포트

**■내장 프로그래밍 포트(RS-422) : 115.2Kbps의 고속 통신**

FX3 시리즈에 내장된 프로그래밍 포트에 RS-422 통신의 고속 통신 포트(1ch)를 기본 내장 하였습니다. PC 또는 GOT1000 등 외부 기기를 접속하는 경우, 최고 115.2Kbps의 고속 통신 ※1 이 가능합니다.

**■FX3G/FX3GC는 USB의 프로그래밍 포트 내장(MINi-B) : 12Mbps**

FX3G/FX3GC에는 USB와 RS-422의 고속 통신 포트 모두를 표준 내장하였습니다.

※1 : PLC(RS-422) ⇔ PC(RS-232C, USB) 간에 고속(115.2Kbps)으로 통신하기 위해서는 FX-USB-AW형 RS-422/USB 변환기 또는 FX-232AWC-H형 인터페이스 유니트가 필요합니다.
※2 : 프로그램 작성량에 따라 1 ~ 20초.
※3 : FX3G/FX3GC 시리즈의 내장 USB 포트와 PC의 USB 포트를 직접 접속.

전송 속도 예

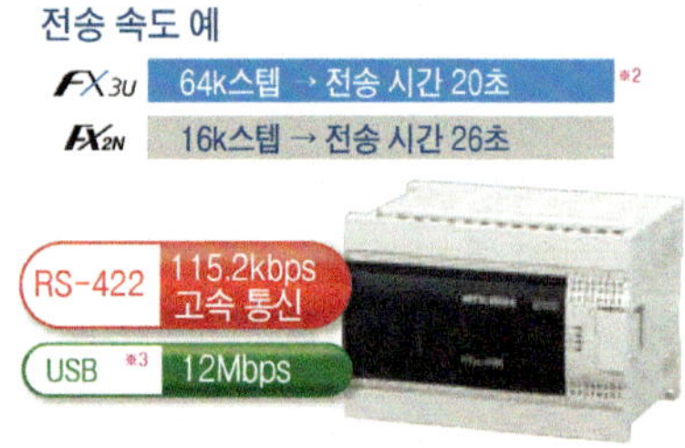


### PC 접속용 변환기/인터페이스 유니트

**■ FX-USB-AW형 RS-422/USB 변환기**

FX 시리즈 PLC와 USB 장착의 범용 PC를 접속하기 위한 RS-422/USB 변환기입니다.

FX-USB-AW

**■ FX-232AWC-H형 인터페이스 유니트**

FX 시리즈 PLC와 범용 PC를 접속하기 위한 RS-422/RS-232C 변환용 인터페이스 유니트입니다.

### FX용 핸디 프로그래밍 패널

**■ FX-30P형 핸디 프로그래밍 패널**

- 21문자×8행의 표시에 의해 인식 능력·조작성 향상
- 프로그램을 최대 15개 저장 가능
- 메뉴 언어도 일본어·영어·중국어(간자체) 전환 가능
- 특수 블록의 버퍼메모리 모니터 대응
- 전FX 시리즈에 대응 ※1
- FX-30P와 컴퓨터 소프트웨어 간에 프로그램의 전송·조합 가능 ※2

※1 : FX1, FX2, FX2C 시리즈와의 접속 시에는 FX-20P-CAB(옵션)가 필요합니다.
※2 : GX Developer는 Ver.8.72A 이상, FX-30P는 Ver.1.10 이상,
GX Work2는 Ver.1.91V 이상, FX-30P는 Ver.1.50 이상이 필요합니다.

## 생산 종료 알림

### 오랫동안의 성원에 감사드립니다.

1999년의 출시 이래 오랜 기간 동안 애용해 주신 FX1S, FX1N, FX1NC 시리즈 PLC 및 일부 증설 기기가 2015년 12월말을 기하여 생산을 종료하오니, FX3 시리즈로의 대체를 검토해 주시기 바랍니다.

FX1S/FX1N/FX1NC
2015년 12월말
생산 종료

| 생산 종료 예정 기본 유니트 | | 생산 종료 예정 기본 유니트 |
|---|---|---|

FX1S FX1N FX1NC

+

FX1N, FX2N 기능 확장 보드 / FX2NC 특수 어댑터 / FX2N 특수 블록 (일부 기종)

### 아직 정상적으로 동작하고 있는 지금이야말로, 설비 개조의 찬스!

제품을 대체하는 경우, 장점도 많습니다.

FX1S/FX1N/FX1NC
2015년 12월말
생산 종료

**현재 사용하는 기종**

제품・부품에는 수명이 있으므로, 고장 발생 전 예방 보전이 중요합니다.
아직 고장이 발생하지 않은 지금이 제품 교환의 찬스입니다.
꼭 현장 점검을 부탁합니다.

FX1S FX1N FX1NC

+

FX1N, FX2N 기능 확장 보드 / FX2NC 특수 어댑터 / FX2N 특수 블록 (일부 기종)

**프로그램 읽기**

지금까지 사용하고 있던 프로그램도 유용할 수 있습니다!
GX Works2에서 프로그램 변환하여 FX3 시리즈의 최신 기능을 쉽게 사용할 수 있습니다.

**개조 후 기종**

**배선 및 외형은 거의 동일! 개조의 장점은 덤!**

- 다양한 새로운 기능과 처리 능력으로 생산 효율 향상
- 다양한 내장 기능으로 공간 절약
- 증설도 어댑터를 사용하면 프로그램 불필요
- 표시기에 접속 가능, 조작도 간단
- GX Works2 등의 소프트웨어를 사용하여 프로그램도 간단
- MODBUS/RTU로 다양한 기기와 접속 가능
- Ethernet으로 리모트 유지보수 및 상태 확인 가능

FX3S FX3G FX3GC

+

FX3 시리즈 증설 기기 등

**생산 종료 예정 기종**

2015년 12월말 생산 종료 예정 기종의 일람표를 부록(N-9페이지 이후)에 기재하고 있으므로 참조하십시오.

권장 대체 기종 및 개조 방법 등의 자세한 내용은 오른쪽의 자료를 참조하십시오.

FX 개조 가이던스 (L(NA) 08366)

테크니컬 뉴스 (販- テ- シ- 0129)

# FX1S시리즈 라인 업 상세·기종 선정

## ■ 제품 구성

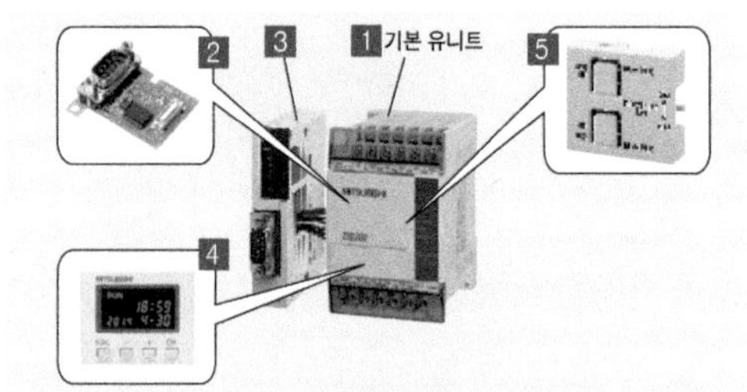

- 제어 규모 : 10~30점(기본 유니트 : 10/14/20/30점)
- 극소 규모의 제어에 적합한 기본 기종
- 소형이면서도 높은 성능과 통신 기능 등 +α 의 확장성

| 항목 | 내용 | 접속 내용·기종 선정 |
|---|---|---|
| 1 기본 유니트 | CPU·전원·입출력·프로그램 메모리를 내장한 PLC 본체입니다. | 기능 확장 보드나 특수 어댑터를 접속할 수 있습니다. |
| 2 기능 확장 보드 | PLC에 내장할 수 있는 기능 확장용 기기입니다.<br>입출력은 점유하지 않습니다. | 1대를 장착할 수 있습니다.<br>(FX1N-CNV-BD 이외는 특수 어댑터와 함께 사용 불가능) |
| 3 특수 어댑터 | 기본 유니트로부터 DC5V 전원을 공급받는 증설 기기입니다.<br>접속 케이블이 내장되어 있습니다. 입출력은 점유하지 않습니다. | FX1N-CNV-BD형 기능 확장 보드를 경유하여 1대를 접속할 수 있습니다. |
| 4 디스플레이 모듈 | PLC 본체에 내장할 수 있는 설정·표시기입니다. | FX1N-5DM형 디스플레이 모듈을 1대 장착할 수 있습니다.<br>·기능 확장 보드와도 함께 사용할 수 있습니다.(다만, FX1N-2AD-BD, FX1N-1DA-BD는 함께 사용 불가능)<br>·메모리 카세트와는 함께 사용할 수 없습니다. |
| 5 메모리 카세트 | 8000(FX1S에서는 2000스텝 사용 가능)스텝의 EEPROM 메모리가 내장되어 있으며, 프로그램 전송 기능을 탑재한 메모리 카세트입니다 | 1대를 장착할 수 있습니다.<br>·기능 확장보드와 함께 사용할 때는 프로그램 전송 기능만을 사용할 수 있습니다.(다만, FX1N-2AD-BD, FX1N-1DA-BD는 함께 사용 불가능)<br>·FX1N-5DM형 디스플레이 모듈과는 함께 사용할 수 없습니다. |

### 1 -1) 기본 유니트(AC 전원·DC 입력 타입)

AC 전원·DC 입력 타입의 기본 유니트는 4종류(8기종)가 있으며, DC24V 센서용 서비스 전원(400mA)이 내장되어 있습니다.

| 형명 | 합계 점수 | 입출력 점수·입출력 형식 | | | | 외형치수 W×H×D(mm) | 중량 |
|---|---|---|---|---|---|---|---|
| | | 입력 | | 출력 | | | |
| FX1S-10MR 종료 예정 | 10점 | 6점 | DC24V | 4점 | 릴레이 | 60×90×75 | 0.3kg |
| FX1S-10MT 종료 예정 | | | | | 트랜지스터 | | |
| FX1S-14MR 종료 예정 | 14점 | 8점 | DC24V | 6점 | 릴레이 | 60×90×75 | 0.3kg |
| FX1S-14MT 종료 예정 | | | | | 트랜지스터 | | |
| FX1S-20MR 종료 예정 | 20점 | 12점 | DC24V | 8점 | 릴레이 | 75×90×75 | 0.4kg |
| FX1S-20MT 종료 예정 | | | | | 트랜지스터 | | |
| FX1S-30MR 종료 예정 | 30점 | 16점 | DC24V | 14점 | 릴레이 | 100×90×75 | 0.45kg |
| FX1S-30MT 종료 예정 | | | | | 트랜지스터 | | |

### 1 -2) 기본 유니트(DC 전원·DC 입력 타입)

DC 전원·DC 입력 타입의 기본 유니트는 4종류(8기종)가 있으며, AC 전원 타입과 비교하여 슬림 타입으로 되어 있습니다.

| 형명 | 합계 점수 | 입출력 점수·입출력 형식 | | | | 외형치수 W×H×D(mm) | 중량 |
|---|---|---|---|---|---|---|---|
| | | 입력 | | 출력 | | | |
| FX1S-10MR-D 종료 예정 | 10점 | 6점 | DC24V | 4점 | 릴레이 | 60×90×49 | 0.22kg |
| FX1S-10MT-D 종료 예정 | | | | | 트랜지스터 | | |
| FX1S-14MR-D 종료 예정 | 14점 | 8점 | DC24V | 6점 | 릴레이 | 60×90×49 | 0.22kg |
| FX1S-14MT-D 종료 예정 | | | | | 트랜지스터 | | |
| FX1S-20MR-D 종료 예정 | 20점 | 12점 | DC24V | 8점 | 릴레이 | 75×90×49 | 0.3kg |
| FX1S-20MT-D 종료 예정 | | | | | 트랜지스터 | | |
| FX1S-30MR-D 종료 예정 | 30점 | 16점 | DC24V | 14점 | 릴레이 | 100×90×49 | 0.35kg |
| FX1S-30MT-D 종료 예정 | | | | | 트랜지스터 | | |

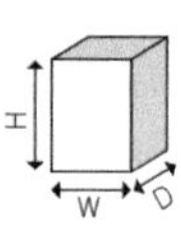


### 2 기능 확장 보드, 3 특수 어댑터

| 형명 | 기능(DC24V 사용 안함, 입출력 점유 안함) |
|---|---|
| FX1N-232-BD 종료 예정 | RS-232C 통신용 기능 확장 보드 |
| FX1N-485-BD 종료 예정 | RS-485 통신용 기능 확장 보드 |
| FX1N-422-BD 종료 예정 | RS-422 주변기기 통신용 기능 확장 보드 |
| FX1N-4EX-BD*1 종료 예정 | 확장 입력보드(DC24V 4점)*2 |
| FX1N-2EYT-BD*1 종료 예정 | 확장 출력보드(트랜지스터 출력 2점)*2 |

| 형명 | 기능(DC24V 사용 안함, 입출력 점유 안함) |
|---|---|
| FX1N-2AD-BD*1 종료 예정 | 확장 아날로그 입력보드(2ch) |
| FX1N-1DA-BD*1 종료 예정 | 확장 아날로그 출력보드(1ch) |
| FX1N-CNV-BD 종료 예정 | 특수 어댑터 접속용 기능 확장 보드 |
| FX1N-8AV-BD 종료 예정 | 8점 아날로그 볼륨 기능 확장 보드 |
| FX2NC-232ADP 종료 예정 | RS-232C 통신용 어댑터(FX1N-CNV-BD 필요) |
| FX2NC-485ADP 종료 예정 | RS-485 통신용 어댑터(FX1N-CNV-BD 필요) |

※1 : PLC V2.00 이상에서 대응 ※2 : PLC의 입출력 번호는 점유되지 않습니다.(입력 및 출력은 특수 보조 릴레이에 할당.)

### 4 디스플레이 모듈

| 형명 | 기능 |
|---|---|
| FX1N-5DM 종료 예정 | PLC에 내장할 수 있는 데이터 표시·설정용 기기. 타이머·카운터·데이터 레지스터를 모니터하거나 설정 가능 |

### 5 메모리 카세트

| 형명 | 메모리 형식 | 프로그램 스텝 | 배터리 백업 | 쓰기/삭제 방법 | 비고 |
|---|---|---|---|---|---|
| FX1N-EEPROM-8L 종료 예정 | EEPROM | 2000스텝까지 사용 가능 | 불필요 | PLC에 장착하여 주변기기에서 쓰기/삭제 | 프로그램 전송 기능 내장 |

# FX3S시리즈 라인 업 상세·기종 선정

## ■ 제품 구성

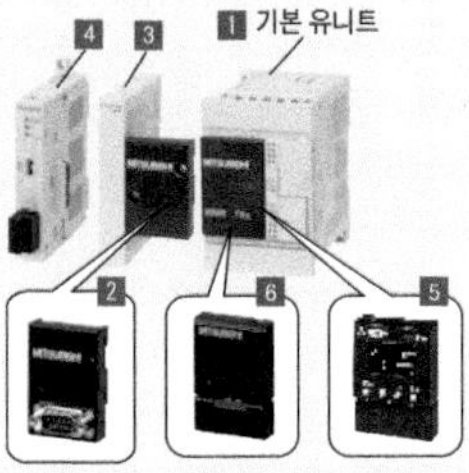

- 제어 규모 : 10 ~ 30점
  기본 유니트:10/14/20/30점
- USB/RS-422 더블 탑재, 4k EEPROM 메모리
- 소규모 제어에 적합한 기본 기종
- 소형이면서도 고기능 제품으로, 네트워크와 아날로그 기능의 확장성 강화

| 항목 | 내용 | 접속 내용·기종 선정 |
|---|---|---|
| 1 기본 유니트 | CPU·전원·입출력·프로그램 메모리를 내장한 PLC 본체입니다. | 각종 증설 기기를 접속할 수 있습니다. |
| 2 기능 확장 보드 | PLC에 내장할 수 있는 기능 확장용 기기입니다.<br>입출력 점수는 점유하지 않습니다. | 1대를 내장할 수 있습니다.<br>(디스플레이 모듈과 함께 사용 가능, 특수 어댑터와 함께 사용 불가능) |
| 3 특수 어댑터 접속용 어댑터 | 특수 어댑터를 접속하기 위한 어댑터 | 통신·아날로그용 각 1대, 합계 2대 증설 가능합니다.<br>접속에는 특수 어댑터 접속용 어댑터 FX3S-CNV-ADP가 필요합니다.<br>(기능 확장 보드와 함께 사용 불가능) |
| 4 특수 어댑터 | 기본 유니트에서 전원을 공급받는 특수 제어용 증설입니다.<br>접속 커넥터가 부착되어 있습니다. | |
| 5 디스플레이 모듈 | PLC에 내장할 수 있는 표시·설정기 | FX3S-5DM형 디스플레이 모듈을 1대 내장할 수 있습니다.<br>(기능 확장 보드와 함께 사용 가능) |
| 6 메모리 카세트 | EEPROM 메모리 : 최대 16000스텝(프로그램 메모리 용량 4000스텝<br>: 쓰기 허용 횟수 1만회(프로그램 전송 기능 내장)) | 1대를 내장할 수 있습니다.<br>기능 확장 보드 또는 특수 어댑터와 함께 사용할 수 있습니다. |

### 1-1) 기본 유니트(AC 전원·DC 입력 타입)

AC 전원·DC 입력 타입의 기본 유니트는 5종류(15기종)가 있으며, DC24V 센서용 서비스 전원(400mA)이 내장되어 있습니다.

| 형명 | 합계 점수 (점유 점수) | 입출력 점수(점유 점수)·입출력 형식 | | | | 외형치수 W×H×D(mm) | 중량 |
|---|---|---|---|---|---|---|---|
| | | 입력 | | 출력 | | | |
| FX3S-10MR/ES | 10점 | 6점 | DC24V 싱크/소스 입력 | 4점 | 릴레이 | 60×90×75 | 0.30kg |
| FX3S-10MT/ES | | | | | 트랜지스터(싱크) | | |
| FX3S-10MT/ESS | | | | | 트랜지스터(소스) | | |
| FX3S-14MR/ES | 14점 | 8점 | DC24V 싱크/소스 입력 | 6점 | 릴레이 | 60×90×75 | 0.30kg |
| FX3S-14MT/ES | | | | | 트랜지스터(싱크) | | |
| FX3S-14MT/ESS | | | | | 트랜지스터(소스) | | |
| FX3S-20MR/ES | 20점 | 12점 | DC24V 싱크/소스 입력 | 8점 | 릴레이 | 75×90×75 | 0.40kg |
| FX3S-20MT/ES | | | | | 트랜지스터(싱크) | | |
| FX3S-20MT/ESS | | | | | 트랜지스터(소스) | | |
| FX3S-30MR/ES | 30점 | 16점 | DC24V 싱크/소스 입력 | 14점 | 릴레이 | 100×90×75 | 0.45kg |
| FX3S-30MT/ES | | | | | 트랜지스터(싱크) | | |
| FX3S-30MT/ESS | | | | | 트랜지스터(소스) | | |
| FX3S-30MR/ES-2AD | 30점 | 16점 | DC24V 싱크/소스 입력 (아날로그 전압2ch 입력) | 14점 | 릴레이 | 100×90×75 | 0.45kg |
| FX3S-30MT/ES-2AD | | | | | 트랜지스터(싱크) | | |
| FX3S-30MT/ESS-2AD | | | | | 트랜지스터(소스) | | |

### 1-2) 기본 유니트(DC 전원·DC 입력 타입)

DC 전원·DC 입력 타입의 기본 유니트는 4종류(12기종)가 있습니다.

| 형명 | 합계 점수 (점유 점수) | 입출력 점수(점유 점수)·입출력 형식 | | | | 외형치수 W×H×D(mm) | 중량 |
|---|---|---|---|---|---|---|---|
| | | 입력 | | 출력 | | | |
| FX3S-10MR/DS | 10점 | 6점 | DC24V 싱크/소스 입력 | 4점 | 릴레이 | 60×90×49 | 0.22kg |
| FX3S-10MT/DS | | | | | 트랜지스터(싱크) | | |
| FX3S-10MT/DSS | | | | | 트랜지스터(소스) | | |
| FX3S-14MR/DS | 14점 | 8점 | DC24V 싱크/소스 입력 | 6점 | 릴레이 | 60×90×49 | 0.22kg |
| FX3S-14MT/DS | | | | | 트랜지스터(싱크) | | |
| FX3S-14MT/DSS | | | | | 트랜지스터(소스) | | |
| FX3S-20MR/DS | 20점 | 12점 | DC24V 싱크/소스 입력 | 8점 | 릴레이 | 75×90×49 | 0.30kg |
| FX3S-20MT/DS | | | | | 트랜지스터(싱크) | | |
| FX3S-20MT/DSS | | | | | 트랜지스터(소스) | | |
| FX3S-30MR/DS | 30점 | 16점 | DC24V 싱크/소스 입력 | 14점 | 릴레이 | 100×90×49 | 0.35kg |
| FX3S-30MT/DS | | | | | 트랜지스터(싱크) | | |
| FX3S-30MT/DSS | | | | | 트랜지스터(소스) | | |

# FX3S시리즈 라인 업 상세 · 기종 선정

### 2 기능 확장 보드

| 형명 | 기능(입출력 점유 없음) |
|---|---|
| FX3G-4EX-BD | 확장 입력보드(DC24V 4점)*1 |
| FX3G-2EYT-BD | 확장 출력보드(트랜지스터 출력 2점)*1 |
| FX3G-232-BD | RS-232C 통신용 기능 확장 보드 |
| FX3G-422-BD | RS-422 주변기기 통신용 기능 확장 보드 |
| FX3G-485-BD | RS-485 통신용 기능 확장 보드 |
| FX3G-485-BD-RJ | RS-485 통신용 기능 확장 보드(RJ45 커넥터 타입) |

| 형명 | 기능(입출력 점유 없음) |
|---|---|
| FX3G-2AD-BD | 확장 아날로그 입력보드(2ch) |
| FX3G-1DA-BD | 확장 아날로그 출력보드(1ch) |
| FX3G-8AV-BD | 8점 아날로그 볼륨 기능 확장 보드 |

*1 : PLC의 입출력 번호는 점유되지 않습니다.(입력 및 출력은 특수 보조 릴레이에 할당) 기본 유니트 Ver.1.10 이상에서 대응

### 3 특수 어댑터 접속용 어댑터

| 형명 | 기능 |
|---|---|
| FX3S-CNV-ADP | 특수 어댑터 접속용 어댑터 |

### 4 특수 어댑터(FX3S-CNV-ADP 필요)

| 형명 | 기능 |
|---|---|
| FX3U-232ADP(-MB) | RS-232C(MODBUS)통신용 어댑터 |
| FX3U-485ADP(-MB) | RS-485(MODBUS)통신용 어댑터 |
| FX3U-ENET-ADP*2 | Ethernet 접속용 어댑터 |
| FX3U-4AD-ADP | 아날로그 입력용 어댑터 |
| FX3U-4DA-ADP | 아날로그 출력용 어댑터 |

| 형명 | 기능 |
|---|---|
| FX3U-3A-ADP | 아날로그 입출력용 어댑터 |
| FX3U-4AD-PT-ADP | Pt100형 온도 센서용 어댑터 -50~250℃ |
| FX3U-4AD-PTW-ADP | Pt100형 온도 센서용 어댑터 -100~600℃ |
| FX3U-4AD-TC-ADP | 열전대형 온도 센서용 어댑터 |

*2 : 왼쪽에 1대만 접속 가능

### 5 디스플레이 모듈

| 형명 | 기능 |
|---|---|
| FX3S-5DM | PLC에 내장할 수 있는 데이터 표시·설정용 기기<br>타이머·카운터·데이터 레지스터의 모니터 및 설정 가능<br>기본 유니트 Ver.1.20 이상에서 대응 |

### 6 메모리 카세트

| 형명 | 메모리 형식 | 프로그램 스텝 | 배터리 백업 | 쓰기/삭제 방법 | 비고 |
|---|---|---|---|---|---|
| FX3G-EEPROM-32L | EEPROM | 16000스텝까지 사용 가능<br>(프로그램 용량은 4000스텝) | 불필요 | PLC에 장착하여 주변기기에서 쓰기/삭제 | 프로그램 전송 기능 내장 |

## 특수 증설 기기 접속

다음의 선정 방법과 주의 사항에 따라 접속하십시오.

### ① 다음의 선정 방법과 주의 사항에 따라 접속하십시오.

기능 확장 보드, 특수 어댑터를 접속할 수 있는 대수는 다음과 같습니다.
다만 특수 어댑터 사용 시는 기능 확장 보드로 커넥터 변환 어댑터(FX3S-CNV-ADP)가 필요합니다.

[FX3S 기본 유니트]

| 아날로그 특수 어댑터 | 통신 특수 어댑터 | 기능 확장 보드 | 기본 유니트 |
|---|---|---|---|
| 최대 1대 | 최대 1대 | 최대 1대 | |

### ②기능 확장 보드와 특수 어댑터 접속 대수

**●기능 확장 보드 접속**

통신용 기능 확장 보드나 아날로그 입출력용 기능 확장 보드, 입출력 확장 보드를 1대 장착할 수 있습니다.

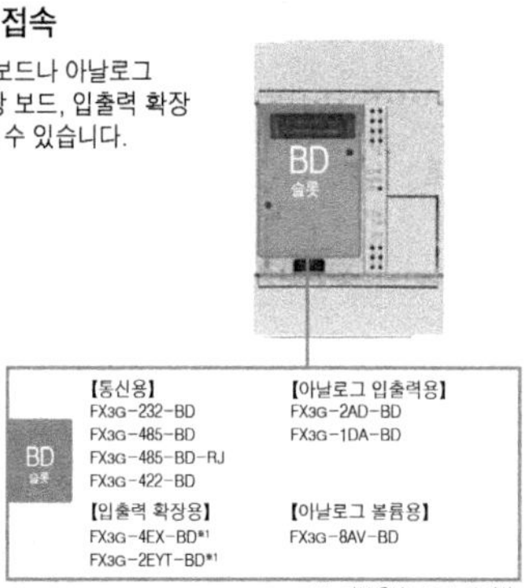


*1 :기본 유니트 Ver.1.10 이상

**●특수 어댑터 접속**

특수 어댑터는 통신용 및 아날로그용 각 1대 접속할 수 있습니다.

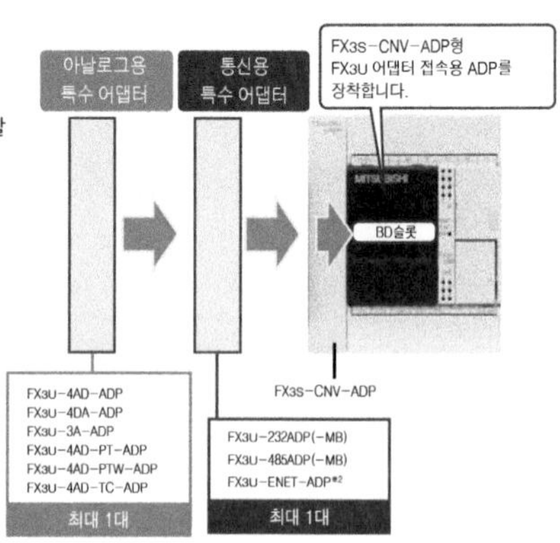


*2 :왼쪽에 1대만 접속 가능

### ③ 기능 확장 보드, 디스플레이 모듈, 메모리 카세트와 특수 어댑터의 조합과 접속 대수

PLC 본체에 장착하는 기능 확장 보드나 메모리 카세트 등의 옵션은 다음의 조합으로 사용할 수 있습니다.

**1번째단** 1번째단에는 기능 확장 보드, 특수 어댑터 접속용 어댑터, 디스플레이 모듈, 메모리 카세트를 장착할 수 있습니다.

**2번째단** 2번째단에는 디스플레이 모듈, 메모리 카세트를 장착할 수 있습니다.

FX3S는 기능 확장 보드 또는 특수 어댑터 중에서 하나를 선택하여 사용할 수 있습니다.
디스플레이 모듈 및 메모리 카세트는 함께 사용할 수 있습니다.

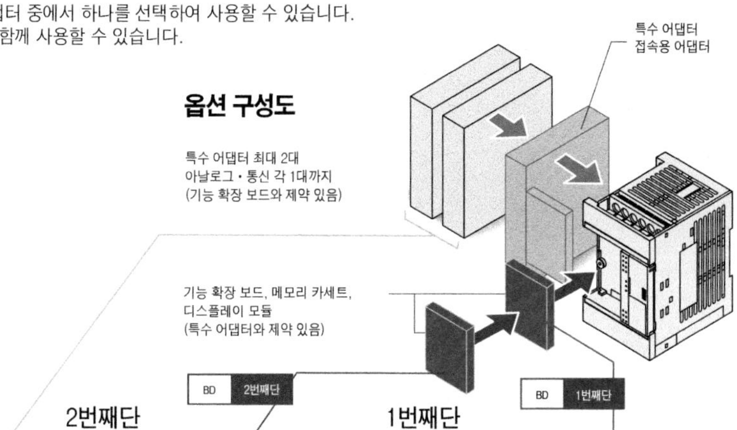

최대 1대 | 최대 1대

**아날로그 특수 어댑터**

FX3U-4AD-ADP
FX3U-4DA-ADP
FX3U-3A-ADP
FX3U-4AD-PT-ADP
FX3U-4AD-PTW-ADP
FX3U-4AD-TC-ADP

**통신용 특수 어댑터**

FX3U-232ADP(-MB)
FX3U-485ADP(-MB)
FX3U-ENET-ADP *1

최대 1대

**디스플레이 모듈**

FX3S-5DM *2

**메모리 카세트**

FX3G-EEPROM-32L

1단째가 기능 확장 보드 또는 FX3S-CNV-ADP일 때는 2단째에 장착할 수 있습니다.

최대 1대

**특수 어댑터 접속용**

FX3S-CNV-ADP

**메모리 카세트**

FX3G-EEPROM-32L

**디스플레이 모듈**

FX3S-5DM *2

**입출력 기능 확장 보드**

FX3G-4EX-BD *3
FX3G-2EYT-BD *3

**통신용 기능 확장 보드**

FX3G-232-BD
FX3G-422-BD
FX3G-485-BD
FX3G-485-BD-RJ

**아날로그 기능 확장 보드**

FX3G-2AD-BD
FX3G-1DA-BD
FX3G-8AV-BD

※ 1: FX3U-ENET-ADP를 사용하는 경우에는 어댑터 마지막 단(왼쪽)에 접속하십시오.
FX3U-ENET-ADP의 Ver.1.20 이상에서 대응
※2 : 기본 유니트 Ver.1.20 이상에서 대응
※3 : 기본 유니트 Ver.1.10 이상에서 대응

## FX3S PLC의 입력 배선 시 주의

FX3S PLC의 입력은 외부 배선에 따라 싱크 입력과 소스 입력 모두 사용할 수 있습니다.(아래 그림 참조)
다만 S/S 단자에는 반드시 배선하십시오.
자세한 내용은 동봉된 "FX3S 시리즈 초소형 PLC 하드웨어 매뉴얼"을 참조하십시오.

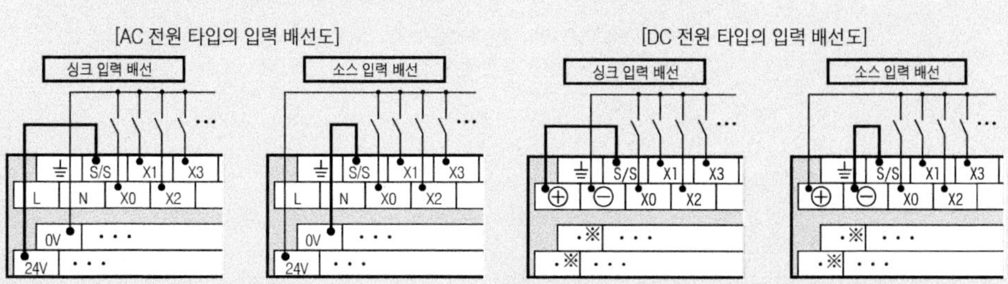


※ [ · ] 단자에는 배선을 하지 마십시오.

MEMO

# FX3G시리즈 라인 업 상세·기종 선정

## ■ 제품 구성

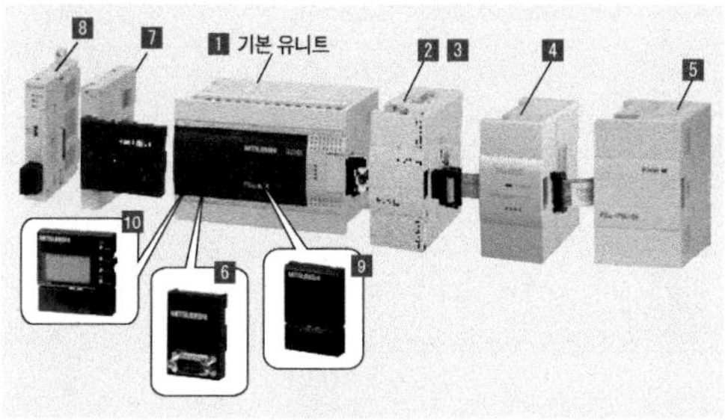


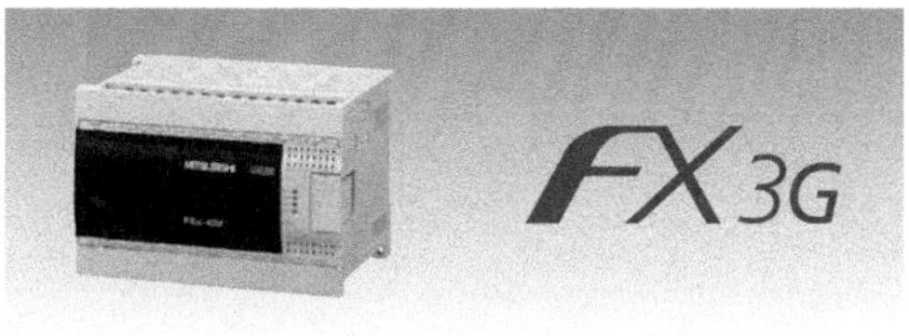


- 제어 규모 : 14~128(리모트 I/O※ 구성시 256)점
  기본 유니트 : 14/24/40/60점
- USB/RS-422를 더블 탑재, 32k EEPROM 메모리
- 60kHz 고속 카운터, 3축(14/24점 본체는 2축)
  100kHz 위치결정 제어 등, 파워풀한 기능 내장
- 신개발된 기능 확장 보드로 통신이나 아날로그 기능을 탑재하여
  확장성 더욱 향상

※ : CC-Link, AnyWireASLINK 및 Bitty시리즈의 경우

| 항목 | 내용 | 접속 내용·기종 선정 |
|---|---|---|
| 1 기본 유니트 | CPU·전원·입출력·프로그램 메모리를 내장한 PLC 본체입니다. | 각종 증설 기기를 접속할 수 있습니다. |
| 2 증설 유니트 | 전원이 내장되어 있는 입출력 증설 기기입니다.<br>접속 케이블이 부속되어 있습니다. | 입출력의 최대 증설 점수는 128점입니다.<br>CC-Link, AnyWireASLINK 및 Bitty시리즈의 리모트 I/O와의 합계는<br>최대 256점입니다.<br>대수에 관한 자세한 내용은 이후에 설명하는 기종 선정을 참조하십시오. |
| 3 증설 블록 | 기본/증설/전원 유니트에서 전원을 공급받는 입출력 증설 기기입니다.<br>접속 케이블이 내장되어 있습니다. | |
| 4 특수 블록 | 기본/증설/전원 유니트에서 전원을 공급받는 특수 제어용 증설 기기입니다.<br>접속 케이블이 내장되어 있습니다. | |
| 5 증설 전원 유니트 | AC 전원 타입 기본 유니트의 내장 전원이 부족한 경우에<br>증설하는 전원입니다. | 출력 증설 블록이나 특수 증설 블록에 전원을 공급할 수 있습니다. |
| 6 기능 확장 보드 | PLC에 내장할 수 있는 기능 확장용 기기입니다.<br>입출력 점수는 점유하지 않습니다. | 14/24점은 1대, 40/60점은 2대를 내장할 수 있습니다.<br>(40/60점은 특수 어댑터와 병용 가능) |
| 7 특수 어댑터 접속용 어댑터 | 특수 어댑터를 접속하기 위한 어댑터 | 14/24점은 통신·아날로그용 각 1대, 합계 2대<br>40/60점은 통신·아날로그용 각 2대, 합계 4대 증설이 가능합니다.<br>접속 시에는 특수 어댑터 접속용 어댑터 FX3G-CNV-ADP가 필요합니다.<br>6사용 시는 대수 제한이 있습니다. 자세한 사항은 B-12를 참조하십시오. |
| 8 특수 어댑터 | 기본 유니트에서 전원을 공급받는 특수 제어용 증설 기기입니다.<br>접속 커넥터가 부착되어 있습니다. | |
| 9 메모리 카세트 | EEPROM 메모리 : 최대 32000스텝<br>: 쓰기 허용 횟수 1만회(프로그램 전송 기능 내장) | 1대를 내장할 수 있습니다.<br>기능 확장 보드와 병용할 수 있습니다.<br>(40/60점은 디스플레이 모듈과 병용 가능) |
| 10 디스플레이 모듈 | PLC에 내장할 수 있는 표시·설정기 | FX3G-5DM형 디스플레이 모듈을 1대 내장할 수 있습니다.<br>(40/60점은 메모리 카세트와 병용 가능) |

### 1-1) 기본 유니트(AC 전원 · DC 입력 타입)

AC 전원·DC 입력 타입의 기본 유니트는 4종류(12기종)가 있으며, DC24V 센서용 서비스 전원(400mA)이 내장되어 있습니다.

| 형명 | 합계 점수 (점유 점수) | 입출력 점수(점유 점수)·입출력 형식 | | | | 외형치수 W×H×D(mm) | 중량 |
|---|---|---|---|---|---|---|---|
| | | 입력 | | 출력 | | | |
| FX3G-14MR/ES | 14점(16) | 8점 | DC24V 싱크/소스 입력 | 6점(8)※1 | 릴레이 | 90×90×86 | 0.50kg |
| FX3G-14MT/ES | | | | | 트랜지스터(싱크) | | |
| FX3G-14MT/ESS | | | | | 트랜지스터(소스) | | |
| FX3G-24MR/ES | 24점(32) | 14점※2(16) | DC24V 싱크/소스 입력 | 10점※2(16) | 릴레이 | 90×90×86 | 0.55kg |
| FX3G-24MT/ES | | | | | 트랜지스터(싱크) | | |
| FX3G-24MT/ESS | | | | | 트랜지스터(소스) | | |
| FX3G-40MR/ES | 40점 | 24점 | DC24V 싱크/소스 입력 | 16점 | 릴레이 | 130×90×86 | 0.70kg |
| FX3G-40MT/ES | | | | | 트랜지스터(싱크) | | |
| FX3G-40MT/ESS | | | | | 트랜지스터(소스) | | |
| FX3G-60MR/ES | 60점(64) | 36점※3 (40) | DC24V 싱크/소스 입력 | 24점 | 릴레이 | 175×90×86 | 0.85kg |
| FX3G-60MT/ES | | | | | 트랜지스터(싱크) | | |
| FX3G-60MT/ESS | | | | | 트랜지스터(소스) | | |

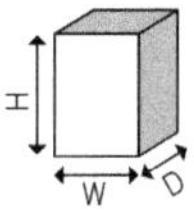


※1 : 출력 Y006, Y007(2점)은 비어 있는 번호입니다. ※2 : 입력 X016, X017(2점)과 출력 Y012 ~ Y017(6점)은 비어 있는 번호입니다.
※3 : 입력 X044~X047(4점)은 비어 있는 번호입니다.

# FX3G시리즈 라인 업 상세 · 기종 선정

## 1-2) 기본 유니트(DC 전원 · DC 입력 타입)

DC 전원 · DC 입력 타입의 기본 유니트는 4종류(12기종)가 있습니다.

| 형명 | 합계 점수 (점유 점수) | 입출력 점수(점유 점수)·입출력 형식 | | | | 외형치수 W×H×D(mm) | 중량 |
|---|---|---|---|---|---|---|---|
| | | 입력 | | 출력 | | | |
| FX3G-14MR/DS | 14점(16) | 8점 | DC24V 싱크/소스 입력 | 6점(8)※1 | 릴레이 | 90×90×86 | 0.50kg |
| FX3G-14MT/DS | | | | | 트랜지스터(싱크) | | |
| FX3G-14MT/DSS | | | | | 트랜지스터(소스) | | |
| FX3G-24MR/DS | 24점(32) | 14점※2(16) | DC24V 싱크/소스 입력 | 10점※2(16) | 릴레이 | 90×90×86 | 0.55kg |
| FX3G-24MT/DS | | | | | 트랜지스터(싱크) | | |
| FX3G-24MT/DSS | | | | | 트랜지스터(소스) | | |
| FX3G-40MR/DS | 40점 | 24점 | DC24V 싱크/소스 입력 | 16점 | 릴레이 | 130×90×86 | 0.70kg |
| FX3G-40MT/DS | | | | | 트랜지스터(싱크) | | |
| FX3G-40MT/DSS | | | | | 트랜지스터(소스) | | |
| FX3G-60MR/DS | 60점(64) | 36점※3(40) | DC24V 싱크/소스 입력 | 24점 | 릴레이 | 175×90×86 | 0.85kg |
| FX3G-60MT/DS | | | | | 트랜지스터(싱크) | | |
| FX3G-60MT/DSS | | | | | 트랜지스터(소스) | | |

※1 : 출력 Y006, Y007(2점)은 비어 있는 번호입니다. ※2 : 입력 X016, X017(2점)과 출력 Y012 ~ Y017(6점)은 비어 있는 번호입니다.
※3 : 입력 X044~X047(4점)은 비어 있는 번호입니다.

## 2 증설 유니트

| 입출력 합계 점수 | 입력 점수 | 출력 점수 | 릴레이 출력 | 트랜지스터 출력 | 트라이액 출력 | 전원 전압 | 입력 신호 전압 |
|---|---|---|---|---|---|---|---|
| 32 | 16 | 16 | FX2N-32ER<br>FX2N-32ER-ES/UL※4 | FX2N-32ET<br>FX2N-32ET-ESS/UL※4 | FX2N-32ES | AC100~240V | DC24V |
| 48 | 24 | 24 | FX2N-48ER<br>FX2N-48ER-ES/UL※4 | FX2N-48ET<br>FX2N-48ET-ESS/UL※4 | – | AC100~240V | |
| 48 | 24 | 24 | FX2N-48ER-D<br>FX2N-48ER-DS※4 | FX2N-48ET-D<br>FX2N-48ET-DSS※4 | – | DC24V | |
| 48 | 24 | 24 | FX2N-48ER-UA1/UL | – | – | AC100~240V | AC100V |

## 3 증설 블록

| 형명 | 입출력 형식 | 입력 점수 | 출력 점수 | 입출력 합계 점수 | 소비 전류(mA) 내부 DC24V |
|---|---|---|---|---|---|
| 입출력 증설용 | | | | | |
| FX2N-8ER-ES/UL※4 | DC 입력(싱크/소스)/릴레이 출력 | 4(8) | 4(8) | 8(16)※5 | 62.5 |
| FX2N-8ER | DC 입력(싱크)/릴레이 출력 | 4(8) | 4(8) | 8(16)※5 | 62.5 |
| 입력 증설용 | | | | | |
| FX2N-8EX-ES/UL※4 | DC 입력(싱크/소스) | 8 | – | 8 | 50 |
| FX2N-8EX | DC 입력(싱크) | 8 | – | 8 | 50 |
| FX2N-8EX-UA1/UL※4 | AC 입력 | 8 | – | 8 | 50 |
| FX2N-16EX-ES/UL※4 | DC 입력(싱크/소스) | 16 | – | 16 | 100 |
| FX2N-16EX | DC 입력(싱크) | 16 | – | 16 | 100 |
| FX2N-16EX-C | DC 입력(싱크) | 16 | – | 16 | 100 |
| FX2N-16EXL-C | DC5V 입력 | 16 | – | 16 | 100 |
| 출력 증설용 | | | | | |
| FX2N-8EYR-ES/UL※4 | 릴레이 출력 | – | 8 | 8 | 75 |
| FX2N-8EYR-S-ES/UL※4 | 릴레이 출력 | – | 8 | 8 | 75 |
| FX2N-8EYT-ESS/UL※4 | 트랜지스터 출력(소스) | – | 8 | 8 | 75 |
| FX2N-8EYR | 릴레이 출력 | – | 8 | 8 | 75 |
| FX2N-8EYT | 트랜지스터 출력(싱크) | – | 8 | 8 | 75 |
| FX2N-8EYT-H | 트랜지스터 출력(싱크) | – | 8 | 8 | 75 |
| FX2N-16EYR-ES/UL※4 | 릴레이 출력 | – | 16 | 16 | 150 |
| FX2N-16EYT-ESS/UL※4 | 트랜지스터 출력(소스) | – | 16 | 16 | 150 |
| FX2N-16EYR | 릴레이 출력 | – | 16 | 16 | 150 |
| FX2N-16EYS※4 | 트라이액 출력 | – | 16 | 16 | 150 |
| FX2N-16EYT | 트랜지스터 출력(싱크) | – | 16 | 16 | 150 |
| FX2N-16EYT-C | 트랜지스터 출력(싱크) | – | 16 | 16 | 150 |

※4 : 해외 규격 대응 제품
※5 : FX2N-8ER은 유효 점수와 점유 점수에 차이가 있습니다. 표상의 ( )는 점유 점수로 유효 점수와의 차이는 빈 번호입니다.
증설 기기는 입력 8점, 출력 8점으로 계산하여 선정하십시오.

## 4 특수 블록

| 형명 | 기능 | DC5V 소비 전류 | DC24V 소비 전류 | | 입출력 점유 점수 | | | 입출력 합계 점수 |
|---|---|---|---|---|---|---|---|---|
| | | | 외부 전원 공급 | 내부 전원 공급 | 입력 | 입출력 공용 | 출력 | |
| FX3U-16CCL-M | CC-Link V2 대응 마스터 블록 | – | 240mA | – | ※6 | 8 | ※6 | ※6 |
| FX3U-64CCL | CC-Link V2 대응 인터페이스 블록 | – | 220mA | – | – | 8 | – | 8 |
| FX2N-64CL-M | CC-Link/LT용 마스터 블록 | 190mA | 전용 전원 어댑터에서 전원 공급 | | ※6 | 8 | ※6 | ※6 |
| FX2N-32CCL | CC-Link 인터페이스 블록 | 130mA | 50mA | – | – | 8 | – | 8 |
| FX3U-128ASL-M(일본용) | AnyWireASLINK 마스터 블록 | 130mA | 100mA※7 | – | ※6 | 8 | ※6 | ※6 |
| FX3U-128BTY-M(일본용) | AnyWire Bitty시리즈 마스터 블록 | 130mA | 100mA※7 | – | ※6 | 8 | ※6 | ※6 |

※6 : 설정에 의해 변경됩니다.
※7 : 마스터 블록만의 소비 전류(전송선 공급 전류는 최대 2A)

## 5 증설 전원 유니트

| 형명 | 기능 | DC5V 전원 용량 | DC24V 전원 용량 | 입출력 점유 점수 | 입출력 합계 점수 |
|---|---|---|---|---|---|
| FX3U-1PSU-5V※8 | 증설 전원 유니트 | 1A※9 | 0.3A※9 | – | – |

※8 : 기본 유니트 AC 전원 타입만 접속 가능
※9 : 주위 온도가 40℃을 초과하는 경우, 딜레이팅 있음.

## 6 기능 확장 보드

| 형명 | 기능(입출력 점유 없음) |
|---|---|
| FX3G-4EX-BD | 확장 입력보드(DC24V 4점)※11 |
| FX3G-2EYT-BD | 확장 출력보드(트랜지스터 출력 2점)※11 |
| FX3G-232-BD | RS-232C 통신용 기능 확장 보드 |
| FX3G-422-BD | RS-422 주변기기 통신용 기능 확장 보드 |
| FX3G-485-BD | RS-485 통신용 기능 확장 보드 |
| FX3G-485-BD-RJ | RS-485 통신용 기능 확장 보드(RJ45 커넥터 타입) |

| 형명 | 기능(입출력 점유 없음) |
|---|---|
| FX3G-2AD-BD※10 | 확장 아날로그 입력보드(2ch) |
| FX3G-1DA-BD※10 | 확장 아날로그 출력보드(1ch) |
| FX3G-8AV-BD※10 | 8점 아날로그 볼륨 기능 확장 보드 |

※10 : PLC Ver.1.20 이상에서 대응
※11 : PLC의 입출력 번호는 점유되지 않습니다.(입력 및 출력은 특수 보조 릴레이에 할당) PLC Ver.2.20 이상에서 대응

## 7 특수 어댑터 접속용 어댑터

| 형명 | 기능 |
|---|---|
| FX3G-CNV-ADP | 특수 어댑터 접속용 어댑터 |

## 8 특수 어댑터(FX3G-CNV-ADP 필요)

| 형명 | 기능 |
|---|---|
| FX3U-232ADP(-MB※12) | RS-232C(MODBUS)통신용 어댑터 |
| FX3U-485ADP(-MB※12) | RS-485(MODBUS)통신용 어댑터 |
| FX3U-ENET-ADP※13 | Ethernet 접속용 어댑터 |
| FX3U-4AD-ADP | 아날로그 입력용 어댑터 |
| FX3U-4DA-ADP | 아날로그 출력용 어댑터 |

| 형명 | 기능 |
|---|---|
| FX3U-3A-ADP※14 | 아날로그 입출력용 어댑터 |
| FX3U-4AD-PT-ADP | Pt100형 온도 센서용 어댑터 -50~250℃ |
| FX3U-4AD-PTW-ADP | Pt100형 온도 센서용 어댑터 -100~600℃ |
| FX3U-4AD-TC-ADP | 열전대형 온도 센서용 어댑터 |

※12 : PLC Ver. 1.30 이상에서 대응(MODBUS는 시스템에 1ch만 접속)
※13 : PLC Ver. 2.00 이상에서 대응(왼쪽에 1대만 접속 가능)
※14 : PLC Ver. 1.20 이상에서 대응

## 9 메모리 카세트

| 형명 | 메모리 형식 | 프로그램 스텝 | 배터리 백업 | 쓰기/삭제 방법 | 비고 |
|---|---|---|---|---|---|
| FX3G-EEPROM-32L | EEPROM | 32000스텝까지 사용 가능 | 불필요 | PLC에 장착하여 주변기기에서 쓰기/삭제 | 프로그램 전송 기능 내장 |

## 10 디스플레이 모듈

| 형명 | 기능 |
|---|---|
| FX3G-5DM | PLC에 내장할 수 있는 데이터 표시·설정용 기기. 타이머·카운터·데이터 레지스터의 모니터나 설정이 가능.<br>PLC Ver.1.10 이상에서 대응 |

# FX3G시리즈 라인 업 상세 · 기종 선정

## ■ FX3G시리즈 간이 기종 선정

● 증설의 조합 방법(자세한 내용은 제품 매뉴얼을 참조하십시오.)

FX3G PLC는 증설 블록이 필요로 하는 전원을 기본 유니트나 증설 유니트에서 공급합니다.
따라서 증설 블록의 접속 대수는 기본 유니트나 증설 유니트 마다 정해져 있습니다.
또한, FX2N용 증설 유니트를 사용하는 경우, DC24V(센서용 서비스 전원)의 전원 용량에서 결정할 필요가 있습니다.

FX3G PLC에서는 에서는 증설 기기의 입출력 점수와 CC-Link, AnyWireASLINK 및 Bitty 시리즈의 리모트 I/O를 더하여 "256점"까지 제어할 수 있습니다.

[네트워크 마스터 접속 시의 개념도]

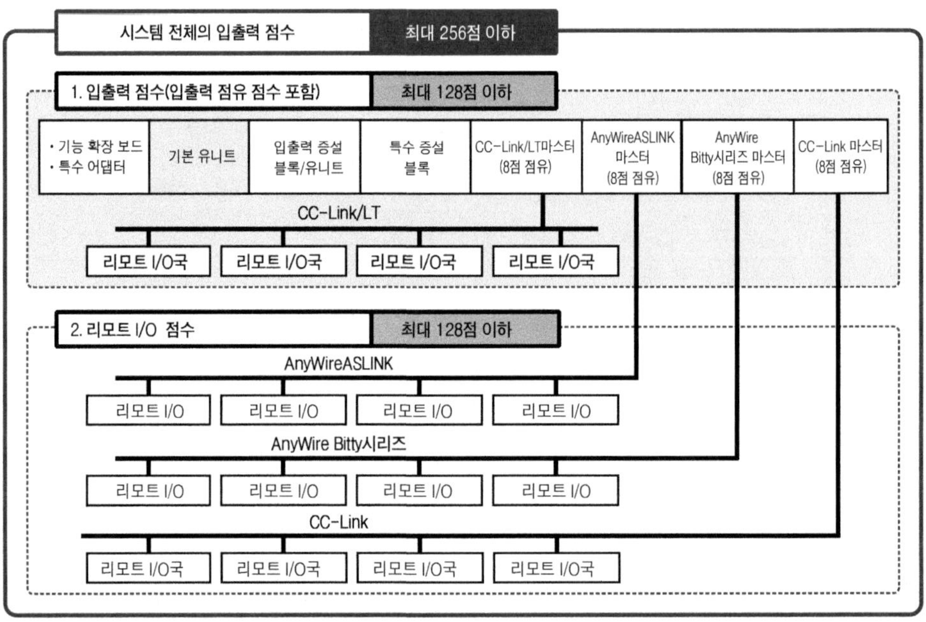


### 증설 유니트만 접속

증설 유니트에 55mm의 직접 접속용 케이블을 부속.
(300mm, 650mm 케이블은 옵션이며, 1시스템에 1개까지 사용 가능)

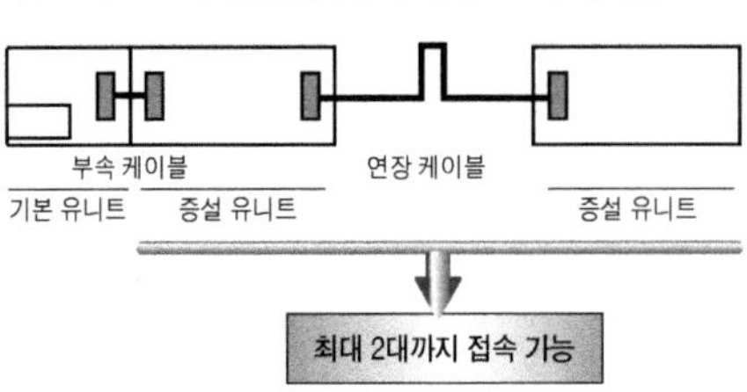

## 증설 블록과 증설 유니트의 접속

### 기본 유니트 / 증설 유니트

증설 블록에 직접 접속용 케이블을 내장.
증설 유니트의 직접 · 연장은 이전 항목 참조.

증설 블록은 300mm/650mm(증설 유니트 연장 케이블과 동일)의 연장 케이블과 FX2N-CNV-BC를 조합하여 1개의 시스템까지 연장 가능.

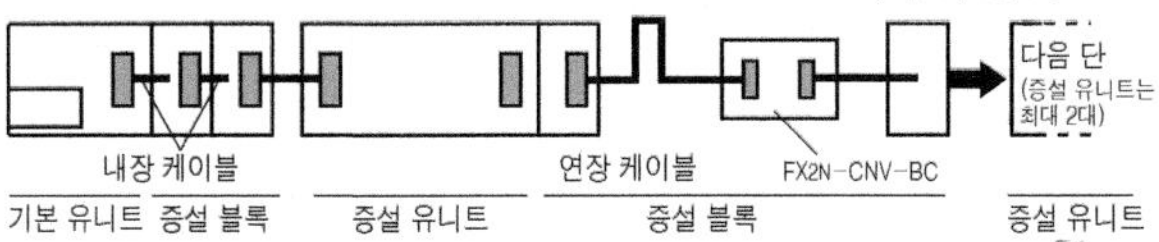


(1번째와 같이 선정)

F2N 시리즈 증설 유니트 사용 시

**최대 32점까지 접속 가능**

AC 전원 타입의 기본 유니트에서 증설 블록의 증설이 필요한 경우, 다음의 방법으로 접속이 가능합니다.
(자세한 사항은 제품 매뉴얼을 참조하십시오)
- 기본 유니트의 DC24V 서비스 전원을 사용한다
- 증설 전원 유니트를 사용한다

**입출력은 모두 합하여 「128점」 이내로 해 주십시오.**

| 입력 점수 합계 | 합계 | ≦ 128점※ [FX3G PLC의 최대 제어 점수] |
|---|---|---|
| 출력 점수 합계 | | |

※ 이전 4 번 항목의 특수 증설 접속시는 [8점×접속 대수] 만큼 감소합니다. CC-Link, AnyWire의 리모트 I/O 이외의 점수입니다.

### [AC 전원 타입 증설 유니트]

증설 유니트의 형명에 따라 아래 표에 접속하고자 하는 증설 블록의 입력, 출력 점수를 적용합니다.
각각의 교점에 나타내는 값(mA)이 증설 유니트에서 DC24V 센서 전원으로 사용할 수 있는 값으로, 이 조합이 가능하다는 것을 나타냅니다.
표기 내용 외로 구성되는 조합은 추가로 증설 유니트가 필요합니다.

#### ●AC 전원 · DC 입력 타입 증설 유니트

FX2N-32E(AC 전원 · DC 입력 타입)

| 출력 증설 점수 ↑ \ 입력 증설 점수 → | 0 | 8 | 16 | 24 | 32 |
|---|---|---|---|---|---|
| 24 | 25 | (mA) | | | |
| 16 | 100 | 50 | 0 | | |
| 8 | 175 | 125 | 75 | 25 | |
| 0 | 250 | 200 | 150 | 100 | 50 |

(예) 입력 8점, 출력 8점을 증설하면, DC24V 서비스 전류는 125mA 이하가 됩니다.

FX2N-48E(AC 전원 · DC 입력 타입)

| 출력 증설 점수 ↑ \ 입력 증설 점수 → | 0 | 8 | 16 | 24 | 32 | 40 | 48 | 56 | 64 |
|---|---|---|---|---|---|---|---|---|---|
| 48 | 10 | (mA) | | | | | | | |
| 40 | 85 | 35 | | | | | | | |
| 32 | 160 | 110 | 60 | 10 | | | | | |
| 24 | 235 | 185 | 135 | 85 | 35 | | | | |
| 16 | 310 | 260 | 210 | 160 | 110 | 60 | 10 | | |
| 8 | 385 | 335 | 285 | 235 | 185 | 135 | 85 | 35 | |
| 0 | 460 | 410 | 360 | 310 | 260 | 210 | 160 | 110 | 60 |

(예) 입력 16점, 출력 16점을 증설하면, DC24V 서비스 전류는 210mA 이하가 됩니다.

#### ●AC 전원 · AC 입력 타입 증설 유니트

FX2N-48ER-UA1/UL(AC 전원 · AC 입력 타입)

| 출력 증설 점수 ↑ \ 입력 증설 점수 → | 0 | 8 | 16 | 24 | 32 | 40 | 48 | 56 | 64 |
|---|---|---|---|---|---|---|---|---|---|
| 48 | ○ | | | | | | | | |
| 40 | ○ | ○ | | | | | | | |
| 32 | ○ | ○ | ○ | ○ | | | | | |
| 24 | ○ | ○ | ○ | ○ | ○ | | | | |
| 16 | ○ | ○ | ○ | ○ | ○ | ○ | | | |
| 8 | ○ | ○ | ○ | ○ | ○ | ○ | ○ | ○ | |
| 0 | – | ○ | ○ | ○ | ○ | ○ | ○ | ○ | ○ |

(예) FX2N-48ER-UA1/UL에서는 입력을 32점까지 증설한 경우, 출력은 24점까지 접속할 수 있습니다.

### [DC 전원 타입 증설 유니트]

다음 기종은 ○ 마크의 점수까지 증설 블록을 접속할 수 있습니다.
FX2N-48ER-D FX2N-48ET-D
표기된 이외의 조합은 추가로 증설 유니트가 필요합니다.

| 출력 증설 점수 ↑ \ 입력 증설 점수 → | 0 | 8 | 16 | 24 | 32 | 40 | 48 | 56 | 64 |
|---|---|---|---|---|---|---|---|---|---|
| 48 | ○ | | | | | | | | |
| 40 | ○ | ○ | | | | | | | |
| 32 | ○ | ○ | ○ | ○ | | | | | |
| 24 | ○ | ○ | ○ | ○ | ○ | | | | |
| 16 | ○ | ○ | ○ | ○ | ○ | ○ | | | |
| 8 | ○ | ○ | ○ | ○ | ○ | ○ | ○ | ○ | |
| 0 | – | ○ | ○ | ○ | ○ | ○ | ○ | ○ | ○ |

(예) FX2N-48ET-D에서는 입력을 32점까지 증설한 경우, 출력은 24점까지 접속할 수 있습니다.

## 특수 증설기기의 접속

다음의 선정 방법과 주의 사항에 따라 접속하여 주시기 바랍니다.

| 종류 | 기종 형명 | 선정 방법 · 주의 사항 |
|---|---|---|
| 특수 블록 | 공통 | 기본 유니트에는 특수 증설 블록을 2대까지 증설할 수 있습니다.<br>입출력 증설 블록과 병용하는 경우, 입출력 블록은 최대 16점, 특수 블록은 1대만 증설할 수 있습니다.<br>추가로 증설이 필요한 경우, 기본 유니트의 DC24V 서비스 전원(AC 전원 타입 기본 유니트만)을 사용하여 증설하거나, 증설 유니트나 증설 전원 유니트(AC 전원 타입 기본 유니트만)를 사용하여 최대 8대(1시스템내)를 증설할 수 있습니다.<br>(자세한 사항은 제품 매뉴얼을 참조하십시오) |
| | | 특수 블록은 8점의 입출력 점유 점수를 가지고 있습니다(일부 기종 제외).<br>이 8점에는 실제의 입출력 번호는 할당되지 않으므로, 최대 점수인 128점에서 제하여 나머지 점수 내에서 입출력 기기를 증설하십시오. |
| | 네트워크 | FX3U-16CCL-M, FX3U-64CCL, FX3U-128ASL-M, FX3U-128BTY-M은 1시스템에 1대만 접속 가능합니다. |
| 증설 전원 유니트 | | 1시스템에 1대만 사용할 수 있습니다. |

# FX3G시리즈 라인 업 상세 · 기종 선정

## ① 특수 접속 기기의 접속 대수

기능 확장 보드, 특수 어댑터, 증설 전원 유니트(AC 전원 타입 기본 유니트만), 특수 증설 블록의 접속 가능한 대수는 다음과 같습니다. 다만 특수 어댑터 사용 시는 기능 확장 보드로 커넥터 변환 어댑터(FX3G-CNV-ADP)가 필요합니다.

**[FX3G 기본 유니트(40/60점 타입)]**

| 아날로그 특수 어댑터 | 통신 특수 어댑터 | 기능 확장 보드 | 기본 유니트 40/60점 타입 | 입출력 증설 유니트 | 증설 전원 유니트 | 특수 증설 블록 |
|---|---|---|---|---|---|---|
| 최대 2대 | 최대 2대 | 최대 2대 | | 최대 2대 | 최대 1대 | 최대 8대 |

**[FX3G 기본 유니트(14/24점 타입)]**

| 아날로그 특수 어댑터 | 통신 특수 어댑터 | 기능 확장 보드 | 기본 유니트 14/24점 타입 | 입출력 증설 유니트 | 증설 전원 유니트 | 특수 증설 블록 |
|---|---|---|---|---|---|---|
| 최대 1대 | 최대 1대 | 최대 1대 | | 최대 2대 | 최대 1대 | 최대 8대 |

## ② 네트워크 마스터 블록 사용 시의 입출력 점수

네트워크 마스터 블록을 사용한 경우, 구성할 수 있는 최대 입출력 점수는 아래와 같이 됩니다.

| 최대 입출력 점수 | | 입출력 점수 | | 입출력 점유 점수 | | 네트워크 리모트 I/O ※1 |
|---|---|---|---|---|---|---|
| 256점<br>시스템에서 제어 가능한 최대 점수 | ≧ | (A)(B)(C)(D)<br>입출력 합계 점수 | + | (E) 대 ×8점<br>특수 증설 유니트/블록의 점유 점수 | + | AnyWireASLINK 및 Bitty시리즈 ※2: (F) 점 + CC-Link※3: (G) 국 ×32점<br>CC-Link는 리모트 I/O국수 ×32점 합계 점수<br>(리모트 I/O 점수에 관계없이 32점으로 계산) |

(A) : 기본 유니트의 입출력 점수
(B) : 입출력 증설 유니트의 입출력 점수
(C) : 입출력 증설 블록의 입출력 점수
(D) : FX2N-64CL-M의 리모트 I/O 점수
(E) : 특수 증설 유니트/블록의 입출력 점유 점수
(F) : AnyWireASLINK 및 Bitty 시리즈 마스터 블록에 접속한 리모트 I/O 점수
(G) : CC-Link 마스터에 접속된 리모트 I/O의 국수(대수)

※1 : 리모트 I/O를 함께 사용하여 점유하는 네트워크 구성의 경우, 기본 유니트에 가까운 네트워크 마스터의 순서로 리모트 I/O가 할당됩니다.
리모트 I/O를 함께 사용하여 점유할 수 있는 네트워크 마스터
•FX3U-128ASL-M •FX3U-128BTY-M •FX3U-16CCL-M
FX3U-128ASL-M, FX3U-128BTY-M, FX3U-16CCL-M과 함께 사용할 수 없는 네트워크 마스터
•FX2N-16CCL-M

※2 : AnyWireASLINK 및 Bitty 시리즈의 리모트 I/O는 접속하는 시스템에 따라 필요로 하는 리모트 I/O 점수를 점유할 수 없는 경우, 입력을 우선하여 작은 번호부터 할당하고 나머지를 출력에 작은 번호부터 할당합니다.

※3 : CC-Link 리모트 I/O는 32점/1국 타입을 4대 사용한 경우 최대 점수가 됩니다.
CC-Link 점수는 32점 이하의 리모트 I/O를 사용한 경우에도 "32점×국수"로 계산합니다.
접속하는 시스템에 따라 필요로 하는 리모트 I/O 점수를 점유할 수 없는 경우, 작은 번호부터 차례로 입출력 점수를 할당합니다.
FX3U-128ASL-M, FX3U-128BTY-M의 왼쪽에 FX3U-16CCL-M을 접속하는 경우, 아래의 제약이 있습니다.
· 네트워크 파라미터에서 CC-Link 파라미터를 설정할 필요가 있습니다.
· 시퀀스 프로그램에 의해 CC-Link 파라미터를 설정한 경우에는 리모트 I/O를 모두 점유하므로, 다른 네트워크 마스터와 함께 사용할 수 없습니다.
함께 사용하는 경우에는 "FX3U-128ASL-M, FX3U-128BTY-M 및 FX3U-16CCL-M 사용자 매뉴얼"을 참조하십시오.

## ③ 증설 전원 유니트에 대한 증설(AC 전원 타입 기본 유니트만)

입출력 증설 블록 및 특수 증설 블록 접속 시, 기본 유니트 및 증설 유니트의 접속 조건을 초과하여 접속하는 경우에 증설 전원 유니트를 사용할 수 있습니다.

증설 전원 유니트는 다음의 조건이 만족하도록 접속해 주십시오.

| 항 목 | 조 건 |
|---|---|
| 접속하는 입출력 증설 블록의 합계 점수<br>(특수 증설 기기의 입출력 점유 점수는 포함되지 않습니다.) | 32점 이하 |
| 접속하는 출력 블록의 DC24V 소비 전류의 합계 | 0.3A 이하 ※4 |
| 접속하는 특수 증설 기기의 DC5V 소비 전류의 합계 | 1A 이하 ※4 |

※4 : 주위 온도가 40℃를 초과하는 경우, 아래 딜레이팅 범위 내의 전류값을 사용하십시오.

딜레이팅 그림

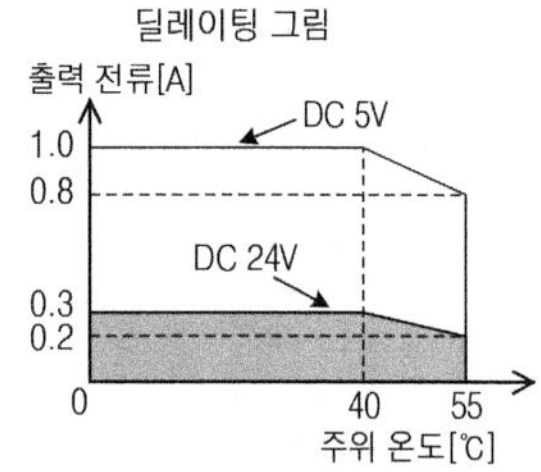

## ④ 기능 확장 보드와 특수 어댑터 접속 대수

40/60점 기본 유니트

### ●통신용, 아날로그용 기능 확장 보드의 접속

통신용 기능 확장 보드나 아날로그 입출력용 기능 확장 보드는 2개의 슬롯에 자유롭게 조합하여 장착할 수 있습니다.

**BD1 슬롯**

【통신용】
FX3G-232-BD
FX3G-485-BD
FX3G-485-BD-RJ
FX3G-422-BD

【아날로그 입출력용】
FX3G-2AD-BD*1
FX3G-1DA-BD*1

**BD2 슬롯**

【통신용】
FX3G-232-BD
FX3G-485-BD
FX3G-485-BD-RJ
FX3G-422-BD

【아날로그 입출력용】
FX3G-2AD-BD*1
FX3G-1DA-BD*1

【아날로그 볼륨용】
FX3G-8AV-BD*1

【확장 입출력용】
FX3G-4EX-BD*5
FX3G-2EYT-BD*5

14/24점 기본 유니트

### ●통신용, 아날로그용 기능 확장 보드의 접속

통신용 기능 확장 보드나 아날로그 입출력용 기능 확장 보드 1대를 장착할 수 있습니다.

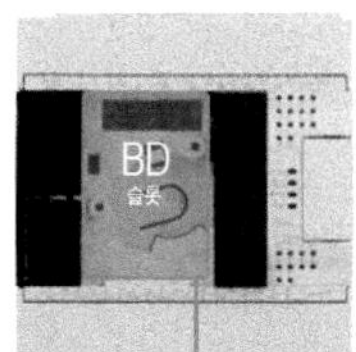


**BD 슬롯**

【통신용】
FX3G-232-BD
FX3G-485-BD
FX3G-485-BD-RJ
FX3G-422-BD

【아날로그 입출력용】
FX3G-2AD-BD*1
FX3G-1DA-BD*1

【확장 입출력용】
FX3G-4EX-BD*5
FX3G-2EYT-BD*5

【아날로그 볼륨용】
FX3G-8AV-BD*1

40/60점 기본 유니트

### ● 통신용, 아날로그용 특수 어댑터의 접속

특수 어댑터는 통신용 및 아날로그용 각 2대를 접속할 수 있습니다. 다만 BD2슬롯으로 지정된 기능 확장 보드가 접속되어 있는 경우, 합계 2대가 최대입니다.

아날로그용 특수 어댑터 / 통신용 특수 어댑터

BD1슬롯에 FX3G-CNV-ADP형 FX3U 어댑터 접속용 ADP를 장착합니다.

FX3G-CNV-ADP

기능 확장 보드

FX3U-232ADP(-MB*3)
FX3U-485ADP(-MB*3)
FX3U-ENET-ADP*4
2대 또는 1대

【통신용】
FX3G-232-BD
FX3G-485-BD
FX3G-485-BD-RJ
FX3G-422-BD

【아날로그 볼륨용】
FX3G-8AV-BD*1

【확장 입출력용】
FX3G-4EX-BD*5
FX3G-2EYT-BD*5

합계 2대가 최대입니다

FX3U-4AD-ADP
FX3U-4DA-ADP
FX3U-3A-ADP*2
FX3U-4AD-PT-ADP
FX3U-4AD-PTW-ADP
FX3U-4AD-TC-ADP
2대 또는 1대

【아날로그 입출력용】
FX3G-2AD-BD*1
FX3G-1DA-BD*1

합계 2대가 최대입니다

14/24점 기본 유니트

### ● 통신용, 아날로그용 특수 어댑터의 접속

특수 어댑터는 통신용 및 아날로그용 각 1대를 접속할 수 있습니다.

아날로그용 특수 어댑터 / 통신용 특수 어댑터

FX3G-CNV-ADP형 FX3U 어댑터 접속용 ADP를 장착합니다.

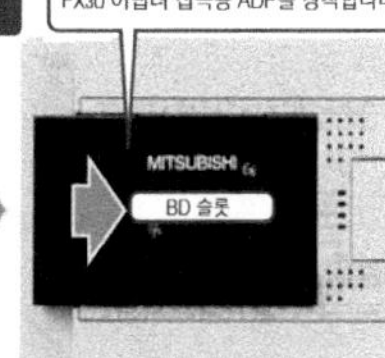


FX3G-CNV-ADP

FX3U-232ADP(-MB*3)
FX3U-485ADP(-MB*3)
FX3U-ENET-ADP*4
최대 1대

FX3U-4AD-ADP
FX3U-4DA-ADP
FX3U-3A-ADP*2
FX3U-4AD-PT-ADP
FX3U-4AD-PTW-ADP
FX3U-4AD-TC-ADP
최대 1대

※1: 기본 유니트 Ver.1.10 이상
※2: 기본 유니트 Ver.1.20 이상
※3: 기본 유니트 Ver.1.30 이상
※4: 기본 유니트 Ver.2.00 이상 (왼쪽에 1대만 장착 가능)
※5: 기본 유니트 Ver.2.20 이상

# FX3G시리즈 라인 업 상세 · 기종 선정

### ⑤ 기능 확장 보드, 메모리 카세트, 디스플레이 모듈의 조합

PLC 본체에 장착하는 기능 확장 보드나 메모리 카세트 등의 옵션은 다음을 조합하여 사용할 수 있습니다.

**1번째단** 1번째단에는 기능 확장 보드, 메모리 카세트, 디스플레이 모듈을 장착할 수 있습니다.

**2번째단** 2번째단에는 메모리 카세트 또는 디스플레이 모듈을 장착할 수 있습니다.

#### 40/60점 기본 유니트 — 40/60점 타입의 경우

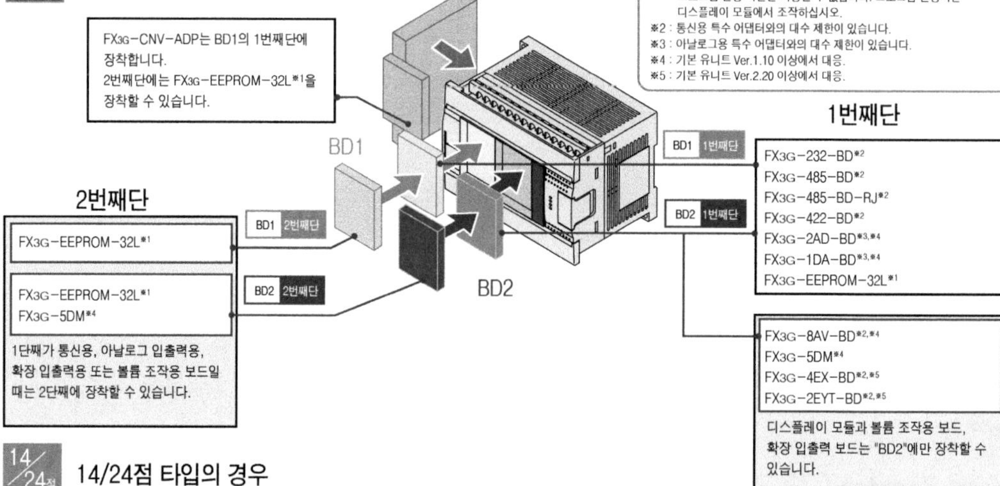


※1 · 메모리 카세트는 기본 유니트의 왼쪽 또는 오른쪽 중에서 1개만 장착할 수 있습니다.
· 메모리 카세트와 디스플레이 모듈을 병용하는 경우, 메모리 카세트의 프로그램 전송 버튼은 사용할 수 없습니다. 프로그램 전송작은 디스플레이 모듈에서 조작하십시오.
※2 : 통신용 특수 어댑터와의 대수 제한이 있습니다.
※3 : 아날로그용 특수 어댑터와의 대수 제한이 있습니다.
※4 : 기본 유니트 Ver.1.10 이상에서 대응.
※5 : 기본 유니트 Ver.2.20 이상에서 대응.

#### 14/24점 기본 유니트 — 14/24점 타입의 경우

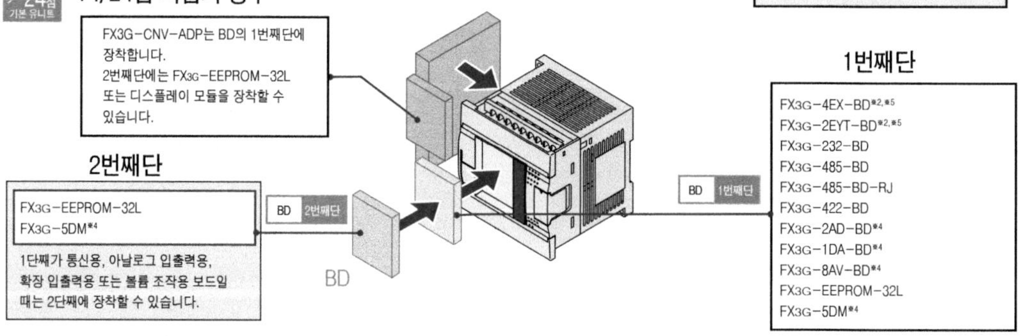


### FX3G PLC의 입력 배선 시 주의

FX3G PLC의 입력은 외부 배선에 의해 싱크 입력과 소스 입력 중에서 어느 것이라도 사용할 수 있습니다.(아래 그림 참단, S/S 단자에는 반드시 배선하십시오.
자세한 내용은 동봉된 [FX3G 시리즈 초소형 PLC 하드웨어 매뉴얼]을 참조하십시오.

[AC 전원 타입의 입력 배선도] [DC 전원 타입의 입력 배선도]

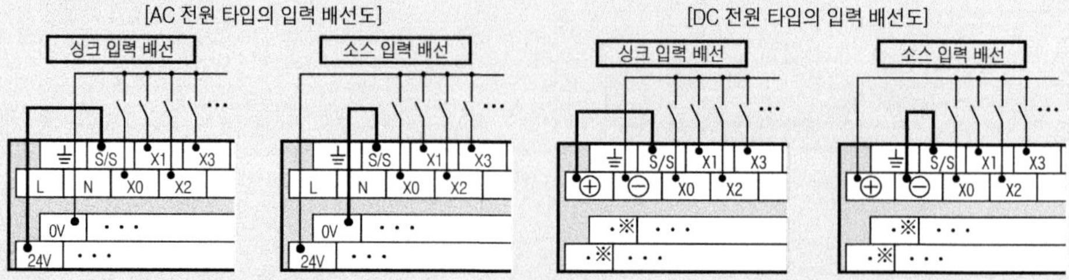


※ [ · ] 단자에는 배선하지 마십시오.

# FX3GC시리즈 라인 업 상세·기종 선정

## ■ 제품 구성 [FX3GC-□□MT/D]

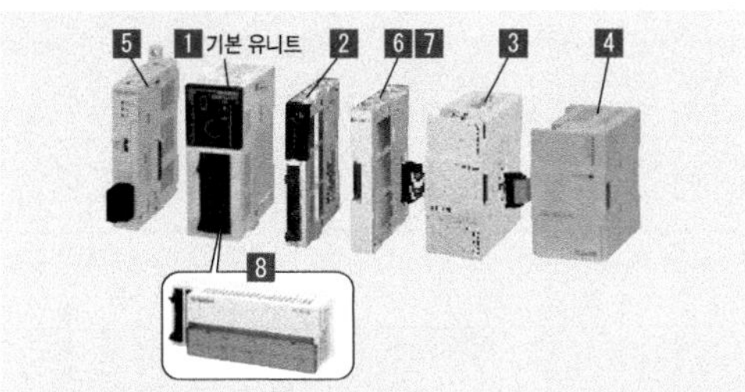


※FX3GC-32MT/DSS에 관한 자세한 내용은 [FX3GC 시리즈 사용자 매뉴얼 [하드웨어편]"을 참조하십시오.

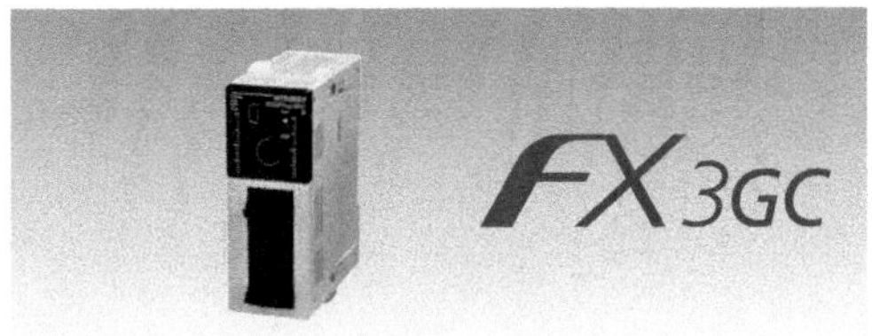


- 제어 규모 : 32 ~ 256점(기본 유니트 : 32점)
- 커넥터 입출력 형식의 제3세대 초소형 PLC
- USB/RS-422를 더블 탑재, 32k EEPROM 메모리
- 콤팩트하면서도 입출력 증설로 128점까지의 증설 가능. 리모트 I/O 포함 최대 입출력 256점의 제어 기능 실현
- 통신이나 아날로그 기능을 증설할 수 있어 확장성 향상

※ : CC-Link, AnyWireASLINK 및 Bitty시리즈의 경우

| 항목 | 내용 | 접속 내용·기종 선정 |
|---|---|---|
| 1 기본 유니트 | CPU·전원·입출력·프로그램 메모리를 내장한 PLC 본체입니다. | 각종 증설 기기를 접속할 수 있습니다. |
| 2 FX2NC용 증설 블록 | 기본/전원 유니트에서 전원을 공급받는 입출력 증설 기기입니다.<br>FX3GC PLC에 직접 접속할 수 있습니다. | 입출력의 최대 증설 점수는 128점입니다.<br>CC-Link와 AnyWireASLINK 및 Bitty 시리즈의 리모트 I/O의 합계는 최대 256점입니다.<br>2 는 FX3GC PLC에 직접 접속할 수 있습니다.<br>4 는 최대 8대를 접속할 수 있습니다.<br>3 , 4 는 커넥터 변환 어댑터 6 이나 증설 전원 유니트 7 을 경유하여 접속합니다.<br>대수에 관한 자세한 내용은 이후에 설명하는 기종 선정을 참조하십시오. |
| 3 FX2N용 증설 블록 | 기본/전원 유니트에서 전원을 공급받는 입출력 증설 기기입니다.<br>접속 케이블이 내장되어 있습니다. | |
| 4 FX2N, FX3U용 특수 블록 | 기본 유니트에서 전원을 공급받는 특수 제어용 증설 기기입니다.<br>접속 케이블이 내장되어 있습니다. | |
| 5 특수 어댑터 | 기본 유니트에서 전원을 공급받는 특수 제어용 증설 기기입니다.<br>접속 커넥터가 부착되어 있습니다. | 통신·아날로그용 각 2대, 합계 4대를 증설할 수 있습니다. |
| 6 커넥터 변환 어댑터 | FX2N, FX3U시리즈용 증설 기기를 접속하기 위해 사용하는 커넥터 변환용 기기입니다. | FX2N, FX3U용 증설 기기를 접속할 수 있습니다. |
| 7 증설 전원 유니트 | 기본 유니트의 내장 전원이 부족한 경우에 증설하는 전원입니다.<br>(출력 : DC5V 1A) | FX2NC-CNV-IF와 같은 커넥터 변환 기능을 가지고 있어, FX2N, FX3U, FX2NC용 증설 기기를 접속할 수 있습니다. |
| 8 터미널 블록 | 커넥터 타입의 입출력을 단자대로 변환합니다. | 입출력 직접 접속 타입의 외에 릴레이 트랜지스터, 트라이액 등의 출력 소자를 내장한 제품과 AC100V 입력용 소자를 내장한 제품이 있습니다. |

## 1-2) 기본 유니트(DC 전원·DC 입력 타입)

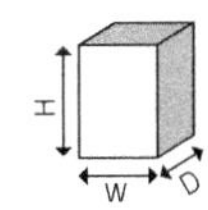


| 형명 | 합계 점수 | 입출력 점수(점유 점수)·입출력 형식 | | | | 외형치수 W×H×D(mm) | 중량 | |
|---|---|---|---|---|---|---|---|---|
| | | 입력 | | 출력 | | | | |
| FX3GC-32MT/D | 32점 | 16점 | DC24V 싱크입력 | 16점 | 트랜지스터(싱크) | 34×90×87 | 0.2kg | |
| FX3GC-32MT/DSS※ | 32점 | 16점 | DC24V 싱크/소스 입력 | 16점 | 트랜지스터(소스) | 34×90×87 | 0.2kg | ※접속 기기에 관한 자세한 사항은 매뉴얼을 참조하십시오. |

## 2 FX2NC용 증설 블록

| 형명 | 기능 | DC5V 소비 전류 | 입력 점수 | 출력 점수 | 합계 점수 |
|---|---|---|---|---|---|
| FX2NC-16EX | DC 입력 | 30mA | 16 | – | 16 |
| FX2NC-16EX-T | DC 입력 | 30mA | 16 | – | 16 |
| FX2NC-16EYT | 트랜지스터 출력 | 50mA | – | 16 | 16 |
| FX2NC-16EYR-T | 릴레이 출력 | 50mA | – | 16 | 16 |
| FX2NC-32EX | DC 입력 | 60mA | 32 | – | 32 |
| FX2NC-32EYT | 트랜지스터 출력 | 100mA | – | 32 | 32 |
| FX2NC-64ET | DC 입력/트랜지스터 출력 | 230mA | 32 | 32 | 64 |

# FX3GC시리즈 라인 업 상세 · 기종 선정

## 3 FX2N용 증설 블록

| 형명 | 기능 | DC5V 소비 전류 | 입력 점수 | 출력 점수 | 합계 점수 |
|---|---|---|---|---|---|
| FX2N-8ER | DC 입력/릴레이 출력 | 25mA | 4(8) | 4(8) | 16*2 |
| FX2N-8EX | DC 입력 | 25mA | 8 | – | 8 |
| FX2N-8EX-UA1/UL*1 | AC100V 입력 | 25mA | 8 | – | 8 |
| FX2N-8EYR | 릴레이 출력 | 30mA | – | 8 | 8 |
| FX2N-8EYT | 트랜지스터 출력 | 30mA | – | 8 | 8 |
| FX2N-8EYT-H | 트랜지스터 출력 | 30mA | – | 8 | 8 |
| FX2N-8EYR-S-ES/UL*1 | 릴레이 출력 | 30mA | – | 8 | 8 |
| FX2N-16EX | DC 입력 | 45mA | 16 | – | 16 |
| FX2N-16EX-C | DC 입력 | 40mA | 16 | – | 16 |
| FX2N-16EXL-C | DC5V 입력 | 35mA | 16 | – | 16 |
| FX2N-16EYR | 릴레이 출력 | 40mA | – | 16 | 16 |
| FX2N-16EYS*1 | 트라이액 출력 | 160mA | – | 16 | 16 |
| FX2N-16EYT | 트랜지스터 출력 | 180mA | – | 16 | 16 |
| FX2N-16EYT-C | 트랜지스터 출력 | 180mA | – | 16 | 16 |

*1 : 해외 규격 대응 제품
*2 : FX2N-8ER은 유효 점수와 점유 점수에 차이가 있습니다. ( )는 점유 점수이며 유효 점수와의 차이는 빈 번호가 됩니다.
PLC에 접속 가능한 입출력 점수를 계산하는 경우, 입력 8점, 출력 8점으로 계산하십시오.

## 4 특수 블록

| 형명 | 기능 | DC5V 소비 전류 | DC24V 소비 전류 | | 입출력 점유 점수 | | | 입출력 합계 점수 |
|---|---|---|---|---|---|---|---|---|
| | | | 외부 전원 공급 | 내부 전원 공급 | 입력 | 입출력 공용 | 출력 | |
| FX3U-16CCL-M | CC-Link V2 대응 마스터 블록 | – | 240mA | – | *3 | 8 | *3 | *3 |
| FX3U-64CCL | CC-Link V2 대응 인터페이스 블록 | – | 220mA | – | – | 8 | – | 8 |
| FX2N-32CCL | CC-Link 인터페이스 블록 | 130mA | 50mA | – | – | 8 | – | 8 |
| FX2N-64CL-M | CC-Link/LT용 마스터 블록 | 190mA | 전용 전원 어댑터에서 전원 공급 | | *3 | 8 | *3 | *3 |
| FX3U-128ASL-M(일본용) | AnyWireASLINK 마스터 블록 | 130mA | 100mA*4 | – | *3 | 8 | *3 | *3 |
| FX3U-128BTY-M(일본용) | AnyWire Bitty시리즈 마스터 블록 | 130mA | 100mA*4 | – | *3 | 8 | *3 | *3 |

*3 : 설정에 의해 변경됩니다.
*4 : 마스터 블록만의 소비 전류(전송선 공급 전류는 최대 2A)

## 5 특수 어댑터

| 형명 | 기능 | 소비 전류 | | |
|---|---|---|---|---|
| | | DC5V | 내부 DC24V | 외부 DC24V |
| FX3U-232ADP(-MB)*5 | RS-232C(MODBUS) 통신용 어댑터 | 30mA | 0mA | 0mA |
| FX3U-485ADP(-MB)*5 | RS-485(MODBUS) 통신용 어댑터 | 20mA | 0mA | 0mA |
| FX3U-ENET-ADP*6 | Ethernet 접속용 어댑터 | 30mA | 0mA | 0mA |
| FX3U-3A-ADP | 아날로그 입출력용 어댑터 | 20mA | 0mA | 90mA |
| FX3U-4AD-ADP | 아날로그 입력용 어댑터 | 15mA | 0mA | 40mA |
| FX3U-4DA-ADP | 아날로그 출력용 어댑터 | 15mA | 0mA | 150mA |
| FX3U-4AD-PT-ADP | Pt100형 온도 센서용 어댑터 -50~250℃ | 15mA | 0mA | 50mA |
| FX3U-4AD-PTW-ADP | Pt100형 온도 센서용 어댑터 -100~600℃ | 15mA | 0mA | 50mA |
| FX3U-4AD-TC-ADP | 열전대형 온도 센서용 어댑터 | 15mA | 0mA | 45mA |

*5 : PLC Ver.1.40 이상에서 대응(MODBUS는 시스템에 1ch만 접속)
*6 : PLC Ver.2.00 이상에서 대응(왼쪽에 1대만 접속 가능)

## 6 커넥터 변환 어댑터, 7 증설 전원 유니트

| 형명 | 기능 | DC5V 전원 용량 | DC24V 소비 전류 | | 입출력 점유 점수 | 입출력 합계 점수 |
|---|---|---|---|---|---|---|
| | | | 외부 전원 공급 | 내부 전원 공급 | | |
| FX2NC-CNV-IF | 커넥터 변환 어댑터 | – | – | – | – | – |
| FX3UC-1PS-5V | 증설 전원 유니트 | 1A | 1W(최대 25W) | – | – | – |

## 8 터미널 블록

| 형명 | 입력 점수 | 출력 점수 | 기능 | DC24V 소비 전류 |
|---|---|---|---|---|
| FX-16E-TB | 입력 16점 또는 출력 16점 | | PLC의 입출력 단자에 직접 접속합니다 | 입력 커넥터 :<br>FX3GC-32MT/D, FX2NC-□□EX, FX2NC-64ET 접속 시는 전원 불필요<br>FX2N-16EX-C 접속 시는 112mA(7mA×16점)<br>출력 커넥터 : 접속하는 부하에 대응하는 전원이 필요합니다. |
| FX-32E-TB | 입력 32점 또는 출력 32점<br>입력 16점, 출력 16점 분할 가능 | | | |
| FX-16EX-A1-TB | 16 | – | AC100V 입력 신호 타입 | 48mA(3mA x 16점)<br>(FX2N-16EX-C 접속 시는 160mA(10mA x 16점)) |
| FX-16EYR-TB | – | 16 | 릴레이 출력 타입 | 80mA(5mA×16점) |
| FX-16EYS-TB | – | 16 | 트라이액 출력 타입 | 112mA(7mA×16점) |
| FX-16EYT-TB | – | 16 | 트랜지스터 출력 타입 | 112mA(7mA×16점) |

## ■ FX3GC-□□MT/D 간이 기종 선정

● 증설 구성 방법 · 자세한 내용에 대해서는 제품 매뉴얼을 참조하십시오.

시스템 구성은 다음의 STEP 1 ~ STEP 3 의 조건을 만족할 필요가 있습니다.
조건을 만족하지 않는 경우에는 시스템 구성을 재검토하십시오
또한, CC-Link, AnyWireASLINK 및 Bitty시리즈 마스터를 접속하여 128점을 초과하여 접속하는 경우에는 STEP 4 를 참조하십시오.

### ■ 전체 조합 구성

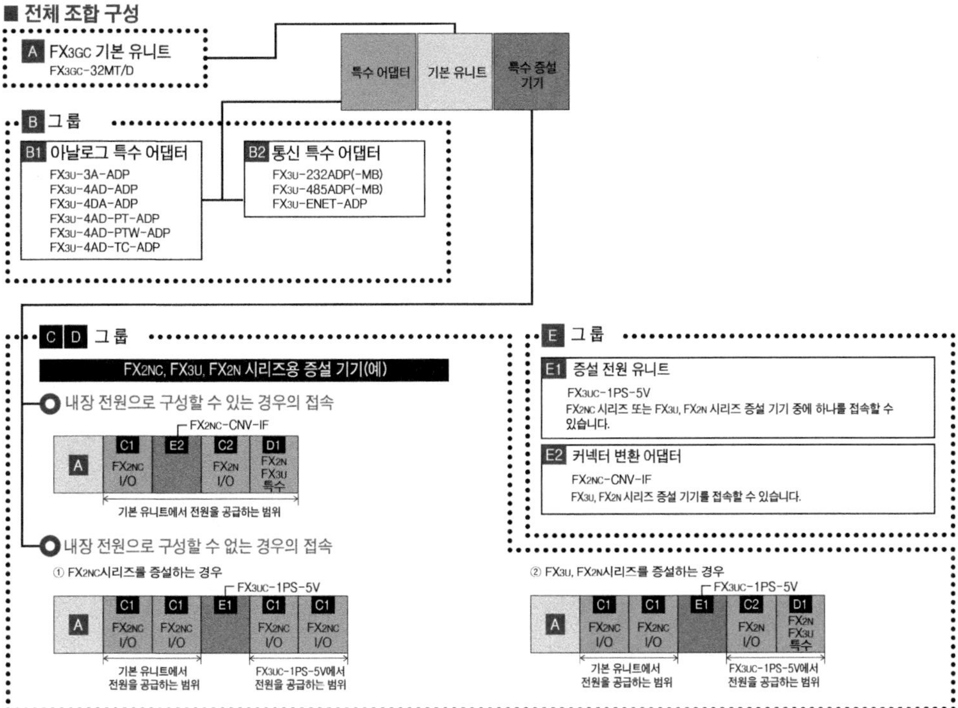


### 선정 순서

시스템 구성은 아래의 내용에 따라 선정해 주십시오.

#### STEP 1 입출력 점수 제한

입출력 점수의 합계가 **[128점 이하]** 인지를 확인해 주십시오.
형명별 점유 점수는 [점유 점수와 DC5V 소비 전류 일람]을 참조하여 입출력 합계 점수를 계산하십시오.

A FX3GC 기본 유니트 (　점) + C 입출력 증설 기기 (　점) + D 특수 증설 기기 (　점) ≦ 입출력 합계 점수 128점

#### STEP 2 DC5V 전원 용량(소비 전류)의 계산

A 기본 유니트의 내부 전원 용량이 부족한 경우, E1 증설 전원 유니트(FX3UC-1PS-5V)를 필요에 따라 추가하십시오. 다만 시스템에 1대만 접속할 수 있습니다.

**[1]기본 유니트 내장 전원에서 전원을 공급하는 증설 기기의 전류 계산**

접속하고자 하는 증설 기기가 기본 유니트의 내장 전원으로 공급할 수 있는 소비 전류 이하인지를 확인합니다.

A FX3GC 기본 유니트 400mA ≧ B 특수 어댑터 (　mA) + C 입출력 증설 기기 (　mA) + D 특수 증설 기기 (　mA)

~ 기본 유니트 내장 전원이 부족한 경우 ~

C D 의 오른쪽에 E1 증설 전원 유니트(FX3UC-1PS-5V)를 접속합니다.
다만, C D 는 C1 를 선택한 후에 [2] 로 진행하십시오.

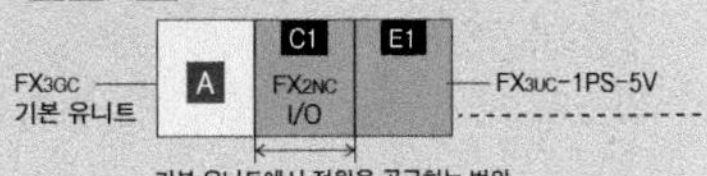


**[2]FX3UC-1PS-5V에서 전원을 공급하는 증설 기기의 전류 계산**

E1 증설 전원 유니트 FX3UC-1PS-5V 1A(1000mA) ≧ C 입출력 증설 기기 (　mA) + D 특수 증설 기기 (　mA)

~ FX2NC 시리즈를 증설하는 경우 ~

C1 FX2NC I/O

~ FX2NC, FX2N, FX3U 시리즈를 증설하는 경우 ~

FX2NC 시리즈 증설 기기 C1 이 있으면 먼저 접속하고, 다음에 FX2NC-CNV-IF를 접속합니다.

C1 FX2NC I/O + E2 FX2NC-CNV-IF + C2 FX2N 16점 I/O / C3 FX2N 8점 I/O / D1 FX3U, FX2N 특수

FX2N 시리즈 증설 기기를 접속하는 경우에는 FX2NC-CNV-IF 필요

부록

# FX3GC시리즈 라인 업 상세 · 기종 선정

## STEP 3 각 그룹의 대수 제한 다음의 방법으로 확인하십시오.

**B1** 아날로그 특수 어댑터

**A** FX3GC 기본 유니트에 최대 2대 접속 가능

**B2** 통신 특수 어댑터

**A** FX3GC 기본 유니트에 최대 2대 접속 가능(FX3U-ENET-ADP는 1대만)

**C** 입출력 증설 기기 **D** 특수 증설 기기 [특수 증설 블록] [특수 증설 유니트] **E1** 증설 전원 유니트

아래 표의 기종에는 기본 유니트나 증설 전원 유니트에 대한 접속 대수에 제한이 있습니다.

| | 형 명 | 제 한 |
|---|---|---|
| C | FX2NC-16EYR-T<br>FX2N-8ER<br>FX2N-8EYR<br>FX2N-8EYR-S-ES/UL<br>FX2N-8EYT<br>FX2N-8EYT-H<br>FX2N-16EYR | **A** 기본 유니트에 접속하는 경우<br>• FX2NC-16EYR-T를 사용하지 않는 경우 4대까지.<br>• FX2NC-16EYR-T를 사용하는 경우, 합계 5대까지.<br>**E** 증설 전원 유니트(FX3UC-1PS-5V)에 접속하는 경우<br>• 왼쪽 중 어느 하나를 합계 5대까지 접속 가능 |
| D | FX2N-64CL-M | 1시스템에 최대 5대까지 접속 가능. |
| | FX3U-128ASL-M<br>FX3U-128BTY-M<br>FX3U-16CCL-M<br>FX3U-64CCL | 1시스템에 1대만 접속 가능. |
| E1 | FX3UC-1PS-5V | 1시스템에 1대만 접속 가능. |

• **FX3UC-1PS-5V를 사용하는 경우**
1시스템당 특수 증설 블록을 최대 8대까지 접속 가능.
FX2NC-CNV-IF 이후는 입출력 증설 블록이나 특수 증설 블록을 합계 4대까지 접속 가능.

• **FX3UC-1PS-5V를 사용하지 않는 경우**
1시스템당 특수 증설 블록을 최대 2대까지 접속 가능.
FX2NC-CNV-IF 이후는 입출력 증설 블록이나 특수 증설 블록을 합계 4대까지 접속 가능.

【예】

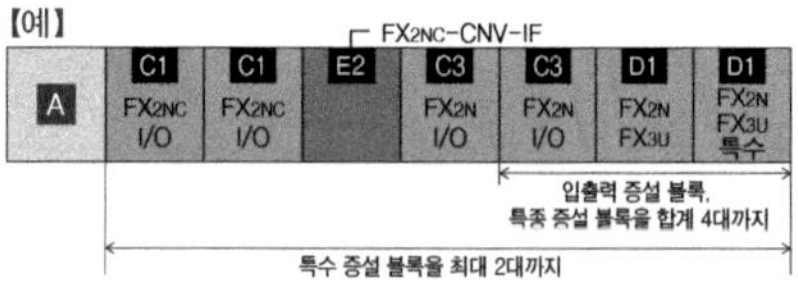


## 점유 점수와 DC5V 소비 전류 일람

다음 표는 형명별 입출력 점유 점수와 기본 유니트 내장 또는 FX3UC-1PS-5V 증설 전원 유니트의 DC5V 전원에서 소비하는 전류를 나타냅니다.

### A FX3GC 기본 유니트

| 형명 | 점유 점수 | DC5V 소비 전류(mA) |
|---|---|---|
| FX3GC-32MT/D | 32 | – |

### B 그룹

**B1** 아날로그 특수 어댑터

| 형명 | 점유 점수 | DC5V 소비 전류(mA) |
|---|---|---|
| FX3U-3A-ADP | 0 | 20 |
| FX3U-4AD-ADP | 0 | 15 |
| FX3U-4DA-ADP | 0 | 15 |
| FX3U-4AD-TC-ADP | 0 | 15 |
| FX3U-4AD-PT-ADP | 0 | 15 |
| FX3U-4AD-PTW-ADP | 0 | 15 |

**B2** 통신 특수 어댑터

| 형명 | 점유 점수 | DC5V 소비 전류(mA) |
|---|---|---|
| FX3U-232ADP(-MB)※1 | 0 | 30 |
| FX3U-485ADP(-MB)※1 | 0 | 20 |
| FX3U-ENET-ADP※2 | 0 | 30 |

### C 입출력 증설 기기

**C1** FX2NC I/O

| 형명 | 점유 점수 | DC5V 소비 전류(mA) |
|---|---|---|
| FX2NC-16EX | 16 | 30 |
| FX2NC-16EX-T | 16 | 30 |
| FX2NC-16EYT | 16 | 50 |
| FX2NC-16EYR-T | 16 | 50 |
| FX2NC-32EX | 32 | 60 |
| FX2NC-32EYT | 32 | 100 |
| FX2NC-64ET | 64 | 230 |

**C2** FX2N 16점 I/O

| 형명 | 점유 점수 | DC5V 소비 전류(mA) |
|---|---|---|
| FX2N-16EX | 16 | 45 |
| FX2N-16EX-C | 16 | 40 |
| FX2N-16EXL-C | 16 | 35 |
| FX2N-16EYR | 16 | 40 |
| FX2N-16EYS | 16 | 160 |
| FX2N-16EYT | 16 | 180 |
| FX2N-16EYT-C | 16 | 180 |

**C3** FX2N 8점 I/O

| 형명 | 점유 점수 | DC5V 소비 전류(mA) |
|---|---|---|
| FX2N-8ER | 16 | 25 |
| FX2N-8EX-UA1/UL | 8 | 25 |
| FX2N-8EX | 8 | 25 |
| FX2N-8EYR | 8 | 30 |
| FX2N-8EYT | 8 | 30 |
| FX2N-8EYT-H | 8 | 30 |
| FX2N-8EYR-S-ES/UL | 8 | 30 |

### D 특수 증설 기기※3

**[특수 증설 블록]**

**D1** FX2N, FX3U 특수

| 형명 | 점유 점수 | DC5V 소비 전류(mA) |
|---|---|---|
| FX2N-64CL-M | ※ | 190 |
| FX3U-16CCL-M | ※ | 0 |
| FX2N-32CCL | 8 | 130 |
| FX3U-64CCL | 8 | 0 |
| FX3U-128ASL-M | ※ | 130 |
| FX3U-128BTY-M | ※ | 130 |

※:점유 점수는 아래를 참조해 주십시오.
FX3U-16CCL-M 접속 시의 리모트 I/O 점수에 대해서는 다음 페이지도 참조하십시오.

| 형명 | 입출력 점유 점수(아래 식으로 구합니다.) |
|---|---|
| FX3U-16CCL-M | 리모트 I/O국수 × 32점 + 8점 |
| FX2N-64CL-M | 리모트 I/O국의 입출력 합계 점수 + 8점 |
| FX3U-128ASL-M | 로터리 스위치 설정 입출력 합계 점수 + 8점 |
| FX3U-128BTY-M | 로터리 스위치 설정 입출력 합계 점수 + 8점 |

### E 증설 전원 유니트/커넥터 변환 어댑터

**E1** 증설 전원 유니트

| 형명 | 점유 점수 | DC5V 소비 전류(mA) |
|---|---|---|
| FX3UC-1PS-5V | 0 | – |

**E2** 커넥터 변환 어댑터

| 형명 | 점유 점수 | DC5V 소비 전류(mA) |
|---|---|---|
| FX2NC-CNV-IF | 0 | – |

※1 : MODBUS는 시스템에 1ch만 접속 가능
※2 : 왼쪽에 1대만 접속 가능
※3 : 특수 유니트, 특수 블록은 8점의 입출력 점유 점수를 가지고 있습니다.(일부 기종 제외)
이 8점에는 실제의 입출력 번호는 할당되지 않으므로, 최대 점수 128점에서 제하여 나머지 점수 내에서 입출력 기기를 증설하십시오.

**STEP 4 네트워크 마스터 블록을 사용하는 128점 이상의 I/O 접속**

CC-Link, AnyWireASLINK 및 Bitty 시리즈의 마스터 블록을 사용하면 최대 256점의 입출력 접속이 가능합니다.

## [네트워크 마스터 접속 시의 개념도]

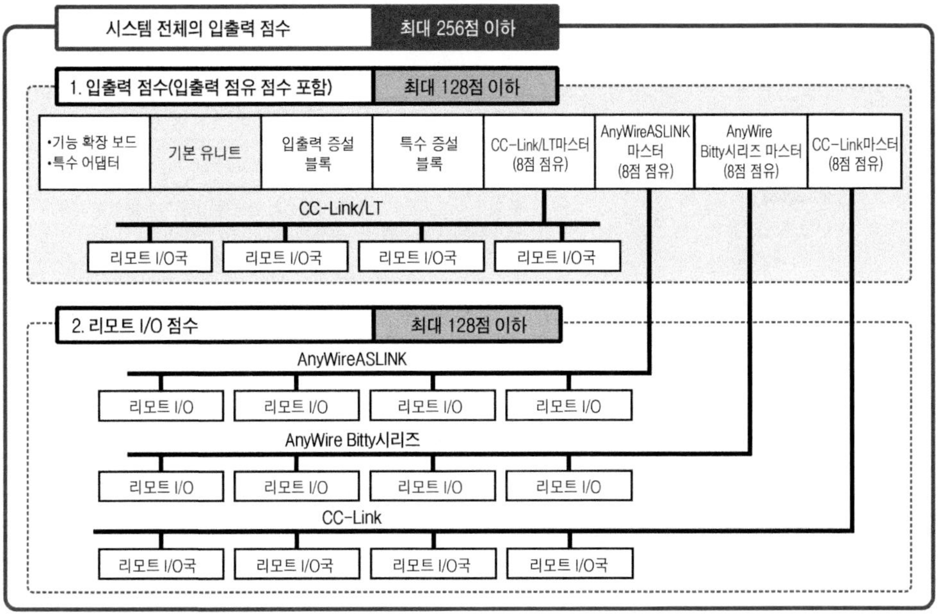


## ● 네트워크 마스터 블록 사용 시의 입출력 점수

네트워크 마스터 블록을 사용하는 경우, 구성할 수 있는 최대 입출력 점수는 다음과 같습니다.

| 최대 입출력 점수 | | 입출력 점수 | | 입출력 점유 점수 | | 네트워크 리모트 I/O ※1 |
|---|---|---|---|---|---|---|
| 256점<br>시스템에서 사용할 수 있는 최대 점수 | ≧ | (A)(B)(C)<br>입출력 합계 점수 | + | (D) 대 ×8점<br>특수 증설 유니트/블록의 점유 점수 | + | AnyWireASLINK 및 Bitty시리즈※2 (E) 점 + CC-Link※3 (F)국 ×32점<br>CC-Link는 리모트 I/O 국수×32점 합계 점수입니다.<br>(리모트 I/O 점수에 관계없이 32점으로 계산) |

(A) : 기본 유니트의 입출력 점수
(B) : 입출력 증설 블록의 입출력 점수
(C) : FX2N-64CL-M의 리모트 I/O 점수
(D) : 특수 증설 유니트/블록의 입출력 점수
(E) : AnyWireASLINK 및 Bitty시리즈 마스터 블록에 접속한 리모트 I/O 점수
(F) : CC-Link 마스터에 접속된 리모트 I/O 국수(대수)

※1 : 리모트 I/O를 함께 사용하여 점유하는 네트워크 구성의 경우, 기본 유니트에 가까운 네트워크 마스터의 순서로 리모트 I/O가 할당됩니다.

리모트 I/O를 함께 사용하여 점유할 수 있는 네트워크 마스터
- FX3U-128ASL-M
- FX3U-128BTY-M
- FX3U-16CCL-M

FX3U-128ASL-M, FX3U-128BTY-M, FX3U-16CCL-M과 함께 사용할 수 없는 네트워크 마스터
- FX2N-16CCL-M

※2 : AnyWireASLINK 및 Bitty 시리즈의 리모트 I/O는 접속하는 시스템에 따라 필요로 하는 리모트 I/O 점수를 점유할 수 없는 경우, 입력을 우선하여 작은 번호부터 할당하고 나머지를 출력에 작은 번호부터 할당합니다.

※3 : CC-Link 리모트 I/O는 32점/1국 타입을 4대 사용한 경우 최대 점수가 됩니다.
CC-Link의 점수는 32점 이하의 리모트 I/O를 사용한 경우에도 "32점×국수"로 계산합니다.
접속하는 시스템에 따라 필요로 하는 리모트 I/O 점수를 점유할 수 없는 경우, 작은 번호부터 차례로 입출력 점수를 할당합니다.
FX3U-128ASL-M, FX3U-128BTY-M의 왼쪽에 FX3U-16CCL-M을 접속하는 경우, 아래의 제약이 있습니다.
- 네트워크 파라미터에서 CC-Link 파라미터를 설정할 필요가 있습니다.
- 시퀀스 프로그램에 의해 CC-Link 파라미터를 설정한 경우에는 리모트 I/O를 모두 점유하므로, 다른 네트워크 마스터와 함께 사용할 수 없습니다.

함께 사용하는 경우에는 "FX3U-128ASL-M, FX3U-128BTY-M 및 FX3U-16CCL-M 사용자 매뉴얼"을 참조하십시오.

# FX3U시리즈 라인 업 상세·기종 선정

## ■ 제품 구성

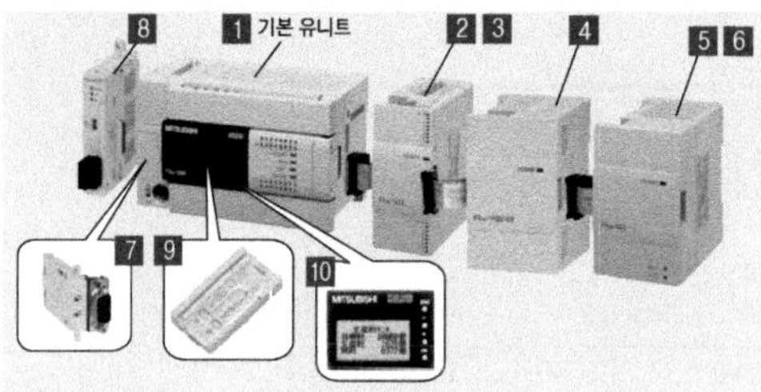


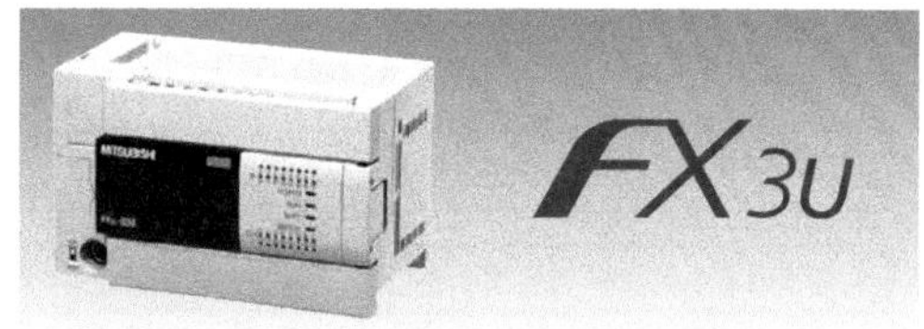


- 제어 규모 : 16~256점
  (기본 유니트 : 16/32/48/64/80/128점)
- 제3세대의 초소형 PLC. 고성능의 속도, 용량, 성능을 보유한 기종
- 업계 최고 수준의 고속 처리나 위치 결정 등 내장 기능을 대폭 강화
- 리모트 I/O를 포함하여 최대 입출력 384점의 제어 점수를 실현.
  풍부한 특수 증설 기기와 접속 가능

※ : CC-Link, AnyWireASLINK 및 Bitty시리즈의 경우

| 항목 | 내용 | 접속 내용 |
|---|---|---|
| 1 기본 유니트 | CPU·전원·입출력·프로그램 메모리를 내장한 PLC 본체입니다. | 각종 증설 기기를 접속할 수 있습니다. |
| 2 증설 유니트 | 전원이 내장되어 있는 입출력 증설 기기입니다.<br>접속 케이블이 부속되어 있습니다. | 입출력의 최대 증설 점수는 256점입니다.(특수 증설 : 최대 8대)<br>CC-Link, AnyWireASLINK 및 Bitty 시리즈의 리모트 I/O의 합계는 최대 384점입니다.<br>대수에 관한 자세한 내용에 대해서는 기종 선정을 참조하십시오. |
| 3 증설 블록 | 기본/증설/전원 유니트에서 전원을 공급받는 입출력 증설 기기입니다.<br>접속 케이블이 내장되어 있습니다. | |
| 4 증설 전원 유니트 | AC 전원 타입 기본 유니트의 내장 전원이 부족한 경우에<br>증설하는 전원입니다. | 출력 증설 블록이나 특수 증설 블록에 전원을 공급할 수 있습니다. |
| 5 특수 유니트 | 전원이 내장되어 있는 특수 제어용 증설기기입니다.<br>접속 케이블이 부속되어 있습니다. | 입출력의 최대 증설 점수는 256점입니다.(특수 증설 : 최대 8대)<br>CC-Link, AnyWireASLINK 및 Bitty 시리즈의 리모트 I/O의 합계는 최대 384점입니다.<br>대수에 관한 자세한 내용에 대해서는 기종 선정을 참조하십시오. |
| 6 특수 블록 | 기본/증설/전원 유니트에서 전원을 공급받는 특수 제어용 증설 기기입니다.<br>접속 케이블이 내장되어 있습니다. | |
| 7 기능 확장 보드 | PLC에 내장할 수 있는 기능 확장용 기기입니다.<br>입출력 점수는 점유하지 않습니다. | 1대를 장착할 수 있습니다.(특수 어댑터와 함께 사용 가능) |
| 8 특수 어댑터 | 기본 유니트에서 전원을 공급받는 특수 제어용 증설기기입니다.<br>접속 커넥터가 부착되어 있습니다. | 고속 입력용, 고속 출력용 특수 어댑터를 접속할 때는 기능 확장 보드가 불필요하지만, 통신용 및 아날로그용 특수 어댑터, CF카드 특수 어댑터와 함께 사용하는 경우에는 기능 확장 보드가 필요합니다.<br>최대 10대를 접속할 수 있습니다. |
| 9 메모리 카세트 | 플래시 메모리 : 최대 16000스텝<br>: 최대 64000스텝(로더 기능 있음/로더 기능 없음)<br>: 최대 64000스텝(소스 정보 1.3MB) Ver.3.00이상에서 대응 | 1대를 장착할 수 있습니다. |
| 10 디스플레이 모듈 | PLC에 내장할 수 있는 표시·설정기입니다. | FX3U-7DM형 디스플레이 모듈을 1대까지 장착할 수 있습니다. |

### 1-1) 기본 유니트(AC 전원·DC 입력 타입)

AC 전원·DC 입력 타입의 기본 유니트는 6종류(18기종)가 있으며,
DC24V 센서용 서비스 전원(32점 이하 : 400mA, 48점 이상 : 600mA)이 내장되어 있습니다.

| 형명 | 합계 점수 | 입출력 점수·입출력 형식 | | | | 외형치수 W×H×D(mm) | 중량 |
|---|---|---|---|---|---|---|---|
| | | 입력 | | 출력 | | | |
| FX3U-16MR/ES | 16점 | 8점 | DC24V (싱크/소스) | 8점 | 릴레이 | 130×90×86 | 0.6kg |
| FX3U-16MT/ES | | | | | 트랜지스터(싱크) | | |
| FX3U-16MT/ESS | | | | | 트랜지스터(소스) | | |
| FX3U-32MR/ES | 32점 | 16점 | DC24V (싱크/소스) | 16점 | 릴레이 | 150×90×86 | 0.65kg |
| FX3U-32MS/ES | | | | | 트라이액 | | |
| FX3U-32MT/ES | | | | | 트랜지스터(싱크) | | |
| FX3U-32MT/ESS | | | | | 트랜지스터(소스) | | |
| FX3U-48MR/ES | 48점 | 24점 | DC24V (싱크/소스) | 24점 | 릴레이 | 182×90×86 | 0.85kg |
| FX3U-48MT/ES | | | | | 트랜지스터(싱크) | | |
| FX3U-48MT/ESS | | | | | 트랜지스터(소스) | | |
| FX3U-64MR/ES | 64점 | 32점 | DC24V (싱크/소스) | 32점 | 릴레이 | 220×90×86 | 1.0kg |
| FX3U-64MS/ES | | | | | 트라이액 | | |
| FX3U-64MT/ES | | | | | 트랜지스터(싱크) | | |
| FX3U-64MT/ESS | | | | | 트랜지스터(소스) | | |
| FX3U-80MR/ES | 80점 | 40점 | DC24V (싱크/소스) | 40점 | 릴레이 | 285×90×86 | 1.2kg |
| FX3U-80MT/ES | | | | | 트랜지스터(싱크) | | |
| FX3U-80MT/ESS | | | | | 트랜지스터(소스) | | |
| FX3U-128MR/ES | 128점 | 64점 | DC24V (싱크/소스) | 64점 | 릴레이 | 350×90×86 | 1.8kg |
| FX3U-128MT/ES | | | | | 트랜지스터(싱크) | | |
| FX3U-128MT/ESS | | | | | 트랜지스터(소스) | | |

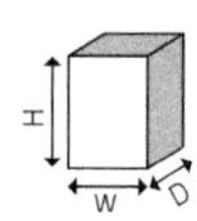

### 1-2) 기본 유니트(DC 전원·DC 입력 타입)

DC 전원·DC 입력 타입의 기본 유니트는 5종류(15기종)가 있습니다.

| 형명 | 합계 점수 | 입출력 점수·입출력 형식 | | | | 외형치수 W×H×D(mm) | 중량 |
|---|---|---|---|---|---|---|---|
| | | 입력 | | 출력 | | | |
| FX3U-16MR/DS | 16점 | 8점 | DC24V (싱크/소스) | 8점 | 릴레이 | 130×90×86 | 0.6kg |
| FX3U-16MT/DS | | | | | 트랜지스터(싱크) | | |
| FX3U-16MT/DSS | | | | | 트랜지스터(소스) | | |
| FX3U-32MR/DS | 32점 | 16점 | DC24V (싱크/소스) | 16점 | 릴레이 | 150×90×86 | 0.65kg |
| FX3U-32MT/DS | | | | | 트랜지스터(싱크) | | |
| FX3U-32MT/DSS | | | | | 트랜지스터(소스) | | |
| FX3U-48MR/DS | 48점 | 24점 | DC24V (싱크/소스) | 24점 | 릴레이 | 182×90×86 | 0.85kg |
| FX3U-48MT/DS | | | | | 트랜지스터(싱크) | | |
| FX3U-48MT/DSS | | | | | 트랜지스터(소스) | | |
| FX3U-64MR/DS | 64점 | 32점 | DC24V (싱크/소스) | 32점 | 릴레이 | 220×90×86 | 1.0kg |
| FX3U-64MT/DS | | | | | 트랜지스터(싱크) | | |
| FX3U-64MT/DSS | | | | | 트랜지스터(소스) | | |
| FX3U-80MR/DS | 80점 | 40점 | DC24V (싱크/소스) | 40점 | 릴레이 | 285×90×86 | 1.2kg |
| FX3U-80MT/DS | | | | | 트랜지스터(싱크) | | |
| FX3U-80MT/DSS | | | | | 트랜지스터(소스) | | |

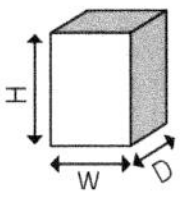


### 1-3) 기본 유니트(AC 전원·AC 입력 타입)

AC 전원 · AC 입력 타입의 기본 유니트는 2종류가 있습니다.
[AC 전원 · DC 입력 타입]과 [DC 전원 · DC 입력 타입]의 외형 치수는 다릅니다.

| 형명 | 합계 점수 | 입출력 점수·입출력 형식 | | | | 외형치수 W×H×D(mm) | 중량 |
|---|---|---|---|---|---|---|---|
| | | 입력 | | 출력 | | | |
| FX3U-32MR/UA1 | 32점 | 16점 | AC100V | 16점 | 릴레이 | 182×90×86 | 0.85kg |
| FX3U-64MR/UA1 | 64점 | 32점 | AC100V | 32점 | 릴레이 | 285×90×86 | 1.2kg |

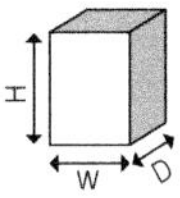


### 2 증설 유니트

| 입출력 합계 점수 | 입력 점수 | 출력 점수 | 릴레이 출력 | 트랜지스터 출력 | 트라이액 출력 | 전원 전압 | 입력 신호 전압 |
|---|---|---|---|---|---|---|---|
| 32 | 16 | 16 | FX2N-32ER<br>FX2N-32ER-ES/UL*1 | FX2N-32ET<br>FX2N-32ET-ESS/UL*1 | FX2N-32ES | AC100~240V | DC24V |
| 48 | 24 | 24 | FX2N-48ER<br>FX2N-48ER-ES/UL*1 | FX2N-48ET<br>FX2N-48ET-ESS/UL*1 | – | AC100~240V | |
| 48 | 24 | 24 | FX2N-48ER-D<br>FX2N-48ER-DS*1 | FX2N-48ET-D<br>FX2N-48ET-DSS*1 | – | DC24V | |
| 48 | 24 | 24 | FX2N-48ER-UA1/UL | – | – | AC100~240V | AC100V |

*1 : 해외 규격 대응 제품

### 3 증설 블록

| 형명 | 입출력 형식 | 입력 점수 | 출력 점수 | 입출력 합계 점수 | 소비 전류(mA) 내부 DC24V |
|---|---|---|---|---|---|
| **입출력 증설용** | | | | | |
| FX2N-8ER-ES/UL*2 | DC 입력(싱크/소스)/릴레이 출력 | 4(8) | 4(8) | 8(16)*3 | 62.5 |
| FX2N-8ER | DC 입력(싱크)/릴레이 출력 | 4(8) | 4(8) | 8(16)*3 | 62.5 |
| **입력 증설용** | | | | | |
| FX2N-8EX-ES/UL*2 | DC 입력(싱크/소스) | 8 | – | 8 | 50 |
| FX2N-8EX | DC 입력(싱크) | 8 | – | 8 | 50 |
| FX2N-8EX-UA1/UL*2 | AC 입력 | 8 | – | 8 | 50 |
| FX2N-16EX-ES/UL*2 | DC 입력(싱크/소스) | 16 | – | 16 | 100 |
| FX2N-16EX | DC 입력(싱크) | 16 | – | 16 | 100 |
| FX2N-16EX-C | DC 입력(싱크) | 16 | – | 16 | 100 |
| FX2N-16EXL-C | DC5V 입력 | 16 | – | 16 | 100 |
| **출력 증설용** | | | | | |
| FX2N-8EYR-ES/UL*2 | 릴레이 출력 | – | 8 | 8 | 75 |
| FX2N-8EYR-S-ES/UL*2 | 릴레이 출력 | – | 8 | 8 | 75 |
| FX2N-8EYT-ESS/UL*2 | 트랜지스터 출력(소스) | – | 8 | 8 | 75 |
| FX2N-8EYR | 릴레이 출력 | – | 8 | 8 | 75 |
| FX2N-8EYT | 트랜지스터 출력(싱크) | – | 8 | 8 | 75 |
| FX2N-8EYT-H | 트랜지스터 출력(싱크) | – | 8 | 8 | 75 |
| FX2N-16EYR-ES/UL*2 | 릴레이 출력 | – | 16 | 16 | 150 |
| FX2N-16EYT-ESS/UL*2 | 트랜지스터 출력(소스) | – | 16 | 16 | 150 |
| FX2N-16EYR | 릴레이 출력 | – | 16 | 16 | 150 |
| FX2N-16EYS*2 | 트라이액 출력 | – | 16 | 16 | 150 |
| FX2N-16EYT | 트랜지스터 출력(싱크) | – | 16 | 16 | 150 |
| FX2N-16EYT-C | 트랜지스터 출력(싱크) | – | 16 | 16 | 150 |

*2 : 해외 규격 대응 제품
*3 : FX2N-8ER은 유효 점수와 점유 점수에 차이가 있습니다. 표상의 ( )는 점유 점수로 유효 점수와의 차이는 빈 번호입니다.
증설 기기는 입력 8점, 출력 8점으로 계산하여 선정하십시오.

# FX3U시리즈 라인 업 상세 · 기종 선정

## 4 증설 전원 유니트(AC 전원 타입 기본 유니트만)

| 형명 | 기능 | DC5V 전원 용량 | DC24V 전원 용량 | 입출력 점유 점수 | 입출력 합계 점수 |
|---|---|---|---|---|---|
| FX3U-1PSU-5V※4 | 증설 전원 유니트 | 1A※5 | 0.3A※5 | – | – |

※4 : 기본 유니트 AC 전원 타입만 접속 가능
※5 : 주위 온도가 40℃을 초과하는 경우는 딜레이팅 있음.

## 5 특수 유니트, 6 특수 블록

| 형명 | 기능 | DC5V 소비 전류 | DC24V 소비 전류(전력) | | 입출력 점유 점수 | | | 입출력 합계 점수 |
|---|---|---|---|---|---|---|---|---|
| | | | 외부 전원 공급 | 내부 전원 공급 | 입력 | 입출력 공용 | 출력 | |
| FX0N-3A 종료예정 | 2ch : A/D, 1ch : D/A 아날로그 입출력 블록 | 30mA | – | 90mA | – | 8 | – | 8 |
| FX2N-5A | 4ch : A/D, 1ch : D/A 아날로그 입출력 블록 | 70mA | 90mA | – | – | 8 | – | 8 |
| FX2N-2AD | 2ch 아날로그 입력 블록 | 20mA | – | 50mA | – | 8 | – | 8 |
| FX2N-4AD 종료예정 | 4ch 아날로그 입력 블록 | 30mA | 55mA | – | – | 8 | – | 8 |
| FX2N-8AD | 8ch 아날로그 입력 블록 | 50mA | 80mA | – | – | 8 | – | 8 |
| FX3U-4AD | 4ch 아날로그 입력 블록 | 110mA | 90mA | – | – | 8 | – | 8 |
| FX2N-4AD-PT 종료예정 | 4ch Pt100형 온도 센서용 블록 | 30mA | 50mA | – | – | 8 | – | 8 |
| FX2N-4AD-TC 종료예정 | 4ch 열전대형 온도 센서용 블록 | 30mA | 50mA | – | – | 8 | – | 8 |
| FX2N-2LC | 2ch 온도 조절 블록 | 70mA | 55mA | – | – | 8 | – | 8 |
| FX3U-4LC | 4ch 온도 조절 블록 | 160mA | 50mA | – | – | 8 | – | 8 |
| FX2N-2DA | 2ch 아날로그 출력 블록 | 30mA | – | 85mA | – | 8 | – | 8 |
| FX2N-4DA 종료예정 | 4ch 아날로그 출력 블록 | 30mA | 200mA | – | – | 8 | – | 8 |
| FX3U-4DA | 4ch 아날로그 출력 블록 | 120mA | 160mA | – | – | 8 | – | 8 |
| FX2N-1HC | 1ch 고속 카운터 블록 | 90mA | – | – | – | 8 | – | 8 |
| FX3U-2HC | 2ch 고속 카운터 블록 | 245mA | – | – | – | 8 | – | 8 |
| FX2N-1PG(-E※8) 종료예정 | 1축용 펄스 출력 블록 | 55mA | 40mA | – | – | 8 | – | 8 |
| FX3U-1PG | 1축용 펄스 출력 블록 | 150mA | 40mA | – | – | 8 | – | 8 |
| FX2N-10PG | 1축용 펄스 출력 블록 | 120mA | ※7 | – | – | 8 | – | 8 |
| FX3U-20SSC-H | SSCNETⅢ 대응 위치결정 블록 | 100mA | 5W | – | – | 8 | – | 8 |
| FX2N-232IF | RS-232C 통신용 블록 | 40mA | 80mA | – | – | 8 | – | 8 |
| FX3U-16CCL-M | CC-Link V2 대응 마스터 블록 | – | 240mA | – | ※6 | 8 | ※6 | ※6 |
| FX3U-64CCL | CC-Link V2 대응 인터페이스 블록 | – | 220mA | – | – | 8 | – | 8 |
| FX2N-32CCL | CC-Link 인터페이스 블록 | 130mA | 50mA | – | – | 8 | – | 8 |
| FX2N-64CL-M | CC-Link/LT 마스터 블록 | 190mA | 전용 전원 어댑터에서 전원 공급 | | ※6 | 8 | ※6 | ※6 |
| FX3U-128ASL-M(일본용) | AnyWireASLINK 마스터 블록 | 130mA | 100mA※9 | – | ※6 | 8 | ※6 | ※6 |
| FX3U-128BTY-M(일본용) | AnyWire Bitty시리즈 마스터 블록 | 130mA | 100mA※9 | – | ※6 | 8 | ※6 | ※6 |
| FX3U-ENET-L | Ethernet 인터페이스 블록 | – | 240mA | – | – | 8 | – | 8 |
| FX2N-10GM | 1축용 위치결정 유니트 | – | 5W | – | – | 8 | – | 8 |
| FX2N-20GM | 2축용 위치결정 유니트 | – | 10W | – | – | 8 | – | 8 |
| FX2N-1RM-SET(-E※8) | 회전 각도 검출 유니트 | – | 5W | – | – | 8 | – | 8 |

※6 : 설정에 의해 변경됩니다.
※7 : DC24V 시는 70mA, DC5V 시는 100mA
※8 : 일본외 규격 전용 제품
※9 : 마스터 블록만의 소비 전류(전송선 공급 전류는 최대 2A)

## 7 기능 확장 보드

| 형명 | 기능(DC24V 사용 안함, 입출력 점유 안함) | DC5V 소비 전류 |
|---|---|---|
| FX3U-232-BD | RS-232C 통신용 기능 확장 보드 | 20mA |
| FX3U-485-BD | RS-485 통신용 기능 확장 보드 | 40mA |
| FX3U-422-BD | RS-422 주변기기 통신용 기능 확장 보드 | 20mA |
| FX3U-CNV-BD | 특수 어댑터 접속용 기능 확장 보드 | 0mA |
| FX3U-8AV-BD | 8점 아날로그 볼륨 기능 확장 보드 | 20mA |
| FX3U-USB-BD | USB 통신용 기능 확장 보드 | 15mA |

## 8 특수 어댑터

| 형명 | 기능 | 소비 전류 | | |
|---|---|---|---|---|
| | | DC5V | 내부 DC24V | 외부 DC24V |
| FX3U-232ADP(-MB)※10 | RS-232C(MODBUS)통신용 어댑터(FX3U-□□□-BD 필요) | 30mA | 0mA | 0mA |
| FX3U-485ADP(-MB)※10 | RS-485(MODBUS)통신용 어댑터(FX3U-□□□-BD 필요) | 20mA | 0mA | 0mA |
| FX3U-ENET-ADP※11 | Ethernet 접속용 어댑터(FX3U-□□□-BD 필요) | 30mA | 0mA | 0mA |
| FX3U-3A-ADP | 아날로그 입출력용 어댑터(FX3U-□□□-BD 필요) | 20mA | 0mA | 90mA |
| FX3U-4AD-ADP | 아날로그 입력용 어댑터(FX3U-□□□-BD 필요) | 15mA | 0mA | 40mA |
| FX3U-4DA-ADP | 아날로그 출력용 어댑터(FX3U-□□□-BD 필요) | 15mA | 0mA | 150mA |
| FX3U-4AD-PT-ADP | Pt100형 온도 센서용 어댑터(FX3U-□□□-BD 필요) -50~250℃ | 15mA | 0mA | 50mA |
| FX3U-4AD-PTW-ADP | Pt100형 온도 센서용 어댑터(FX3U-□□□-BD 필요) -100~600℃ | 15mA | 0mA | 50mA |
| FX3U-4AD-TC-ADP | 열전대형 온도 센서용 어댑터(FX3U-□□□-BD 필요) | 15mA | 0mA | 45mA |
| FX3U-4HSX-ADP※12 | 고속 입력용 어댑터 | 30mA | 30mA | 0mA |
| FX3U-2HSY-ADP※12 | 고속 출력용 어댑터 | 30mA | 60mA | 0mA |
| FX3U-CF-ADP | CF 카드 특수 어댑터(FX3U-□□□-BD 필요) | 50mA | 0mA | 130mA |

※10 : PLC Ver.2.40 이상에서 대응(MODBUS는 시스템에 1ch만 접속)
※11 : PLC Ver.3.10 이상에서 대응(왼쪽에 1대만 접속 가능)
※12 : 다른 특수 어댑터보다 기본 유니트측에 접속할 필요가 있습니다.
다른 특수 어댑터를 함께 사용하는 경우에는 FX3U- □□□ -BD형 기능 확장 보드가 필요합니다.

## 9 메모리 카세트

| 형명 | 메모리 형식 | 프로그램 스텝 | 배터리 백업 | 쓰기/삭제 방법 | 비고 |
|---|---|---|---|---|---|
| FX3U-FLROM-16 | 플래시 ROM | 최대 16000 | 불필요 | PLC에 장착하여 주변기기에서 쓰기/삭제 | - |
| FX3U-FLROM-64 | | 최대 64000 | | | - |
| FX3U-FLROM-64L | | | | | 로더 기능 내장 |
| FX3U-FLROM-1M | | | | | 소스 정보 1.3MB 저장 가능 (Ver. 3.00이상에서 대응) |

## 10 디스플레이 모듈

| 형명 | 기능 | DC5V 소비 전류 |
|---|---|---|
| FX3U-7DM | PLC에 내장할 수 있는 데이터 표시·설정용 기기.<br>타이머·카운터·데이터 레지스터의 모니터나 설정이 가능.<br>반각 16문자×4행, 전각 8문자×4행<br>일본어(JIS 제1, 제2 수준), 영숫자 | 20mA |

## FX3U PLC DC입력 타입의 입력 배선 시의 주의

FX3U PLC의 입력은 외부 배선에 의해 싱크 입력과 소스 입력 모두 사용할 수 있습니다.(아래 그림 참조)
다만, S/S 단자에는 반드시 배선하여 주시기 바랍니다.
상세한 내용에 대해서는 동봉되어 있는 [FX3U 시리즈 초소형 PLC 하드웨어 매뉴얼]을 참조하십시오.

[AC전원 타입의 입력 배선도]　　　　[DC전원 타입의 입력 배선도]

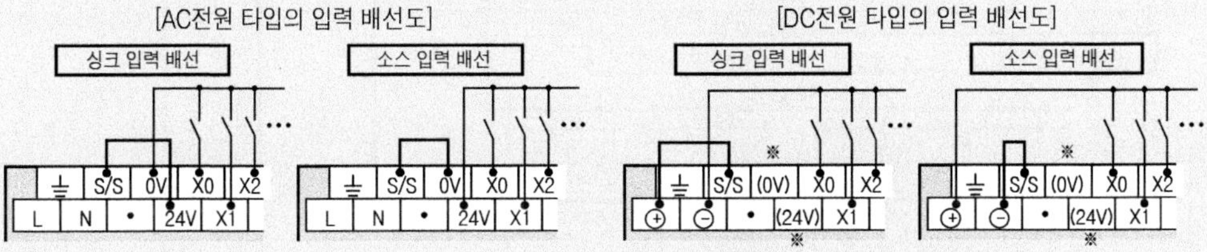


※ (0V), (24V) 단자에는 배선하지 마십시오.

# FX3U시리즈 라인 업 상세 · 기종 선정

## ■ FX3U시리즈 간이 기종 선정

### ● 증설 조합 방법(상세한 내용에 대해서는 제품 매뉴얼을 참조하십시오.)

FX3U PLC는 증설 블록이 필요로 하는 전원을 기본 유니트나 증설 유니트로부터 공급합니다.
따라서 증설 블록을 접속하는 경우는 기본 유니트나 증설 유니트의 DC24V(센서용 서비스 전원)의 전원 용량을 정해 놓을 필요가 있습니다.
특수 증설에서는 DC5V의 전원 용량이나 증설 기기의 종류 마다 접속 대수가 정해져 있습니다.

FX3U PLC에서는 증설 기기의 입출력 점수와 CC-Link와 AnyWireASLINK 및 Bitty 시리즈의 리모트 I/O를 합계 "384점"까지 제어할 수 있습니다.

[CC-Link 마스터 접속 시의 개념도]

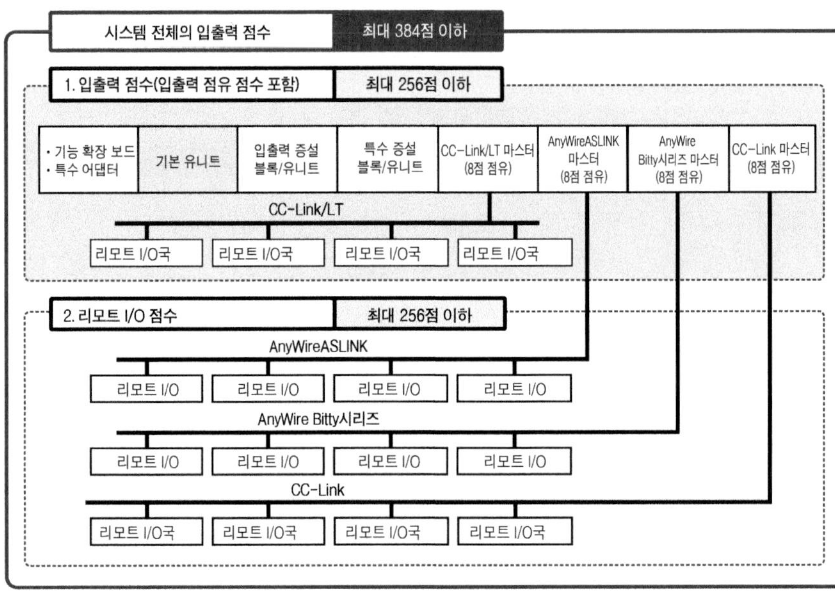


## 증설 유니트만 접속

증설 유니트의 접속 케이블은 증설 유니트측에 55mm의 직접 접속용 케이블을 부속
(300mm, 650mm 케이블은 옵션이며, 1시스템에 1개까지 사용 가능)

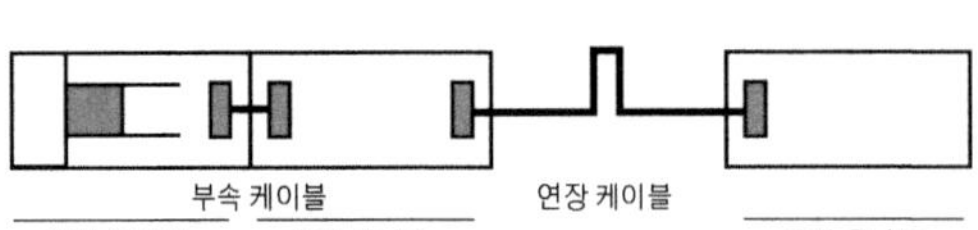


입출력은 모두 합하여 「256점」 이내로 해 주십시오.

| 입력 점수 합계 248점 이하 | 합계 | ≦ 256점※ [FX3U PLC의 최대 제어 점수] |
|---|---|---|
| 출력 점수 합계 248점 이하 | | |

※ : 이전 4 5 번 항목의 특수 증설 접속시는 [8점 × 접속 대수] 만큼 감소합니다.
CC-Link, AnyWire의 리모트 I/O 이외의 점수입니다.

# 증설 블록과 증설 유니트의 접속

## [AC 전원 · DC 입력] 기본 유니트/증설 유니트

증설 블록의 접속 케이블은 증설 블록에 직접 접속용 케이블을 내장.
증설 유니트의 직접 · 연장은 이전 항목 참조.

증설 블록은 300mm/650mm(증설 유니트 연장 케이블과 동일)의 연장 케이블과 FX2N-CNV-BC를 조합하여 1개의 시스템까지 연장 가능.

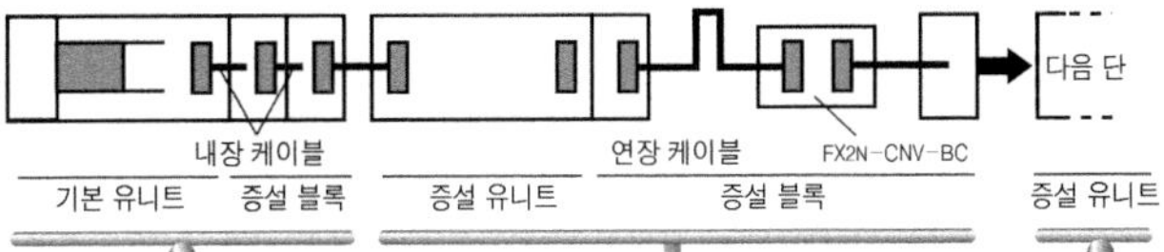


입출력은 모두 합하여 **「256점」** 이내로 해 주십시오.

| | | |
|---|---|---|
| 입력 점수 합계 248점 이하 | 합계 | ≦ **256점**※ [FX3U PLC의 최대 제어 점수] |
| 출력 점수 합계 248점 이하 | | |

※ : 이전 5 6 번 항목의 특수 증설 접속시는 [8점×접속 대수] 만큼 감소합니다. CC-Link, AnyWire의 리모트 I/O 이외의 점수입니다.

기본 유니트의 형명에 따라 아래 표에 접속하고자 하는 접속 블록의 입력, 출력 점수를 할당해 둡니다.
각각의 교점에 표시된 값(mA)이 기본 유니트에서 DC24V 센서 전원으로 사용할 수 있는 값이며, 조합이 가능한지를 나타냅니다. 지정되어 있는 부분을 제외한 조합은 증설 유니트가 필요합니다.

**FX3U-16~32M**

(예) 입력 16점, 출력 16점을 증설하면 150mA 이하가 됩니다.

(mA)

| 출력 증설 점수 ↑ \ 입력 증설 점수 → | 0 | 8 | 16 | 24 | 32 | 40 | 48 | 56 | 64 |
|---|---|---|---|---|---|---|---|---|---|
| 40 | 25 | | | | | | | | |
| 32 | 100 | 50 | 0 | | | | | | |
| 24 | 175 | 125 | 75 | 25 | (증설 불가능) | | | | |
| 16 | 250 | 200 | 150 | 100 | 50 | 0 | | | |
| 8 | 325 | 275 | 225 | 175 | 125 | 75 | 25 | | |
| 0 | 400 | 350 | 300 | 250 | 200 | 150 | 100 | 50 | 0 |

**FX3U-48~128M**

(예) 입력 32점, 출력 16점을 증설하면 250mA 이하가 됩니다.

(mA)

| 출력 증설 점수 ↑ \ 입력 증설 점수 → | 0 | 8 | 16 | 24 | 32 | 40 | 48 | 56 | 64 | 72 | 80 | 88 | 96 |
|---|---|---|---|---|---|---|---|---|---|---|---|---|---|
| 64 | 0 | | | | | | | | | | | | |
| 56 | 75 | 25 | | | | | | | | | | | |
| 48 | 150 | 100 | 50 | 0 | | | | | | | | | |
| 40 | 225 | 175 | 125 | 75 | 25 | | | | | | | | |
| 32 | 300 | 250 | 200 | 150 | 100 | 50 | 0 | | | | | | |
| 24 | 375 | 325 | 275 | 225 | 175 | 125 | 75 | 25 | | | | | |
| 16 | 450 | 400 | 350 | 300 | 250 | 200 | 150 | 100 | 50 | 0 | | | |
| 8 | 525 | 475 | 425 | 375 | 325 | 275 | 225 | 175 | 125 | 75 | 25 | | |
| 0 | 600 | 550 | 500 | 450 | 400 | 350 | 300 | 250 | 200 | 150 | 100 | 50 | 0 |

증설 유니트의 형명에 따라 아래 표에 접속하고자 하는 접속 블록의 입력, 출력 점수를 할당해 둡니다.
각각의 교점에 표시된 값(mA)이 증설 유니트에서 DC24V 센서 전원으로 사용할 수 있는 값이며, 조합이 가능한지를 나타냅니다. 지정되어 있는 부분을 제외한 조합은 증설 유니트가 필요합니다.

**FX2N-32E**

(예) 입력 8점, 출력 8점을 증설하면 DC24V 서비스 전원은 125mA 이하가 됩니다.

(mA)

| 출력 증설 점수 ↑ \ 입력 증설 점수 → | 0 | 8 | 16 | 24 | 32 |
|---|---|---|---|---|---|
| 24 | 25 | | | | |
| 16 | 100 | 50 | 0 | | |
| 8 | 175 | 125 | 75 | 25 | |
| 0 | 250 | 200 | 150 | 100 | 50 |

**FX2N-48E**

(예) 입력 16점, 출력 16점을 증설하면, DC24V 서비스 전원은 210mA 이하가 됩니다.

(mA)

| 출력 증설 점수 ↑ \ 입력 증설 점수 → | 0 | 8 | 16 | 24 | 32 | 40 | 48 | 56 | 64 |
|---|---|---|---|---|---|---|---|---|---|
| 48 | 10 | | | | | | | | |
| 40 | 85 | 35 | | | | | | | |
| 32 | 160 | 110 | 60 | 10 | | | | | |
| 24 | 235 | 185 | 135 | 85 | 35 | | | | |
| 16 | 310 | 260 | 210 | 160 | 110 | 60 | 10 | | |
| 8 | 385 | 335 | 285 | 235 | 185 | 135 | 85 | 35 | |
| 0 | 460 | 410 | 360 | 310 | 260 | 210 | 160 | 110 | 60 |

**FX2N-48ER-UA1/UL**

표시된 부분 이외를 조합할 때는 증설 유니트가 필요합니다.

(예) 입력을 32점까지 증설하면, 출력은 24점까지 접속할 수 있습니다.

| 출력 증설 점수 ↑ \ 입력 증설 점수 → | 0 | 8 | 16 | 24 | 32 | 40 | 48 | 56 | 64 |
|---|---|---|---|---|---|---|---|---|---|
| 48 | ○ | | | | | | | | |
| 40 | ○ | ○ | | | | | | | |
| 32 | ○ | ○ | ○ | ○ | | | | | |
| 24 | ○ | ○ | ○ | ○ | ○ | | | | |
| 16 | ○ | ○ | ○ | ○ | ○ | ○ | | | |
| 8 | ○ | ○ | ○ | ○ | ○ | ○ | ○ | ○ | |
| 0 | – | ○ | ○ | ○ | ○ | ○ | ○ | ○ | ○ |

# FX3U시리즈 라인 업 상세 · 기종 선정

## [DC 전원 · DC 입력] [AC 전원 · AC 입력] 기본 유니트 / 증설 유니트

증설 블록의 접속 케이블은 증설 블록에 직접 접속용 케이블을 내장.
증설 유니트의 직접 · 연장은 이전 항목 참조.

증설 블록은 300mm/650mm(증설 유니트 연장 케이블과 동일)의 연장 케이블과 FX2N-CNV-BC를 조합하여 1개의 시스템까지 연장 가능.

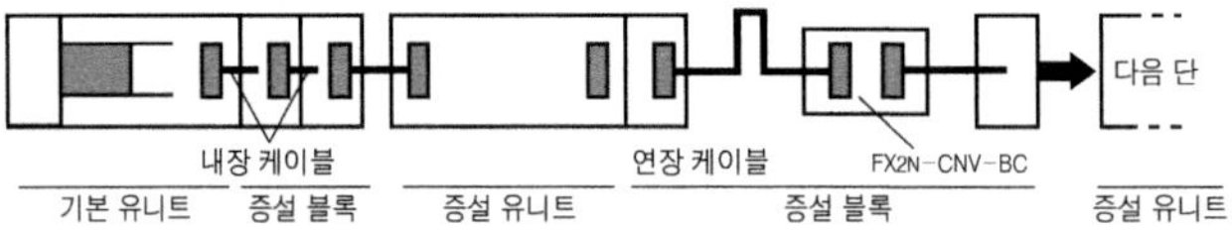


**입출력은 모두 합하여 「256점」 이내로 해 주십시오.**

| | |
|---|---|
| 입력 점수 합계 248점 이하 | 합계 |
| 출력 점수 합계 248점 이하 | |

합계 ≦ **256점※** [FX3U PLC의 최대 제어 점수]

※ : 이전 **5** **6** 번 항목의 특수 증설 접속시는 [8점×접속 대수] 만큼 감소합니다. CC-Link, AnyWire의 리모트 I/O 이외의 점수입니다.

다음 그림은 증설하고자 하는 입력 점수(가로 축)와 출력 점수(세로 축)의 교차 지점의 ○ 마크까지 증설할 수 있습니다.
다만, [DC전원 · DC입력] 타입의 전원 전압을 16.8V ~ 19.2V까지 사용하면, ●마크까지 증설할 수 있습니다.

표시된 부분 이외를 조합할 때는 증설 유니트가 필요합니다.

**FX3U-16~32M**

| ↑ 출력 증설 점수 | | | | | | | | | |
|---|---|---|---|---|---|---|---|---|---|
| 40 | ○ | | | | | | | | |
| 32 | ○ | ○ | ○ | | | | | | |
| 24 | ● | ○ | ○ | ○ | | | | | |
| 16 | ● | ● | ● | ○ | ○ | ○ | | | |
| 8 | ● | ● | ● | ● | ○ | ○ | ○ | | |
| 0 | – | ● | ● | ● | ● | ● | ○ | ○ | ○ |
| 입력 증설 점수 → | 0 | 8 | 16 | 24 | 32 | 40 | 48 | 56 | 64 |

(예) / 증설 불가능

(예) FX3U-16/32M□/D□ 에 입력 16점을 증설하면,
출력은 32점까지 증설할 수 있습니다.
주의 : 다만, 전원 전압을 16.8V ~ 19.2V로 사용하는 경우에 입력 16점을 증설하면, 출력은 16점까지 증설할 수 있습니다.

**FX3U-48~80M**

| ↑ 출력 증설 점수 | | | | | | | | | | | | | |
|---|---|---|---|---|---|---|---|---|---|---|---|---|---|
| 64 | ○ | | | | | | | | | | | | |
| 56 | ○ | ○ | | | | | | | | | | | |
| 48 | ● | ○ | ○ | ○ | | | | | | | | | |
| 40 | ● | ● | ○ | ○ | ○ | | | | | | | | |
| 32 | ● | ● | ● | ● | ○ | ○ | ○ | | | | | | |
| 24 | ● | ● | ● | ● | ● | ○ | ○ | ○ | | | | | |
| 16 | ● | ● | ● | ● | ● | ● | ● | ○ | ○ | ○ | | | |
| 8 | ● | ● | ● | ● | ● | ● | ● | ● | ○ | ○ | ○ | | |
| 0 | – | ● | ● | ● | ● | ● | ● | ● | ● | ● | ○ | ○ | ○ |
| 입력 증설 점수 → | 0 | 8 | 16 | 24 | 32 | 40 | 48 | 56 | 64 | 72 | 80 | 88 | 96 |

(예) / 증설 불가능

(예) FX3U-48~80M□/D□ 에 입력 32점을 증설하면, 출력은 40점까지 증설할 수 있습니다
주의 : 다만, 전원 전압을 16.8V ~ 19.2V로 사용하는 경우에 입력 32점을 증설하면, 출력은 24점까지 증설할 수 있습니다.

① 다음 기종은 ○마크가 있는 점수까지 증설 블록을 접속할 수 있습니다.
- FX2N-48ER-D FX2N-48ET-D FX2N-48ER-DS
- FX2N-48ET-DSS
  (DC24 서비스 전원은 내장하고 있지 않습니다.)
- FX2N-48ER-UA1/UL
  (DC24 서비스 전원은 없습니다. DC입력 타입의 증설 블록을 접속하는 경우에는 외부로부터 DC24V를 공급할 필요가 있습니다.)

표시된 부분 이외를 조합할 때는 증설 유니트가 필요합니다.

| ↑ 출력 증설 점수 | | | | | | | | | |
|---|---|---|---|---|---|---|---|---|---|
| 48 | ○ | | | | | | | | |
| 40 | ○ | ○ | | | | | | | |
| 32 | ○ | ○ | ○ | ○ | | | | | |
| 24 | ○ | ○ | ○ | ○ | ○ | | | | |
| 16 | ○ | ○ | ○ | ○ | ○ | ○ | | | |
| 8 | ○ | ○ | ○ | ○ | ○ | ○ | ○ | ○ | |
| 0 | – | ○ | ○ | ○ | ○ | ○ | ○ | ○ | ○ |
| 입력 증설 점수 → | 0 | 8 | 16 | 24 | 32 | 40 | 48 | 56 | 64 |

(예) FX2N-48ET-D에서는 입력을 32점까지 증설하면, 출력은 24점까지 접속할 수 있습니다.

## 특수 증설기기 · 증설 전원 유니트의 접속

다음의 선정 방법과 주의 사항에 따라 접속하여 주시기 바랍니다.

<table>
<tr><th>종류</th><th>기종·형명</th><th colspan="2">선정 방법·주의 사항</th></tr>
<tr><td>특수 블록<br>특수 유니트<br>특수 어댑터<br>기능 확장 보드<br>디스플레이 모듈</td><td>공통</td><td colspan="2">각 제품이 소비하는 DC5V 전류의 합이 아래의 전원 용량을 초과하지 않게 하십시오.<br>[DC5V의 전원 용량]<br>· 기본 유니트 : 500mA<br>· 증설 유니트 : 690mA</td></tr>
<tr><td rowspan="13">특수 블록<br>특수 유니트<br>특수 어댑터</td><td>공통</td><td colspan="2">· 1시스템당 접속 대수는 최대 8대입니다. 다만, 아래의 기종은 주의가 필요합니다.<br>· 특수 유니트, 특수 블록은 8점의 입출력 점유 점수를 가지고 있습니다(일부 기종 제외).<br>이 8점에는 실제 입출력 번호가 할당되지 않으므로, 최대 점수인 256점부터 차감하여 남아 있는 점수 내에서 입출력 기기를 증설하십시오.</td></tr>
<tr><td>FX0N-3A 종료 예정</td><td>1시스템당 접속 대수는 최대 8대지만 오른쪽에 기재한 범위 이내로 해 주십시오.[DC24V 소비 전류 : 90mA]</td><td rowspan="5">· FX2N시리즈의 증설 유니트에 접속하는 경우는 FX0N-3A, FX2N-2AD, FX2N-2DA의 DC24V 소비 전류의 합을 아래의 범위 이내로 해 주십시오.<br>① 32점 이하의 증설 유니트에 접속 시<br>합계 ≤ 190mA<br>② 48점의 증설 유니트에 접속 시<br>합계 ≤ 300mA<br>· FX3U시리즈 기본 유니트(DC 전원 타입)에 접속 시는 기동 시의 소비 전류(내부 DC24V)에 제약 조건이 있습니다.<br>FX0N-3A(165mA), FX2N-2AD(170mA), FX2N-2DA(190mA), FX3U-4HSX-ADP(30mA), FX3U-2HSY-ADP(120mA) 기동 시의 합계 소비 전류(내부 DC24V)는 아래 이하가 되도록 하십시오.<br>– FX3U-16, 32M□/DS(S) : 640mA 이하<br>– FX3U-48, 64, 80M□/DS(S) : 800mA 이하</td></tr>
<tr><td>FX2N-2AD</td><td>1시스템당 접속 대수는 최대 8대지만 오른쪽에 기재한 범위 이내로 해 주십시오.[DC24V 소비 전류 : 50mA]</td></tr>
<tr><td>FX2N-2DA</td><td>1시스템당 접속 대수는 최대 8대지만 오른쪽에 기재한 범위 이내로 해 주십시오.[DC24V 소비 전류 : 85mA]</td></tr>
<tr><td>FX3U-4HSX-ADP</td><td>1시스템당 접속 대수는 최대 2대지만 오른쪽에 기재한 범위 이내로 해 주십시오.</td></tr>
<tr><td>FX3U-2HSY-ADP</td><td>1시스템당 접속 대수는 최대 2대지만 오른쪽에 기재한 범위 이내로 해 주십시오.</td></tr>
<tr><td>FX2N-1RM-SET</td><td colspan="2">1시스템당 접속 대수는 최대 3대이며, 시스템의 마지막에 접속 가능합니다.</td></tr>
<tr><td>FX3U-16CCL-M<br>FX3U-128ASL-M(일본용)<br>FX3U-128BTY-M(일본용)</td><td colspan="2">1시스템당 1대만 접속 가능. 최대 제어 점수를 384점까지 접속할 수 있습니다.<br>접속 내용에 관한 자세한 사항은 다음 항를 참조하십시오.</td></tr>
<tr><td>FX3U-ENET-L</td><td colspan="2">1시스템당 1대만 접속 가능.</td></tr>
<tr><td>FX3U-ENET-ADP</td><td colspan="2">1시스템당 왼쪽에 1대만 접속 가능.</td></tr>
<tr><td>FX3U-CF-ADP</td><td colspan="2">1시스템당 1대만 접속 가능. FX3U-CF-ADP는 통신용 기능확장 보드 및 통신용 특수 어댑터와 동일하게 취급되어 통신 채널을 1채널 점유합니다.</td></tr>
<tr><td>FX3U-64CCL</td><td colspan="2">1시스템당 1대만 접속 가능.</td></tr>
<tr><td>네트워크 제품</td><td colspan="2">· CC-Link, CC-Link/LT의 데이터 링크 접속 시의 접속 대수나 입출력 점유 점수에 대해서는FX3U 시리즈 사용자 매뉴얼[하드웨어편]이나 각 제품의 매뉴얼을 참조하십시오. AnyWireASLINK 및 Bitty 시리즈는 FX3U-128BTY-M 사용자 매뉴얼을 참조하십시오.</td></tr>
<tr><td>기능 확장 보드</td><td>공통</td><td colspan="2">기본 유니트에 1대 내장할 수 있습니다.<br>접속 내용에 관한 자세한 사항은 아래의 ①을 참조하십시오.<br>· 입출력은 점유하지 않습니다.</td></tr>
<tr><td>특수 어댑터</td><td>공통</td><td colspan="2">· 접속 내용에 관한 자세한 사항은 아래의 ①을 참조하십시오.<br>· 입출력은 점유하지 않습니다.</td></tr>
</table>

### ① 특수 접속 기기의 접속 대수

기능 확장 보드, 특수 어댑터, 특수 증설 유니트/블록은 각각 다음과 같이 접속할 수 있습니다.

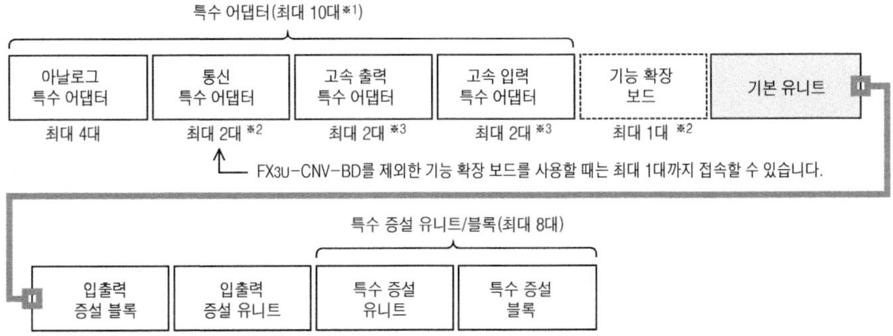


*1 : FX3U-CNV-BD 이외의 기능 확장 보드를 사용하는 경우는 최대 9대입니다.
*2 : 통신 기기는 [통신 어댑터수 + 특수 확장 보드 ≤ 2대]까지 접속 가능합니다. FX3U-ENET-ADP는 시스템의 왼쪽에 1대 설치할 수 있습니다.
*3 : 다른 어댑터보다 기본 유니트에 가까이 접속할 필요가 있습니다.
아날로그/통신용 어댑터를 함께 사용하는 경우에는, FX3U-□□□-BD형 기능 확장 보드가 필요합니다.

# *FX3U 시리즈 라인 업 상세 · 기종 선정*

## ② 네트워크 마스터 블록 사용 시의 입출력 점수

네트워크 마스터 블록을 사용할 때는 다음의 점수 이내에서 접속할 수 있습니다.

| 최대 입출력 점수 | | 입출력 점수 | | 입출력 점유 점수 | | 네트워크 리모트 I/O※4 |
|---|---|---|---|---|---|---|
| 384점<br>시스템에서 제어 가능한 최대 점수 | ≧ | (A)(B)(C)(D)<br>입출력 합계 점수 | + | (E) 대 ×8점<br>특수 증설 유니트/블록의 점유 점수 | + | AnyWireASLINK 및 Bitty시리즈※5 (F) 점 + CC-Link※6 (G)국 ×32점<br>CC-Link는 리모트 I/O국수×32점의 합계 점수입니다.<br>(리모트 I/O의 점수에 관계없이 32점으로 계산) |

(A) : 기본 유니트의 입출력 점수
(B) : 입출력 증설 유니트의 입출력 점수
(C) : 입출력 증설 블록의 입출력 점수
(D) : FX2N-64CL-M, FX2N-16LNK-M의 리모트 I/O 점수
(E) : 특수 증설 유니트/블록의 입출력 점유 점수
(F) : AnyWireASLINK 및 Bitty 시리즈 마스터 블록에 접속한 리모트 I/O 점수
(G) : CC-Link 마스터에 접속된 리모트 I/O의 국수(대수)

※4 : 리모트 I/O를 함께 사용하여 점유하는 네트워크 구성의 경우, 기본 유니트에 가까운 네트워크 마스터의 순서로 리모트 I/O가 할당됩니다.

리모트 I/O를 함께 사용하여 점유할 수 있는 네트워크 마스터
•FX3U-128ASL-M •FX3U-128BTY-M •FX3U-16CCL-M

FX3U-128ASL-M, FX3U-128BTY-M, FX3U-16CCL-M과 함께 사용할 수 없는 네트워크 마스터
•FX2N-16CCL-M

※5 : AnyWireASLINK 및 Bitty 시리즈의 리모트 I/O는 접속하는 시스템에 따라 필요로 하는 리모트 I/O 점수를 점유할 수 없는 경우, 입력을 우선하여 작은 번호부터 할당하고 나머지를 출력에 작은 번호부터 할당합니다.

※6 : CC-Link 리모트 I/O는 32점/1국 타입을 8대 사용한 경우 최대 점수가 됩니다.
CC-Link의 점수는 32점 이하의 리모트 I/O를 사용한 경우에도 "32점×국수"로 계산합니다.
접속하는 시스템에 따라 필요로 하는 리모트 I/O 점수를 점유할 수 없는 경우, 작은 번호부터 차례로 입출력 점수를 할당합니다.
FX3U-128ASL-M, FX3U-128BTY-M의 왼쪽에 FX3U-16CCL-M을 접속하는 경우, 아래의 제약이 있습니다.
・네트워크 파라미터에서 CC-Link 파라미터를 설정할 필요가 있습니다.
・시퀀스 프로그램에 의해 CC-Link 파라미터를 설정한 경우에는 리모트 I/O를 모두 점유하므로, 다른 네트워크 마스터와 함께 사용할 수 없습니다.
함께 사용하는 경우에는 "FX3U-128ASL-M, FX3U-128BTY-M 및 FX3U-16CCL-M 사용자 매뉴얼"을 참조하십시오.

## ③ 증설 전원 유니트의 증설

출력 증설 블록 및 특수 증설 기기를 접속할 때 기본 유니트나 증설 유니트의 DC5V 전원이 부족한 경우에는, 증설 전원 유니트를 사용할 수 있습니다.

증설 전원 유니트는 다음의 조건이 만족하도록 접속해 주십시오.

| 항목 | 조건 |
|---|---|
| 접속하는 입출력 증설 블록의 합계 점수<br>(특수 증설 기기의 입출력 점수는 포함되지 않습니다.) | 32점 이하 |
| 접속하는 출력 블록의 DC24V 소비 전류의 합계 | 0.3A 이하 ※7 |
| 접속하는 특수 증설 기기의 DC5V 소비 전류의 합계 | 1A 이하 ※7 |

※7 : 주위 온도가 40℃를 초과하는 경우에는 아래 딜레이팅 범위 내의 전류값을 사용하십시오.

딜레이팅 그림

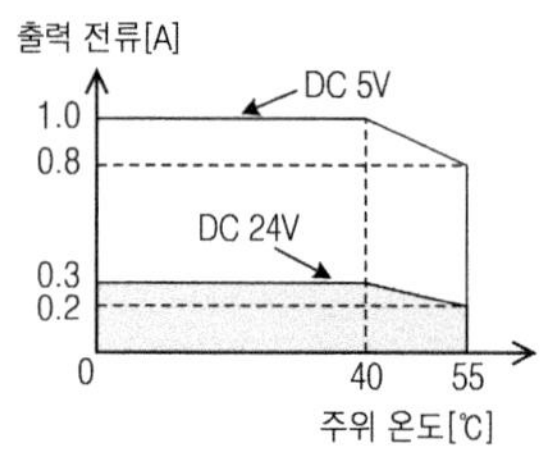